现代机电一体化技术丛书

机电产品
创新应用开发技术

胡福文　等编著

JIDIAN CHANPIN
CHUANGXIN YINGYONG
KAIFAJISHU

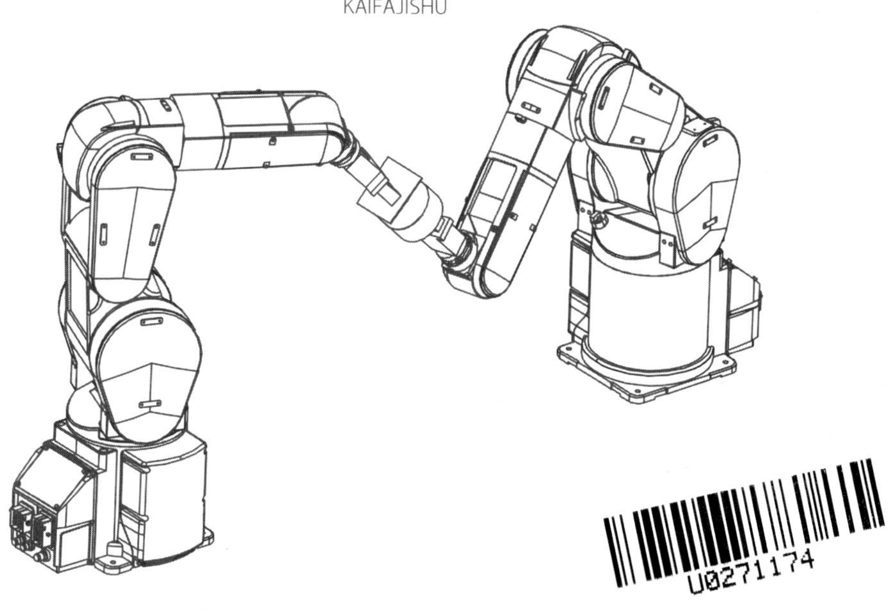

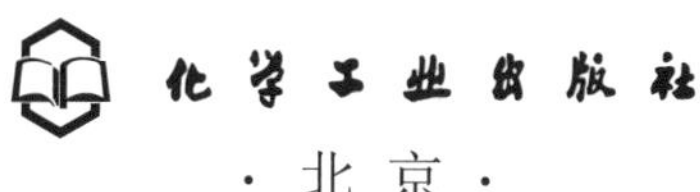

· 北京 ·

丛书序

机电一体化是指在机构的主功能、动力功能、信息处理功能和控制功能上引进电子技术，将机械装置与电子化设计及软件结合起来所构成的系统的总称。机电一体化是微电子技术、计算机技术、信息技术与机械技术的相互交叉与融合，是诸多高新技术产业和高新技术装备的基础。机电一体化产品是集机械、微电子、自动控制和通信技术于一体的高科技产品，具有很高的功能和附加值。

目前，国际上产业结构的调整使得各个行业不断融合和协调发展。作为机械与电子相结合的复合产业，机电一体化以其特有的技术带动性、融合性和普适性，受到了国内外科技界、企业界和政府部门的特别关注，它将在提升传统产业的过程中，带来高度的创新性、渗透性和增值性，成为未来制造业的支柱。我国已经将发展机电一体化技术列为重点高新科技发展项目，机电一体化技术的广阔发展前景也将越来越光明。

随着机电一体化技术的不断发展，各个行业的技术人员对其兴趣和需求也与日俱增。但到目前为止，国内还鲜有将光机电一体化技术作为一个整体技术门类来介绍和论述的书籍，这与其方兴未艾的发展势头形成了巨大反差。有鉴于此，由北方工业大学、东华大学、上海交通大学和北京联合大学联合编写“现代机电一体化技术丛书”，旨在适时推出一套机电一体化技术基本知识和应用实例的科技丛书，满足科研设计单位、企业及高等院校的科研和教学需求，为有关技术人员在开发机电一体化产品时，提供从产品造型、功能、结构、材料、传感测量到控制等诸方面有价值的参考资料。

本丛书共十二种，包括《机电一体化系统分析、设计与应用》、《机电一体化系统软件设计与应用》、《机电产品创新应用开发技术》、《机电一体化系统设计及典型案例分析》、《光电子技术及其应用》、《现代传感器及工程应用》、《微机电系统及工程应用》、《光机电一体化技术产品典型实例：工业》、《光机电一体化技术产品典型实例：民用》、《现代数控机床及控制》、《楼宇设备控制及应用实例》、《服务机器人》。

丛书的基本特点，一是内容新颖，力求及时地反映机电一体化技术在国内外的最新进展和作者的有关研究成果；二是系统全面，分门别类地归纳总结机电一体化技术的基本理论和在国民经济各个领域的应用实例，重点介绍了机电一体化技术的工程应用和实现方法，许多内容，如楼宇自动门的专门论述，尚属国内首次；三是深入浅出，重点突出，理论联系实际，既有一定的深度，又注重实用性，力求满足不同层次读者的需求，适合工程技术人员阅读和高校机械类专业教学的需要。

由于本丛书涉及内容广泛，相关技术发展迅速，加之作者水平有限，时间紧促，书中不妥之处在所难免，恳请专家、学者和读者不吝指教为盼！

“现代机电一体化技术丛书”编委会

前言

人类社会的发展历经原始社会、农业社会、工业社会，一直到今天的信息社会，前进的脚步仍在加速，智能生产和智慧生活是未来的发展方向。新一轮技术革命的大幕已经拉开，它的特点是技术更加密集、系统更加智能、接口更加开放、普及更加迅速。跨界融合创新的特征日益凸显，专业技术之间的壁垒日渐消融。这对机电工程产品开发研制、机电工程创新人才培养、高等工程实践教学、企业市场竞争开拓等方面均产生了深刻和重大的影响。工业化大生产时代形成的市场细分、专业化生产模式，以及与之并行的高度专业化的工程技术人才培养模式面临着重大挑战。

多年来编者在科研开发、人才培养和实验室建设过程中，特别注重机械、电气、自动化、电子、软件等多领域技术的集成应用，在 3D 打印机、智能机器人、工厂自动化系统、有限元仿真系统、虚拟现实系统等领域开发了一批产品，有深厚的技术积累优势。任何机电产品的开发都是机、电、信、控、算等多领域技术实现“精确拼图”的成果，理解和掌握它们之间的接口技术，对于提升机电产品的创新级别，对于提升大学生、研究生和研发工程师的工程实践创新能力非常重要。

本书共分 10 章，第 1 章重点介绍了工业机器人示教编程、离线编程和集成应用方面的接口技术。第 2 章首先讲述了工业智能相机集成创新应用的知识，然后介绍了基于 OpenCV 开发图像处理系统和基于树莓派进行视觉系统开发的基本原理。第 3 章介绍了机器人操作系统（ROS）开发的基础知识。第 4 章介绍了 Arduino 开源平台的基本 I/O 接口、通信接口和软件接口开发知识。第 5 章以三菱 QPLC 为例，介绍了 PLC 控制系统开发的基本接口技术。第 6 章以三菱 GOT1000 为例，介绍了工业控制人机界面设计和开发的基本方法。第 7 章首先介绍了变频控制的接口技术，并介绍了 CC-Link 总线控制接口实例。第 8 章介绍了 Virtools 开发平台的基本运行机制，重点结合实例讲解了图形脚本、VSL、Lua 和 SDK 四类开发接口的基本流程、基本方法和基础概念。第 9 章重点介绍了基于 CAA 对 CATIA 软件二次开发的基本原理，并给出了若干典型开发实例。第 10 章以若干有限元分析实例为基础，介绍了 ANSYS 和 Abaqus 有限元软件定制开发的基本原理。本书坚持创新和应用并举，实例和理论交融，不过于追求烦琐细节，重点突出开发接口，初学者读之可以快速入门，有一定基础者可以扩展自身的技术领域。

本书由北方工业大学胡福文、山东科技大学贺云花编著。李立、刘宴诚、张帅、王均、牛晓杰、梁真、闫东东、李俊朋等分别参与了有关章节内容的编写。

由于本书涉及的技术领域非常广泛，但因篇幅有限，没有展开更加翔实的介绍。此外，由于水平有限，书中难免有细节疏漏和描述偏差，敬请广大读者批评指正。

编著者

目录

Chapter 01

第 1 章 工业机器人系统应用接口技术

工业机器人技术包含核心部件的生产研制、机器人本体的生产集成和机器人应用集成等三个层面。其中控制器、伺服电机、减速机三大核心部件占机器人成本的六成。机器人本体技术主要是保证机器人在一定范围内和负载下实现精确可靠的运动。机器人系统应用则是根据具体的生产工艺需求，将机器人“裸机”转化成功能强大的应用机器人。学习和掌握工业机器人的操作调试、编程控制、离线仿真和系统集成技术，是开展工业机器人创新应用的基础，是实现工厂自动化、智能制造和“工业 4.0”的关键使能技术之一。

1.1 工业机器人概述

自从 20 世纪 60 年代初世界上第一台工业机器人在美国问世以后，机器人展示出了其极强的生命力。特别是近年来，随着我国经济结构的调整和升级，我国已经成为全球第一大工业机器人市场，“机器换人”至少会持续 10 年。在工业生产中，焊接机器人、磨抛加工机器人、激光加工机器人、喷涂机器人、搬运机器人、真空机器人等工业机器人都已被大量采用，如图 1-1～图 1-4 所示。

图 1-1 机器人用于船体构件焊接

图 1-2 机器人用于汽车装配

图1-3 机器人用于飞机机身壁板的制孔和铆接

图1-4 机器人用于车体喷漆

1.1.1 工业机器人基本构成

工业机器人由3大部分6个子系统组成。3大部分是机械部分、传感部分和控制部分。6个子系统为机械结构系统、驱动系统、感知系统、机器人环境交互系统、人机交互系统和控制系统，见图1-5。

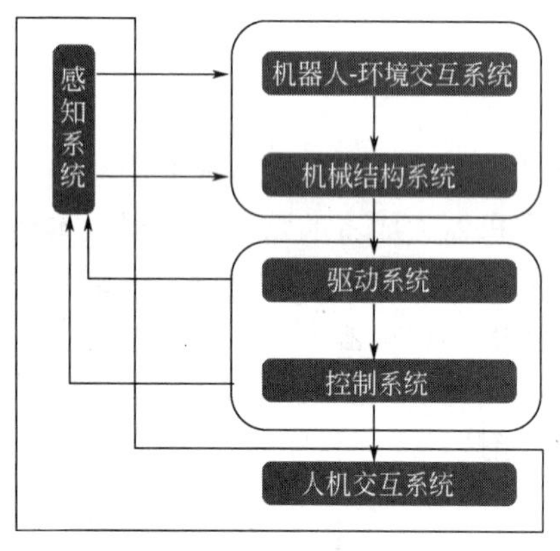

图1-5 机器人系统组成

（1）机械结构系统

工业机器人的机械结构系统由机座、手臂、末端执行器三大部分组成，每一个机械组件都有若干个自由度的机械系统。若基座具备行走机构，则构成行走机器人；若基座不具备行走及弯腰机构，则构成固定机械臂。手臂一般由腰、臂和手腕组成。末端操作器是直接装在手腕上的一个重要部件，它可以是二手指或多手指的手爪，也可以是喷漆枪、焊具等作业工具。

（2）驱动系统

要使机器人运作起来，需要在各个关节即每个运动自由度上安置驱动装置，这就是驱动系统。驱动系统可以是液压传动、气压传动、电动传动，或者把它们结合起来的混合驱动系统，可以是直接驱动或者通过同步带、链条、轮系、谐波齿轮减速器、RV减速器等机械传动机构进行间接传动。

（3）感知系统

感知系统由内部传感器模块和外部传感器模块组成，用以获得内部和外部环境状态中有意义的信息。智能传感器的使用提高了机器人的机动性、适应性和智能化的程度。人类的感知系统对感知外部世界信息是极其灵巧的，然而，对于一些特殊的信息，传感器比人类的感知系统更有效。

（4）机器人—环境交互系统

机器人—环境交换系统是现代工业机器人与外部环境中的设备互换信息和协调工作的系统。工业机器人与外部设备集成为一个功能单元，如加工单元、焊接单元、装配单元等。当然，也可以是多台机器人、多台机床或设备、多个零件存储装置等集成为一个执行复杂任务的功能单元。

（5）人机交互系统

人机交互系统是操作人员与机器人控制并与机器人联系的装置，例如，计算机的标准终端、指令控制台、信息显示板、危险信号报警器等。该系统归纳起来分为两大类：指令给定装置和信息显示装置。

（6）控制系统

机器人控制系统是机器人的大脑，是决定机器人功能和性能的主要因素。它的主要任务就是控制工业机器人在工作空间中的运动位置、姿态和轨迹、操作顺序及动作的时间等。模块化、层次化的控制器软件系统、机器人的故障诊断与安全维护技术、网络化机器人控制器技术等关键技术直接影响到工业机器人的速度、控制精度与可靠性。目前，机器人控制系统将向着基于 PC 机的开放型控制器方向发展，便于标准化、网络化，伺服驱动技术的数字化和分散化，多传感器融合技术的实用化，以及工作环境设计的优化和作业的柔性化。

控制系统的任务是根据机器人的作业指令程序以及传感器反馈回来的信号支配机器人的执行机构去完成规定的运动和功能。假如工业机器人不具备信息反馈特征，则为开环控制系统；若具备信息反馈特征，则为闭环控制系统。根据控制原理，控制系统可分为程序控制系统、适应性控制系统和人工智能控制系统。根据控制运行的形式，控制系统可分为点位控制和轨迹控制。点位型只控制执行机构由一点到另一点的准确定位，适用于机床上下料、点焊和一般搬运、装卸等作业；连续轨迹型可控制执行机构按给定轨迹运动，适用于连续焊接和涂装等作业。

1.1.2 工业机器人的分类

工业机器人按操作机坐标形式分以下 5 类，见图 1-6。

（1）直角坐标型工业机器人

直角坐标型工业机器人的运动部分由三个相互垂直的直线移动副（即 PPP）组成，其工作空间图形为长方形。它在各个轴向的移动距离，可在各个坐标轴上直接读出，直观性强，易于位置和姿态的编程计算，定位精度高，控制无偶合，结构简单，但机体所占空间体积大，动作范围小，灵活性差，难与其他工业机器人协调工作。

- 工业机器人分类
  - 按机械结构分
    - 串联机器人
    - 并联机器人
  - 按坐标类型分
    - 圆柱坐标型
    - 直角坐标型
    - 球坐标型
    - 多关节型
    - 平面关节型
  - 按程序输入方式分
    - 示教输入
    - 编程输入
    - 智能自主

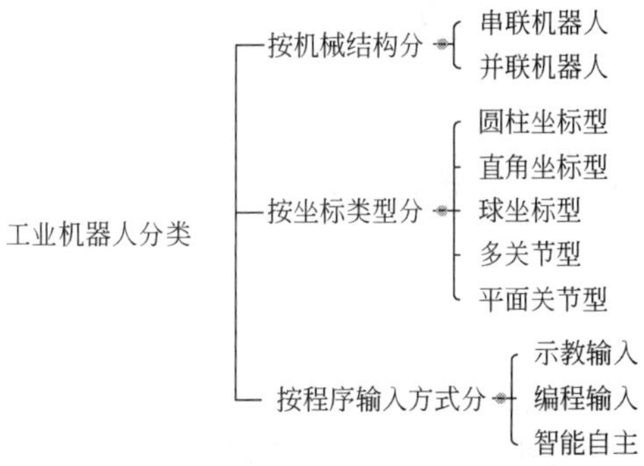

图 1-6　工业机器人的分类

（2）圆柱坐标型工业机器人

圆柱坐标型工业机器人的运动形式是通过一个转动副和两个移动副组成的运动系统来实现的，其工作空间图形为圆柱。与直角坐标型工业机器人相比，在相同的工作空间条件下，机体所占体积小，而运动范围大，其位置精度仅次于直角坐标型机器人，难与其他工业机器人协调工作。

（3）球坐标型工业机器人

球坐标型工业机器人又称极坐标型工业机器人，其手臂的运动由两个转动副和一个直线移动副（即 RRP，一个回转、一个俯仰和一个伸缩运动）所组成，其工作空间为一球体，它可以做上下俯仰动作，并能抓取地面上或较低位置的协调工件，其位置精度高，位置误差与臂长成正比。

（4）多关节型工业机器人

多关节型工业机器人又称回转坐标型工业机器人，这种工业机器人的手臂与人体上肢类似，其前三个关节是回转副（即 RRR）。该工业机器人一般由立柱和大小臂组成，立柱与大臂间形成肩关节，大臂和小臂间形成肘关节，可使大臂做回转运动和俯仰摆动，小臂做仰俯摆动。其结构最紧凑，灵活性大，占地面积最小，能与其他工业机器人协调工作，但位置精度较低，有平衡性，控制耦合等问题，这种工业机器人应用越来越广泛。

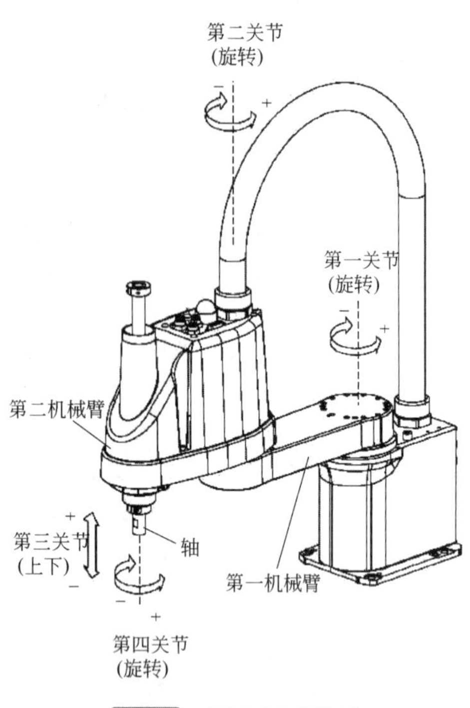

图1-7 SCARA 机器人

（5）平面关节型工业机器人

它采用一个移动关节和两个回转关节（即PRR）。移动关节实现上下运动，而两个回转关节则控制前后、左右运动。这种形式的工业机器人又称（SCARA，Seletive Compliance Assembly Robot Arm）装配机器人。在水平方向具有柔顺性，而在垂直方向则有较大的刚性。它结构简单，动作灵活，多用于装配作业中，特别适合小规格零件的插接装配，如在电子工业的插接、装配中应用广泛，见图1-7。

工业机器人按机械结构可分为串联机器人和并联机器人。

① 串联机器人　其特点是:一个轴的运动会改变另一个轴的坐标原点，在位置求解上，串联机器人的正解容易，但反解十分困难。

② 并联机器人　采用并联机构,其一个轴的运动不会改变另一个轴的坐标原点。并联机器人具有刚度大、结构稳定、承载能力大、微动精度高、运动负荷小的优点。其正解困难，反解却非常容易。

1.2 机器人硬件接口

1.2.1 机器人本体接口

机器人本体接口主要在机器人基座背面，包括电源接口、电机信号接口、气源接口等。电池盒中的电池需要定期更换，在电量低时，机器人会发出报警信号，见图1-8。当机器人与机器人控制器电池电量低时,机器人会产生报警编号,分别为133*n*（*n*为轴编号）与7510。机器人本体的电池位于基座背面，如图1-8所示。机器人控制器的电池位于过滤板后侧。在更换电池时,机器人原点位置与编码器位置丢失。在示教器中，输入原点位置。原点数据位于基座电池盒盖板上。使用JOG模式，将机器人每个关节移动到初始位置,即每个关节处的箭头位置对齐。在原点设置菜单下，进入ABS选型，在每个轴处设置1，实现编码器原点位置校准。

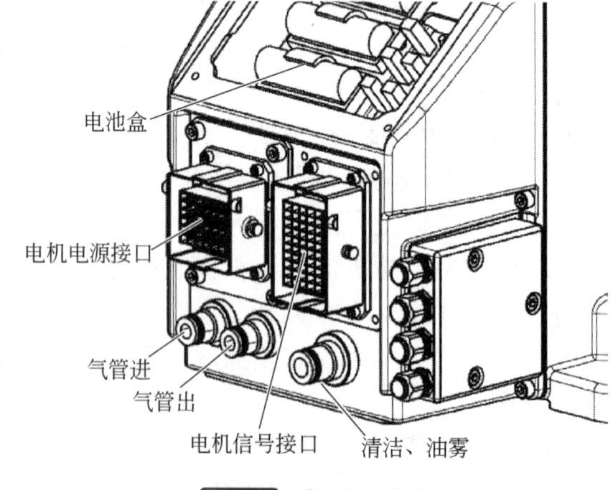

图1-8 机器人本体

1.2.2 机器人控制器接口

机器人控制器接口主要包括与机器人本体相连接的电机电源接口、电机信号接口，与其他设备相连接的用户配线接口（主要关于用户外接的开关信号，如急停、模式转换开关等）、TB 连接接口、USB 通信接口、以太网通信接口、PE 接地端子等。CR751-D 中电源使用的为交流 220V 单相。专用输入输出接口需要用户根据需要焊线。在使用时，示教接口必须插入示教器，否则会一直处于报警状态，见图 1-9。

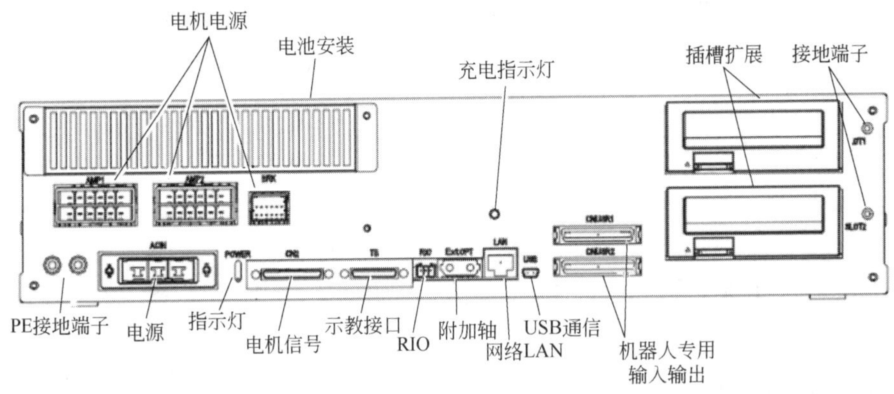

图 1-9　机器人控制器

1.3 工业机器人示教编程接口

1.3.1　示教器简介

示教模块是集机器人手动调试、机器人编程、参数设置、参数监视于一体的功能单元。示教器的主要操作功能如图 1-10 所示。

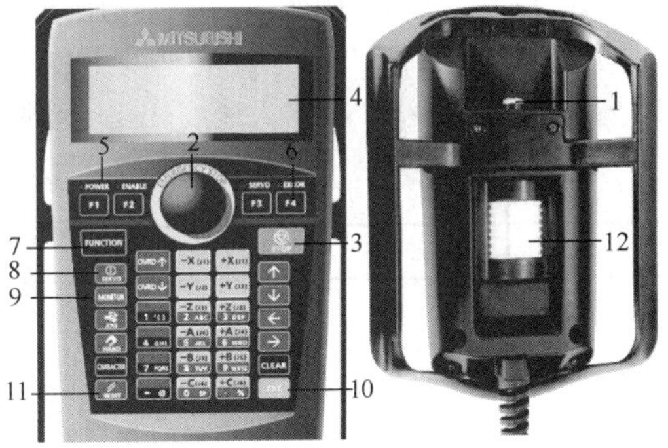

示教单元：示教单元有效/无效操作选择开关。

急停按钮：使机器人立即停止动作并切断伺服电源。

停止按钮：使机器人减速停止。可以按压启动按钮继续运行，不切断伺服电源。

显示盘：显示示教模块的相关操作数据。

状态指示灯：显示示教器以及机器人的相关状态（电源、有效/无效、伺服状态、错误报警）。

F1、F2、F3、F4 键：执行显示的对应功能。

功能键：各菜单中的功能切换，可执行的功能显示在显示盘的下方。

图 1-10　示教器

1—示教单元；2—急停按钮；3—停止按钮；4—显示盘；5—状态指示灯；6—F1、F2、F3、F4 键；7—功能键；8—伺服 ON/OFF 键；9—监视键；10—执行键（确认键）；11—复位键；12—有效开关

伺服 ON/OFF 键：在握住有效开关的状态下，执行伺服供电操作。

监视键：显示监视菜单，变为监视模式。

执行键：确定输入操作。

复位键：解除发生的错误。

有效开关：示教单元有效时，在机器人动作的情况下握住此开关，操作将有效。

示教器的基本功能包括：JOG运行、手爪的开合、编程机器人程序、运行调试、机器人原点输入等。示教器在机器人手动进给、参数设置与调试、离线编程后的第一次运行等情况下使用。示教即手动使机器人按照用户指示一步一步地进给。尤其在机器人程序首次调试时，必须使用示教器手动调试，确认程序没有问题时才能自动运行。

1.3.2 JOG动作操作

在示教器上，JOG操作的主要按键如图1-11所示。在示教机器人位置和移动机器人末端时使用。JOG运行操作经常使用的模式有：关节运行、直交运行、工具运行等模式。

在按压"JOG"键后，显示器上的界面如图1-12所示。图中显示机器人的当前位置、JOG模式、速度等相关信息。

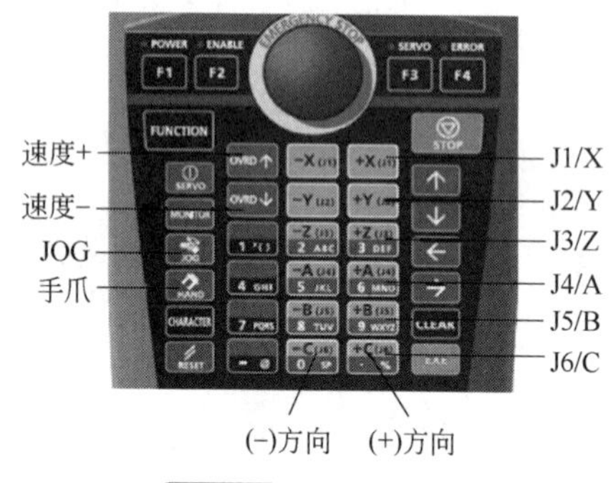

图1-11 JOG操作

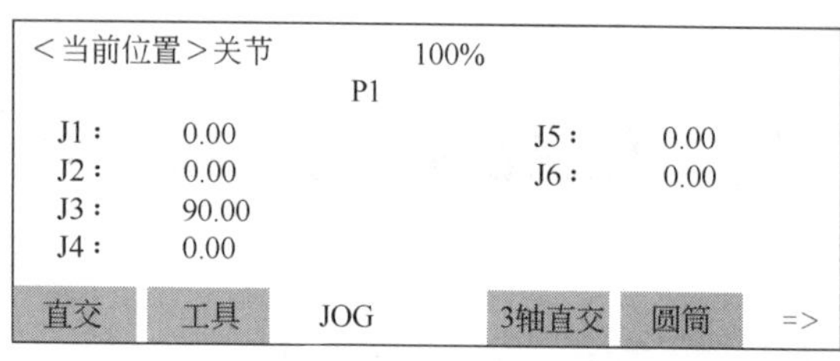

图1-12 关节界面

速度操作　JOG操作中，通过按压"OVRD"键提高或降低速度。速度可以在Low～High之间设置。Low和High速度值可以在RT ToolBox中设置并写入机器人控制器，为恒定进给距离。每按压一次，机器人速度变化一个阶段，如表1-1所示。

表1-1　速度表

Low	High	3%	5%	10%	30%	50%	70%	100%

关节操作　按压"关节"对应的操作功能键（如F1），切换到关节JOG模式，将在显示盘的上方显示"关节"字样。如图1-12所示。6自由度机器人一共有6个关节，分别对应于显示盘上的6个关节——J1、J2、J3、J4、J5、J6。按压图1-11所示的按钮，分别操作对应关节动作，单位为Deg，机器人动作见图1-13。

直交JOG模式：按压"直交"对应的操作功能键，切换到直交JOG模式，在显示盘的上方将显示"直交"字样。如图1-14所示。直交模式动作时，以机器人的基坐标系为基准，执行沿X轴、Y轴、Z轴的直线运动和绕X轴、Y轴、Z轴的旋转运动。

工具JOG模式　机器人初始的工具坐标系在机器人的末端法兰盘上。工具JOG模式的动作与直交模式类似。工具JOG模式中的工具坐标系，可以由用户自定义，见图1-15。

1.3.3 手爪操作

手爪的开合通过示教单元进行操作。

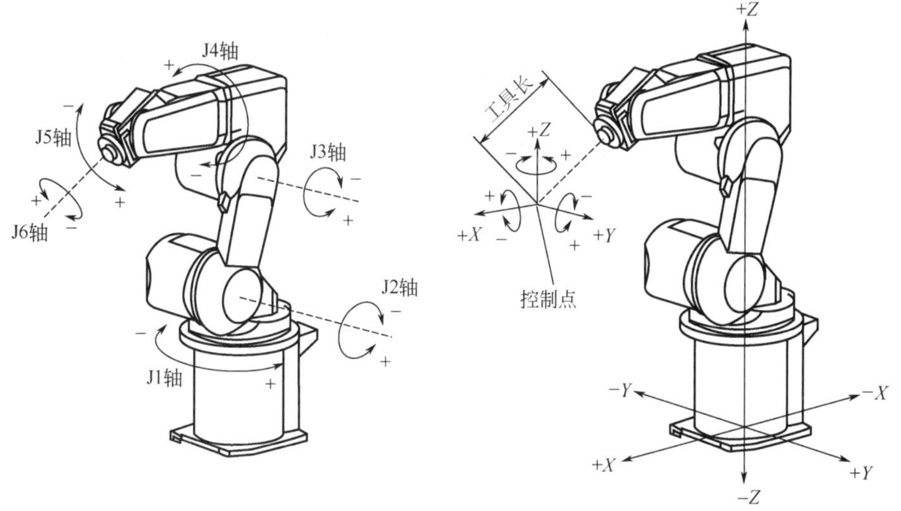

图 1-13　机器人动作

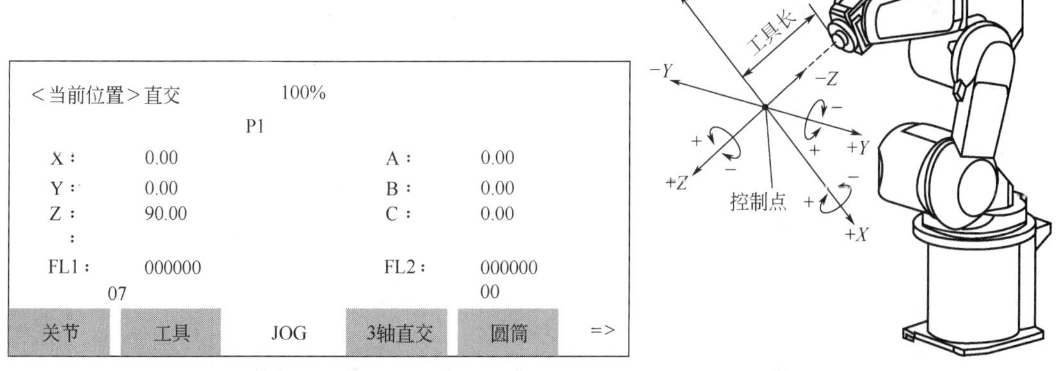

图 1-14　直交界面　　图 1-15　机器人工具动作

如图 1-16 所示，按压“HAND”键，切换到手爪界面，显示盘上如图 1-16（b）所示。

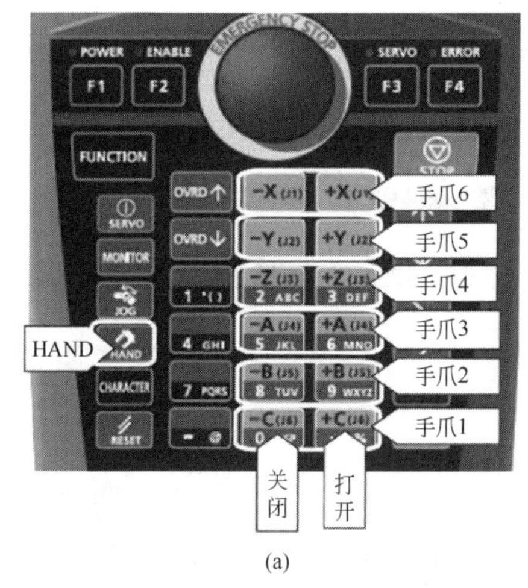

(a)

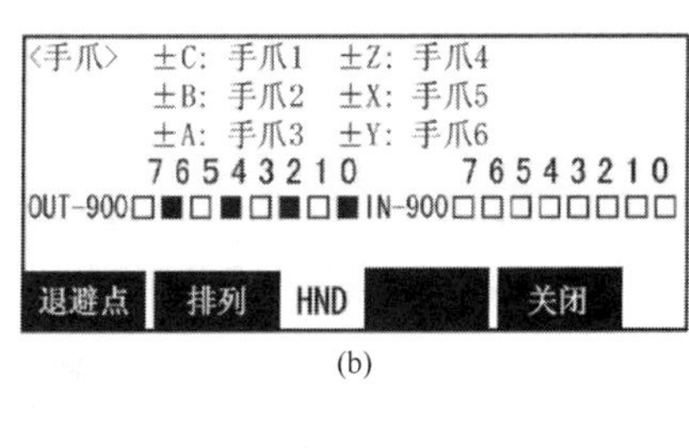

(b)

图 1-16　手爪操作

手爪 1 的打开与闭合　手爪 1 对应的按钮为“-C”“+C”，按压“HAND”键，切换到手爪界面。按压“-C”，手爪闭合；按压“+C”，手爪张开。再次按压“HAND”键，回到原来的操作界面。

1.3.4　菜单功能

打开机器人电源，示教单元通电后，显示盘上显示为当前示教器连接的机器人控制器信息。将示教单元的“有效/无效”键置于有效，按压 “执行键”，将显示菜单。菜单下的选项功能为：管理・编辑；运行；参数；原点・制动；设置・初始化。

（1）管理・编辑

用于程序的新建及编辑、手爪位置的示教、程序管理等。

如图 1-17 所示，进入“管理・编辑”界面后，将显示当前机器人控制器中已有程序的目录、最后修改的时间。显示屏下面的 4 个选项分别对应于“F1”“F2”“F3”“F4”键。选择对应的选项，进行程序的编辑、新建等操作。

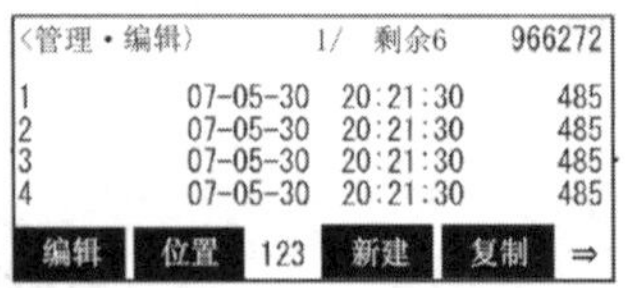

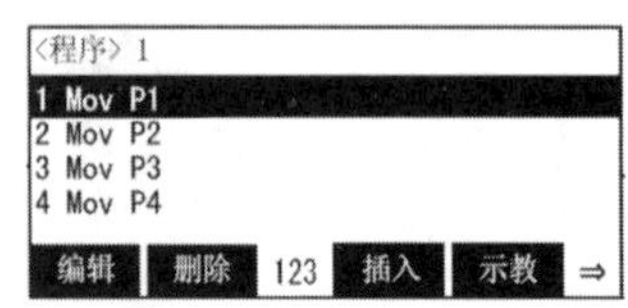

图 1-17　程序新建

在编辑程序的过程中，选择插入选项，编写本行程序。需要插入一个位置时，将机器人移动到目标位置，选择示教选项，插入目标点。

例 1-1　编写程序，程序编号为 10，使机器人从 P0 移动到 P1。

将示教器的界面切换至菜单界面，选择 1，进入“管理・编辑”界面，如图 1-18 所示。

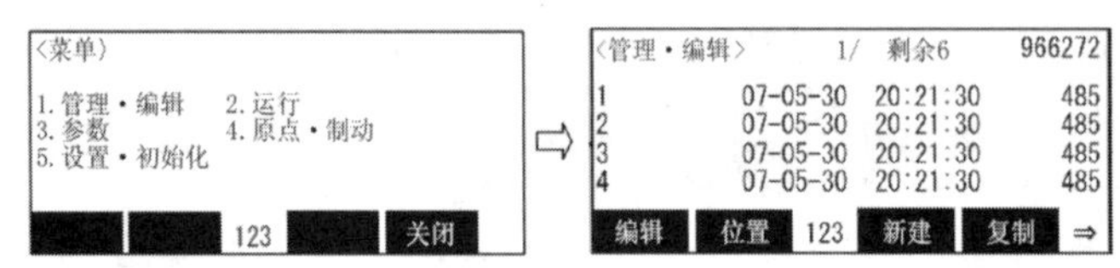

图 1-18　程序编辑

输入程序编号“10”，按压“EXE”键确认，进入编辑界面。按压“F3”键选择插入程序，每次只能插入一行程序，见图 1-19。

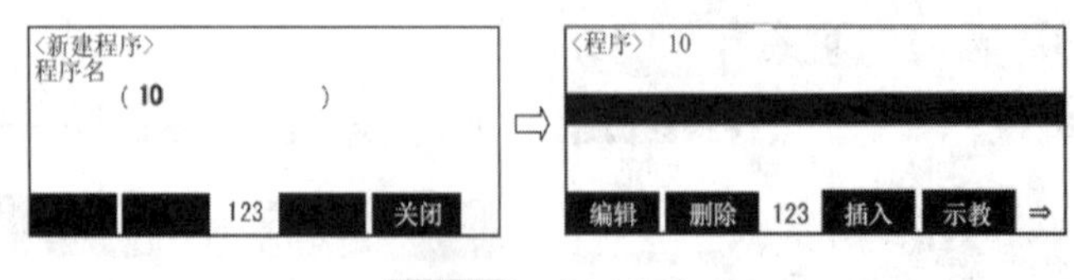

图 1-19　程序插入

输入以下程序。

```
Ovrd 80                  //设定移动速度为 80%
Mov P0                   //机器人移动至 P0 点
Mov P1                   //机器人移动至 P1 点
Hlt
```

```
End                         //程序结束
```

将机器人在 JOG 模式下移动至 P0 位置，选择程序第二行，按压“F4”键选择示教。再将机器人在 JOG 模式下移动到 P1 点，选择第三行，按压“F4”键选择示教。或者调出命令编辑界面，按压“FUNCTION”键 2 次，将菜单切换至如图 1-20 所示，按压“F2”键示教。在该画面中，进行定位的显示及修改。

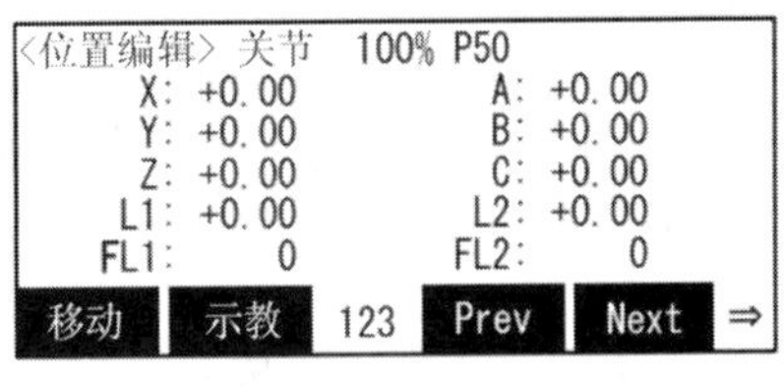

图 1-20 位置示教

按压功能键“Prev”以及“Next”，可以调出示教位置名。在 JOG 模式下移动到示教位置。按压“示教”选项，选择是否登录当前点。最后按压“FUNCTION”键，切换选项，选择“关闭”选项，退出保存程序。

位置数据的手动修正　在调出位置编辑界面后，按压功能键“Prev”以及“Next”，调出进行数据编辑的位置名界面。按压“箭头”键，将光标移动至需要编辑的坐标处。设置变更的数值，按压“EXE”键确认。

程序管理　在程序一览表界面中，在显示盘下方的功能键处显示有程序管理功能。功能有：复制、重命名、删除、保护。

保护　可以对已登录的程序的命令语句以及数据进行保护、禁止变更等设置，按压“FUNCTION”键可以切换功能选项。

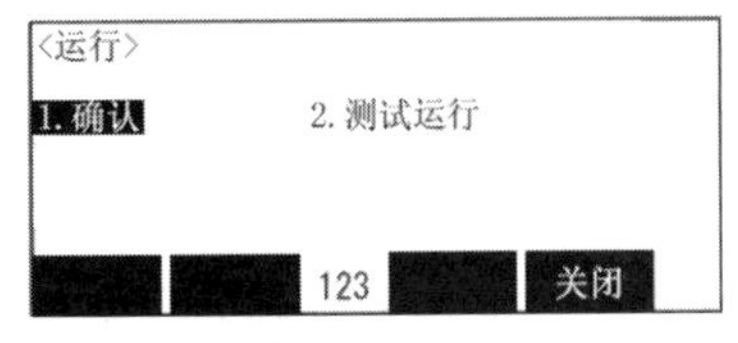

图 1-21 运行界面

（2）运行

在菜单界面中，按压数字键 2，显示“运行”界面。在该界面中进行执行中程序的显示以及单步运行，见图 1-21。

（3）参数

在菜单界面中，按压数字键 3，进入“参数”界面。可以设置机器人的各种参数，如生产厂家参数、公共参数等，如：各轴的动作范围、外部信号地址，见图 1-22。

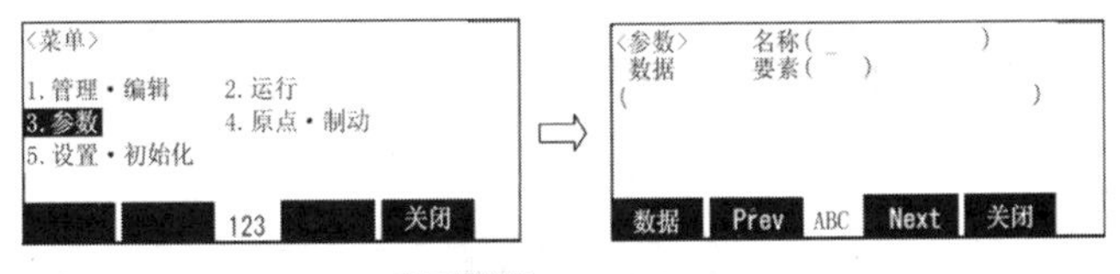

图 1-22 参数设置

（4）原点・制动

在菜单选项中，按压数字键 4，进入“原点・制动”界面。

① 原点　对机器人的生产厂家固有原点数据进行登录。此处的原点为在机器人处于原点位置时编码器的位置。原点字符串一式两份，分别置于产品说明与机器人本体电池后盖处。如不设置，机器人将一直处于报错状态。

② 制动　解除各轴的制动。可在用手扶住机器人的手臂的同时使其移动，见图 1-23。

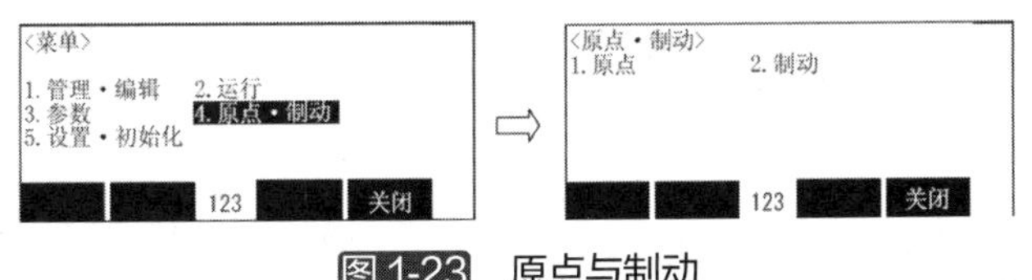

图 1-23 原点与制动

（5）设置·初始化

在菜单界面中，按压数字键 5，进入“设置·初始化”界面。界面中包含以下菜单：初始化、开动、时间设置、版本。

① 初始化　可以删除已经登录的程序，将参数返回出厂设置，对内置电池的消耗时间执行初始化。初始化时间为 14600h。

② 开动　显示机器人控制器的电源处于 ON 状态的累计时间以及内置电池的剩余时间。

③ 时间设置　设置与显示日期、时间。

④ 版本　显示机器人 CPU 以及示教单元的软件版本。

（6）监视界面选择

在示教处于人为模式下，按压“MONITOR”键，可以切换至“监视”界面。监视界面菜单如图 1-24 所示。

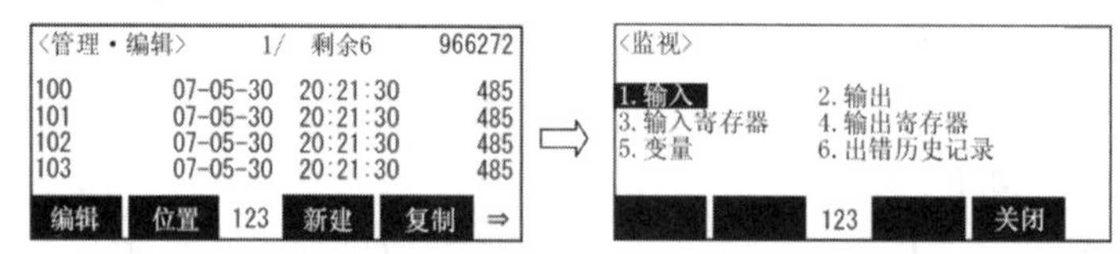

图 1-24　监视

① 输入　可以监视来自于外部的信号。例如：PLC、手动开关的开关量信息、输入的字符串信息等。

② 输出　对输出值外部的输出信号进行监视。例如：向 PLC 输出字符串、开关量信号。

③ 输入寄存器　在使用 CC-Link 时，监视输入寄存器。

④ 输出寄存器　在使用 CC-Link 时，监视输出寄存器。

⑤ 变量　可以对程序中使用的变量内容进行监视。例如：整形变量（def inte）；通过选择变量名监视变量数值。

⑥ 出错历史记录　显示报警历史记录。

1.4 工业机器人编程软件 RT ToolBox

RT ToolBox 软件具有机器人程序编写、参数设置、在线调试和离线模拟等功能。与示教模块配合，能够极大地方便工程师进行应用开发，缩短开发周期。对电脑系统的要求：支持 Windows 8 及以下的系统，不支持 Windows 10。

1.4.1 安装教程

软件安装时，序列号可以在三菱电机官方网址注册获得。安装时，需要安装驱动插件，全部选择安装驱动插件，否则在使用时将无法识别机器人控制器。安装完成后，界面与图标如图 1-25 所示。

RT ToolBox2 启动后，“Communication server 2（通信服务器 2）”会以图标化状态启动。“通信服务器 2”作为通信服务软件的插件将与机器人控制器、模拟时的虚拟控制器连接。在

RT ToolBox2 结束时会自动结束。如果人为关闭会导致机器人连接中断或者是模拟中断，RT ToolBox2 会报错并退出，见图 1-26。

(a) Ver.1.8以前

(b) Ver.2.00A以后

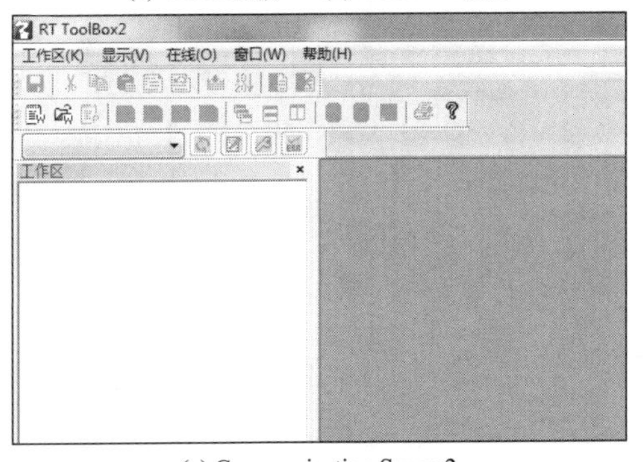

(c) Communication Server2

图 1-25 RT ToolBox

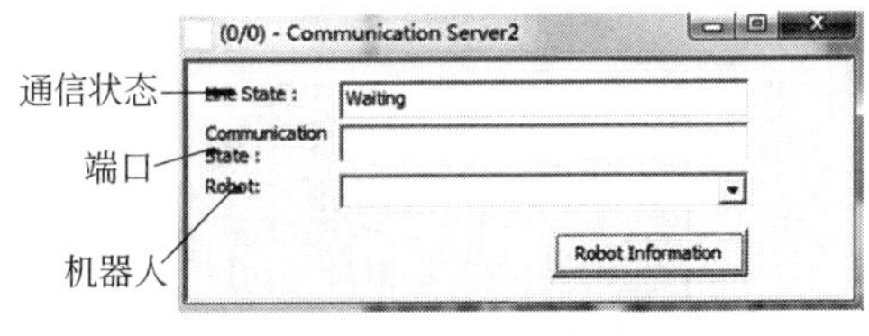

图 1-26 通信服务器

在与 CRnQ/CRnD 机器人控制器进行通信时，正常连接后，如果产生如通信线路断开，关闭机器人控制器电源等外部原因导致通信中断，但是通信端口在软件中显示仍然是“连接”状态，需要将问题解决后，重新连接。

1.4.2 工作区与工程

工作区：工作区包含工程，作为 1 个项目的总目录。

工程：1 台机器人控制器的信息，作为 1 个工程管理。

在软件中，多个工作区不能同时编辑。每个工作区中最多能够包含 32 个工程，但是 32 个工程只是理论值，实际上当工程增加时，性能会降低。例如，同时监视 32 个机器人控制器的状态，数据的更新速度会比 1 台的慢。

（1）工作区的新建与导入

单击菜单栏的“工作区”中的“工作区的新建”，工作区新建画面会显示如图 1-27 所示。输入工作区名、标题后，点击“OK”按钮。在工程编辑画面显示后，设定“工程名”（任意名字）、“通信设定”和“离线用机器人设定”以后，单击“OK”按钮。注意：RC1 作为默认的工程名可以修改。

在一个工作区中，最多可以制作 32 个工程。通过单击菜单栏的“工作区”中的“工程追加”选项，可以追加工程数量。工程的追加，只有在离线状态下才能进行。无论哪个工程、和控制器连接在线状态或者模拟状态时，都不能追加工程。

其他工作区的工程可以导入到当前打开的工作区中。工程的导入，只有离线时可以操作。并且需要先关闭当前工作区。通过选择菜单栏中“工作区”1“工程的导入”选项导入工程。工作区的选择界面显示后，选择需要导入的工程所在的工作区，单击“确定”按钮。在工程的选择界面中，会显示选中的工作区中所有保存的工程文件的一览表，选中要导入的工程即可。

（2）连接设定

鼠标右键单击工程树上作为对象的工程名，单击右键菜单中的“工程的编辑”，显示工程编辑画面，也可以在新建时就设置。根据所使用的机器人控制器、通信方式、机器人本体类型和编程语言设置对应选项。本书中使用的机器人控制器为“CRnD-700”，通信方式为“USB”通信，机器人为“RV-7F-D”，编程语言为“MELFA-BASIC V”，见图 1-28。

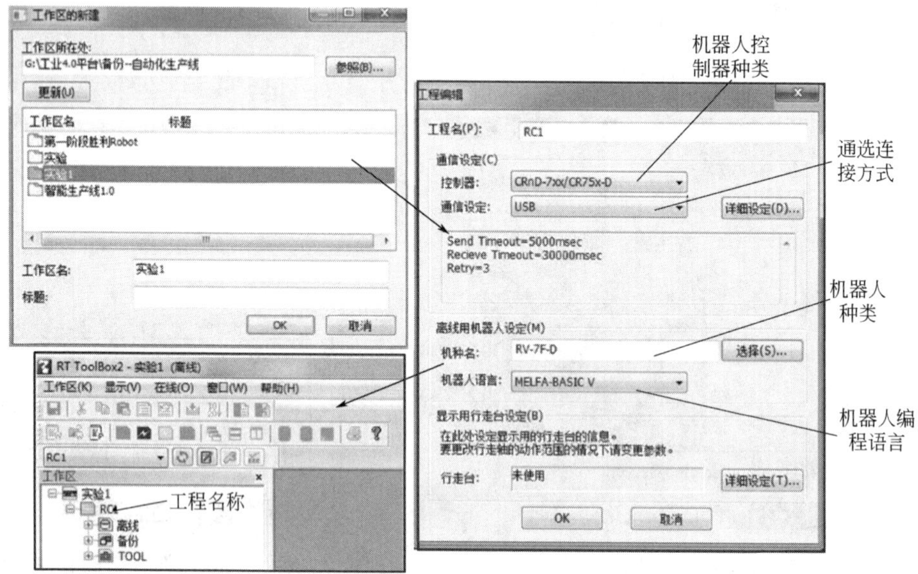

图 1-27 工作区的新建

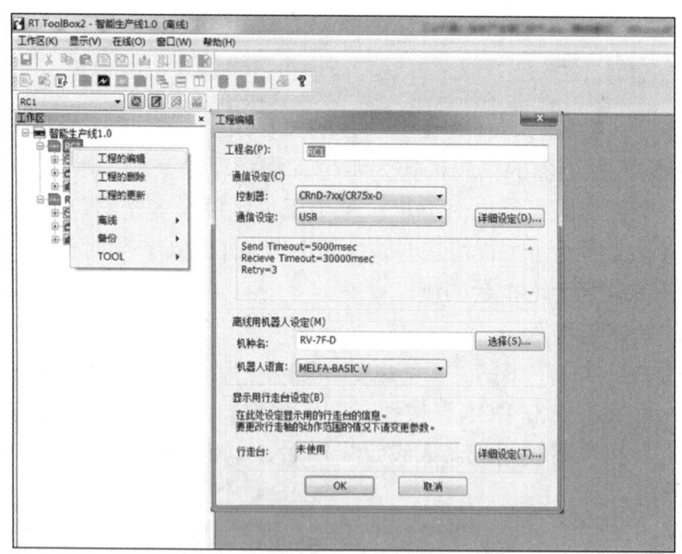

图 1-28 连接设置

（3）工程树

工程树是将当前的工作区的工程结构以阶层方式表示的形式（图 1-29）。从工程树可以启动程序的编辑、监视等所有的功能。工程树的内容会根据和机器人控制器的连接状态的不同而有所变化。

① 离线　显示电脑中保存的信息，当前设定的机器人的机型名和制成的机器人程序名。

② 在线　在和控制器连接后，切换成在线状态时，或者模拟启动时显示。显示连接中

的机器人的机型名和控制器，或者虚拟控制器中可以参照的信息项目。

③ 备份　显示从控制器备份过来的信息，一般为机器人控制器的参数信息。

④ TOOL　显示其他功能。

1.4.3　离线/在线/模拟

工程的状态包含离线、在线、模拟，见图 1-30。

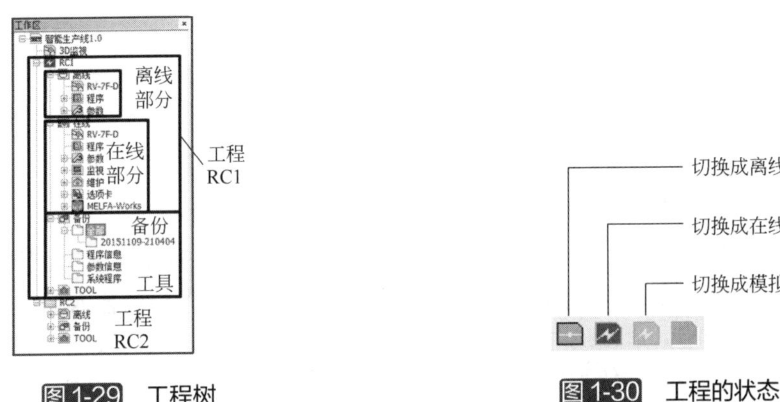

图 1-29　工程树

图 1-30　工程的状态

① 离线　以电脑中保存的文件作为对象。离线时，工程树的工程名的图标为绿色，工程树中，显示离线和备份。

② 在线　连接机器人控制器，进行控制器中的信息的确认和控制器中的信息的变更。在线时，工程树的工程名的图标为蓝色，工程树中，显示离线、在线、备份。

③ 模拟　以电脑上启动的虚拟机器人控制器为对象，进行虚拟控制器中的信息的确认和变更。模拟时，工程树的工程名的图标为蓝色，工程树中，显示离线、在线、备份。

切换到在线或者模拟时，当前编辑中的工作区中登录了多个工程的情况下，会显示工程的选择画面。选中要切换成在线或者模拟状态的工程，单击“OK”按钮，但是，能切换成模拟的工程，是任意 1 个工程。工作区中工程为 1 个的情况下，该画面不显示，见图 1-31。

模拟的启动完成后，画面上会显示模拟用的操作画面，见图 1-32。另外，模拟用的虚拟控制器以图标化状态自动启动。模拟由此虚拟控制器来动作，虚拟控制器会在模拟结束时自动结束。

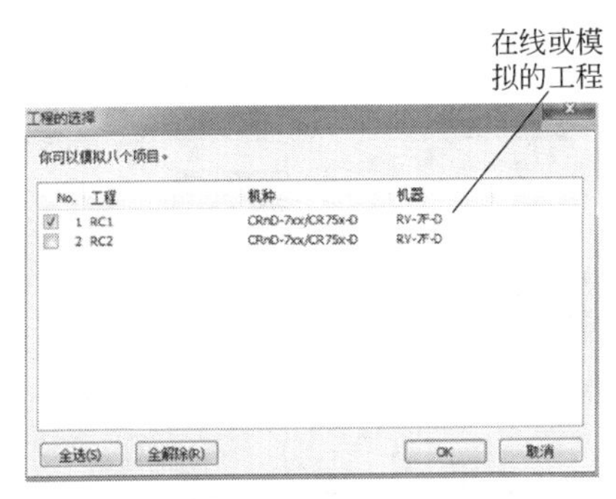

图 1-31　离线/在线/模拟

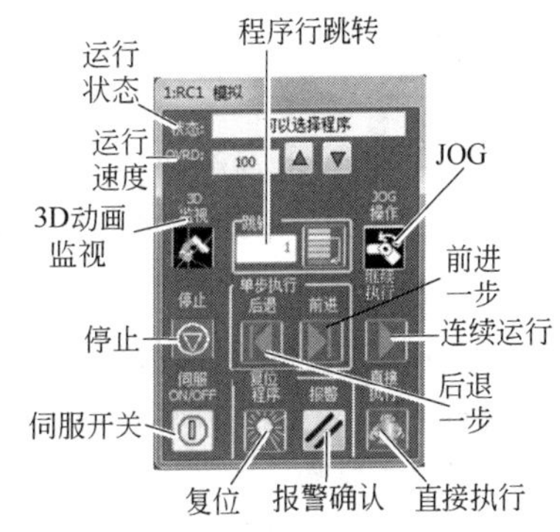

图 1-32　模拟控制器

状态：显示模拟用的任务 SLOT 的状态。

OVRD：进行机器人的速度比率的显示和设定。

跳转：可以指定程序执行行。

JOG 操作：对模拟机器人进行 JOG 操作。单击此按钮，会显示 JOG 操作用画面。

停止：用模拟启动程序的时候，用来停止此程序。

单步执行：逐行执行所指定的程序。

继续执行：将因程序启动中的断点和停止指示而停止的程序，从停止行开始再度执行程序。

伺服 ON/OFF：可以打开或关闭模拟机器人的伺服。

复位程序：可以复位程序，以及发生中的报错。

直接执行：与机器人程序无关，可以执行任意的命令。

3D 监视：显示机器人的 3D 监视。

1.4.4 机器人参数设置

机器人的参数主要分为动作参数、程序参数、信号参数、通信参数和网络参数。动作参数中常用的为：动作范围、JOG、TOOL。信号参数中常用的为通用输入输出信号分配。

（1）动作范围

不同型号的机器人动作范围不同，需要设定机器人的动作范围。参数的设定，需在与机器人控制器连接的状态下使用。从工程树中，双击作为对象的工程的“在线”→“参数”→“动作范围”。更改参数的值后，单击“写入”按钮，能够改写机器人控制器内的动作范围参数。参数范围依据机器人本体说明书变更，一般不建议扩大动作范围，扩大后可能会撞上机械限位，见图 1-33。

（2）JOG 参数

设定机器人的关节 JOG、直交 JOG 的速度。尤其是在示教模块中使用的定寸速度 High 和 Low，见图 1-34。

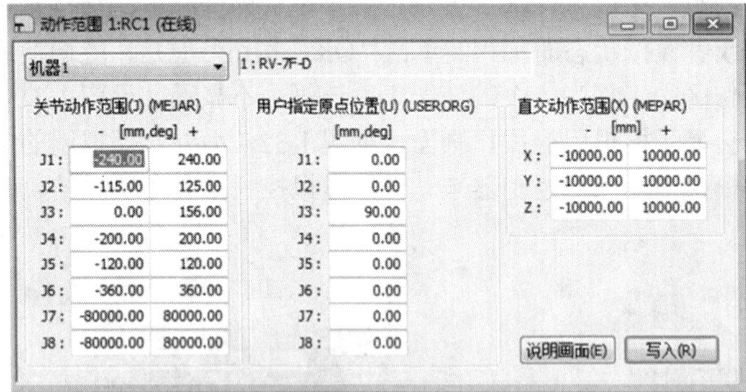

图 1-33 动作范围

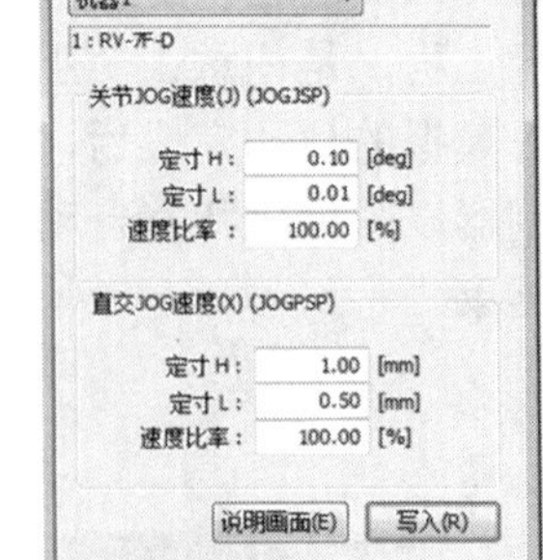

图 1-34 JOG 参数

（3）手爪参数

对执行安装在机器人上的手爪的类型、HOPEN*（手爪开）指令和 HCLOSE*（手爪关）指令的时候的工件把持/未把持进行设定，见图 1-35。

（4）TOOL 参数

能够设定机器人的标准 TOOL 坐标系、标准 BASE 坐标系。在机器人安装手爪后，如需将机器人的工具坐标系设置在手爪尖端，则需要设置工具数据。在参数中写入工具坐标系与默认坐标系，即机器人末端关节的坐标系（在机械手的末端法兰面上）的相对位置关系，也可以在程序编写时通过 TOOL 指令指定工具坐标信息。基坐标系的原点在出厂时位于机器人的原点，即 J1 轴的中心处。在需要变更时，在 TOOL 参数中设置并写入。变更后，示教显示的坐标值将会以新设的原点为参考。也可以在程序编写时通过 Base 指令指定原点坐标信息。不变更基本坐标不会影响使用，但是变更时需要预先计算，以免机器人向预期以外的方向移动，见图 1-36。

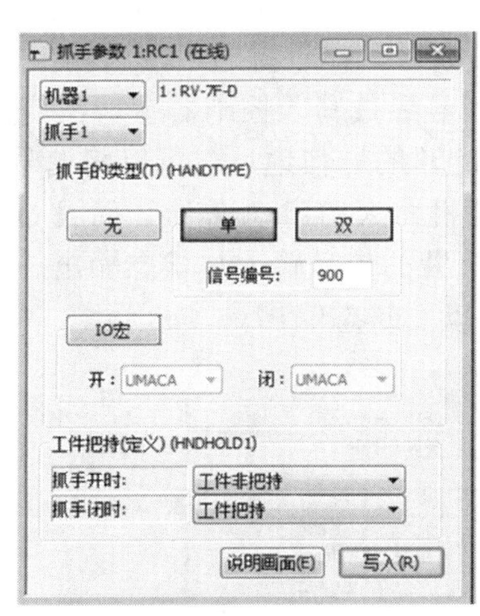

图 1-35 手爪参数

TOOL 3,RC3(CRn-500) (线上)

装置1　1 : RV-6S

	BASE坐标系(B) (MEXBS) [mm, deg]	TOOL坐标系(T) (MEXTL) [mm, deg]	TOOL资料1~4(C) MEXTL1 [mm, deg]	MEXTL2 [mm, deg]	MEXTL3 [mm, deg]	MEXTL4 [mm, deg]
X :	0.00	0.00	0.00	0.00	0.00	0.00
Y :	0.00	0.00	0.00	0.00	0.00	0.00
Z :	0.00	0.00	0.00	0.00	0.00	0.00
A :	0.00	0.00	0.00	0.00	0.00	0.00
B :	0.00	0.00	0.00	0.00	0.00	0.00
C :	0.00	0.00	0.00	0.00	0.00	0.00

位置恢復支援工具专用(参照用)

	BASE坐标系 (MEXDBS) [mm, deg]	TOOL坐标系 (MEXDTL) [mm, deg]	TOOL资料1~4 MEXDTL1 [mm, deg]	MEXDTL2 [mm, deg]	MEXDTL3 [mm, deg]	MEXDTL4 [mm, deg]
X :	0.0000	0.0000	0.0000	0.0000	0.0000	0.0000
Y :	0.0000	0.0000	0.0000	0.0000	0.0000	0.0000
Z :	0.0000	0.0000	0.0000	0.0000	0.0000	0.0000
A :	0.0000	0.0000	0.0000	0.0000	0.0000	0.0000
B :	0.0000	0.0000	0.0000	0.0000	0.0000	0.0000
C :	0.0000	0.0000	0.0000	0.0000	0.0000	0.0000

説明畫面(E)　寫入(R)

图 1-36 TOOL 参数

（5）网络参数设置

在采用以太网通信方式时，需要在 Ethernet 参数中设置相关设备的通信参数。设置时，所有通信设备的 IP 地址必须在同一个字段内。一般需要设定的参数如图 1-37 所示。先设置本机的“IP 地址”以及“子网掩码”。在设备一览中，双击需要设置的设备（OPT11～OPT19）。在对话框中设置“IP 地址”“通信协议”“端口”“服务器指定”。如果是视觉通信端口，只需要设置端口号和 IP 地址。如图 1-37 中 OPT17 和 OPT18。需要有数据传输的设备之间的通信协议为数据链路，参数为 2。其他设置为：无步骤，0。端口号一般设置在 0～32767 之间。但是在对应设备上，端口号需要与此时设定的一致。例如：相机在此的端口设定为 23，那么在相机的网络通信参数中的端口设定也必须为 23。在使用 Open 指令数据链路传输时，需要设定每个 COM 口的对应设备。

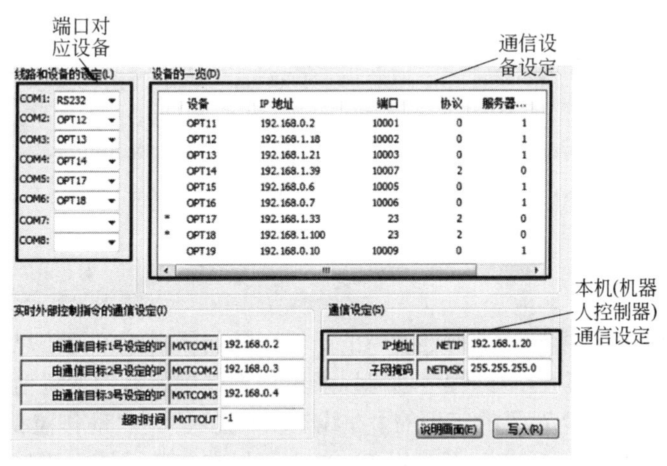

	设备	IP 地址	端口	协议	服务器...
	OPT11	192.168.0.2	10001	0	1
	OPT12	192.168.1.18	10002	0	1
	OPT13	192.168.1.21	10003	0	1
	OPT14	192.168.1.39	10007	2	0
	OPT15	192.168.0.6	10005	0	1
	OPT16	192.168.0.7	10006	0	1
*	OPT17	192.168.1.33	23	2	0
*	OPT18	192.168.1.100	23	2	0
	OPT19	192.168.0.10	10009	0	1

图 1-37 以太网通信参数

例 1-2 Open "COM:" 5 as #1

其中 COM5 口对应于设备 OPT17，IP 地址为 192.168.1.33，端口号为 23。所读取的数据放在机器人控制器的 1 号档案文件中。

（6）通用输入输出设置

可以设置指令地址，实现机器人程序的运行、停止等远距离操作，执行信息、伺服电源等状态的显示/操作，可以给各个功能的分配信号编号。在设置通用输入输出信号时，依据 CR750 控制器操作说明书，分别将输入输出信号参数写入控制器中。在使用 GOT 操作机器人的相关功能时，以上数据地址将作为 GOT 的通信地址，可以将信号写入指定地址中，见图 1-38～图 1-40。图 1-38 中主要设置机器人的启动/停止、伺服 ON/OFF、报错信号等。图 1-39 中主要为机器人紧急停止，报警的信号输入与状态输出。图 1-40 中主要设置机器人基本动作的速度信号、数值输入以及状态输出。

通用1 1:RC1 20151109-210404

输入信号(I)			输出信号(U)		
可自动运行	AUTOENA		可自动运行	AUTOENA	
启动	START	10006	运行中	START	10006
停止	STOP	0	待机中	STOP	10000
停止(STOP2)	STOP2	10000	待机中2	STOP2	
			停止输入中	STOPSTS	10007
程序复位	SLOTINIT	10008	可以选择程序	SLOTINIT	10008
报错复位	ERRRESET	10009	报警发生中	ERRRESET	10009
周期停止	CYCLE	10012	周期停止中	CYCLE	10012
伺服OFF	SRVOFF	10011	伺服ON不可	SRVOFF	10011
伺服ON	SRVON	10010	伺服ON中	SRVON	10010
操作权	IOENA	10005	操作权	IOENA	10005

说明画面(E)　写入(R)

图 1-38 通用输入输出信号（1）

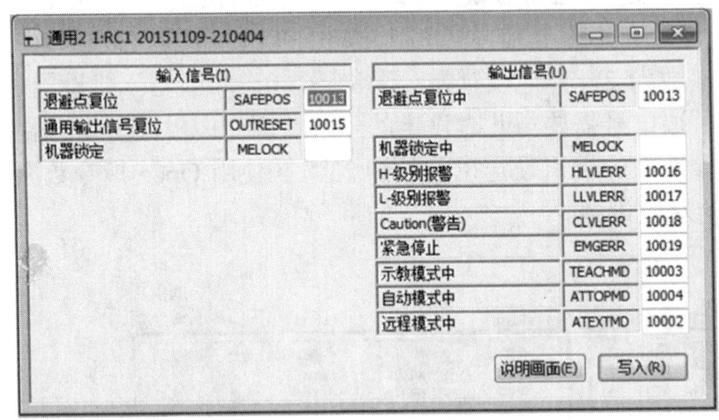

图 1-39 通用输入输出信号（2）

1.4.5 监视界面

在监视界面中可以持续显示当前连接中的机器人控制器中的各种信息。

程序监视：可以监视动作中的程序信息以及监视程序中所有的变量值的变化。

从工程树中，单击作为对象的工程的"在线"→"监视"→"动作监视"→"程序监视"，之后双击要监视的"任务 SLOT"。"任务 SLOT"可以在参数插槽中添加需要的程序。如果没有将程序添加到任务插槽中，只能在编辑插槽中监视当前正在调试的程序，见图 1-41。

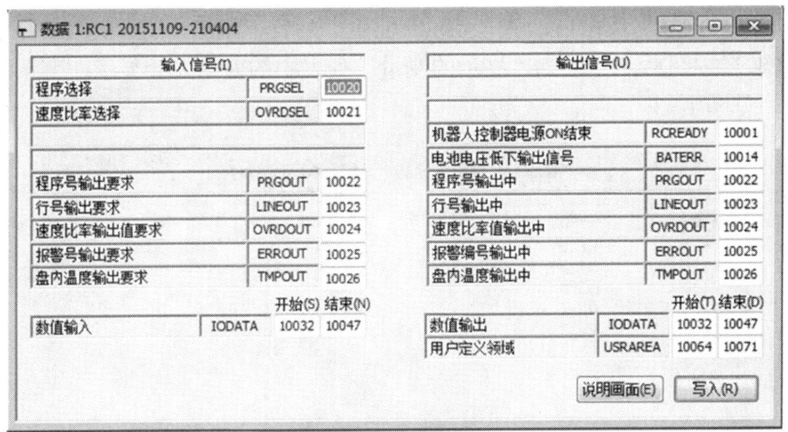

图1-40 数据参数

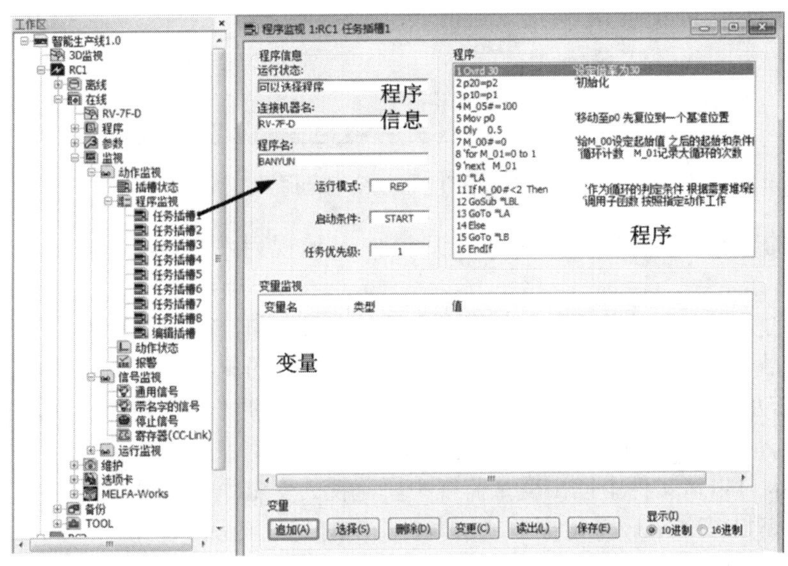

图1-41 程序监视

① 程序信息　可以确认当前选中的“程序名”“运行状态”以及连接中的机器人机型名。

② 程序　当前选中的程序会被显示，当前执行的行深色显示。

③ 变量监视　可以确认当前选中的程序中所使用的变量的值。需要监视的变量可以通过界面下方所显示的按钮来选择。

④ 变量的追加　追加需要监视的变量。输入变量名，或者从下拉列表中选择后，设定变量的种类，单击“OK”按钮。下拉列表中，程序所使用的变量会被显示。从下拉列表选择变量的情况下，变量的种类会自动选择，见图1-42。

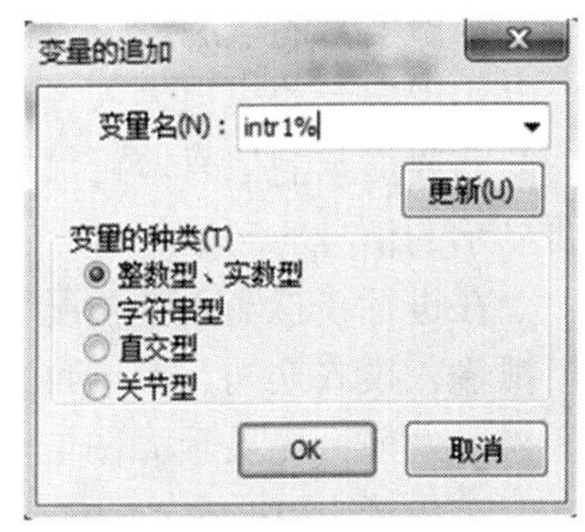

图1-42 变量追加

⑤ 变量的选择　可以将需要监视的变量，从程序中使用的变量一览中进行批量选择。左边的列表中显示“不显示的变量”，右边的列表中显示“显示的变量”。从“不显示的变量”列表中，选择需要监视的变量，单击“追加→”按钮。选中的变量会追加到“显示的变量”列表中去。从“显示的变量”列表中

选择变量，单击“←删除”按钮后，从“显示的变量”列表中删除，追加到“不显示的变量”列表中。单击“OK”按钮后，登录到“显示的变量”列表中的变量，会显示在变量监视中，其值可以作为参照，见图 1-43。

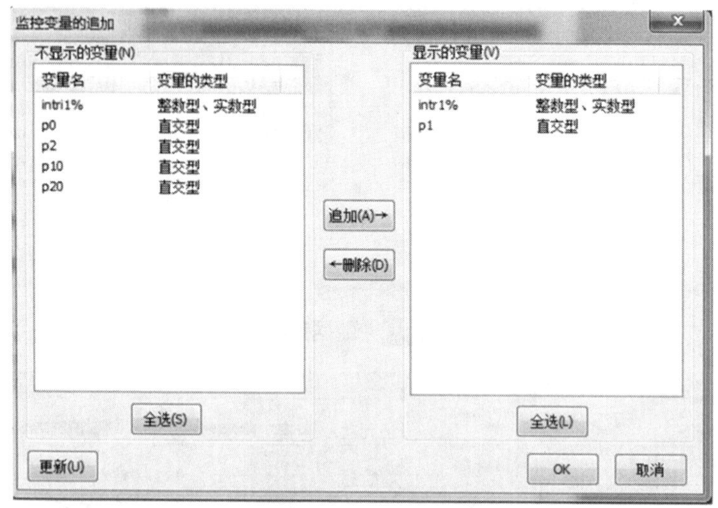

图 1-43 监视变量选择

⑥ 变量的删除　将变量监视中登录的变量，从监视列表中删除。该操作不会把程序中的变量删除。

⑦ 变量的变更　可以变更变量监视中登录的变量的值。变量监视中，选择要变更值的变量，然后单击“变更”按钮。确认变量名后，输入变量的值，单击“OK”按钮。变更值以后，机器人的动作目的位置会发生变化，可能会和周边发生干涉。由于机器人的动作具有一定的危险性，所以请务必仔细确认要变更的值。

⑧ 读出　可以从文件中读出变量监视中要监视的变量。单击“读出”按钮后，可以从保存的文件中读出变量名、变量类型，作为要监视的变量来进行追加。

⑨ 保存　可以把变量监视中监视的变量一览保存到文件中去。单击“保存”按钮后可以把当前监视中的变量名、类型、值保存到文件中。文件会以文本形式被保存。

⑩ 显示　可以将变量监视中显示的变量的值进行 16 进制显示⇔10 进制显示切换。

可以确认从外部机器输入到机器人控制器的信号，从机器人控制器输出到外部机器的信号的状态。从工程树中，双击作为对象的工程的“在线”→“监视”→“信号监视”→“通用信号”，得到如图 1-44 所示画面，在图 1-44（b）中，上段中显示输入信号的状态，下段中显示输出信号的状态。需要显示的信号，可以通过“监视设定”自由设定连续范围。并且，可以实现信号的模拟输入、强制输出。

需要显示的信号，可以在连续范围内自由设定。在输入信号编号、输出信号编号中设定要显示的信号的起始编号，在行中设定各自的显示范围后，单击“OK”按钮。

在进行模拟输入的情况下，机器人控制器中进行模拟输入模式的设定。机器人控制器在模拟输入模式期间，不接收来自外部机器的输入信号。单击“模拟输入”按钮，模拟输入界面显示之前，先显示如图 1-45 所示的确认界面。

首先读出模拟输入的信号，可以同时设定 32 条信号。输入想要读出的信号的“起始信号编号”，单击“设定”按钮。从指定的信号开始，显示 32 条信号输入状态。设定模拟输入的状态，单击“位模拟输入”按钮。另外，从起始信号编号开始的32条信号，可以用16进制数指定值，进行模拟输入。以16进制数输入值后，单击“端口模拟输入”按钮即可，见图1-45。

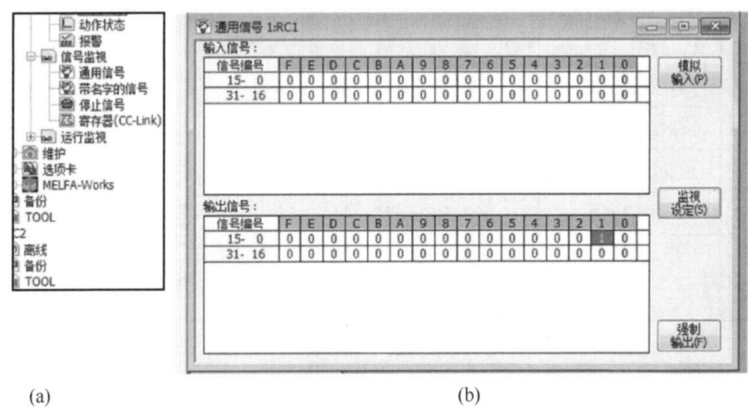

(a) (b)

图1-44 信号监视

从机器人控制器还可以向外部机器强制输出信号，见图1-46。

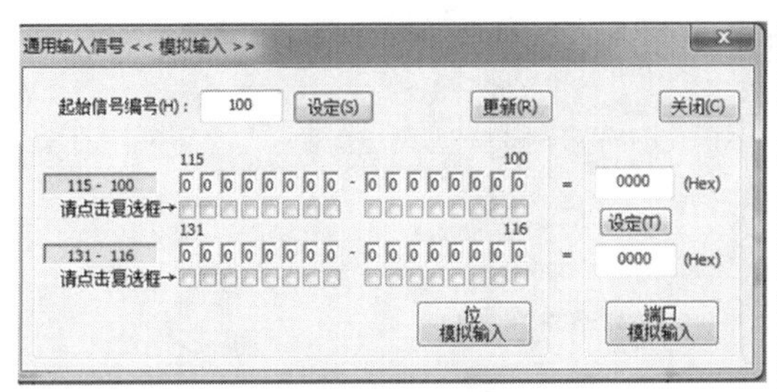

图1-45 模拟输入

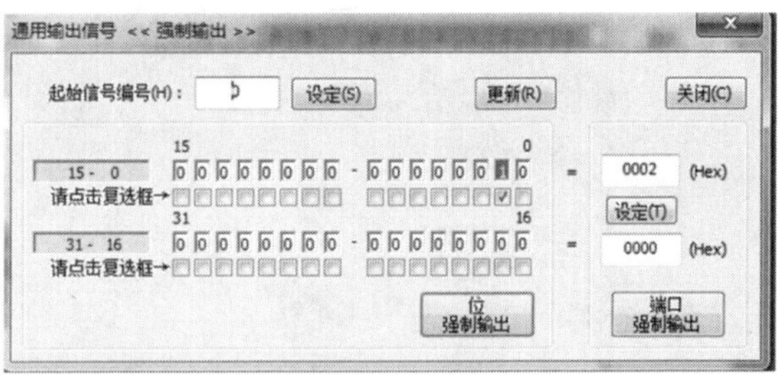

图1-46 强制输出

输出想要强制输出的信号，可以同时输出32条信号。输入想要强制输出的信号的“起始信号编号”，单击“设定”按钮。从指定的信号开始，显示32条信号输出状态。设定输出状态，单击“位强制输出”按钮。另外，从起始信号编号开始的32条，可以用16进制数指定值后强制输出。以16进制数输入值后，单击“端口强制输出”按钮即可。

专用输出信号分配的（使用中）信号编号，不能强制输出。如果机器人控制器的模式是“AUTOMATIC”/“MANUAL”中任一状态都可以输出，但是，只要有1个程序处于启动状态，将不能输出。

1.4.6 机器人编程语言

MELFA-BASIC V程序命令语句的组成如下。

常用命令语句如表1-2所示，具体的用法可以在RT ToolBox软件下的帮助文档中查看。

表 1-2　MELFA-BASIC V 程序常用命令语句

序号	项目	内容	相关命令	序号	项目	内容	相关命令
1	机器人动作控制	关节插补动作	Mov	7	程序控制	无条件分支・条件分支	GoTo，If Then Else
2		直线插补动作	Mvs	8		循环	For Next
3		圆弧插补动作	Mvr，Mvr2，Mvc	9		中断	Def Act，Act
4		最佳加减速动作	Oad1	10		子程序	GoSub，CallP
5		手爪控制	HOpen，HClose	11		定时器	Dly
6	托盘运算		Def Plt，Plt	12		停止	End，Hlt
				13	外部信号	输入输出信号	M_In，M_Out

1.4.7　程序实例

单击“文件”|“新建”，输入新建工作区名称为“实验”确认后弹出“工程编辑”对话框。选择机器人控制器为“CRnD-7xx/CR75x-D”，通信方式选为“USB 通信”，机器人种类为“RV-7F-D”，机器人语言为“MELFA-BASIC V”，单击“OK”键，新建工程，见图 1-47。

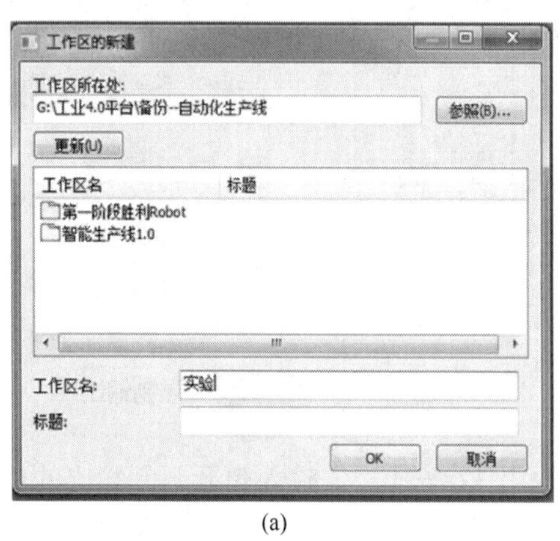

(a)

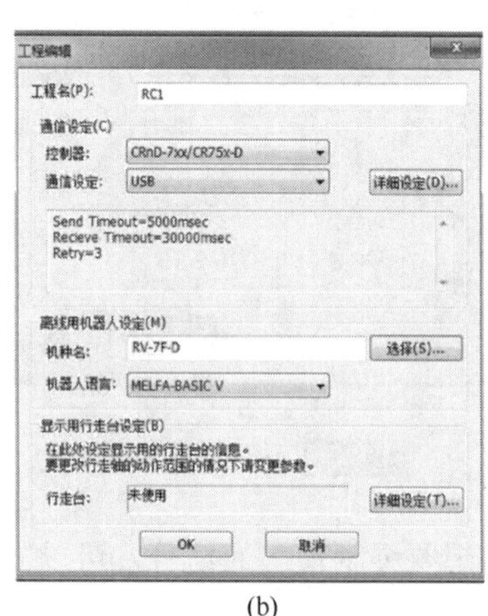

(b)

图 1-47　工作区新建

进入 RC1 工程界面，右击工程树中的“程序”|“新建”(图 1-48)，填写程序号为 1，新建程序文件（图 1-49)。输入程序并保存（图 1-50)。

程序 1：

```
Ovrd 60              '设置速度为 60%
Mov P0               '移动至 P0 点
Wait M_in(10064)=1   '等待输入信号 10064 置位
Mov P1,-50           '移动至 P1 点上方 50mm
HOpen 1              '打开手爪
Mvs P1               '移动至 P1 点
Dly 1                '延时 1s
HClose 1             '闭合手爪
Mvs P1,-50           '直线插补至 P1 点上方 50mm
```

```
Hlt                         '程序终止
End                         '程序结束
```

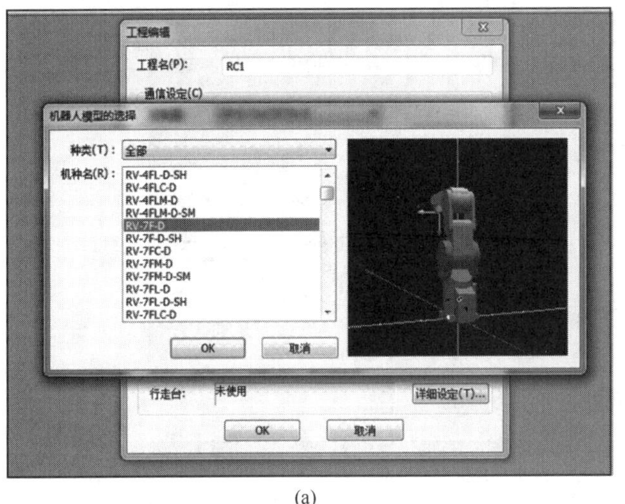

(a)

(b)

图 1-48　工程新建

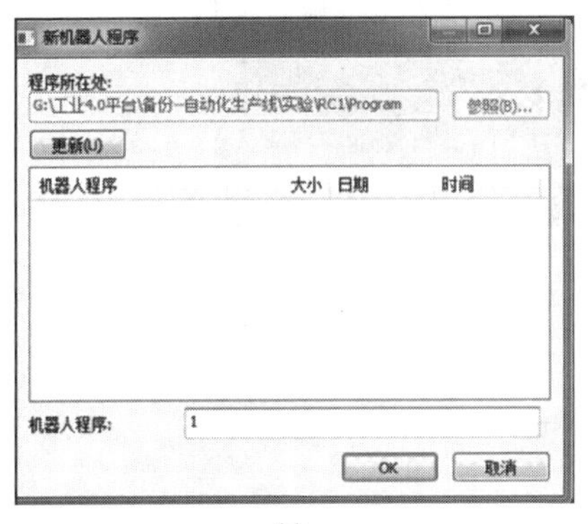

(a)

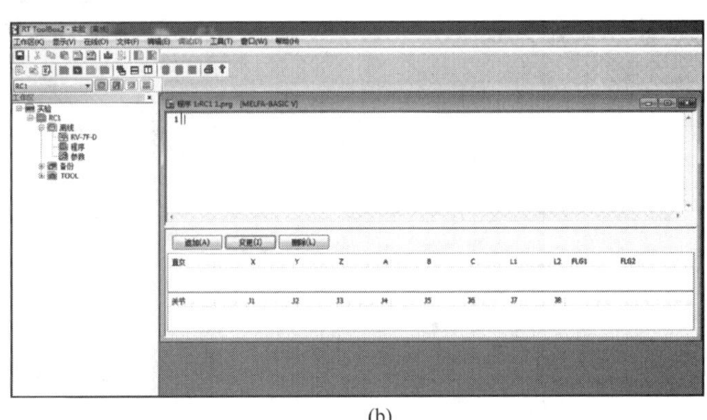

(b)

图 1-49　新建程序

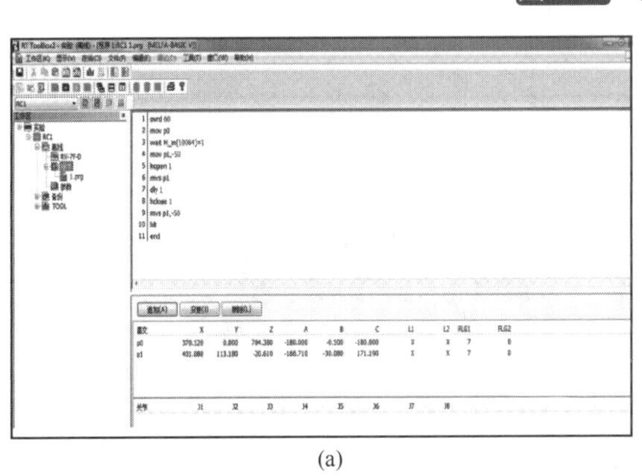

(a)

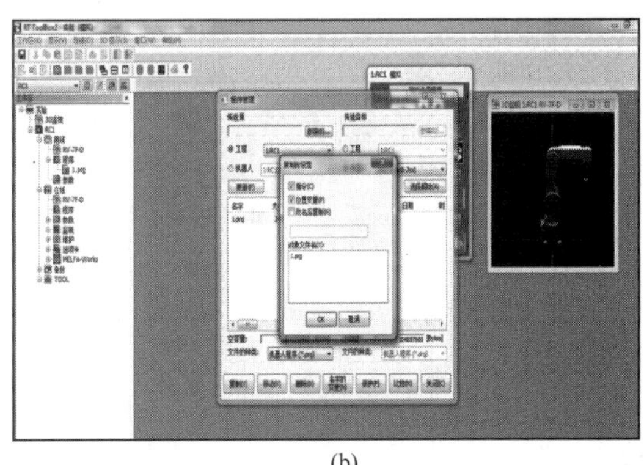

(b)

图 1-50　程序编写

将程序编辑画面关闭，单击“模拟”，进入模拟界面。在工程树中，右击“在线”|“程序”，单击“程序管理”，进入“程序管理”对话框。对话框左边选择工程，右边选择机器人。

将 1 号程序文件复制到机器人模拟控制器中。

右击 1 号程序文件，选择“在调试状态下打开”，单步执行程序，见图 1-51。在此步中，需要使用模拟输入功能，见图 1-52。

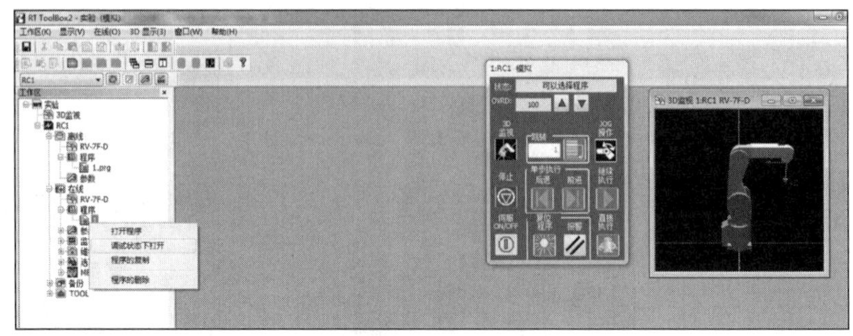

图 1-51　运行调试

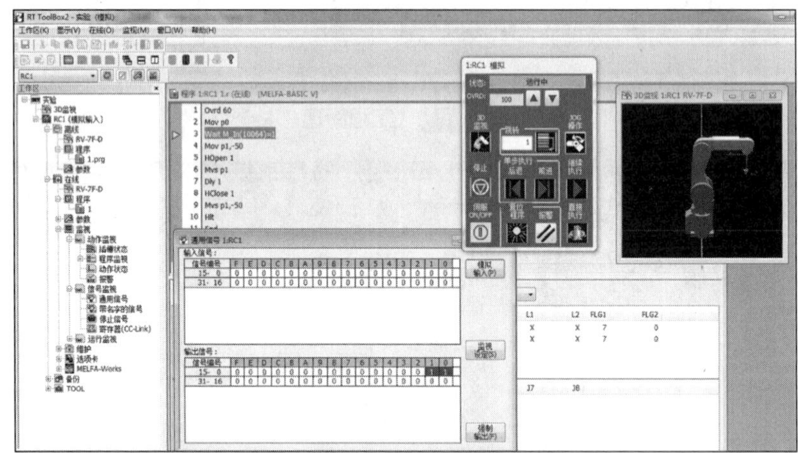

图 1-52　信号模拟

打开工程树种“监视”|“通用信号”，在对话框中调整起始编号，见图 1-53。本次使用的信号地址为“10064”，所以在 10064 下方打勾，模拟输入信号“1”。返回程序继续向下执行直到完成，见图 1-53。

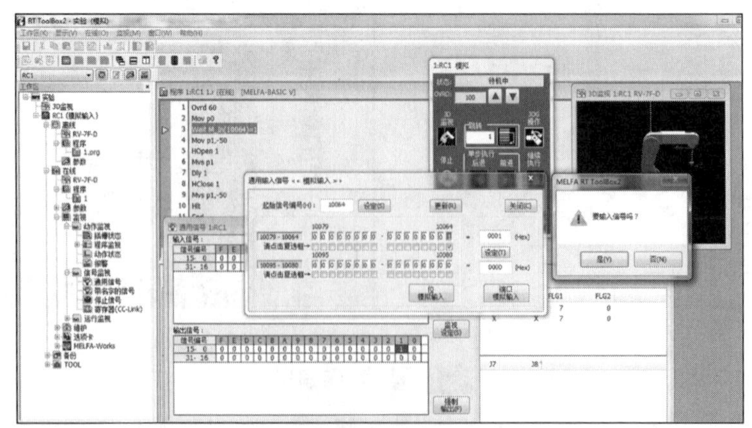

图 1-53　模拟输入

1.5 仿真离线编程软件

1.5.1 离线编程简介

MELFA-Works 为 SOLIDWORKS 的插件工具，用来在计算机上模拟机器人应用系统。由于是基于 SOLIDWORKS 的插件工具，可以使用 SOLIDWORKS 创建外围设备。主要功能有：机器人模型设置、手爪添加、加载外围设备布局、离线 JOG 操作、干涉检查、机器人程序调试和坐标系校准等。

安装 MELFA-Works 之前必须安装 SOLIDWORKS 和 RT ToolBox 软件。安装完成后，在 SOLIDWORKS 中勾选 MELFA-Works 工具选项，然后从 SOLIDWORKS 中启动 MELFA-Works。

使用 MELFA-Works 模拟仿真一般分为 4 个步骤。

① 使用 SOLIDWORKS 创建模型。创建工件、手爪、基座等外围设备。在创建时，参考坐标系要改为特定的名字作为标记。

② 使用 MELFA-Works 指定模拟加工位置、路径信息等。创建机器人程序并导出。

③ 校准。使用校准工具校准实际坐标与虚拟坐标之间的关系，并将校准点序列数据下载至机器人控制器中。

④ 使用 RT ToolBox 修改完善程序，并在实际中调试运行。

1.5.2 SOLIDWORKS 模型创建

在 MELFA-Works 中，可以使用 SOLIDWORKS 创建零件模型作为机器人的手爪或工件。但是，在创建时需要遵循特定的命名原则才能在模拟中使用。在其他三维建模软件中创建的零件模型可以通过导入功能在 MELFA-Works 中使用，但需要将文件格式转换为 SOLID WORKS 中的零件格式。

零件的命名原则：零件的不同命名作为 MELFA-Works 识别不同零件的符号标记。主要分为：固定手爪、ATC（Auto Tool Changer）工具、ATC 控制器、工件和移动平台等外围设备，见表 1-3。

表 1-3 零件的不同命名

<table>
<tr><th>零件名称</th><th>零件名称格式
（文件名）</th><th>第一参考点坐标系
（与机器人相连）</th><th>第二参考点坐标系
（与待加工零件相连）</th></tr>
<tr><td>固定手爪</td><td>_Hand.sldprt</td><td rowspan="3">Orig1</td><td rowspan="2">如果手爪用来抓取并移动工件，则为 Pick1～Pick8。
如果是点的接触（如焊接点），则使用 Orig2</td></tr>
<tr><td>ATC 工具</td><td>_ToolATC.sldpr</td></tr>
<tr><td>ATC 控制器</td><td>_MasterATC.sldpr</td><td>Orig2</td></tr>
<tr><td>工件</td><td>_Work.sldpr</td><td>Orig1
设置在待抓取点</td><td rowspan="2"></td></tr>
<tr><td>移动平台及其他设备</td><td>.sldpr</td><td>任意</td></tr>
</table>

1.5.3 MELFA-Works

主界面包含了需要使用的全部功能，如加载机器人模型、外围设备模型、外围布局、离线仿真 JOG 操作、离线工件坐标示教、离线程序自动生成、虚拟控制器等，见图 1-54。

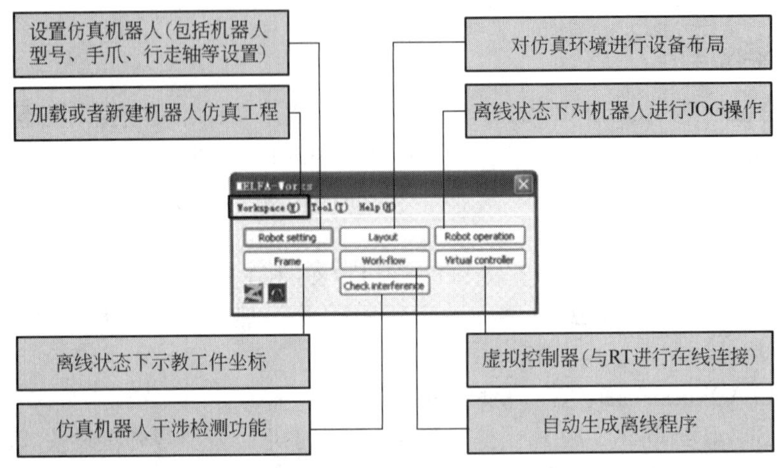

图 1-54 主界面

1.5.4 机器人设置

可以新建一个工作区和载入已有的工作区。在 RT ToolBox 中新建的工作区在此也能载入，见图 1-55。在 MELFA-Works 中最多可以设置 8 个机器人。在机器人设置中可以设置每台机器人的具体信息。但是增加机器人的台数会降低模拟运行时的运行速度，所以尽量减少每次模拟是机器人的数量。

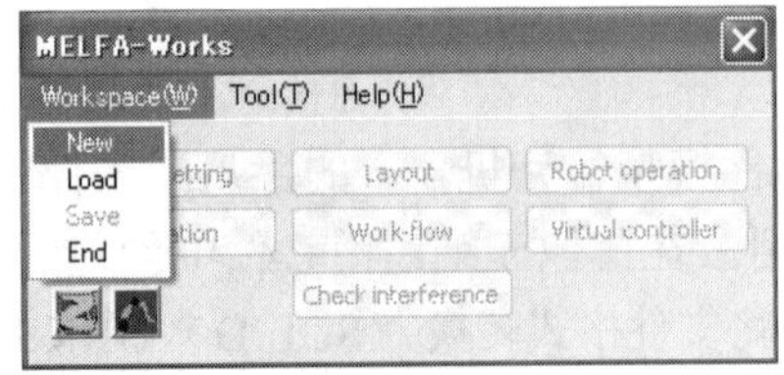

图 1-55 新建工程

在新建工程后，需要设置机器人型号。在软件中包含了所有三菱现有的机器人信号，在本书中，所使用的机器人型号为“RV-7F-D”。在选择机器人型号后需要单击“Show robot”显示机器人，见图 1-56。

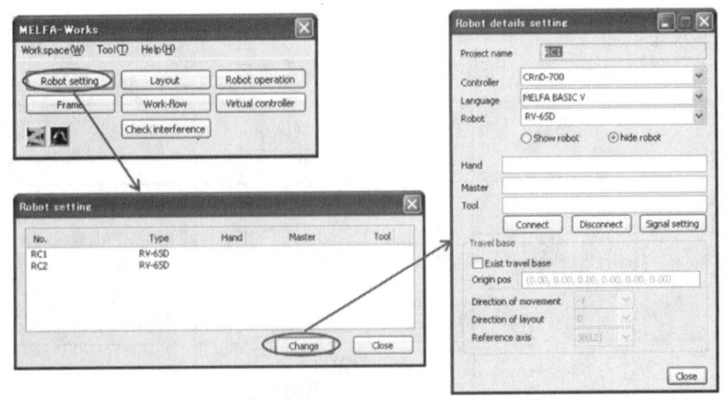

图 1-56 机器人设置

添加手爪时，先将预先建好的3D手爪模型导入MELFA-Works中。打开“Robot Setting”选择需要连接的机器人，打开对话框，选择手爪，再单击“Connect”，连接手爪至机器人末端。或者先选择“Hand”后的输入栏，然后单击SOLIDWORKS中的手爪模型，也可以将手爪连接至机器人。其中Orig1作为与机器人末端连接的符号标记，在建立模型时必需添加，否则手爪无法识别，见图1-57。

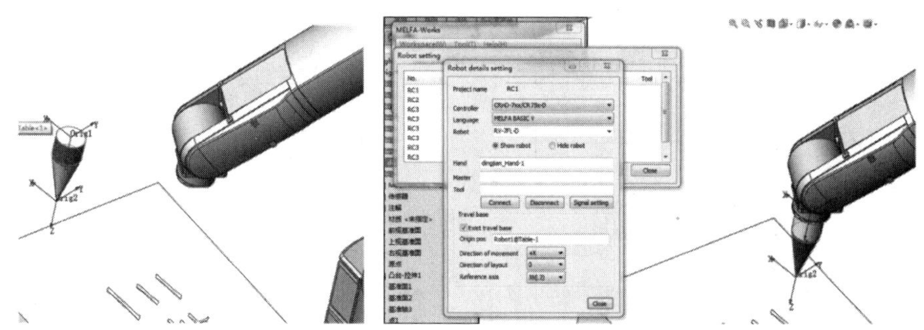

图1-57　手爪连接

当需要抓取零件时，要设置手爪信号，并且手爪的第二坐标名字为“Pick1”到“Pick8”，待抓取零件的待抓取点的名字为“Orig1”，见图1-58。

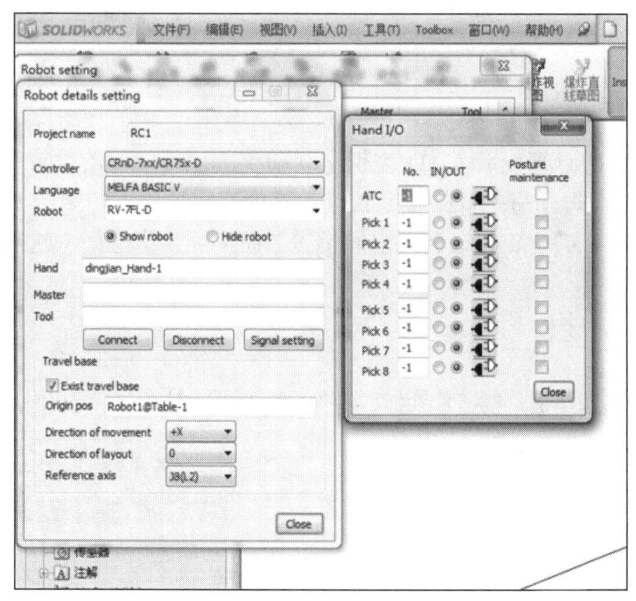

图1-58　手爪信号

1.5.5　布局

指定机器人及其周边设备的布局位置。采用SOLIDWORKS自带功能进行位置移动和零部件配合布局，使用MELFA-Works进行相对位置安装。

布局时，坐标系可以从CAD原点（CAD Origin）、机械手原点（Robot Origin）、零部件原点（Parts Origin）、任意坐标系（Coordinate System）4种中选择一个。

放置机器人时，需要在放置机器人的平台上预先建立参考坐标系，见图1-59。

1.5.6 机器人操作

在 MELFA-Works 中，可以通过 Robot operation 选项操作机器人，示教目标点，调整机器人位置等，也可以切换关节模式和直交模式，调整机器人的移动速度。

当使用的手爪的第二坐标系为 Orig2 时，可以在 SOLIDWORKS 环境中直接选择目标点，使机器人移动到所选的点，见图 1-60。

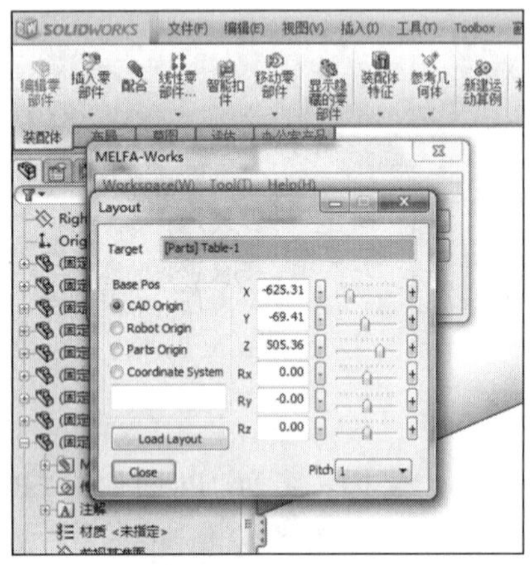

图 1-59 机器人外围布局

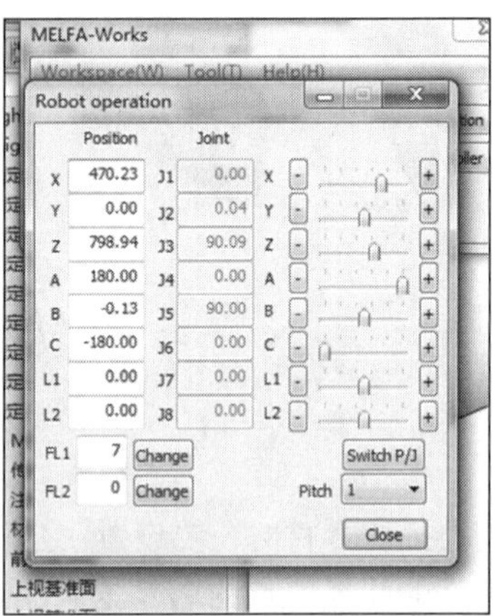

图 1-60 JOG 操作

1.5.7 校准

通过 3 个不共线的点来校准 CAD 虚拟空间和实际坐标空间的位置关系。如果有多个需要抓取的工件，可以在每个待抓取处重新校准，以调高定位精度，如图 1-61 所示，在虚拟空间中选择 3 个点 PO、PX、PY 并记录其空间位置。在实际坐标空间中选择 3 个位置相对应的点即可完成校准。

1.5.8 任务

任务流由一系列操作组成，包括零件抓取动作、机器人的移动、信号的输入输出等，见图 1-62。

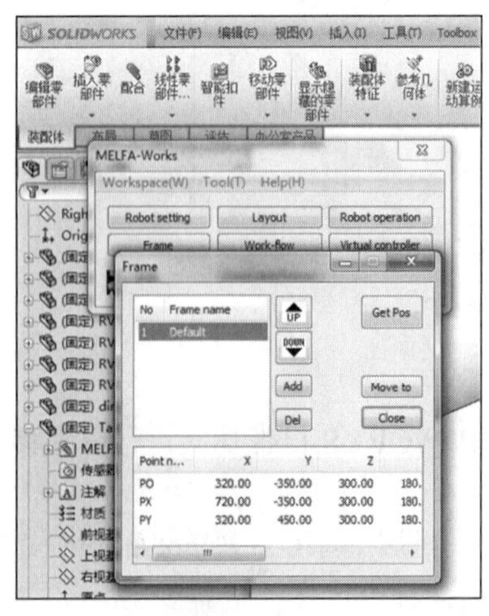

图 1-61 校准

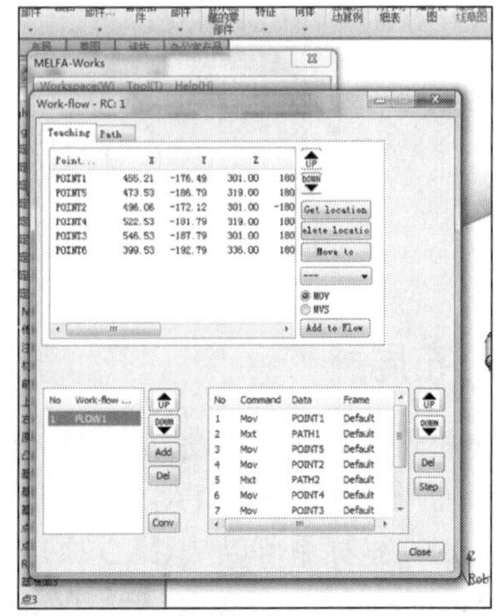

图 1-62 任务编写

（1）创建示教点

在 SOLIDWORKS 中创建的与现实一样的模型中，选择程序编写时所添加的位置变量。在 JOG 中将机器人移动到目标点，或者使用第二坐标系为 Orig2 的手爪，使用鼠标移动到目标点。在程序编辑对话框中，双击或者单击“Get Location”，读取并记录当前点位置。

（2）路径设置

路径设置需要选择预先创建路径曲线，然后在路径编辑的对话框中选择理想路径，并记录。在 MELFA-Works 中，路径是通过在空间中插补一系列点连接而成。所以在生成程序时会同时生成一个.MXT 文件，需要校准后才能使用。

（3）创建程序

将示教点以及示教路径按照一定的机器人动作顺序插入任务流中，单击“Conv”，即可以生成动作程序。

在程序运行前，需要校正插补路径，具体的校正步骤如图 1-63、图 1-64 所示。

切换至 RT ToolBox 中，单击工程树种的“校正工具”。此时，上方菜单栏会出现变化。选择“文件”“打开 MXT 文件”，浏览至保存的路径文件处，并打开，见图 1-63。

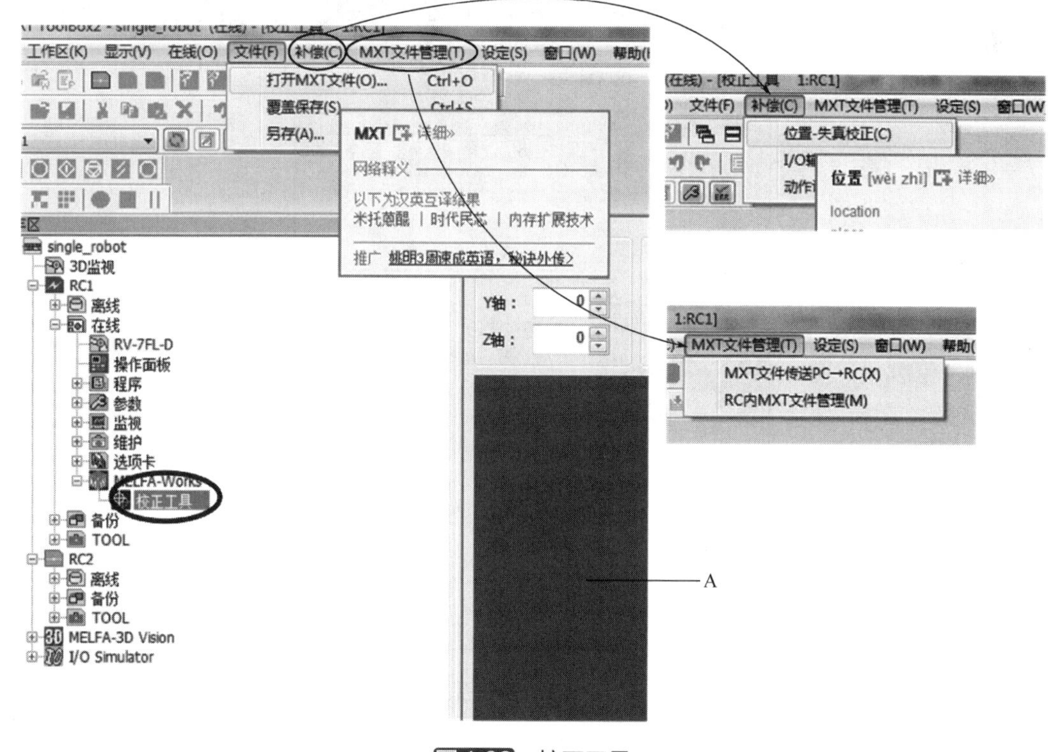

图 1-63　校正工具

打开后，在图中 A 区域会显示所选文件的路径轮廓。选择“位置-失真校正”，在对话框中依次单击位置补偿与失真校正程序，并将校正补偿数据传输至机器人控制器或模拟控制器中，见图 1-64。

1.5.9　虚拟控制器

可以模拟实际的机器人控制器，实现机器人的各项动作。但是启动虚拟控制器后，RT

ToolBox 软件不能使用模拟功能，见图 1-65。

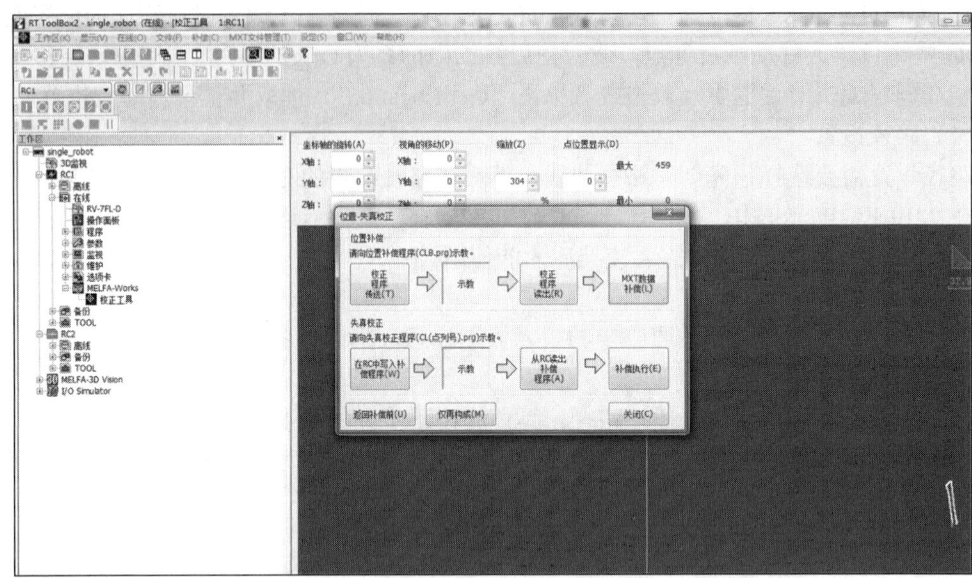

图 1-64　补偿校正

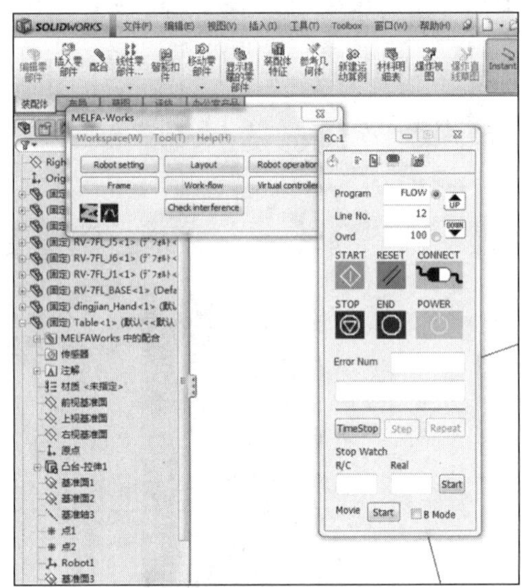

图 1-65　虚拟控制器

同时可以对机器人的动作进行控制，通过干涉检查功能检查机器人是否存在干涉。

1.5.10　程序实例

创建工作区 single_robot，并在 SOLIDWORKS 中创建锥形手部执行器。在底部新建坐标系 Orig1，在端部新建坐标系 Orig2，按照命名规则保存为 dingjian_Hand.prt，将手爪模型添加至装配空间中，见图 1-66、图 1-67。

打开“Robot setting”对话框，选择“RV-7FL-D”机器人模型，控制器选择包含“CR750-D”的控制类型，编程语言选择“MELFA-BASIC V”，选中“Show robot”。此时机器人将显示在装配空间中。单击“Hand”栏，此时，“Hand”栏将变成蓝色，然后单击手爪模型，手爪将自动连接到机器人末端法兰盘上，Orig1 坐标所在位置与机器人末端坐标系重合。或者先选中模型，然后单击“Connect”，手爪也会自动连接至机器人末端。由于不是用移动平台，所以取消移动平台选项，见图 1-68。

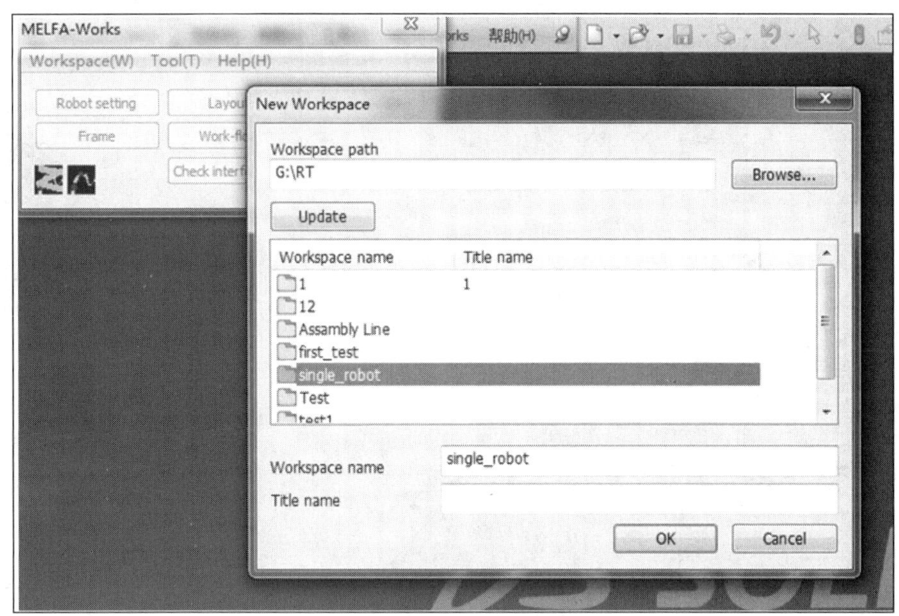

图 1-66 新建

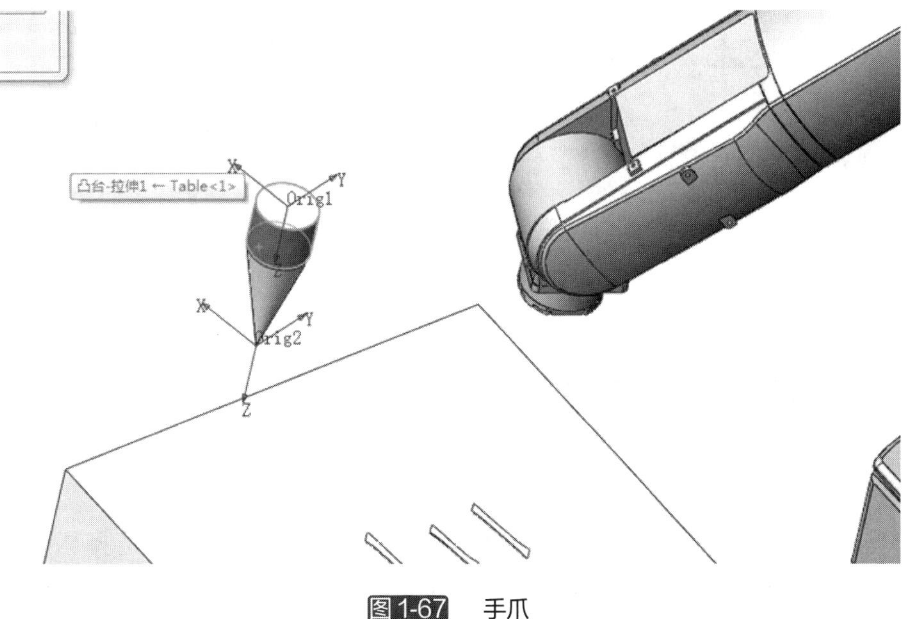

图 1-67 手爪

在 SOLIDWORKS 中新建机器人平台模型，在需要拜访机器人的位置添加参考坐标，此时参考坐标的名字可以任意，但是为了便于区分，命名为 Robot1，见图 1-69。

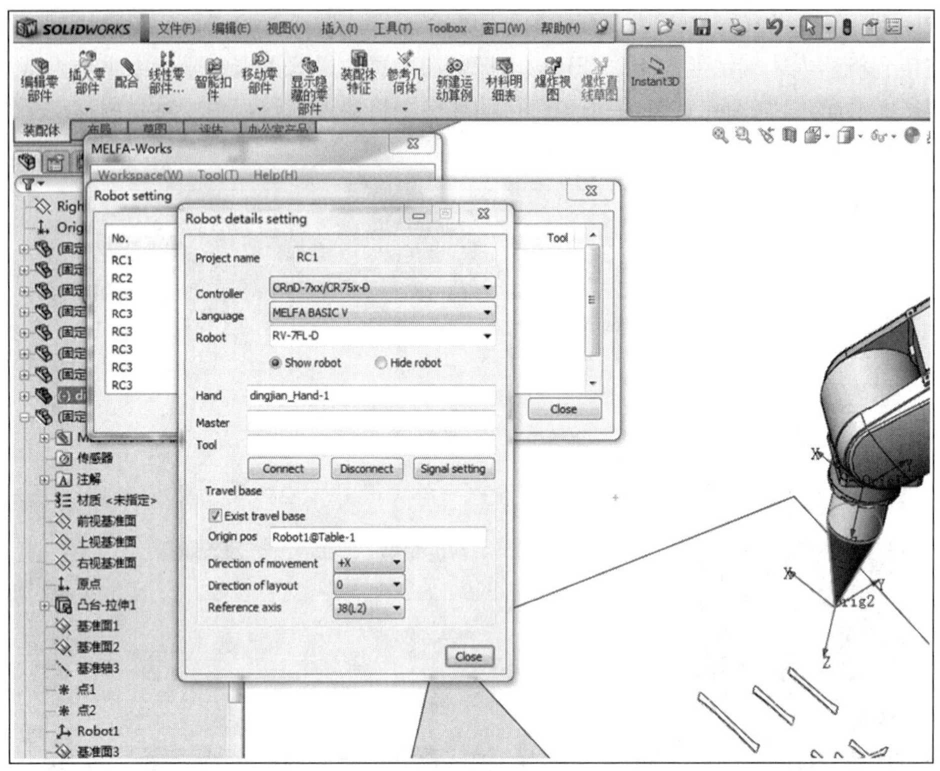

图 1-68　机器人设置

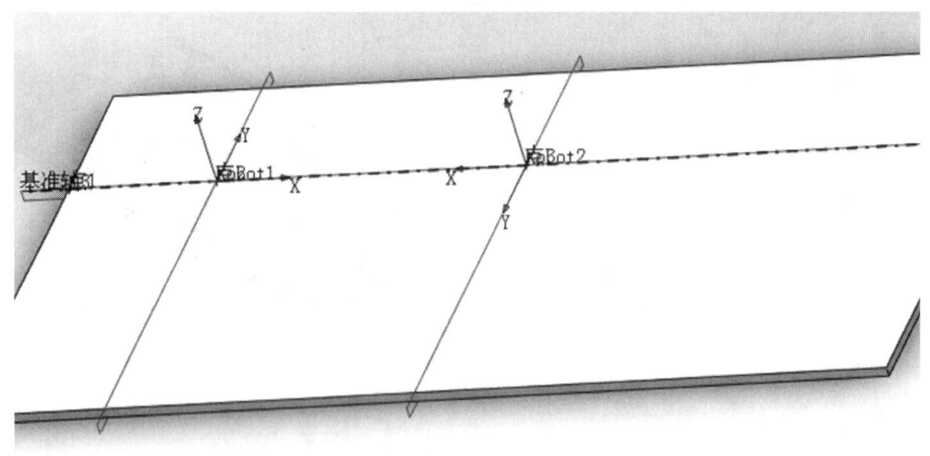

图 1-69　机器人平台

在“Layout”中，选择离线仿真空间的基坐标系。根据编程需要选择具体的坐标系位置。例如可以选择机器人末端为基坐标，便于确认机器人与外围设备的相对位置，见图 1-70。

在“Frame”中，选择不共线的 3 个点作为校正的信息点，见图 1-71、图 1-72。此时，MELFA-Works 将根据这 3 个点确定变换矩阵，计算示教点在模拟单元中的位置，见图 1-73。

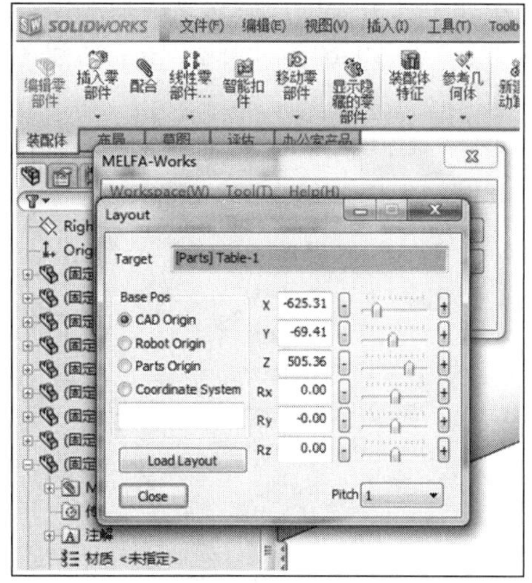

图1-70　选择基坐标系

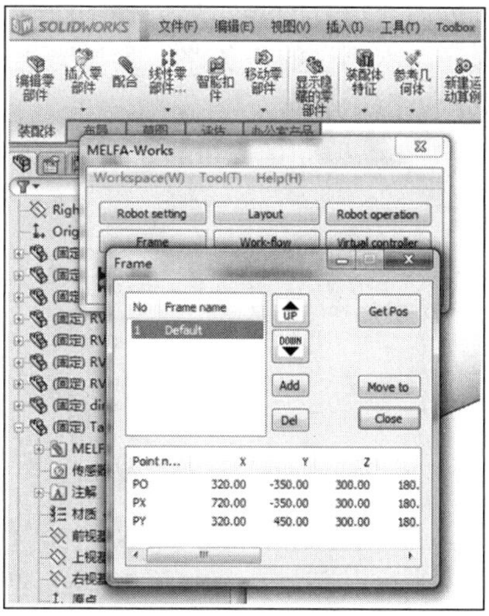

图1-71　校准

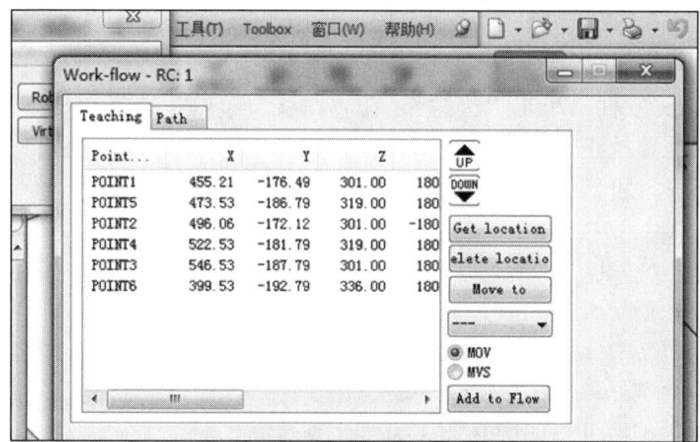

图1-72　任务流

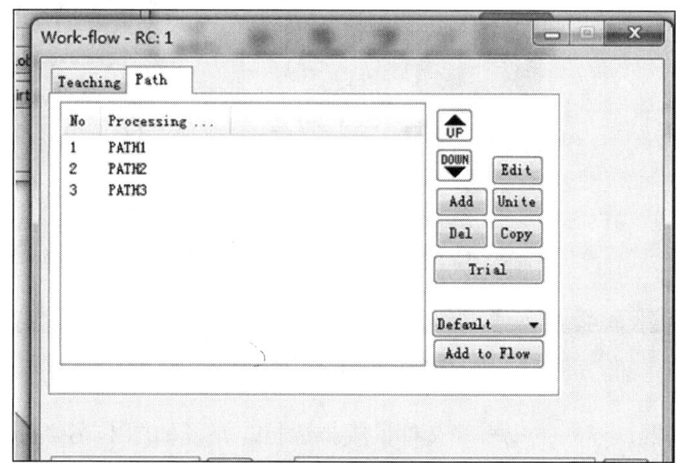

图1-73　路径示教

将机器人运行的起始点，移动路径，中间点均添加至任务流中，确认其先后顺序，生成初始程序。本例中的任务路径为抛光“三菱”中的“三”（图 1-68）。因此，需要新建 3 段路径信息，见图 1-74。

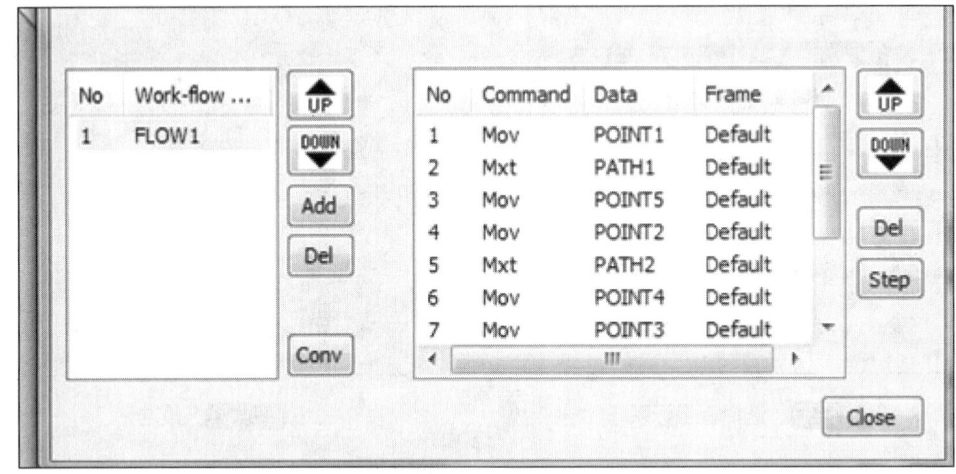

图 1-74　任务流

打开 RT ToolBox 软件，单击“模拟”，在“在线”菜单下选择“校正工具”见图 1-75。单击“文件”导入需要校正补偿的路径文件。在图 1-75 中，可以看到此时路径的轮廓信息，将生成的路径信息导入机器人控制器中。

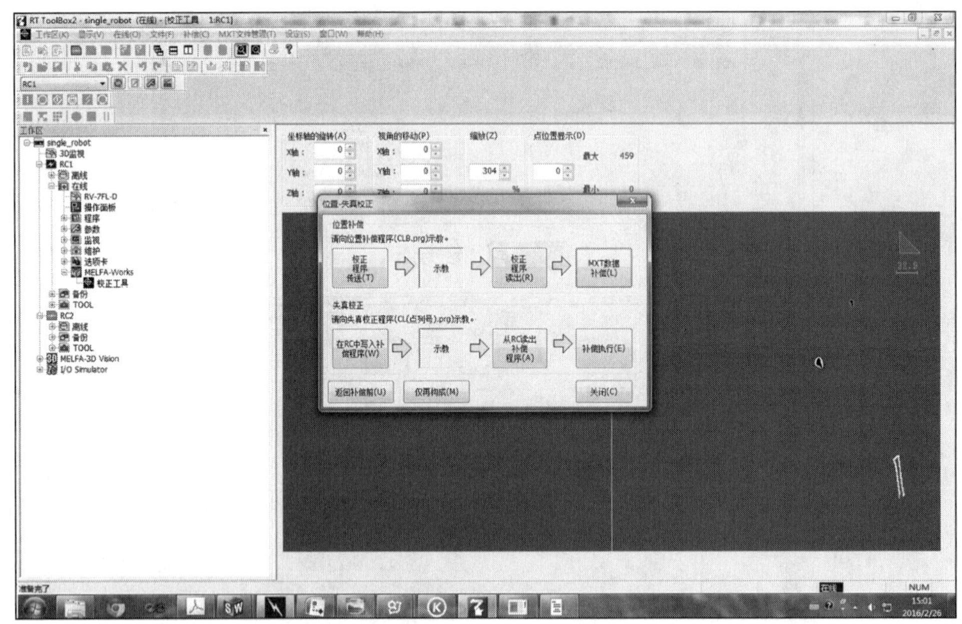

图 1-75　校正、补偿

打开虚拟控制器，导入生成程序文件，模拟运行。路径如图 1-76 所示。

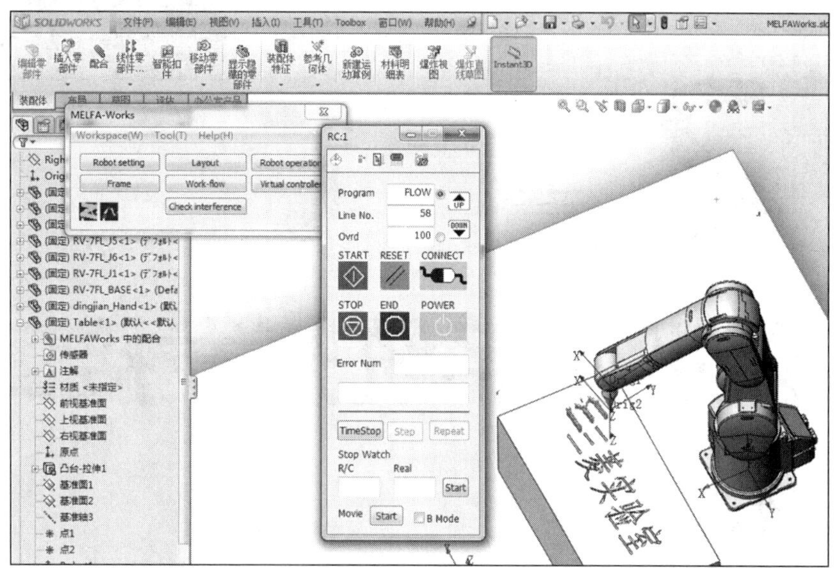

图1-76 模拟运行

工业机器人技术包含核心部件的生产研制、机器人本体的生产集成和机器人应用集成等三个层面。减速机生产企业主要是日本公司，纳博特斯克、哈默纳科、住友是其中的主要代表。纳博特斯克和哈默纳科两家公司占据工业机器人七成以上的减速机市场，纳博特斯克的优势产品是 RV 减速机，哈默纳科的优势产品是谐波减速机。目前，伺服电机的主流供应商有日系的松下、安川和欧美系的倍福、伦茨等，中国汇川技术等公司也占据一定的市场份额。控制器的主流供应商包括美国的 DeltaTau 和 Gail、英国的 TRIO 和中国的固高、步进等公司。

机器人本体技术是机器人本体、伺服电机、减速器、控制器以及配套编程软件的系统集成，它主要是确保工业机器人能够在一定空间、一定负载下实现精确可靠的运动；其次是机器人系统集成应用技术，它是指据具体的工艺需求、操作对象和工业现场，设计相应的末端执行器，附装必需的传感器，编写优化的程序，并和周边自动化设备实现 M2M（Machine to Machine）通信，或者通过和人的协作，完成具体的工作任务。目前在机器人本体技术领域，全球 50%的市场份额、中国 80%的市场份额由 ABB、发那科、库卡、安川电机等工业机器人四大家族占据。在机器人系统集成应用领域，无论从技术上还是市场上来说，都有非常大的开拓空间，比如离线编程技术极大地拓展了工业机器人的应用范围，再比如工业机器人和人的协同互动工作模式也会极大地拓展工业机器人的应用领域。

学习和掌握工业机器人的操作调试、编程控制、离线仿真和系统集成技术，是开展工业机器人创新应用的基础，是实现工厂自动化、智能制造和“工业 4.0”的关键使能技术之一。全国范围内工业机器人产业人才缺口上百万，与工业机器人专业人才的需求逐年增长相比，工业机器人专业人才的培养处于相对滞后状态。因此，高等本科学校和职业学校都在加快调整课程设置和专业设置，力争为产业发展输送更多、更优质的专业技术人才。

Chapter 02

第 2 章 机器视觉系统开发接口技术

机器视觉主要研究用计算机来模拟人的视觉功能，从客观事物的图像中提取信息，进行处理并加以理解，最终用于实际检测、测量和控制。一个典型的工业机器视觉应用系统包括光源、光学系统、图像捕捉系统、图像数字化模块、数字图像处理模块、智能判断决策模块和机械控制执行模块。机器视觉技术的诞生和应用，极大地解放了人类劳动力，提高了生产自动化水平，改善了人类生活现状，其应用前景极为广阔。

2.1 机器视觉概述

2.1.1 机器视觉

假如将工业机器人比作人类的双手，那么机器视觉就可以看作人类的眼睛。人类视觉具有高级智能，对环境光变化的适应能力强，可实现手眼高度协调，能够对观测结果展开逻辑推理分析判断，从而工业生产中的高难度操作工艺、复杂的产品质量检验都离不开人类视觉。然而人类视觉工作效率低，人眼长时间工作会产生疲劳，会导致观测结果的重复性和稳定性无法保证，并且观测结果很难精确量化和数字化，特别是在一些高温、高噪声、高危的工业现场，人类视觉难以适应。因此，现代化的工业现场越来越多地采用机器视觉代替人类视觉，来完成工件识别、尺寸测量、质量检验、机器人引导等工作。和人类视觉相比，机器视觉在光谱范围、反应速度、观测精度等方面均有明显的优势，如表 2-1 所示。尽管机器视觉的智能化程度还远不及人类，但是随着深度学习等人工智能理论在机器视觉方法的应用，其智能化程度也在快速上升。可以说，机器视觉已经成为智能生产、智能制造、智能家居、智能交通等场景中必不可少的一部分。

表 2-1　机器视觉与人类视觉的对比

对比项目	人类视觉	机器视觉
感光范围	400～750nm 范围的可见光	从紫外到红外的宽光谱范围
观测精度	分辨率较差，不能观看微小目标；灰度分辨只能达到 64 个灰度级；观测重复性难保证，无法得到量化结果	精度可达到微米级；灰度分辨力强，一般使用 256 灰度级；客观性、重复性都能保证，可以得到量化结果
反应速度	人眼有 0.1s 的视觉暂留，无法看清快速运动目标；长时间集中观测，易导致视觉疲劳	机器视觉快门时间一般 10μs，高速相机更快；可长时间稳定工作
智能程度	具有高级智能，手眼高度协调，能够对结果即时展开逻辑推理分析，总结变化规律；但是易受个人主观及心理影响	智能化程度仍处于低水平，然而随着深度学习理论的运用，智能化程度在快速上升；机器视觉没有喜怒哀乐
环境要求	对环境光的适应能力强；很难适应高温、高寒、高噪声、高危等工业现场	对环境光的变化适应能力差；采取防护措施后，可以适应大部分工业环境

2.1.2　机器视觉系统

如图 2-1 所示，一个完整的机器视觉系统主要包括照明光源、光学镜头、图像传感器、图像处理器、接口模块等部分组成。

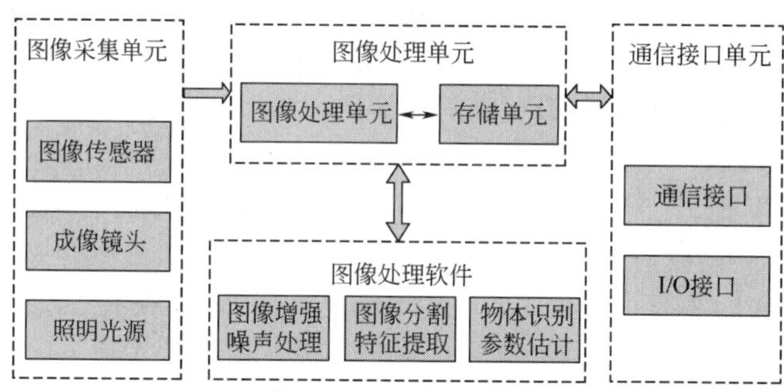

图 2-1　机器视觉系统组成

（1）光源

光源是机器视觉系统的重要组件之一，是获得品质稳定、特征明显视觉图像的必备条件。光源的选择及其性能直接影响视觉系统的处理精度和速度，乃至整个系统的成败。光源选型要考虑对比度、亮度和鲁棒性等基本要素。对比度的含义就是使观测特征与需要被忽略的图像特征之间产生最大的灰度对比，从而易于特征的区分。光源的亮度影响相机的信噪比、对比度和景深，还影响系统抵抗自然光干扰的能力，因此光源的亮度要足够大。鲁棒性指的是光源对物件位置的敏感程度较小，当光源放置在摄像头视野的不同区域或不同角度时，观测图像应该不会随之变化。

光源按位置主要分为前光源与背光源。前光源放置于物体前方，主要检查反光以及不平整表面。背光源放置于物体背面，主要突出物体的边缘。

光源按形状主要分为环形光源、点光源、线性光源、组合光源等，见图 2-2。环形光源具有照明均匀、面积大、能够安装在镜头上等特点，更能突出物体的三维信息。可以大大减少阴影，提高对比度。但是，当距离不合适时，会产生环形反光现象。点光源结构紧凑，能使光线集中在一定范围内。线性光源具有超高亮度，经过柱面透镜聚光，经常与线阵相机结合用于流水线检查。

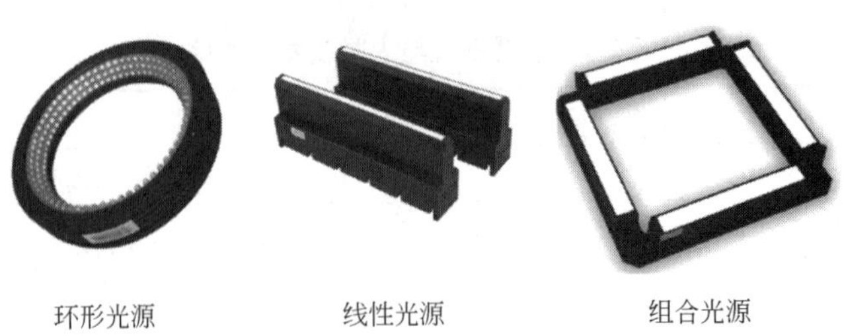

图 2-2 光源

按照发光原理分类，光源主要有三种类型：LED 光源、高频荧光灯和卤素灯。由于具有可自由设计、使用寿命长、反应快捷等优势，LED 光源是目前应用最为广泛的光源。实际应用中，为了突出检测对象特征，构建合适的光场，LED 光源的结构类型也非常多，包括环形光源、条形光源、球积分光源、线性光源、点光源、同轴光源、背光源、对位光源、AOI 专用光源等。具体光源的选择一般需要现场的试验验证。

光源是机器视觉系统中重要的组件之一，一个合适的光源是机器视觉系统正常运行的必备条件。因此，机器视觉系统光源的选择是非常重要的。使用光源的目的是将被测物体与背景尽量明显分别，获得高品质、高对比度的图像。机器视觉有三大技术，即采像技术、处理技术、运动控制技术，而采像技术离不开光源，光源的选择及其性能直接影响系统的成败，影响处理精度和速度。光源主要分为三种，即高频荧光灯、卤素灯和 LED 光源，三者中 LED 光源相对高频荧光灯和卤素灯，具有更高的性价比。

LED 的主要优势有以下几个方面。

① 可制成各种形状、尺寸及照射角度，可以根据需要制成各种颜色，并可以自由调节亮度。还可以根据客户需要进行自由设计。

② 使用寿命长（约 3 万小时，间断使用寿命更长），运行成本低，在综合成本和性能方面有巨大优势。

③ 反应快捷，可在 10μs 甚至更快的时间内达到最大亮度。电源带有外触发，可以通过计算机控制。

（2）镜头

镜头的功能是光学成像，一般是由若干组透镜组成。目前，绝大部分工业镜头都属于共轴光学系统。镜头的基本光学性能由焦距、相对孔径（光圈系数）和视场角（视野）这三个参数表征。选择镜头的基本步骤可以参考以下几条：根据目标尺寸和测量精度，可以确定传感器尺寸和像素尺寸、放大倍率等；根据系统整体尺寸和工作距离，结合放大倍率，可以大概估算出镜头的焦距。焦距、传感器尺寸确定以后，视场角也可以确定下来；根据现场的照明条件确定光圈大小和工作波长；最后考虑镜头畸变、景深、接口等其他要求。

（3）图像传感器

该模块主要负责信息的光电转换，位于镜头后端的像平面上。目前，主流的图像传感器可分为 CCD（Charge-Coupled Device，电荷耦合元件）与 CMOS（Complimentary Metal Oxide Semiconductor，互补性金属氧化物半导体）图像传感器两类。CCD 中每一行每一个像素的电荷数据都会依次传送到下一个像素中，由最底端部分输出，再经由传感器边缘的放大器进行放大输出；而在 CMOS 传感器中，每个像素都会邻接一个放大器及 A/D 转换电路，用类似内存电路的方式将数据输出；两者的原理图如图 2-3 所示。基于构造上的差异，CCD 可以充分保证电荷信号在传送时不会失真，每个像素可以集合至单一放大器统一处理；而 CMOS 的工艺相对简单，没有专属通道设计，数据在传送距离较长时会产生噪声，因此必须先放大再整合各个像素的数据。以上差异的存在，使得 CCD 与 CMOS 在效能与应用上有很多差异，这些差异包括感光度差异、制造成本差异、分辨率差异、噪声差异和耗电量差异。

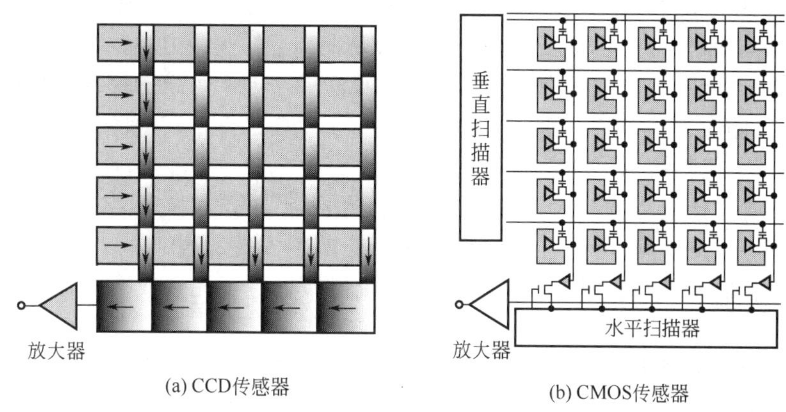

图2-3 CCD与CMOS传感器

① 感光度差异　由于 CMOS 每个像素均包含放大器与 A/D 转换电路，使得每个像素的感光区域远小于像素本身的表面积，因此同样大小的感光器尺寸在像素相同情况下，CMOS 的感光度要低于 CCD。

② 制造成本差异　由于 CMOS 采用的是一般半导体电路最常用的标准工艺，可以利用现有的半导体制造流水线，不需额外投资生产设备，从而节约制造成本，并且品质可随半导体技术的进步而提升；而 CCD 采用电荷传递的方式传输数据，只要其中有一个像素不能运行，就会导致一整排的数据不能传输，因此 CCD 的成品率要远低于 CMOS，并且随着 CCD 尺寸的增加，其生产线往往要进行相应调整，这就导致 CCD 的制造成本要远远高于 CMOS。

③ 分辨率差异　如上所述，CMOS 的每个像素都比 CCD 复杂，其像素尺寸很难达到 CCD 传感器的水平，所以，相同尺寸下，CCD 的分辨率通常会优于 CMOS 的水平。

④ 噪声差异　由于 CMOS 的每个感光二极管都需搭配一个放大器，而放大器属于模拟电路，很难让每个放大器所得到的结果保持一致，与只有一个放大器放在芯片边缘的 CCD 相比，CMOS 的噪声就会增加很多，影响图像品质。

⑤ 耗电量差异　由于 CCD 感光元件采用单一的通道，因此光效率比较低，而传送电荷信号需要电压支持，因此耗电量大；而 CMOS 感光二极管所产生的电荷会直接由晶体管放大输出，像素所需耗电量相对较小。

CCD 以其结构的物理原理决定的低信号噪声、高分辨率、高灵敏度等高画质性能牢固占据图像传感器高端市场。它集光电转换及电荷存储、电荷转移、信号读取于一体，是典型的固体成像器件。CCD 的突出特点是以电荷作为信号，而不同于其他器件是以电流或者电压为信号。这类成像器件通过光电转换形成电荷包，而后在驱动脉冲的作用下转移、放大输出图像信号。CCD 作为一种功能器件，与真空管相比，具有无灼伤、无滞后、低电压工作、低功耗等优点。CMOS 图像传感器以其高集成度、高速、小体积、低价格等特点在低端市场占据越来越大的份额。CMOS 图像传感器将光敏元阵列、图像信号放大器、信号读取电路、模数转换电路、图像信号处理器及控制器集成在一块芯片上，还具有局部像素的编程随机访问的优点。

（4）图像处理器

该模块主要负责图像的处理与信息参数的输出，包括硬件与软件算法两个层次。硬件层一般是 CPU 为中心的电路系统。基于 PC 的机器视觉使用的是 PC 机的 CPU 与相关的外设；基于嵌入式系统的有独立处理数据能力的智能相机依赖于自带的信息处理芯片如 DSP、ARM、FPGA 等。软件部分包括一个完整的图像处理方案与决策方案，其中包括一系列的图像处理算法。在高级的图像系统中，会集成数据算法库，便于系统的移植与重用。在机器视觉检测系统中，图像采集卡是机器视觉系统中的一个重要部件，它是图像采集部分和图像处理部分的接口，一般具有以下的功能模块。

① 图像信号的接收与 A / D 转换模块，负责图像信号的放大与数字化。有用于彩色或黑白图像的采集卡。彩色输入信号可分为复合信号或 RGB 分量信号。

② 摄像机控制输入输出接口，主要负责协调摄像机进行同步或实现异步重铬拍照、定时拍照等。

③ 总线接口，负责通过 PC 机内部总线高速输出数字数据，一般是 PCI 接口，传输速率可高达 130Mbps，完全能胜任高精度图像的实时传输。且占用较少的 CPU 时间。在选择图像采集卡时。主要应考虑到系统的功能需求、图像的采集精度和与摄像机输出信号的匹配等因素。

（5）接口模块

I/O 模块是输出视觉系统运算结果和数据的模块。基于 PC 的视觉系统可将接口分为内部接口与外部接口，内部接口只要负责系统将信号传到 PC 机的高速通信口，外部接口完成系统与其他系统或用户通信和信息交换的功能。智能相机则一般利用通用 I/O 与高速的以太网完成对应的所有功能。

2.2 智能相机

传统的机器视觉系统是分体式的，也就是相机主要是完成图像采集功能，然后把图像传输到上位机，由上位机来完成图像的算法处理。整体系统检测精度高、运算速度快，可以实现复杂的算法，但是其具有系统结构复杂，成本高、外形尺寸大，系统的开发周期长等不利因素。随着集成电路技术的发展，运算处理速度更快的 DSP、FPGA 等芯片的应用，以及大容量存储技术的发展，使得嵌入式产品得到快速发展，在机器视觉领域，嵌入式视觉系统逐渐代替传统分体式的机器视觉系统，开始向集成化、微型化、模块化方向发展，因此，就出现了智能相机。

智能相机不但能够获取图像，同时还能够描述和分析它们所“看”到的图像，因此被广泛应用于检测、监视和运动分析等领域。随着对实时图像处理需求的不断增长，智能相机被集成到各种应用中以提供低费用、低能耗的系统，这些系统不但能够完成图像的处理和压缩，还能够运行大量的算法以便从视频流中提取有用的信息。智能相机的特点是能够提高生产制造的柔性和自动化程度。智能相机的出现，弥补了 PC 的机器视觉系统的不足。首先，工业智能相机的优势主要体现在系统集成和使用的方便性上，客户不需要懂得图像处理方面的知识，就可以进行操作。其次，随着计算机技术和微电子技术的迅速发展，嵌入式系统应用领域越来越广泛，尤其是其具备低功耗技术的特点得到人们的重视。随着专用的数字处理芯片

（DSP）和 CPLD/FPGA 的性能的不断提高、体积的不断减小、能耗的不断降低，使得智能相机的性能在不断增加的同时，体积在不断的减小，硬件处理能力的不断提高等因素，使得工程师们得以采用更先进的视觉算法，解决复杂的视觉问题。最后，自动化应用的需求也逐渐引导着机器视觉系统从传统的基于 PC 的板卡式产品向采集、分析、判断一体化的嵌入式系统的方向发展，基于嵌入式的产品将逐渐取代板卡式产品。嵌入式操作系统绝大部分是以 C 语言为基础的，使用 C 语言进行嵌入式系统开发是一项带有基础性的工作，可以提高工作效率，缩短开发周期，更主要的是开发出的产品可靠性高、可维护性好、便于不断完善和升级换代等。所以，工业智能相机有更好发展空间。

智能相机是机器视觉技术的与智能设备发展的结合，由于其易用、易安装，用户操作简单方便，得到了迅速的发展。视觉的产业链迅速兴起，从处理芯片，图像传感器芯片，到视觉平台、应用方案设计，形成了一个完整的产业链。美国 Cognex 公司是目前世界排名第一的机器视觉供应商，专业提供现代化企业生产，控制的所有视觉产品。从产品源头挑选，测量，识别到设备的定位，Cognex 基本是无所不能。Cognex 的产品包括了智能相机的各个方面，典型的产品列举如下。

In-Sight 系列智能相机机型：具有处理功能的智能摄像头，体积小巧，整机大小只有 30mm×30mm×60mm。

VisionPro 可视化图像处理软件：将图像处理的复杂算法过程变成图形框架的形式，使得算法移植的难度下降。适合各种生产线检测设备视觉化的推广。

VisionView 交互显示控制器：智能相机的小型化使得对相机的现场控制与图像的可视化能力下降。VisionView 作为一个补充，实现智能相机的可视化与人机交互。

在国外，机器视觉的行业应用已经相对成熟，主要体现在半导体及电子行业，其中 40%～50%都集中在半导体行业。具体如 PCB 印制电路、电子封装技术、SMT 表面贴装等。机器视觉系统还在质量检测的各个方面得到了广泛的应用，并且其产品在应用中占据着举足轻重的地位。除此之外，机器视觉还用于其他各个领域。而在中国，半导体等行业本身就属于新兴的领域，再加之机器视觉产品技术的普及不够，导致以上各行业的应用几乎空白，即便是有，也只是低端方面的应用。近几年来，随着相关配套基础建设的完善，技术、资金的积累，在“中国制造 2025”的浪潮下，国内各行各业对采用图像和机器视觉技术的工业自动化、智能化需求开始广泛出现，国内有关研究所和企业近两年在图像和机器视觉技术领域进行了积极思索和大胆的尝试，逐步开始了工业方面的应用。其主要应用于制药、印刷、矿泉水瓶盖检测等领域。这些应用大多是一些检测类的机器。真正高端的应用还很少，因此，以上相关行业的应用空间还比较大。

2.2.1 智能相机的硬件接口

智能相机是一种高度集成化的微小型机器视觉系统。它将图像的采集、处理与通信功能集成于单一相机内，从而提供了具有多功能、模块化、高可靠性、易于实现的机器视觉解决方案。同时，由于应用了最新的 DSP、FPGA 及大容量存储技术，其智能化程度不断提高，可满足多种机器视觉的应用需求。智能相机的硬件接口如图 2-4 所示，其功能见表 2-2。

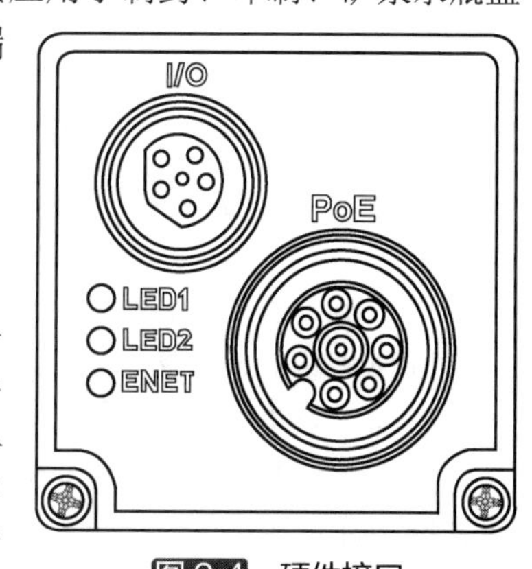

图 2-4 硬件接口

表 2-2　硬件接口功能

连接器/指示器	功能
I/O 连接器	提供到采集触发器输入端和高速输出端的连接
PoE 连接器	为网络通信提供以太网连接，并为视觉系统提供电源
LED1	处于活动状态时，指示灯为绿色
LED2	处于活动状态时，指示灯为红色
ENET	100-BaseT：当视觉系统在启动期间接收到电源时为红色，建立网络连接后立即切换为绿色，检测到网络流量后将闪烁绿色。如果无法建立网络连接，LED 将保持红色 10-BaseT：当视觉系统在启动期间接收到电源时为红色，建立网络连接后立即切换为绿色。检测到网络流量后，LED 为持续的绿色，同时会闪烁红色。如果无法建立网络连接，LED 将保持红色

智能相机在初始状态只有一个相机本体，其他配件（如镜头等）需要用户自己安装。光源、连接电缆等需要根据用户需求，选择合适的种类。

康耐视 In-Sight 智能相机系列中有多种相机。应根据生产实际，选择满足性能并节约成本的相机。本文以 Is micro1403 为例作出说明。根据通信方式、外部 I/O 信号等，选择不同的接线方式。In-Sight Micro 系列相机视觉系统的 PoE 连接器为网络通信提供以太网连接并为视觉系统提供电源。

在 Is7000 中，为传感器供电的电源线与 I/O 线合并在一起。在使用以太网通信时，电源与 I/O 线，只需要接电源线。其中红色线接+24V，黑色线接 Common 端。I/O 线使用绝缘胶布封好。以太网接口接以太网电缆，电缆的另一头接交换机或者 PC，见图 2-5。

PoE 以太网供电模块，能够实现对设备供电的同时完成信息传输，其接口如图 2-6 所示。

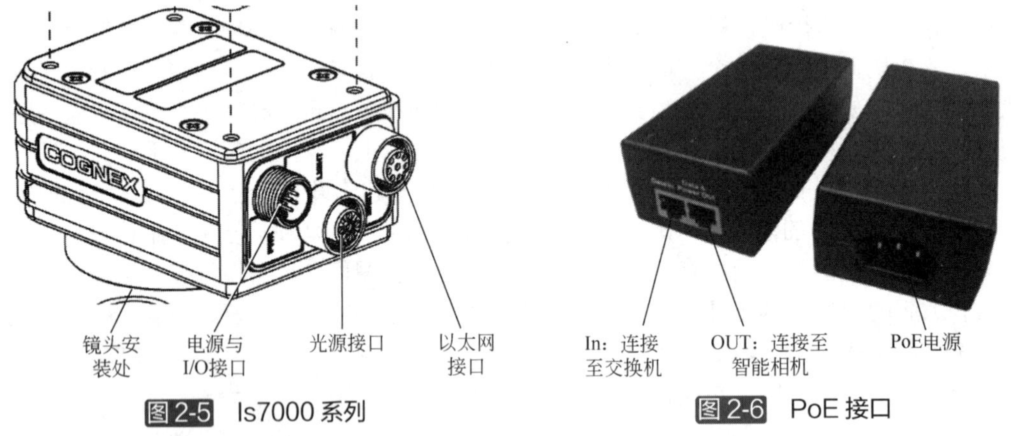

图 2-5　Is7000 系列　　图 2-6　PoE 接口

2.2.2　智能相机编程软件

（1）In-Sight Explorer 软件安装

In-Sight Explorer 安装后，为了使用模拟功能，需要去官方网址下载密钥。

选择“系统” | “选项”，打开“选项”对话框，选择“仿真”。单击“帮助”，进入帮助文档。单击“Offline Program Key”连接进入网站，填写相关信息，获得密钥，将密钥粘贴至对话框中即可，见图 2-7。

（2）In-Sight Explorer 编程环境

In-Sight 智能视觉系统采用的编程软件为 In-Sight Explorer，如图 2-8 所示。In-Sight

Explorer 软件的编程方式有 2 种，分别为 EasyBuilder 和电子表格。

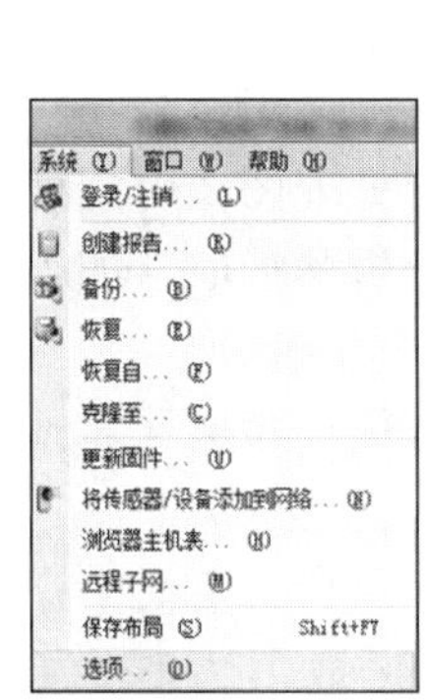

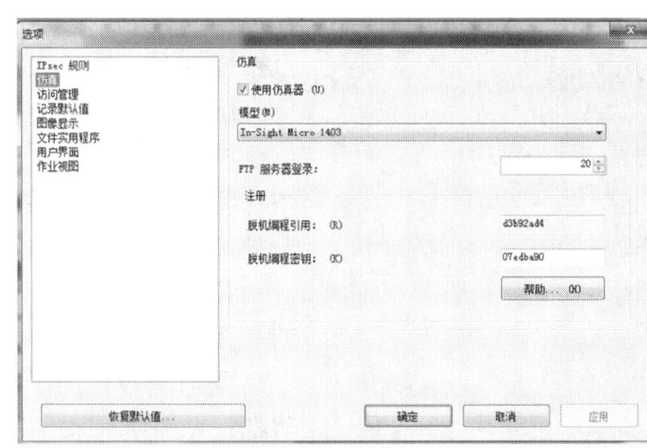

图 2-7　模拟设置

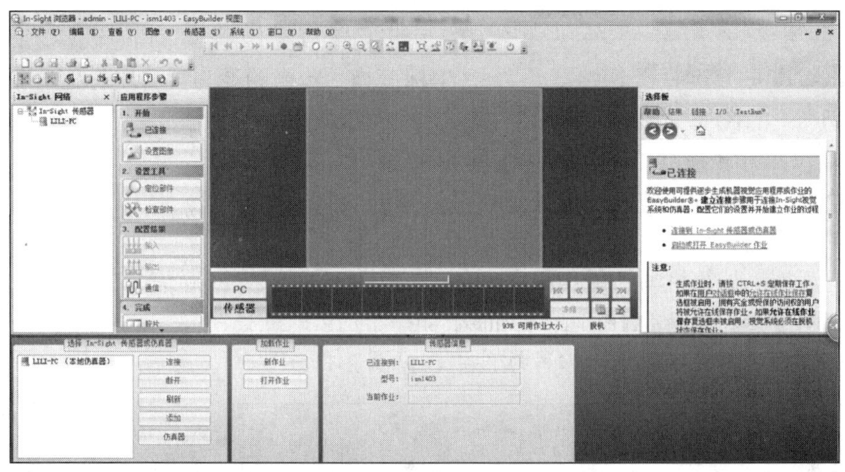

图 2-8　In-Sight Explorer

电子表格相比于 EasyBuilder，编程更加直观，可以灵活运用各种视觉函数，实现目标工程，见图 2-9。

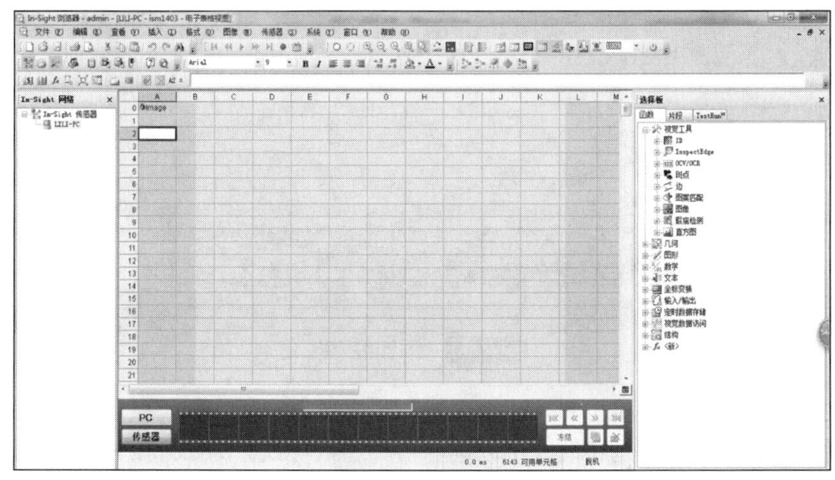

图 2-9　电子表格

在电子表格的编程环境下，常常需要用到各类视觉函数。可以从“查看”菜单下调出“选择板”，将视觉函数显示在软件的右侧。需要使用时，直接拖拽至目标的表格处，见图 2-10。

图 2-10 函数选择板

In-Sight Explorer 中的视觉函数主要分为以下几类：

视觉工具：用于放置处理图像用的视觉函数以及图像特征的进一步数据分析和提取，如查找边、检测瑕疵，寻找点等。

几何函数：指存放方便程序员计算几何结构之间的距离的相关函数，如点、线段等。

图形函数：用于程序员自由定义的操作区域，还包括一些开关、按钮类的函数。

数学函数：包括常用的数学计算函数。

文本函数：在电子表格上显示字符串、字母、数字等，可以用于视觉传感器与其他设备之间的通信。

坐标变换：转换图像与世界坐标之间的位置关系，补偿因畸变产生的图像变形等。

输入/输出：存放视觉传感器与其他设备通信函数。

视觉数据访问：存放访问图像处理相关数据的函数信息。

结构：一些点、线、区域的相关函数。

传感器添加：计算机与智能相机之间的通信方式采用以太网通信。在使用前，需要将传感器添加到网络中。电脑的 IP 地址要和智能相机的 IP 地址处在同一个字段内。然后打开添加传感器对话框，将设备添加至编程软件中，见图 2-11。

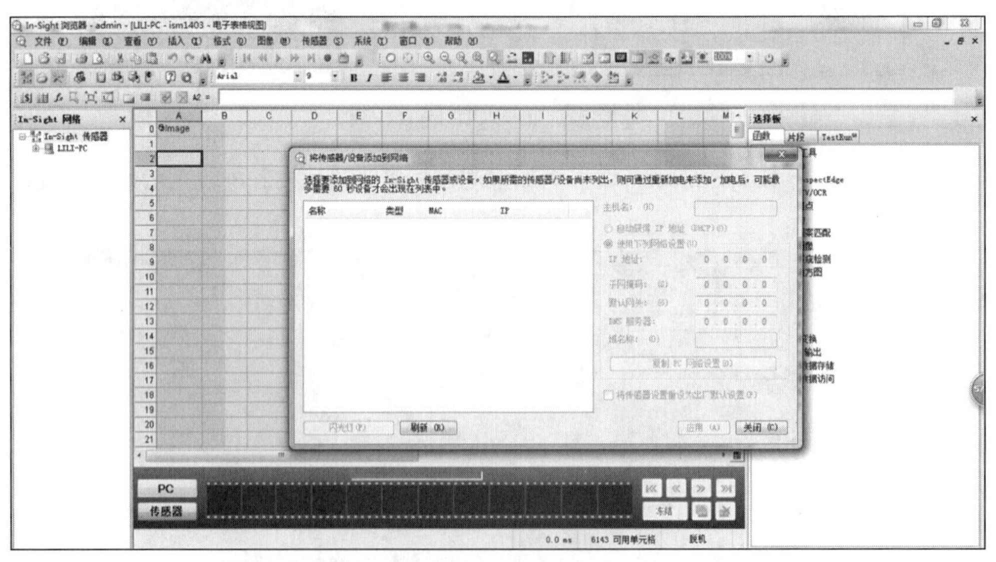

图 2-11 添加传感器

在“网络设置”中智能相机的“网络设置”对话框中，可以输入视觉设备的 IP 地址以及默认网关等。在使用以太网通信时，可以选择多种通信协议。例如：在与三菱的 PLC 等设备通信时，可以选择 SLMP/MC 协议。每一次更改网络通信协议时，需要重启传感器，见图 2-12。

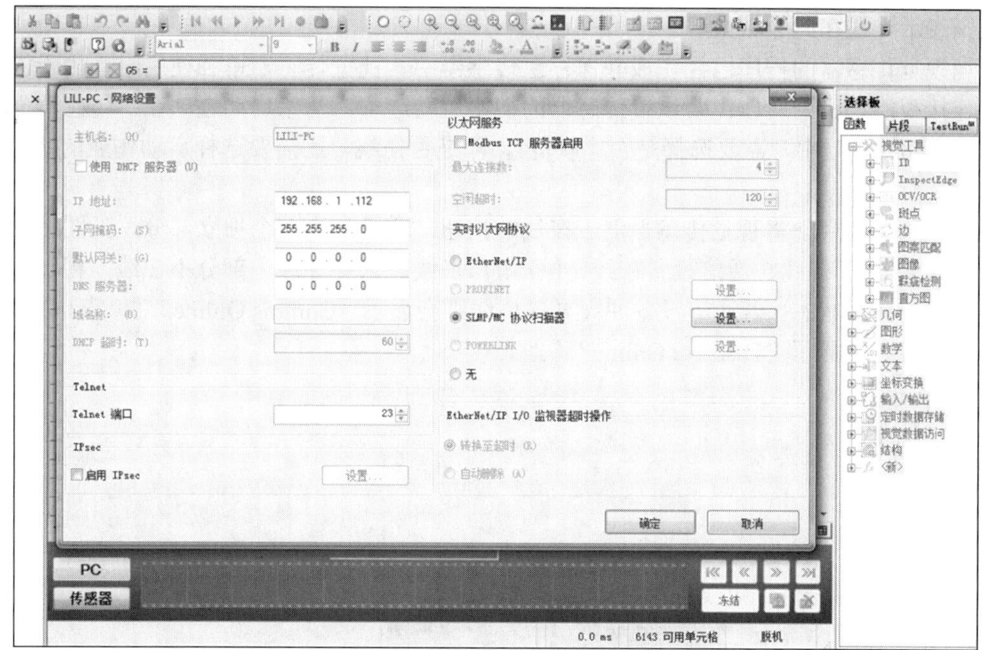

图 2-12　网络设置

下面介绍几种常用菜单工具，见图 2-13。

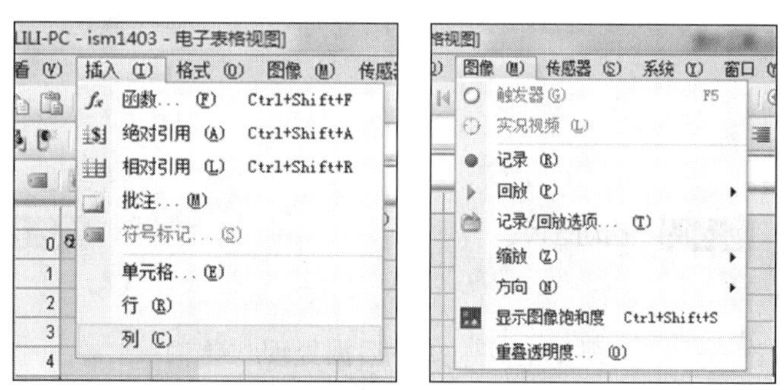

图 2-13　插入和图像选项

插入：用户插入各类函数到表格中，也可以插入多个单元格之间的相互依赖关系。如需要将 A13 中的数据引用到 B18 中，这时，可以插入引用关系。将 A13 中的数据引用的 B18 中，引用的是单元格中的数据，包括字符串、函数、符号标记等。

绝对引用：插入的引用关系的单元格的位置是绝对的，即使引用的单元格位置发生变化，被引用单元格也不会发生变化。

相对引用：插入的引用关系为单元格的相对位置。如果引用单元格位置发生变化，那么被引用单元格会变成相对于变化后引用单元格的位置。

在视觉传感器离线状态下，才能够手动获取图像。图像的获取可以从外部导入，即从“文件”中“打开图像”。实时图像则可以从实况视频中获取，单击“实况视频”，相机会变成摄像机模式，可以调整视野下物体的位置、灯光效果等。在此处单击时，将会拍摄最后一刻的图像，也可以用触发器拍摄，触发一次，拍摄一张图像。

在调节光源时，将图像饱和度打开，这时如果图像出现红色，说明光线在红色区域太强，蓝色则表示光线在此区域太弱。

当视觉传感器的程序已经完成并保存至传感器中、视觉传感器单独使用时，由于没有计算机连接智能相机，所以需要设置传感器的初始启动选项。初始启动选项在“传感器”菜单下的“启动”选项中，需要选择是否“联机”，即是否在线，还需要选择启动作业的名称，见图 2-14。

联机选项是用于将视觉传感器置于在线的按钮，联机分为 3 个独立部分，见图 2-15。分别为手动的 GUI 在线、通信设备在线、I/O 串口在线。只要任何一部分不在线，视觉传感器均不会处于在线状态。若通信设备冲突导致离线则会显示“Comms Online？”，若 I/O 串口冲突导致离线则会显示“Discrete Online？”。

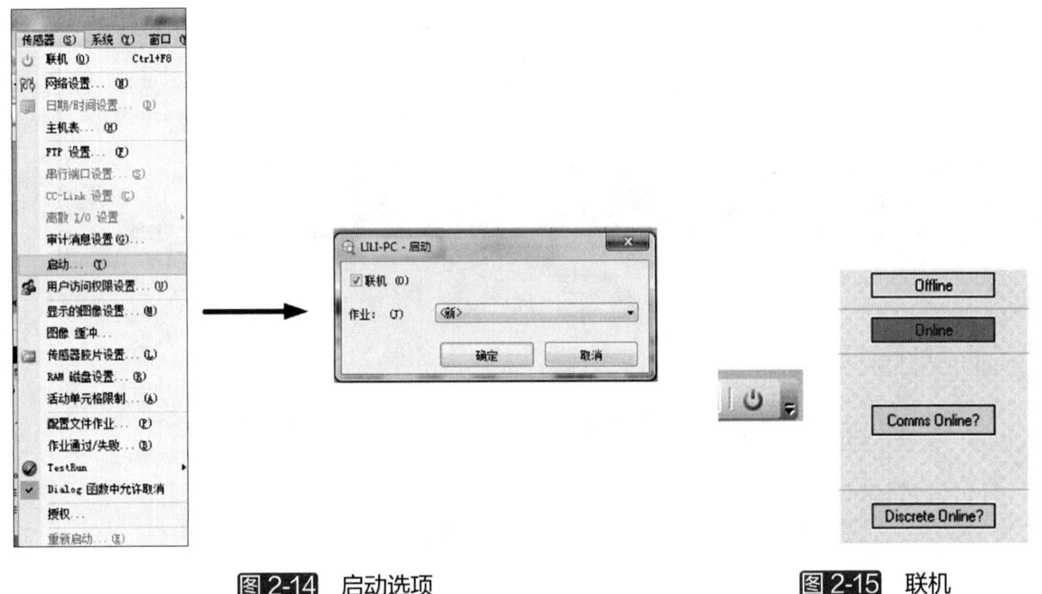

图 2-14 启动选项　　图 2-15 联机

（3）相机校准

基本流程：新建→校准→视觉工具选择→数据处理与传输。

在相机使用前，一般需要针对不同的环境，求解相机的成像畸变以及像素世界坐标变换的参数。在不考虑成像畸变的情况下，以小孔透视成像模型为理想模型，求解相机的内外参数矩阵。

如图 2-16 所示，O-UV 为像素坐标系，o_d-$x_d y_d$ 为图像物理坐标系。O_w-$X_w Y_w Z_w$ 为世界坐标系。O_c-$X_c Y_c Z_c$ 为摄像机坐标系。

设 $P(x_u，y_u)$为 P_w 在成像平面的成像点。

P_w 在图像物理坐标系的坐标为：

$$x_u = f\frac{X_c}{Z_c}, y_u = f\frac{Y_c}{Z_c} \tag{2-1}$$

在像素坐标系下为：

$$u = s_x x_u + u_0, v = s_y y_u + v_0 \tag{2-2}$$

式中，s_x，s_y 为单位距离的像素数；（u_0，v_0）为光轴与图像平面的交点，即 o_d 所在位置。

由式（2-1）和式（2-2）式可得：

$$\begin{pmatrix} u \\ v \\ 1 \end{pmatrix} = \begin{pmatrix} fs_x & fs_y \tan\alpha & u_0 \\ 0 & fs_y & v_0 \\ 0 & 0 & 1 \end{pmatrix} \begin{pmatrix} X_{\mathrm{c}}/Z_{\mathrm{c}} \\ Y_{\mathrm{c}}/Z_{\mathrm{c}} \\ 1 \end{pmatrix} \tag{2-3}$$

由于存在制造误差，像素点可能发生畸变。当像素点是矩形时，α=0，见图 2-17。

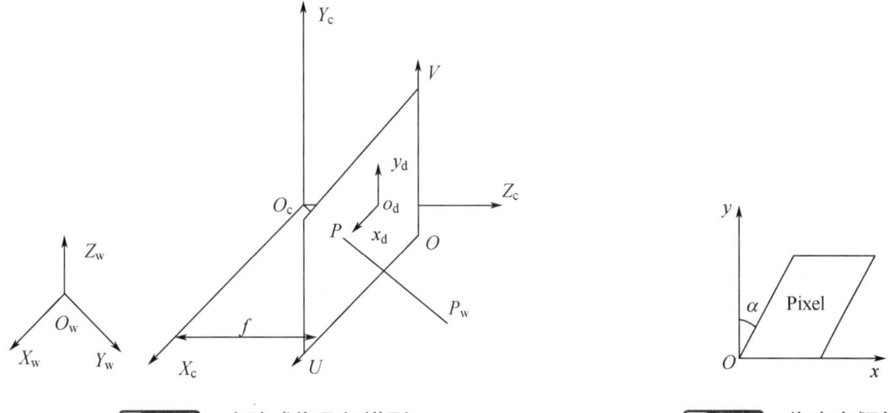

图 2-16　小孔成像几何模型

图 2-17　像素点倾斜角

摄像机的内部参数为：

$$\begin{pmatrix} fs_x & fs_y \tan\alpha & u_0 \\ 0 & fs_y & v_0 \\ 0 & 0 & 1 \end{pmatrix} \tag{2-4}$$

从世界坐标系到摄像机坐标系的齐次变换为[R T]，$\boldsymbol{R}$ 为旋转矩阵，$\boldsymbol{T}$ 为平移矩阵。则从世界坐标系到图像坐标系的变换关系如下：

$$Z_{\mathrm{c}} \begin{pmatrix} u \\ v \\ 1 \end{pmatrix} = \begin{pmatrix} fs_x & fs_y \tan\alpha & u_0 & 0 \\ 0 & fs_y & v_0 & 0 \\ 0 & 0 & 1 & 0 \end{pmatrix} \begin{pmatrix} R & T \\ 0^T & 1 \end{pmatrix} \begin{pmatrix} X_{\mathrm{w}} \\ Y_{\mathrm{w}} \\ Z_{\mathrm{w}} \\ 1 \end{pmatrix} \tag{2-5}$$

实际上由于摄像机光学系统并不是精确地按理想化的小孔成像原理工作，存在透视畸变。主要有径向畸变和切向畸变，径向畸变来自于透镜形状，而切向畸变则来自于整个摄像机的组装过程。

径向畸变主要来源于镜头形状缺陷，关于主光轴对称：

$$\begin{aligned} \delta_x &= x(k_1 r^2 + k_2 r^4 + k_3 r^6 + \cdots) \\ \delta_y &= y(k_1 r^2 + k_2 r^4 + k_3 r^6 + \cdots) \end{aligned} \tag{2-6}$$

式中，$r^2 = x^2 + y^2$，k_i(i=1,2,3,⋯)。

切向畸变主要是光学中心与几何中心不一致：

$$\begin{aligned} \delta_{x\mathrm{d}} &= 2p_1 xy + p_2(r^2 + 2x^2 + \cdots) \\ \delta_{y\mathrm{d}} &= 2p_1(r^2 + 2y^2) + 2p_2 xy + \cdots \end{aligned} \tag{2-7}$$

将像素坐标系转换到世界坐标系，校正图像的畸变时使用。校准使用的函数为 Calibrate

以及 CalibrateAdvanced，用于转换像素坐标和世界坐标的位置关系。Calibrate 采用 4 个对应点计算变化关系；CalibrateAdvanced 采用 4～32 个点计算变化关系，对应点越多，变换越准确。CalibrateGrid 用于相机的内部纠正。主要纠正由于相机小孔成像产生的畸变。CalibrateImage 是使用 CalibrateGrid 计算出来的变换关系，校准原始图像，生成校准后的图像，见图 2-18。

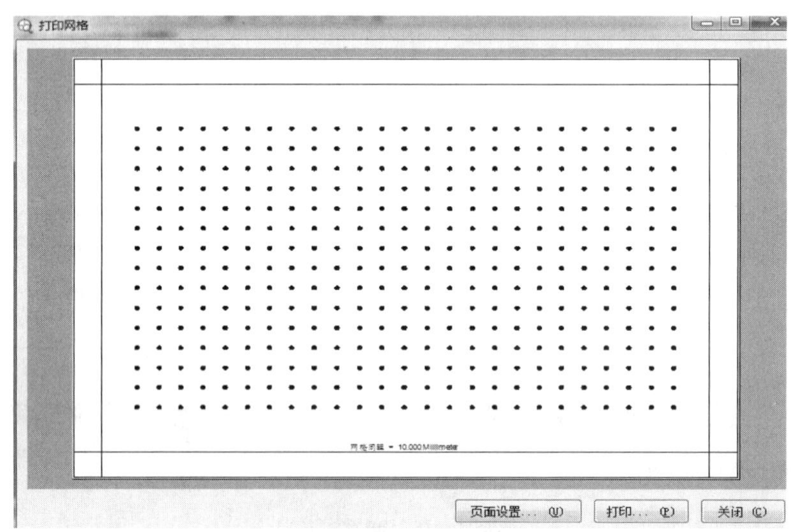

图 2-18 校准图案

将 CalibrateGrid 函数插入单元格中，在设置对话框中，选择不带基准的网格点校准图像。也可以用带基准的网格点和方格图案来校准。在姿势对话框下，选择实况视频，将打印好的网格点放到相机视野下。放置时，行列与相机视野基本平行。调整好需要校准的区域，拍摄图像。单击“原点”，设置网格图像的原点位置，然后依次设置图像的 *X*、*Y* 轴。然后单击“校准”按钮，此时将显示校准结果、图像点与理论点的误差，并在表格中生成校准算子，见图 2-19。

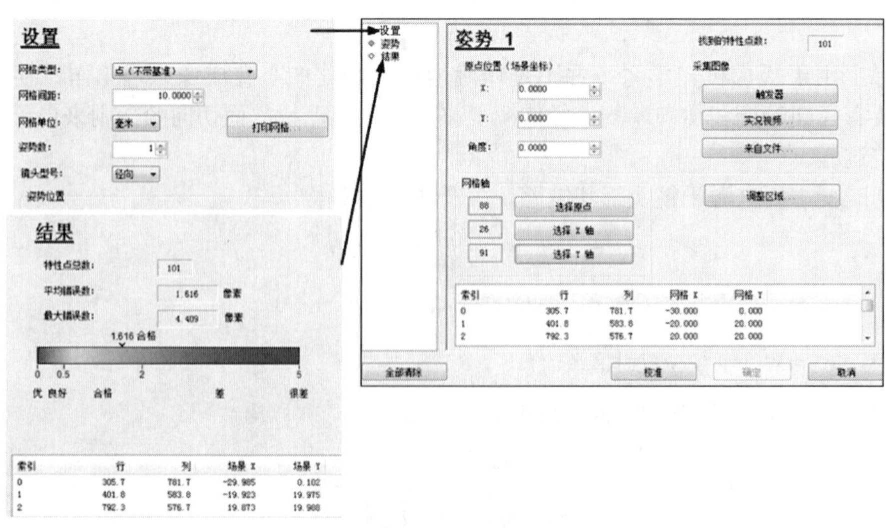

图 2-19 校准

插入 CalibrateImage 函数，图像栏绝对引用拍摄的原始图像，校准栏绝对引用 CalibrateGrid 函数所在单元格。校准结果在电子表格中如图 2-20 所示。所有函数处理的图像针对校准完的图像，而不是原始图像。

纠正畸变		校准
Calib	Image	Calib

图 2-20　校准图像

坐标变换是使用 Calibrate 以及 CalibrateAdvanced 函数，采用 4 点或 4～32 点来计算变换矩阵，需要寻找像素坐标与世界坐标的对应点，见图 2-21。

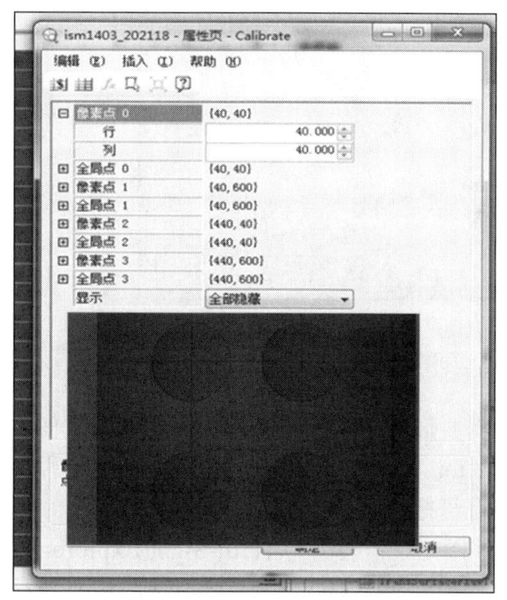

图 2-21　坐标变换

（4）零件识别视觉编程实例

视觉工具主要包括以下几种。

ID：检查识别条形码。

InspectEdge：检测图像中特征的相关参数，如检查边、宽度等。

OCV/OCR：识别文本、字符串等。

斑点：识别斑点图像。

边：查找边特征，如圆边，边对等。

图案匹配：识别图案特征。

图像：对输入图像处理，如增强图像，减少干扰等。

瑕疵检测：使用模式匹配查找图像中的缺陷。

直方图：绘制处理图像的灰度直方图。

以图案匹配为例，具体说明视觉工具对话框中的各个选项。

图像栏为需要处理的图像，一般引用校准完的图像。固定选项为在视野中放置视觉工具的位置。图案区域为需要提取图案的区域，在此处可以引用外部区域，即先使用控件中的函数“EditRegion”建立区域范围，然后引用至“TrainPatMaxPattern”中。此时，只需要改变外部区域就能改变提取范围。如果引用外部区域，那么图案区域将被禁用。图案原点用于设置图案中原点相对于图案质心的偏移量。图案设置中的算法包含 PatMax 和 PatQuick 两种。PatMax 的匹配精度高，能够显示查找是的特征效果，但是需要的计算时间较多。PatQuick 需要的时间短，运行速度快。灵活性是容许的周长偏差。忽略极性是忽略像素变化的趋势。粗糙粒度与精细粒度配合使用，调整训练图案的提取效果。重复训练图像是保存训练的图案，在修改图案设置时使用保存的图像。

当训练完需要查找的目标图案后，需要使用“FindPatMaxPattern”函数来与“TrainPatMaxPattern”配合使用。其中图像等与“TrainPatMaxPattern”中相同。图案选项中引用需要查找的图案。外部区域设定为查找的区域范围。依次填写“要查找的数量”，“接受”的分值以及“对比度”等。在查找到目标图案时，会将查找的图案与训练图案作比较，给出查找图案的得分值。查找公差中需要设定查找的角度、缩放比例等，见图 2-22。

数据处理与传输：数据处理与正常的电子表格相同，可以使用四则运算等。数据传输依据设备、方式的不同可以选择多种传输方式。使用以太网传输时，依据通信协议的不同，传输方式也不同。

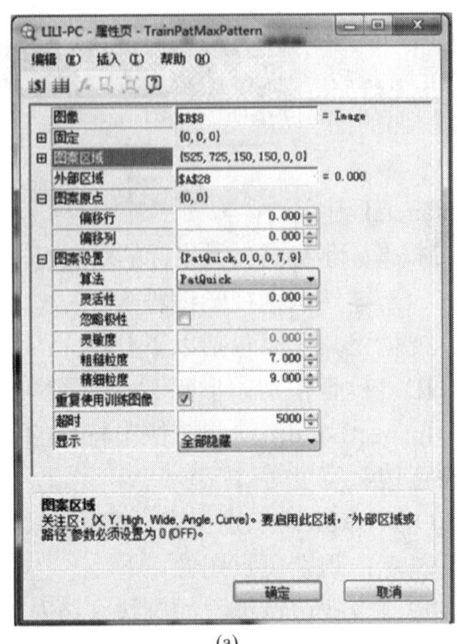

(a)

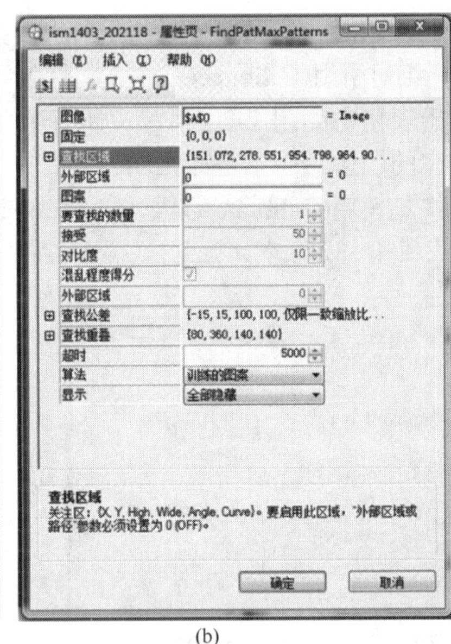

(b)

图 2-22 训练图案和查找图案

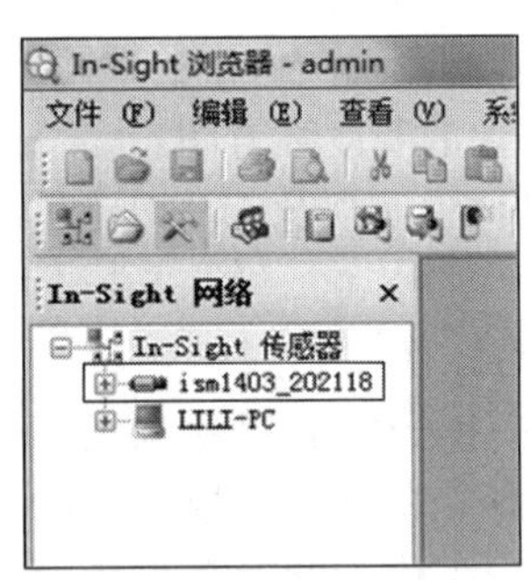

图 2-23 传感器

在与机器人通信时，需要插入符号标记，符号标记可以是任意字符串。如果符号标记是“Job.Robot.FormatString”，在机器人程序编写时，可以省略中间的符号标记。

例 2-1 完整的操作步骤如下：打开软件 In-Sight Explorer 软件，设置传感器网络，输入 IP 地址 192.168.1.23，重启传感器。将电脑的 IP 地址设置为 192.168.1.11，将传感器添加至网络，连接视觉传感器，如图 2-23 所示。将编程界面切换至电子表格，并新建作业。

插入校准函数 CalibrateGrid，使用实况视频将校准的标准点图在视野中放好，拍摄图像，见图 2-24。

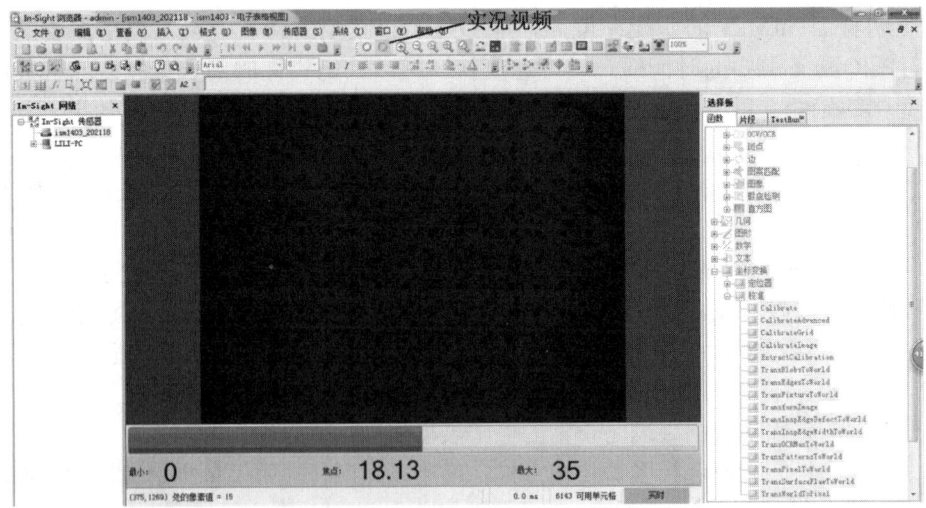

图 2-24 校准点图

打开函数 CalibrateGrid 对话框，依次设置网格类型为“点不带基准”。网格间距为默认间距即可。

在姿势对话框中，调整校准区域为整个视野。单击“选择原点”按钮，在点图中选择中央的点作为原点，单击“确定”。选择原点下的一点为 X 轴，原点左边的相邻点为 Y 轴，单击“校准”按钮，见图 2-25。

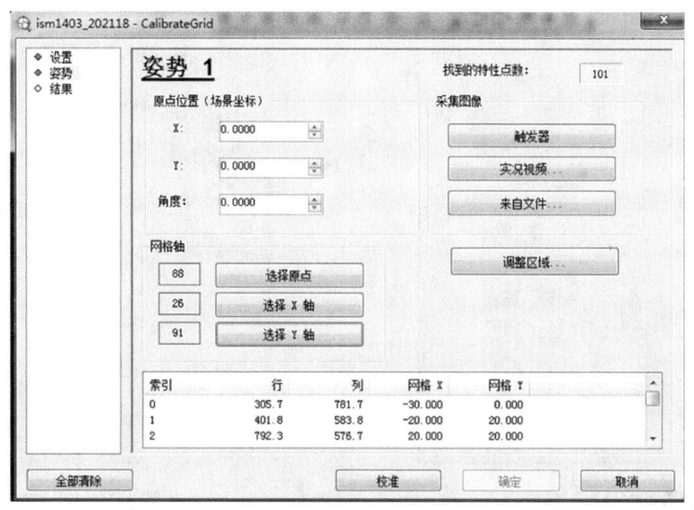

图 2-25　姿势设置

校准结果如图 2-26 所示。结果中将显示参与校准的“特征点总数”“平均错误数”“最大错误数”，当校准的效果不好使，调节关照条件可以提高校准效果。

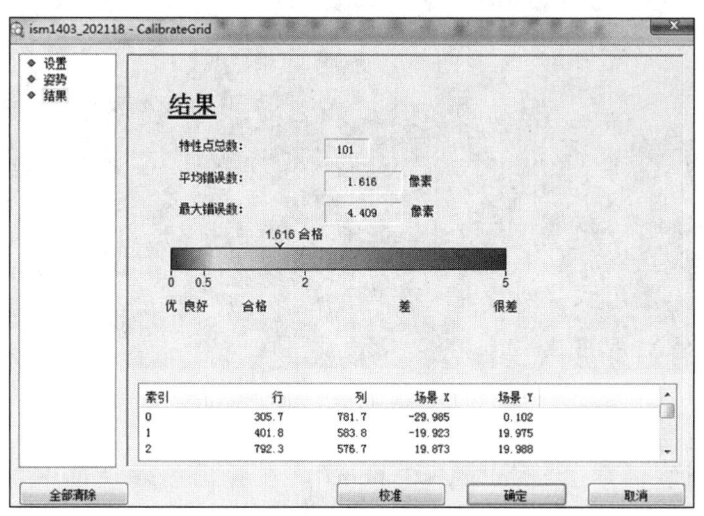

图 2-26　校准结果

插入图像转换函数“CalibrateImage”，校准的对象为原始图像，校准的工具为之前设置好的“CalibrateGrid”工具。单击“确定”按钮，生成图像文件。即为校准后的图像，此后使用的图像均为生成的图像，见图 2-27。

插入坐标变换函数“Calibrate”，出现图 2-28 所示对话框。一共需要输入 4 对像素点和世界坐标点。在查找具体的像素点位置时，可以采用如图 2-29 所示的形状。采用查找圆边函数“FindCircle”函数，通过查找远的中心来确认像素坐标值。世界坐标中，将机器人移动到对应点，读取坐标值。单击“确定”按钮，将会生成一个坐标变换的算子，将在后面坐标变换时使用。

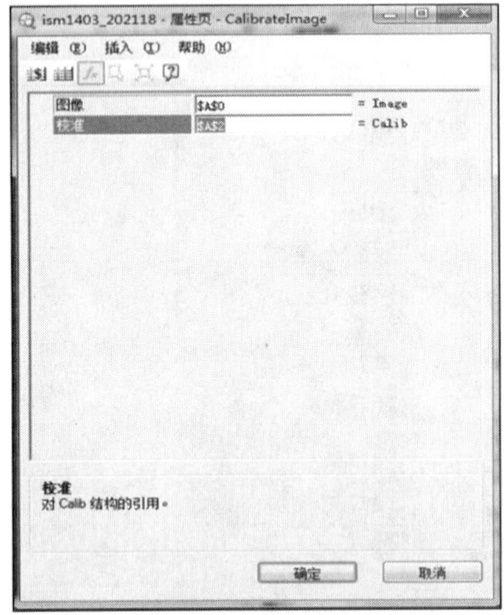

图 2-27 校准图像

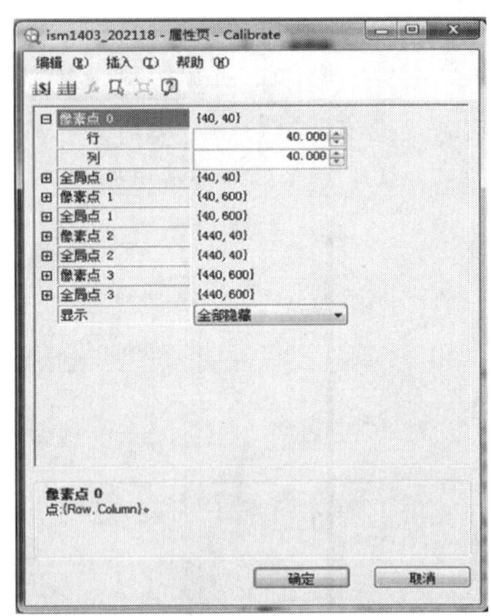

图 2-28 坐标变换

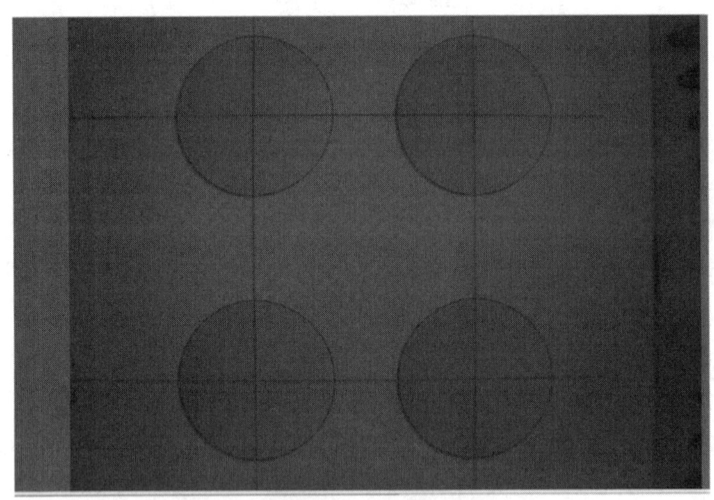

图 2-29 坐标变换

插入图案训练函数“TrainPatMaxPattern”，在弹出的对话框中，引用的图像为“CalibrateImage”校准后的图像。图像区域如图 2-30 所示。选择一个角点和一个孔作为特征。调整精细粒度与粗糙粒度，使图案特征如图中绿色所示。在电子表格的单元格中，将生成图案模型文件，数量为 1，见图 2-31。

插入查找图案函数“FindPatMaxPattern”，图像选择“CalibrateImage”校准后的图像。函数的原点为默认原点，查找区域如图 2-32 所示。图案选择为“TrainPatMaxPattern”训练好的图案。接受的分数设置为 60。对比度为 30。查找的角度范围为-90°～+90°。在电子表格中生成的文件包括一个图案查找函数，同时还会生成查找到的图案的个数，在像素坐标系中的行坐标、列坐标，与训练模型之间的偏转角度，缩放比例以及得分值。在查找选项查找数量栏中，设置的数量不同，生成的行数和查找数量也相同，每一行的信息为其中一个图案。得分越高，排序越靠前。

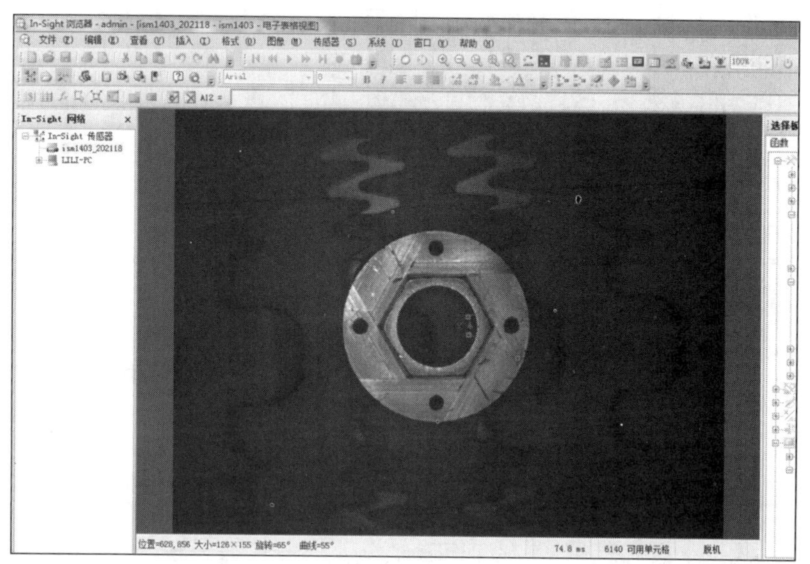

图 2-30　区域选择

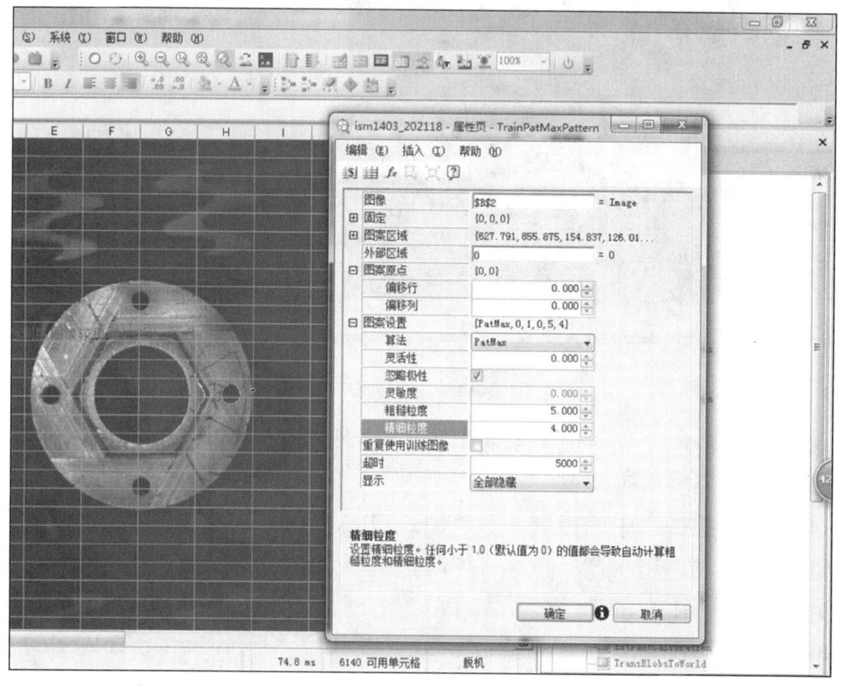

图 2-31　训练图案

插入函数“TrainsPatternToWorld”，引用校准算子为“Calibrate”生成的算子。图案选查找到的图案，即上一步中所使用的函数。将“FindPatMaxPattern”所得到的像素坐标转换为世界坐标，见图 2-33。

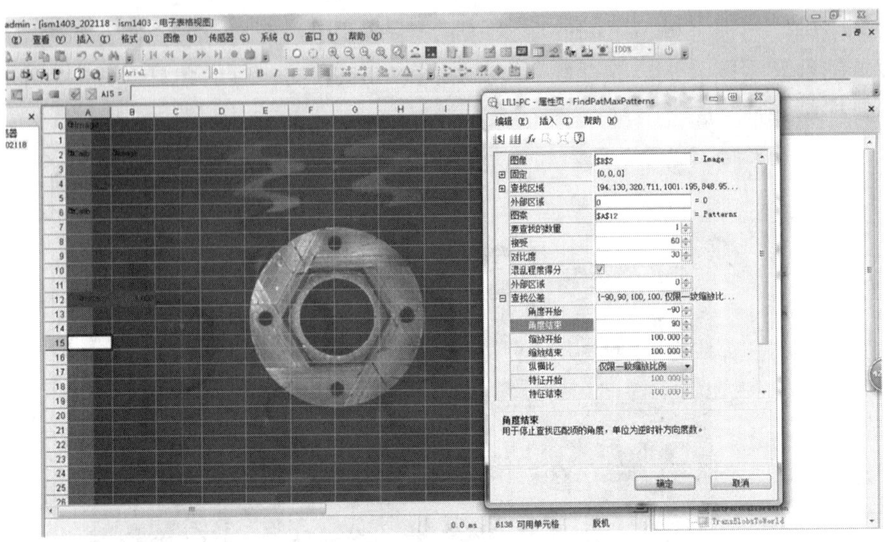

图 2-32　图案查找

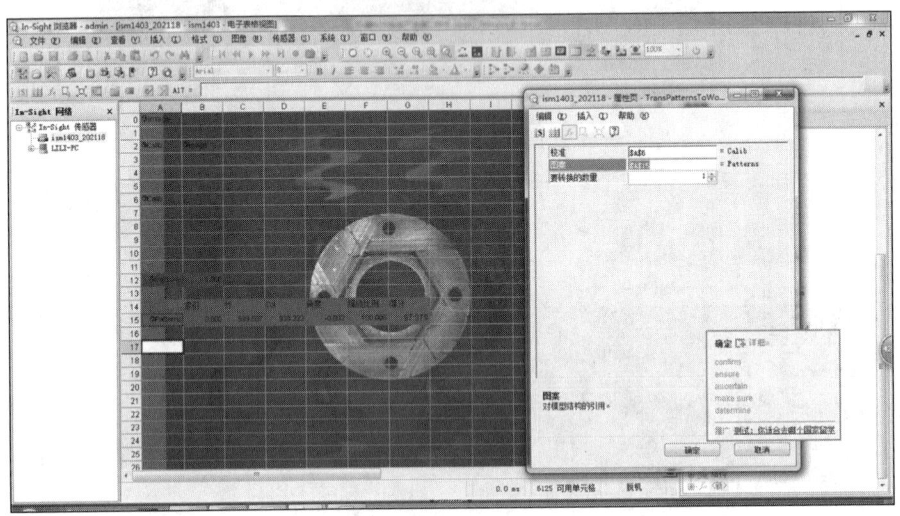

图 2-33　坐标转换

此时，模板图案特征建立完成。机械手将以这时图案所在的位置为标准抓取位置，通过偏差的方式来寻找工件的精确位置。

插入“图形”|“控件”中的控制函数“CheckBox”，插入有效/无效选项，见图 2-34。将单元格 A12、A14、A17 中的函数选中，右击选中单元格状态。选择“有条件地启用”“绝对”引用，单元格选择刚才的控制元件单元格。当在“CheckBox”中打勾时，A12（TrainPatMaxPattern）、A14（FindPatMaxPattern）及 A17（TrainsPatternToWorld）3 个函数可以编辑（图 2-34 单元格）。否则将处于冻结状态，只能使用其中的数据，但是不能更改任何设置，见图 2-35。

再次插入“TrainsPatternToWorld”和“FindPatMaxPattern”函数，将“TrainsPatternToWorld”得到的数据中行、列和角度与模板中的“TrainsPatternToWorld”函数的行、列和角度对应相减。使用传输字符串的函数“Stringf”将字符串传送给机器人，见图 2-36。在传输数据的单元格中还需要插入符号标记，使之能够被机器人所识别，见图 2-37。

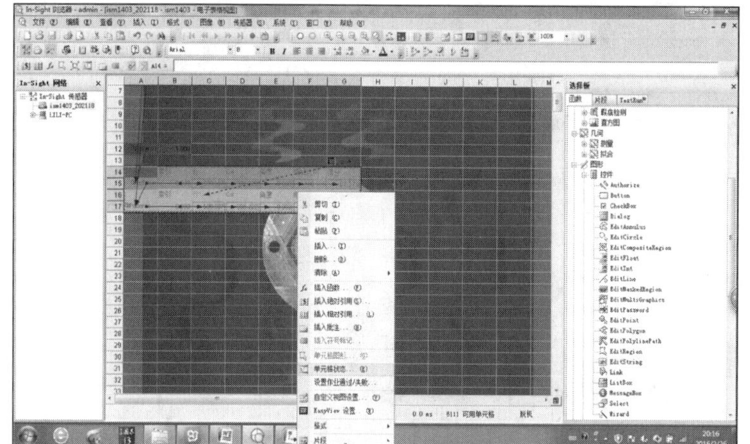

图 2-34　单元格禁用

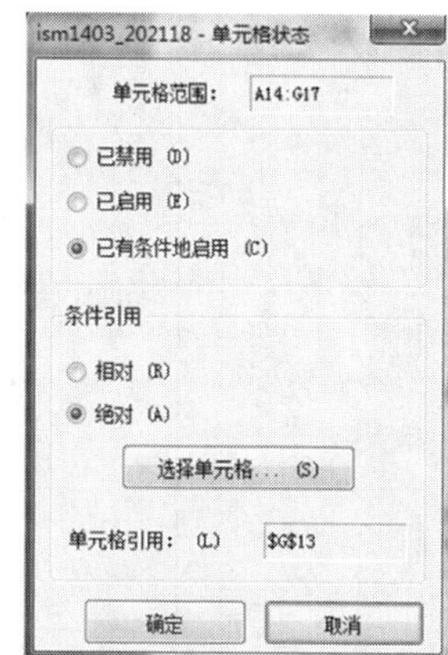

图 2-35　单元格状态设置

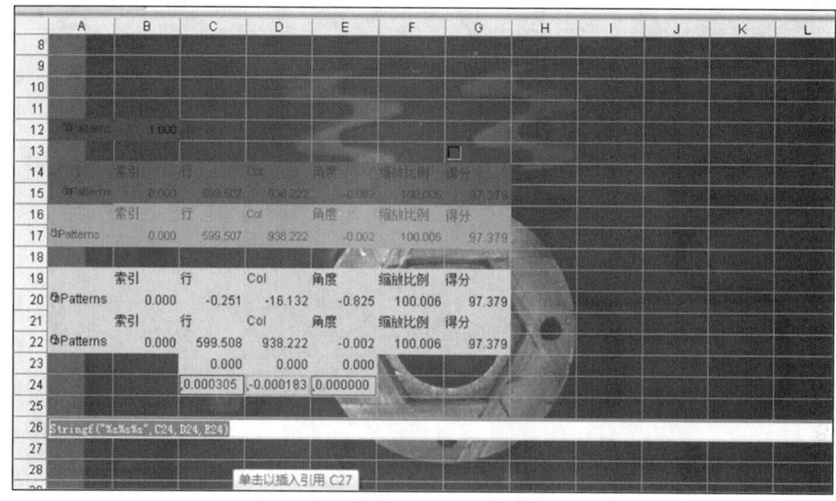

图 2-36　传输数据

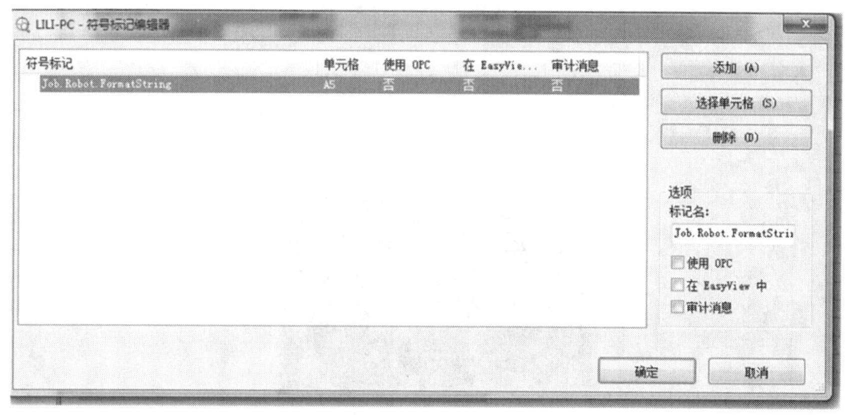

图 2-37　插入符号标记

将完成的数据保存至视觉传感器中，然后选择在线选项，并在“传感器”菜单下的“启动”选项中，设置当前作业为初始启动作业，见图 2-38。

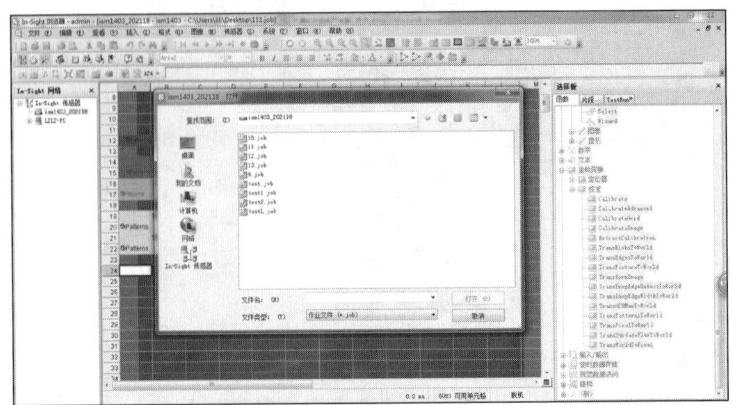

图 2-38　保存

重新放置零件，拍摄图像，结果如图 2-39、图 2-40 所示。

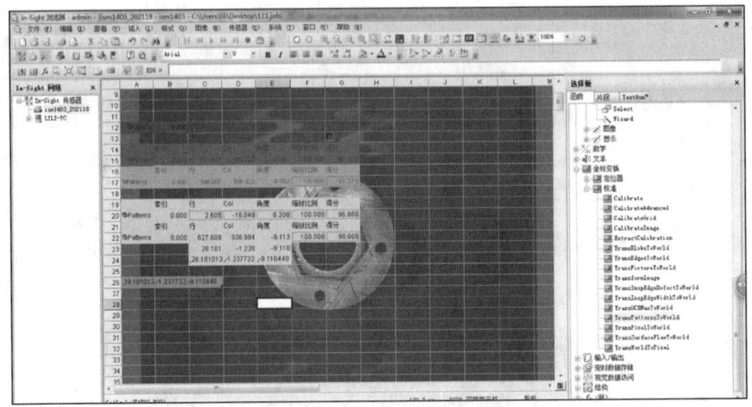

图 2-39　结果

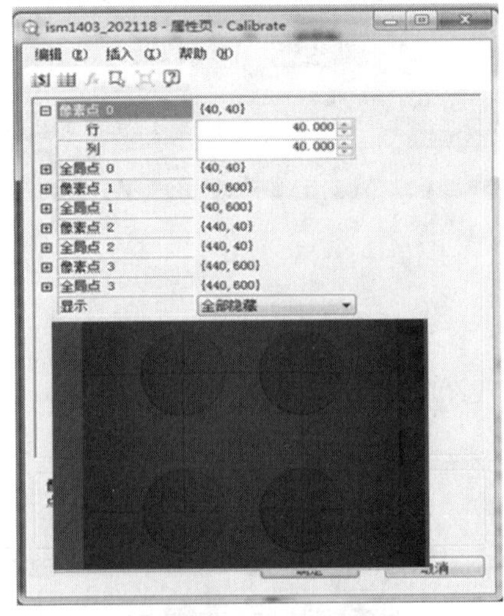

图 2-40　坐标变换

（5）尺寸测量视觉编程实例

依据上例，完成新建作业、校准相机等步骤。在提取边时，需要排除噪声的干扰，平滑图像。先插入 NeighborFlter( )函数，选择闭合算法，填补图像中的间隙，平滑图像边缘，见图 2-41。再插入 PointFilter( )函数，选择“二元化”，在图像选择之前，要处理好平滑图像，得到如图 2-42 所示效果。

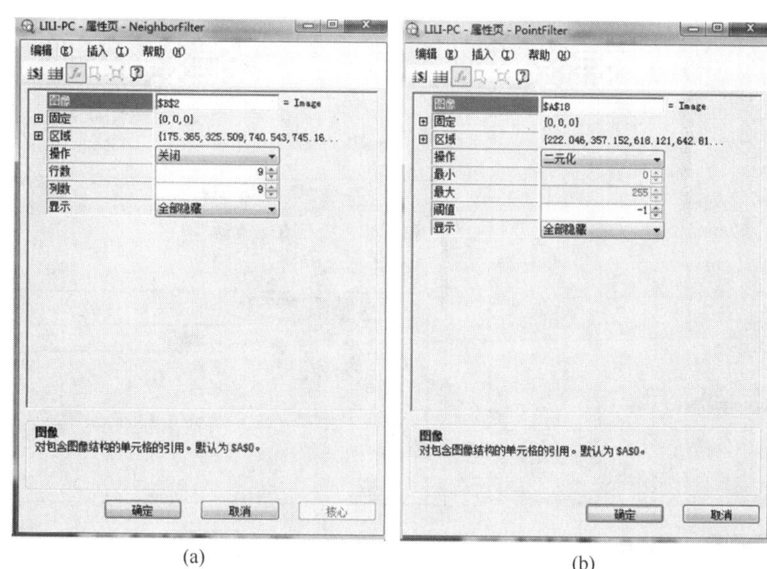

(a) (b)

图 2-41 闭合-二值化

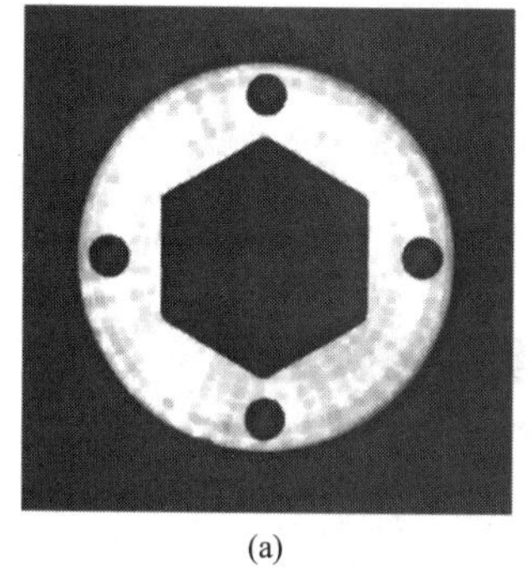

(a)

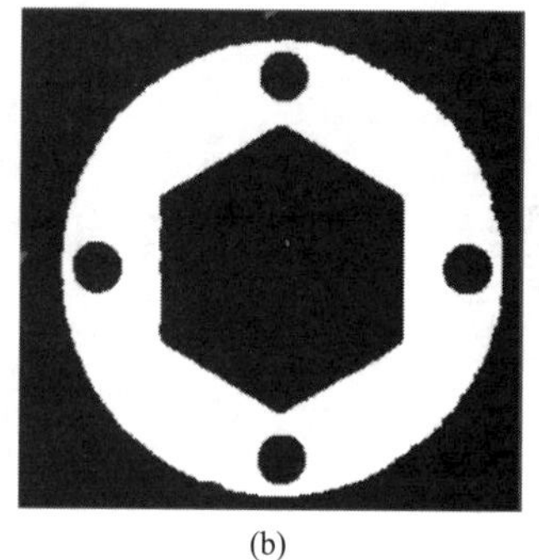

(b)

图 2-42 闭合效果-二值化效果

插入 2 个 FindLine( )函数。将区域分别选择在如图 2-43 所示的位置。

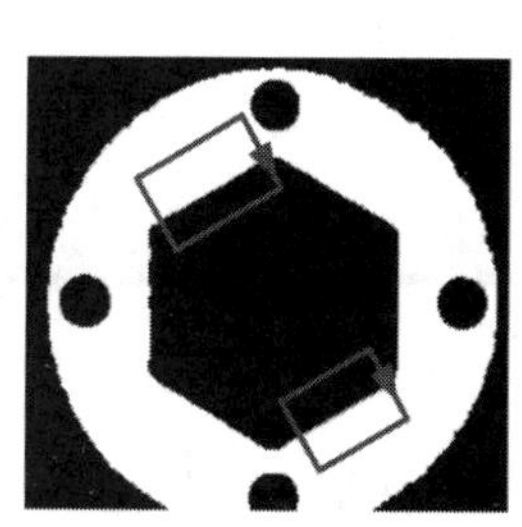

图 2-43 区域选择

“图像”选择处理好的二值图像，“角度范围”调整至 10，将得到 2 个边的起始点与结束点坐标，见图 2-44。在空白单元格中插入求取平均数函数 Mean（Value0，Value1，…），求其中一条直线的中点位置。使用 PoltPoint( )函数，分别引用计算平均数值的 2 个函数所在单元格，如图 2-45 所示。

最后插入函数 PointToLine( )函数，计算中点到另一条直线的最短距离，见图 2-46。在函数中，点坐标为前面计算的点的坐标，直线坐标为查找到的第二条直线的起始点与最终点。分别将坐标双击引用时函数对话框中。引用关系如图 2-47 所示，最后将坐标从像素坐标转化为实际坐标。

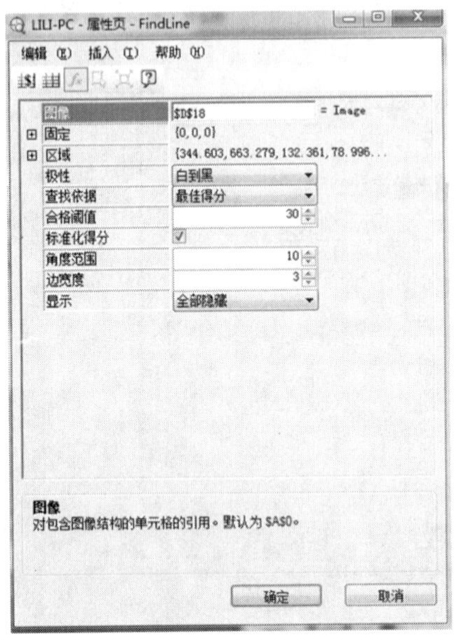

图 2-44 查找直线

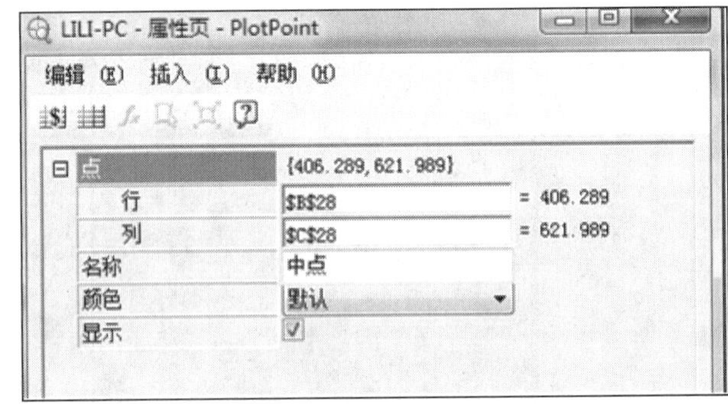

图 2-45 绘制中点

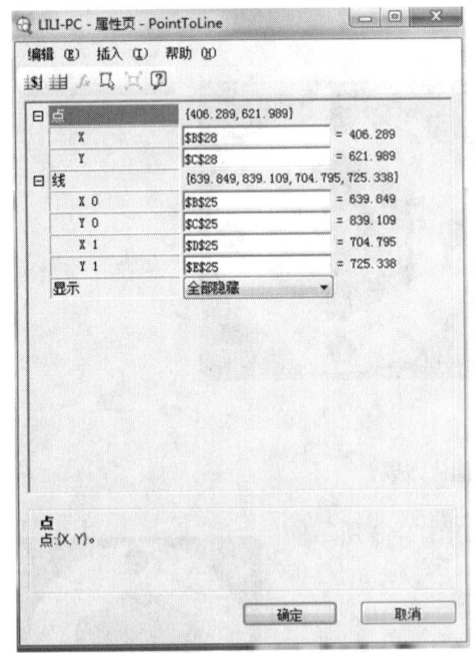

图 2-46 两条边距离

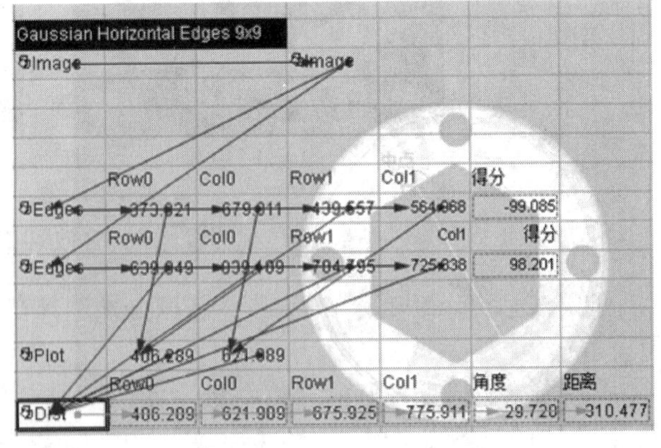

图 2-47 函数关系引用图

分别将之前提取的像素点以及像素直线转化为世界坐标，使用 PointToLine( )函数计算实际距离。

2.3 OpenCV 系统开发

2.3.1 OpenCV 开发包安装

图像处理是使用计算机对图像分析获得有意义信息的一种技术手段。图像处理包括图像压缩，增强和复原，匹配、描述和识别等部分。OpenCV 是一个基于开源的计算机平台视觉开发库，能够实现图像处理以及计算机视觉方面的很多通用算法。OpenCV 官方网站为 http：//opencv.org，见图 2-48。

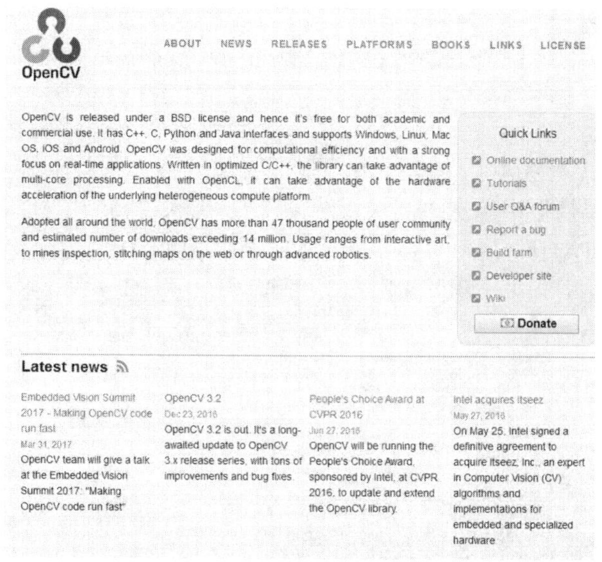

图 2-48

下载完后得到文件 OpenCV 3.2.0，双击后会提示解压到某个地方，推荐放到 D：\Program Files\，比如 D：\Program Files（因为 OpenCV 项目文件打包的时候，根目录就是 opencv，所以我们不需要额外的新建一个名为 opencv 的文件夹），然后单击“Extract”按钮，见图 2-49。

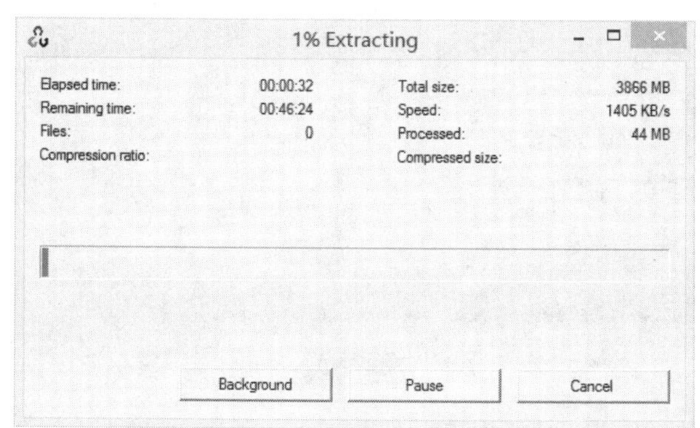

图 2-49

在解压的 opencv 文件夹中，build 里面是使用 OpenCV 相关的文件，使用 OpenCV 的相关文件全部储存在 build 中，见图 2-50。sources 文件夹中存放着官方的实例集，可以删除。

图 2-50

在“计算机”“属性”中单击“高级系统设置”，进入“高级”标签，单击“环境变量”按钮，在系统变量“PATH”后可以按下述情况添加，见图 2-51。

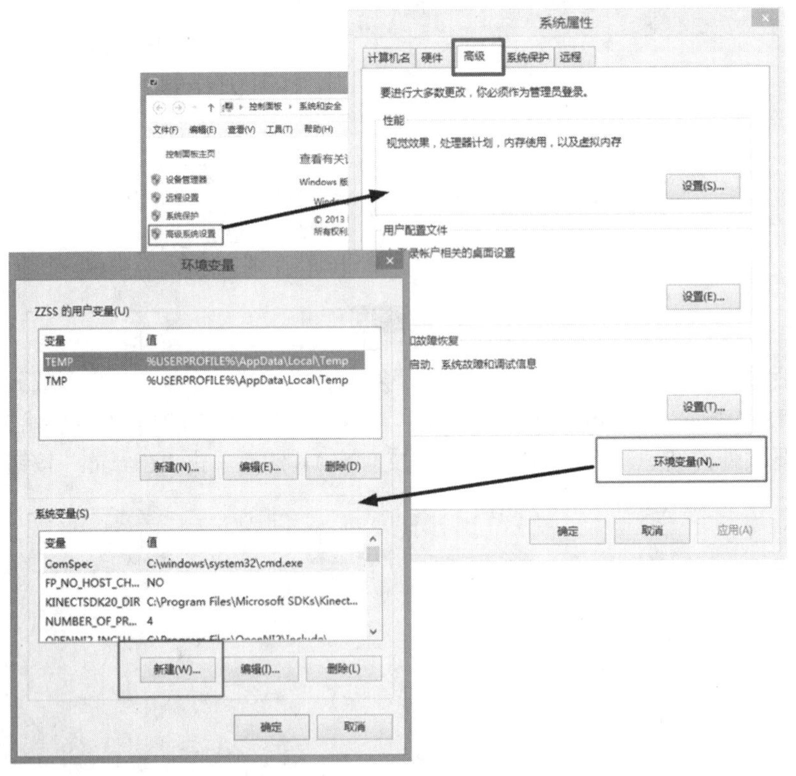

图 2-51

Opencv3.2.0 官网只有 x64，需要 x86 的读者需要自己编译。

对于 64 位系统，可以两个都添加上：“…… opencv\build\x64\vc\14\bin”。

本书将在 vs2013 中编译 OpenCV，所以在使用前需要在 vs2013 中配置工程。打开 visual studio，新建 win32 控制台项目，输入名字，选择文件路径，确定。在出现的对话框中勾选“空项目”。

在解决方案资源管理器的工程树中右击“源文件”，“添加”“新建项”，在工程中新建一个 cpp 源文件。

在菜单栏中单击“视图”“属性窗口”，在 visual studio 中会多出一个属性管理器工作区，见图 2-52。

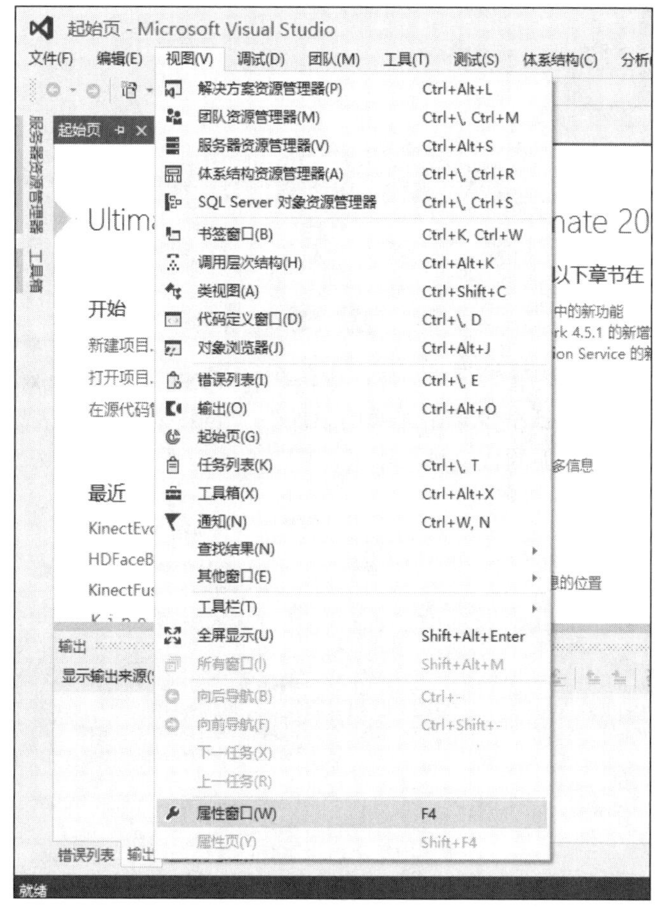

图 2-52

在新出现的“属性管理器”工作区中，单击项目[Debug|x64] [Microsoft.Cpp.x64. user]打开属性页面，见图 2-53。

在“通用属性”“VC++目录”“包含目录”中添加：

```
…\opencv\build\include
…\opencv\build\include\opencv
…\opencv\build\include\opencv2
```

配置库目录：在库目录中添加…\opencv\build\x64\vc14\lib 路径，见图 2-54。

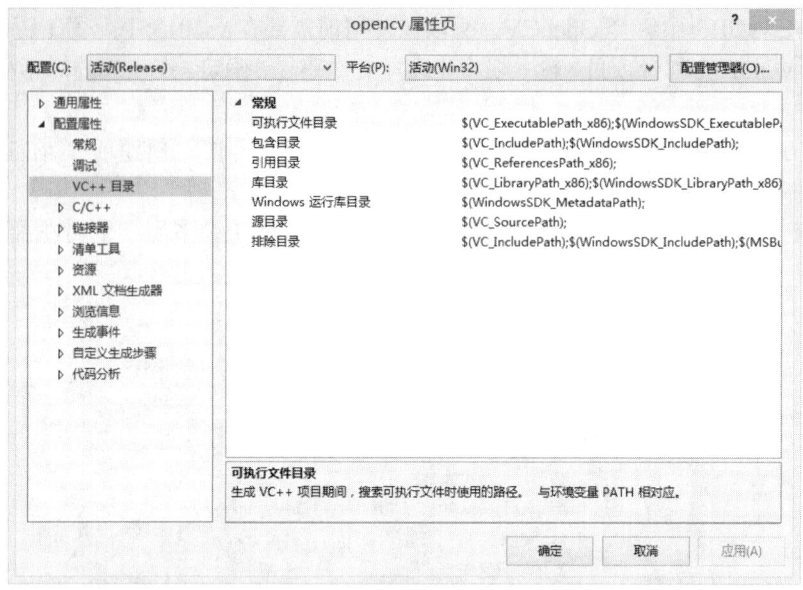

图 2-53

链接库的配置：在“属性管理器”工作区中，单击“项目”|“Debug|x64Microsoft.Cpp.x64.user”打开属性页面。在对话框中单击“通用属性”|“链接器”|“输入”|“附加的依赖项”将 lib 中的文件添加到“附加的依赖项”中，见图 2-55。

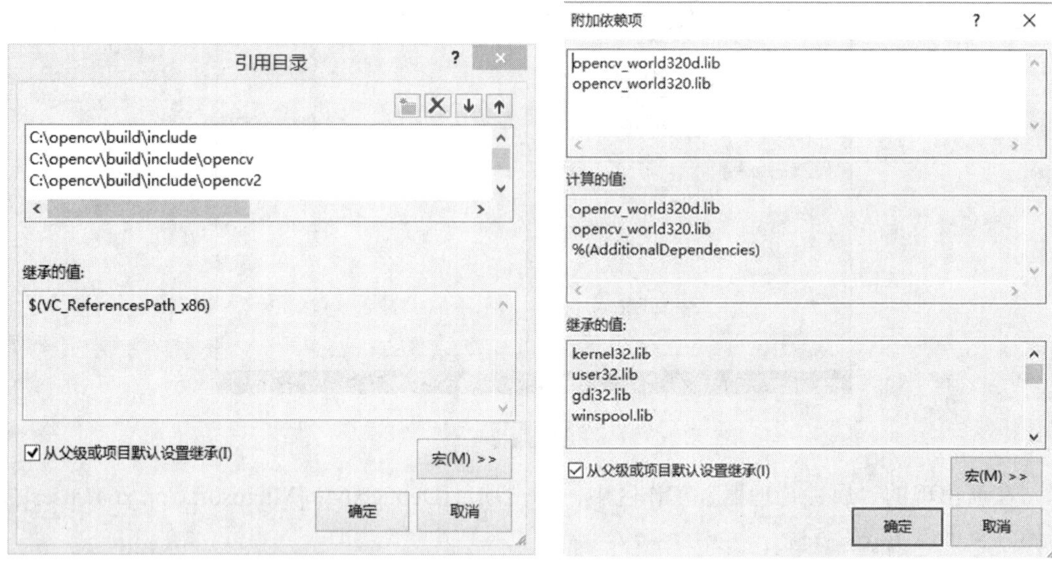

图 2-54

图 2-55

在 OpenCV 开发包安装过程中，可能会出现以下几种情况。

① 找不到 core.h：出现这个问题是因为 include 的时候，opencv 根文件夹下面就有个 include，但配置的时候，包含的应该是 build 中的 include。

② 无法解析的外部命令：是因为编译器与配置文件不符合，与系统无关，只与编译器的类型有关。使用 32 位编译器选择 x86 位配置文件，64 位编译器选择 x64 位配置文件。

③ 关于形如-error LNK2005：xxx 已经在 msvcrtd.lib（MSVCR90D.dll）中定义，不包含静态库。

④ 应用程序无法正常启动 0xc000007b：这属于 Lib 包含的问题。也许同时包含了 x86 和 x64 的，或者包含出错了。或者是对于 windows 8 64 位，.dll 文件要放在和 System32 文件夹同级的 SysWOW64 文件夹中。

2.3.2 OpenCV 开发实例：载入图像

在 OpenCV 中，所有的 C++类和函数都是定义在 cv 命名空间内的，可以通过以下两种方法访问。第一种是在编写程序代码的开头位置，加上“usingnamespace cv;”。另外一种是在每次需要使用 OpenCV 类和函数时，都在类和函数前加上“cv::”。

Mat 类：在 OpenCV 中，Mat 类是用于保存图像以及其他矩阵数据的数据结构。Mat 类的初始大小为 0，也可以用户自己定义 Mat 类的空间大小。

例 2-2 imread( )函数：

Mat tupian=imread（“mao.jpg”）

表示将工程目录下的 mao.jpg 图片导入到 Mat 类 tupain 中。

```
Mat imread(const string& filename,intflags=1);
```

imread( )函数中，第一个参数为需要载入的文件名，第二个参数为载入图像的颜色类型。

取值为 0 时，将图像转换从灰度图像再返回；取 1 时，将图像转换为彩色再返回；取 2 时，如果载入图像为 16 位或者 32 位，就返回对应深度的图像，否则，会将图形转换为 8 位图像再返回。

namedWindow( )函数：

namedWindow( )函数用于创建一个窗口。这个窗口可以作为图像和进度条的容器。但是如果相同名字的窗口已经创建，那么函数将不会做任何事情。当编写的程序量较大时，可以使用 destroyWindow( )或者 destroyAllWindows( )函数来关闭窗口。在退出时，所有的窗口都将被系统关闭。

```
void namedWindow(const string& winname,int flags=WINDOW_AUTOSIZE);
```

第一个参数为需要创建的窗口名称。

第二个参数是所创建的出口的类型标识，可以填如下的值。

WINDOW_NORMAL：用户可以自由改变窗口的大小。

WINDOW_AUTOSIZE：窗口能够根据图片大小自动调整大小，但是用户不能手动调整窗口大小，为函数的默认值。

WINDOW_OPENGL：创建的窗口支持 OpenGL。

imshow( )函数：在指定的窗口中显示一幅图像。在显示时，如果窗口的创建标识为默认格式，图片将以原始尺寸显示。否则图片将会被适度缩放，以适应窗口的大小。

```
void imshow(const string& winname,InputArray mat);
```

第一个参数中填写需要显示的窗口名称，第二个参数中填写需要显示的图像名称，见图 2-56。

图 2-56

imshow 函数测试程序：

```
//------------------------------------------------------------------------
#include<iostream>
#include <opencv2/core/core.hpp>
#include <opencv2/highgui/highgui.hpp>


using namespace cv;


int main()
{
    // 读入一张图片(原画)
    Mat img=imread("pic.jpg");
    // 创建一个名为 "原画"窗口
    cvNamedWindow("原画");
    // 在窗口中显示原画
    imshow("原画",img);
    // 等待 6000 ms 后窗口自动关闭
    waitKey(6000);
}
//------------------------------------------------------------------------
```

imwrite( )函数是将图像保存到指定的文件的函数，图像格式由文件扩展名决定。

```
    bool imwrite(const string& filename,InputArray img,const vector<int>&params=
vector<int>( ));
```

第一个参数中填写需要写入的文件名，需要带上后缀，例如“1.jpg”。第二个参数中填写需要输出的图像名。第三个参数中为特定格式保存的参数编码，它有默认值，所以一般情况下可以省略，但是在以下地方可能用到：对于 JPEG 图片格式，参数表示图片质量，0～100，默认值为 95；对于 PNG 图片格式，参数表示图片的压缩级别，0～9，值越大，压缩的尺寸越小，并且占用更多的压缩时间，默认值为 3；对于 PPM、PGM 和 PBM 图片格式，参数表示二进制标志，取值为 0/1，默认值为 1。

ROI 为设置感兴趣区域，即选定一块区域作为图像处理与分析的重点，这样可以减少处理时间，增加处理精度。

ROI 创建函数［cv:：Rect( )和 cv:：Range(　)］

cv:：Rect：创建一个矩形区域，需要指定矩形区域的左上角坐标和矩形长和宽。

```
Mat tp;
tp=image(Rect(300,200,200,100));
```

cv:：Range：创建一个区域范围，从开始点到结束点的连续序列。

定义一个左上角坐标为（300，200），宽为 200，高 100 的矩形窗口。

```
Mat tp;
tp=srcImage3(Range(100,150),Range(150,200));
```

这里截取的就是原图第 100 行至第 149 行，第 150 列到第 199 列的图像。Range 的两个参数范围分别为左包含和右不包含。

2.3.3 OpenCV 开发实例：图像叠加

混合是将 2 幅图像的像素值进行加权，形成新的图像，见图 2-57、图 2-58。其理论公式为：

$$g(x)=(1-\alpha)f_0(x)+\alpha f_1(x)$$

addWeighted( )函数：将 2 个图像阵列加权求和。

```
void addWeighted(InputArray src1,double alpha,InputArray src2,double beta,
double gamma,OutputArray dst,int dtype=-1);
```

图 2-57

图 2-58

第一个参数中填写第一幅需要混合的图像名称；第二个参数表示第一幅图像权重；第三个参数表示第二副图像名称，需要和第一幅拥有相同的尺寸和通道数；第四个参数表示第二幅图像的权重值；第五个参数需要填写输出的图像名称，它的大小和输入的两个图像拥有相同的尺寸和通道数；第六个参数表示一个加到权重总和上的标量值；第七个参数为输出阵列的深度值，默认值为-1。当两个输入图像具有相同的深度时，这个参数设置为-1。

图像线性混合测试程序：

```
//-------------------------------------------------------------------------

bool LinearBlending()
{

    //定义一些局部变量
    double alphaValue=0.5;
    double betaValue;
    Mat srcImage2,srcImage3,dstImage;
```

```
        //读取图像
        srcImage2= imread("mogu.jpg");
        srcImage3= imread("rain.jpg");

        //做图像混合加权操作
        betaValue=(1.0-alphaValue);
        addWeighted(srcImage2,alphaValue,srcImage3,betaValue,0.0,dstImage);

        //创建并显示原图窗口
        namedWindow("线性混合示例窗口",1);
        imshow("线性混合示例窗口",srcImage2);

        namedWindow("线性混合示例窗口",1);
        imshow("线性混合示例窗口",dstImage);

        return true;

    }
    //-----------------------------------------------------------------------------
```

运行以上代码，得到最终融合的效果，如图 2-59 所示。

图 2-59

2.3.4 OpenCV 开发实例：边缘识别

```
    //----------【头文件包含部分】--------------
    // 描述:包含程序所依赖的头文件

    #include <opencv2/opencv.hpp>
    #include <opencv2/imgproc/imgproc.hpp>

//---------【命名空间声明部分】-------------
    // 描述:包含程序所使用的命名空间
    //----------------------------------------
    using namespace cv;
    //-----------【main( )函数】---------------
    // 描述:控制台应用程序的入口函数,我们的程序从这里开始
    //----------------------------------------
    int main( )
    {
    //【1】载入原始图和 Mat 变量定义
  Mat srcImage = imread("/home/zs_proj/opencv_test/1.jpg");
    //工程目录下应该有一张名为 1.jpg 的素材图
  Mat midImage,dstImage;//临时变量和目标图的定义
```

```
//【2】显示原始图
imshow("【原始图】",srcImage);

//【3】转为灰度图,进行图像平滑
cvtColor(srcImage,midImage,CV_BGR2GRAY);
GaussianBlur( midImage,midImage,Size(9,9),2,2 );

//【4】进行霍夫圆变换
vector<Vec3f> circles;
HoughCircles( midImage,circles,CV_HOUGH_GRADIENT,1.5,10,200,100,0,0 );

//依次在图中绘制出圆


Point center(cvRound(circles[0][0]),cvRound(circles[0][1]));
int radius = cvRound(circles[0][2]);
//绘制圆心
circle( srcImage,center,3,Scalar(0,255,0),-1,8,0 );
//绘制圆轮廓
circle( srcImage,center,radius,Scalar(155,50,255),3,8, 0 );

//【5】显示效果图
imshow("【效果图】",srcImage);
waitKey(0);

return 0;
}
```

在本例中采用霍夫圆变换算法，提取图像中圆的边以及半径。先读取图片，将图片转化为灰度图片。使用 HoughCircles( )函数不需要使用二值图像作为源图。然后采用高斯低通滤波，平滑图像，去除噪声。使用霍夫圆变换提取零件的边缘及中心，并将边缘和中心在图中绘制出来，效果如图 2-60 所示。

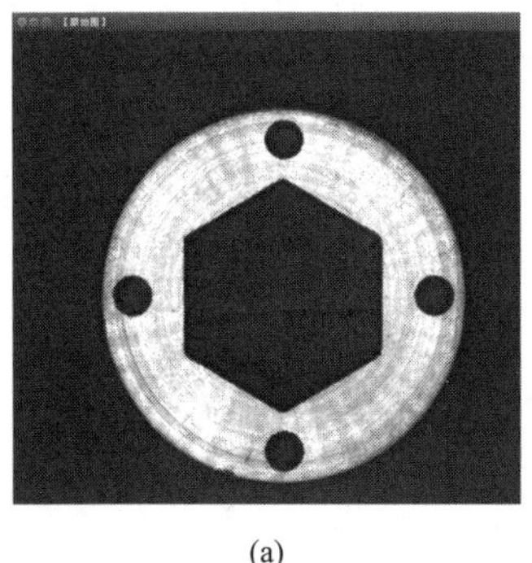

(a)

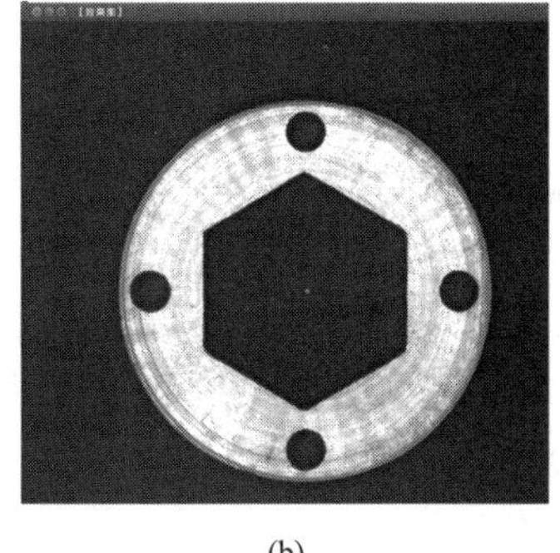

(b)

图 2-60

2.4 树莓派视觉开发技术

2.4.1 树莓派简介

树莓派由注册于英国的慈善组织“Raspberry Pi 基金会”开发，埃本·阿普顿（Eben Upton）为项目带头人。2012 年 3 月，英国剑桥大学埃本·阿普顿（Eben Upton）正式发售世界上最小的台式机，又称卡片式电脑，外形只有信用卡大小，却具有电脑的所有基本功能，这就是 Raspberry Pi 电脑板，中文译名“树莓派”。这一基金会以提升学校计算机科学及相关学科的教育，让计算机变得有趣为宗旨。基金会期望这一款电脑无论是在发展中国家还是在发达国家，会有更多的其他应用不断被开发出来，并应用到更多领域。在 2006 年树莓派早期概念是基于 Atmel 的 ATmega644 单片机，首批上市的 10000 台树莓派的“板子”，由中国台湾和大陆厂家制造。

它是一款基于 ARM 的微型电脑主板，以 SD/MicroSD 卡为内存硬盘，卡片主板周围有 1/2/4 个 USB 接口和一个 10/100 以太网接口（A 型没有网口），可连接键盘、鼠标和网线，同时拥有视频模拟信号的电视输出接口和 HDMI 高清视频输出接口，以上部件全部整合在一张仅比信用卡稍大的主板上，具备所有 PC 的基本功能，只需接通电视机和键盘，就能执行如电子表格、文字处理、玩游戏、播放高清视频等诸多功能。Raspberry Pi B 款只提供电脑板，无内存、电源、键盘、机箱或连线，见图 2-61。

图 2-61

树莓派的生产是通过有生产许可的三家公司（Element 14/Premier Farnell、RS Components 及 Egoman）进行的。这三家公司都在网上出售树莓派。

2.4.2 树莓派编程语言——Python

自从 20 世纪 90 年代初 Python 语言诞生至今，它逐渐被广泛应用于处理系统管理任务和 Web 编程。Python 已经成为最受欢迎的程序设计语言之一。2011 年 1 月，它被 TIOBE 编程语言排行榜评为 2010 年度语言。自从 2004 年以后，Python 的使用率呈线性增长。由于 Python 语言的简洁、易读以及可扩展性，在国外用 Python 做科学计算的研究机构日益增多，一些知名大学已经采用 Python 教授程序设计课程。例如卡耐基梅隆大学的编程基础、麻省理工学院的计算机科学及编程导论就使用 Python 语言讲授。众多开源的科学计算软件包都提供了 Python 的调用接口，例如著名的计算机视觉库 OpenCV、三维可视化库 VTK、医学图像处理库 ITK。而 Python 专用的科学计算扩展库就更多了，例如以下 3 个十分经典的科学计算扩展库：NumPy、SciPy 和 matplotlib，它们分别为 Python 提供了快速数组处理、数值运算以及绘图功能。因此 Python 语言及其众多的扩展库所构成的开发环境十分适合工程技术、科研人员处理实验数据、制作图表，甚至开发科学计算应用程序，见图 2-62。

2.4.3 树莓派摄像头

树莓派摄像机模块是一个500万像素的定制设计的附加树莓派组件，采用了定焦镜头，见图2-63。它能够拍摄2592×1944像素的静态图片，同时还支持1080p30、720p60、640×480p60/90视频。它通过插入在板上表面的小插槽中的方式连接，并使用专用的CSI接口，特别适用于连接摄像头，见图2-64。

图2-62　图2-63　图2-64

电路板本身极其小巧，尺寸为25mm×20mm×9mm。它的重量仅有3g，使得它非常适合那些对尺寸和重量敏感的移动APP或其他应用程序。它通过一个短的带状电缆的方式连接到树莓派。该传感器本身具有500万像素的原始分辨率，并具有板载一个定焦镜头。具有1.4μm×1.4μm的像素用的OmniBSI技术，高性能（高灵敏度，低串扰，低噪声）的1/4自动图像控制功能：自动曝光控制（AEC）；自动白平衡（AWB）；自动带通滤波器（ABF）；自动50/60Hz luminace检测；自动黑电平校正（ABLC）。

2.4.4 树莓派上配置摄像头

第一步：将摄像头连接到树莓派上。摄像头的带状线缆需要连接到树莓派的特殊连接头上，就在紧靠以太网口的位置。

第二步：升级系统。要使用摄像头模块，必须使用一个较新的操作系统，它能识别出摄像头模块已连接上。最简单的方法就是直接从树莓派官网去下载一个Raspbian的系统镜像，然后安装到一个全新的SD卡上。

不管用户的Raspbian系统版本是什么，都推荐使用以下命令来更新系统：

```
sudo apt-get update
sudo apt-get upgrade
```

根据SD卡的新旧程度，升级系统所花费的时间会有所不同。

第三步：在raspi-config中使能摄像头。升级完成后重启系统，如果用户使用的是最新版的系统，raspi-config组件应该会自动加载。如果不是，那么可以通过命令来手动运行：

```
sudo raspi-config
```

移动到“camera”选项，按下回车键，见图2-65。

选择“Enable”，然后回车，见图2-66。

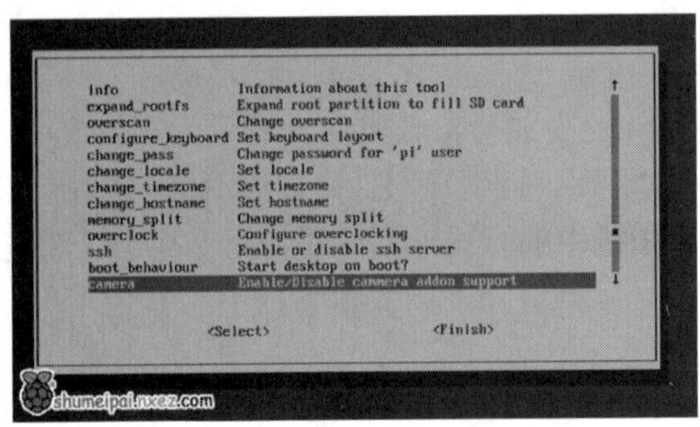

图 2-65

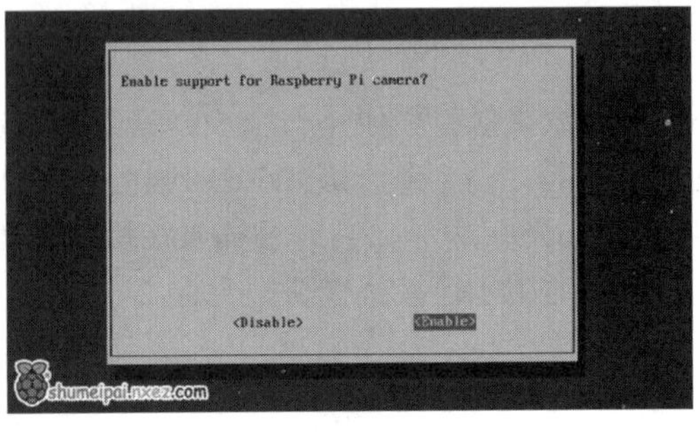

图 2-66

选择“Yes”，回车后树莓派会重新启动，见图 2-67。

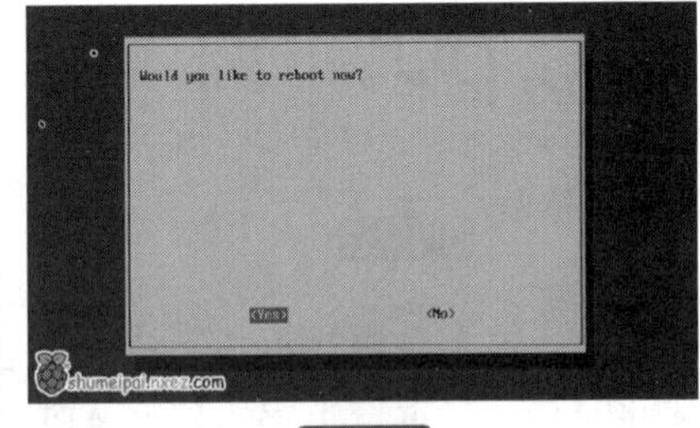

图 2-67

通过 raspi-config 工具更新了操作并使用摄像头之后，它会告诉树莓派摄像头已经连接成功，并增加了 2 个命令行工具，以供用户使用摄像头。

```
raspistill
raspivid
```

这 2 个命令可分别拍摄静帧照片和 HD 视频。

2.4.5 树莓派摄像头的 Python 环境配置[1]

（1）安装 Python 图像处理库——PIL

在 Debian/Ubuntu Linux 下直接通过 apt 安装：

```
$ sudo apt-get install python-imaging
```

Mac 和其他版本的 Linux 可以直接使用 easy_install 或 pip 安装，安装前需要把编译环境装好：

```
$ sudo easy_install PIL
```

如果安装失败，根据提示先把缺失的包（比如 openjpeg）装上。

运行以下 Python 代码，检测是否正常安装：

```
import Image
# 打开一个 jpg 图像文件,注意路径要改成用户自己的:
im = Image.open('/Users/michael/test.jpg')
# 获得图像尺寸:
w,h = im.size
# 缩放到 50%:
im.thumbnail((w//2,h//2))
# 把缩放后的图像用 jpeg 格式保存:
im.save('/Users/michael/thumbnail.jpg','jpeg')
```

---

[1] 所有 Python 环境为 Python2.7。

（2）在 Python 中安装树莓派摄像头的开发库 picamera

在终端中输入以下代码：

```
$ sudo apt-get update
$ sudo apt-get install python-picamera
```

运行以下 Python 代码，以测试是否正常安装：

```
import time
import picamera

camera = picamera.PiCamera()
try:
    camera.start_preview()
    time.sleep(10)
    camera.stop_preview()
finally:
    camera.close()
```

2.4.6 树莓派视觉系统开发实例

例 2-3 用默认设置录制一段 10s 的视频。

```
import time                                    #导入 Python 时间库
import picamera                                #导入树莓派摄像头库 picamera

camera = picamera.PiCamera()                   #创建一个新的摄像头实例,并打开摄像头,此时摄像
                                                头上的红色 LED 应该点亮
try:                #防止出错
    camera.start_preview()                     #开始预览
    time.sleep(10)                             #等待 10s,此时进行录制
    camera.stop_preview()                      #录制结束,关闭预览
finally:                                       #关闭摄像头
    camera.close()                             #关闭摄像头,此时摄像头上的红色 LED 应该熄灭
```

注意：用户应该一直确保 close( )方法被调用，即使清理 picamera 对象的资源也一样。

例 2-4 这个例子展示了 Python 中的 with 语句在暗中调用了 close( )方法。

```
import time
import picamera
with picamera.PiCamera()as camera:
    camera.start_preview()
    time.sleep(10)
    camera.stop_preview()
```

例 2-5 这个例子展示了一些属性能够实时进行调节，即使是正在预览，在这个例子中，亮度也随着时间不断变化。

```
import time
import picamera
with picamera.PiCamera()as camera:
    camera.start_preview()
    try:
        for i in range(100):
            camera.brightness = i
            time.sleep(0.2)
    finally:
        camera.stop_preview()
```

例 2-6 这个例子展示了如何调整摄像头的分辨率到 640×480（这个方法不能在录制时调用），然后开始预览，并且录制视频到文件。

```
import picamera
with picamera.PiCamera()as camera:
    #调整分辨率
    camera.resolution =(640,480)
    camera.start_preview()
    #录制视频保存到 foo.h264
camera.start_recording('foo.h264')
    camera.wait_recording(60)
    camera.stop_recording()
camera.stop_preview()
```

摄像头的默认分辨率是显示器的分辨率，如果显示器被禁用了，那么默认的分辨率就是 1280×720。

注意：上面用到 wait_recording( )而不是 time.sleep( )方法，这个方法会检查错误（例如硬盘空间），在录制时，如果用 time.sleep( )，那么在出现异常时，stop_recording( )在时间结束后才会被调用。

例 2-7 这个例子展示了开始预览，修改一些参数，然后拍摄一张照片，这一切发生在 preview 进行时。

```
import time
import picamera

with picamera.PiCamera()as camera:
    camera.resolution =(1280,720)
camera.start_preview()
#曝光度调整
camera.exposure_compensation = 2
#曝光模式
    camera.exposure_mode = 'spotlight'
    camera.meter_mode = 'matrix'
    #相片特效
```

```
    camera.image_effect = 'gpen'
    # Give the camera some time to adjust to conditions
    time.sleep(2)
    camera.capture('foo.jpg')
    camera.stop_preview()
```

例 2-8 这个例子展示了如何在图片上添加水印，通过调用 capture( )即可。

```
import time
import picamera

with picamera.PiCamera()as camera:
    camera.resolution =(2592,1944)
    camera.start_preview()
time.sleep(2)

# 添加水印
    camera.exif_tags['IFD0.Artist'] = 'Me!'
    camera.exif_tags['IFD0.Copyright'] = 'Copyright(c)2013 Me!'

    # 保存为 foo.jpg
camera.capture('foo.jpg')
    camera.stop_preview()
```

例 2-9 这个例子展示了拍摄一连串照片，每张照片的间隔时间为 1min，调用 capture_continuous( )方法。

```
import time
import picamera

with picamera.PiCamera()as camera:
    camera.resolution =(1280,720)
    camera.start_preview()
time.sleep(1)
    for i,filename in enumerate(camera.capture_continuous('image{counter:
02d}.jpg')):
        print('Captured image %s' % filename)
        # 如果拍摄到 100 张,退出循环
        if i == 100:
            break
        #间隔 60s
        time.sleep(60)
    #终止预览
    camera.stop_preview()
```

例 2-10 这个例子使用 video-port，capture_sequence，以极快的速度捕获 120 张连续的低分辨率的 JPEG 图像，捕获图像的帧率会在后面输出。

```
import time
import picamera

with picamera.PiCamera()as camera:
    camera.resolution =(640,480)
camera.start_preview()
#记录开始捕获的时刻
start = time.time()
#开始捕获图像串
    camera.capture_sequence((
        'image%03d.jpg' % i
for i in range(120)
        ),use_video_port=True)# 设置 use_video_port=True,使用视频端口
#计算帧率并输出
print('Captured 120 images at %.2ffps' %(120 /(time.time()- start)))
    camera.stop_preview()
```

例 2-11 这个例子展示了捕获一张未经编码的 RGB 格式，并且产生一个 numpy 序列。

```
import time
import picamera
#导入 picamera 的 numpy 库
import picamera.array

with picamera.PiCamera()as camera:
    with picamera.array.PiRGBArray(camera)as stream:
        camera.resolution =(1024,768)
        camera.start_preview()
        time.sleep(2)
        #以 RGB 格式捕获图像
        camera.capture(stream,'rgb')
        print(stream.array.shape)
```

例 2-12 捕捉图像到文件。

捕获图像到文件十分简单，仅仅通过给出文件的名字就可以做到，不论用户使用何种 capture( )方法。

```
import time
import picamera

with picamera.PiCamera()as camera:
    camera.resolution =(1024,768)
    camera.start_preview()
```

```
# 摄像头预热时间
    time.sleep(2)
    camera.capture('foo.jpg')
```

请注意 picamera 打开的文件（例如上例中）会被清空并关闭，以便当 capture 方法用到时，数据能够被其他进程使用。

例 2-13 捕获图像到数据流。

捕获图像到 1 个类似于文件的对象（例如 1 个 socket( )对象，1 个 io.BytesIO 流等等）是很简单的，定义此对象作为输出就行了，不论什么时候均可使用 capture( )方法。

```
# 导入 python 标准 io 库
import io
import time
import picamera

# 创建一个字节流对象
my_stream = io.BytesIO()
with picamera.PiCamera()as camera:
    camera.start_preview()
# Camera warm-up time
time.sleep(2)
#捕获图像到字节流
    camera.capture(my_stream,'jpeg')
```

例 2-14 捕获图像到 PIL 对象。

这是捕获图像到数据流的一个变形。首先，创建一个图像到一个字节流，然后把字节流的读取起点设置到开头，然后把这个数据流读入一个 PIL 对象。

```
import io
import time
import picamera
#导入 PIL 库
from PIL import Image

# Create the in-memory stream
stream = io.BytesIO()
with picamera.PiCamera()as camera:
     camera.start_preview()
     time.sleep(2)
     camera.capture(stream,format='jpeg')
# 把字节流的读取位置设置到起点
stream.seek(0)
# 用 PIL 读此字节流
image = Image.open(stream)
```

成功读取图像到 PIL 对象后，即可按照标准图像处理方法进行分析。

机器视觉技术正在与运动控制技术、工业机器人、服务机器人越来越紧密的结合，成为智能制造和智慧生活领域不可或缺的技术链环。常见的机器视觉可以提供诸如零件定位、机器人运动轨迹规划（障碍物判断）、工件加工质量判断和异常情况检测等功能。机器视觉的加入，使得自动化生产系统可以更加智能地处理工作任务，提高了系统的工作效率，降低了系统对于环境的依赖，拓展了系统的应用领域。

机器视觉系统的特点可以归纳为安全、可靠性高、辨识度高、稳定性好，效率高，可提高生产的柔性和自动化程度。正是工业视觉检测系统的这些特点，在一些不适合于人工作业的危险工作环境或人工视觉难以满足要求的场合，常用机器视觉来替代人工视觉；同时在大批量工业生产过程中，用人工视觉检查产品质量效率低且精度不高，用机器视觉检测方法可以大大提高生产效率和生产的自动化程度。而且机器视觉易于实现信息集成，是实现计算机集成制造的基础技术。可以在最快的生产线上对产品进行测量、引导、检测和识别，并能保质保量的完成生产任务。

工业 4.0 战略的展开方向之一就是智能工厂，在这场新变革中，机器人的研制和开发起到了决定性的作用。机器视觉的最先应用来自于“机器人”的研制，机器人行业的蓬勃发展也为机器视觉的研制提供了极大的推动力，而机器视觉的发展水平也是工业 4.0 进程中的重要一环。数据显示，2012 年世界机器人保有量 124 万台，同比增长 7.1%，按年销量增长 9%、机器人平均使用寿命 10 年估算，2015 年世界机器人保有量能达到 150 万台，2020 年保有量将超过 250 万台。随着机器人使用的进一步普及，机器视觉的市场也得到进一步扩大。另外，越来越多种类和功能的机器人出现，对机器视觉系统的创新性也提出了更高的要求。

Chapter 03

第 3 章 机器人操作系统（ROS）开发接口技术

机器人操作系统ROS（Robot Operating System)，是一种开源机器人操作系统，或者说次级操作系统。它提供类似操作系统所提供的功能，包含硬件抽象描述、底层驱动程序管理、共用功能的执行、程序间的消息传递、程序发行包管理，它也提供一些工具程序和数据库，用于获取、建立、编写和运行多机整合的程序。

3.1 ROS 概述

3.1.1 ROS 简介

ROS 是由 Willow Garage 公司发布的一款开源机器人操作系统，随着机器人技术的快速发展和复杂化，代码的复用性和模块化需求越来越强烈，而现有的开源系统不能满足要求，ROS 应运而生，很快在机器人研究领域展开了学习和使用 ROS 的热潮。ROS 利用很多现在已经存在的开源项目的代码，比如从 Player 项目中借鉴了驱动、运动控制和仿真方面的代码；从 OpenCV 中借鉴了视觉算法方面的代码；从 OpenRAVE 借鉴了规划算法的内容。ROS 可以不断地从社区维护中进行升级，包括从其他的软件库、应用补丁中升级 ROS 的源代码。ROS 的首要设计目标是在机器人研发领域提高代码复用率。ROS 以节点为基本单元，采用分布式处理框架，这使可执行文件能被单独设计，并且在运行时松散耦合。这些过程可以封装到数据包（Packages）和堆栈（Stacks）中，以便于共享和分发。ROS 还支持代码库的联合系统，使得协作亦能被分发。这种从文件系统级别到社区级别的设计功能让独立决定发展和实施工作成为可能。上述所有功能都能由 ROS 的基础工具实现。

（1）ROS 主要特点

ROS 的运行架构是一种使用 ROS 通信模块实现模块之间点对点的松耦合的网络连接处理架构，它执行若干种类型的通信，包括基于服务的同步 RPC（远程过程调用）通信、基于

Topic 的异步数据流通信，还有参数服务器上的数据存储。但是 ROS 本身并没有实时性。

此外，ROS 提供多语言支持，在写代码的时候，诸多编程者会比较偏向某一些编程语言。为了方便更多的使用者，ROS 现在支持许多种不同的语言，例如 C++、Python、Octave 和 LISP，也包含其他语言的多种接口实现，见图 3-1。

::: ROS.org

图 3-1 ROS logo

ROS 机器人操作系统是针对机器人开发而诞生的一整套软件架构的合集。ROS 操作系统提供了一个类操作系统的体验，能够运行在各种各样的计算机上。它提供了一套标准的操作系统功能，例如硬件抽象层、底层设备管理、常用函数、进程间的信息传递以及封装管理。ROS 的整体体系结构以节点（nodes）为基础，节点接收或者发布信息，与各种各样的传感器进行通信、智行控制、决策等。尽管实时性和低延迟在机器人控制中至关重要，ROS 本身却不是一个实时操作系统。当然，ROS 可以通过一些手段移植为实时操作系统。

（2）ROS 生态系统的软件分类

ROS 生态系统的软件大致可以分为三种。

① 与编程语言和平台无关的基于 ROS 的工具。

② ROS 系统的自带工具如 roscpp、rospy、roslisp 等。

③ 集成了许多 ROS 库的包。

编程语言的独立开发工具和主要库函数（C++，Python，LISP）都在 BSD 证书的约束下，对于商业使用和私人使用都是免费的，并且 ROS 是开源的，大多数的包都是开源的。在各种开源协议的约束下，这些其他的包能够实现常用的功能，诸如驱动硬件、机器人建模、数据类型、决策、感知、位置模拟和构图、仿真工具和其他逻辑。

ROS 主要的函数库（C++，Python，LISP）面向 Unix 类的系统，主要原因是 Unix 上有许多开源软件。原生的 Java ROS 库 rosjava 在使用上没有限制，所以可以移植到安卓系统上。Rosjava 同时也使得 ROS 可以使用官方的 MATLAB 库。Roslib，一个 javascirpt 库，使得 ros 可以用在浏览器上。

（3）ROS 的历史

ROS 最早是 2007 年，由斯坦福大学人工智能实验室在设计斯坦福人工智能机器人 STAIR 的项目中诞生。至今有如下版本，见表 3-1。

表 3-1　ROS 的历史版本

版本号	发布日期	标志	EOL 日期	版本号	发布日期	标志	EOL 日期
Kinetic Kame	May，2016	TBA	2021 年 5 月 30 日	Fuerte Turtle	April 23，2012		
Jade	May 23，2015		2017 年 5 月 30 日	Electric Emys	August 30，2011		
Indigo	July 22，2014		2019 年 4 月 30 日	Diamondback	March 2，2011		
Hydro	September 4，2013		2014 年 5 月 31 日	C Turtle	August 2，2010		
Groovy Galapagos	December 31，2012		2014 年 7 月 31 日	Box Turtle	March 2，2010		

3.1.2 ROS 运行机制

ROS 有两个层次的概念，分别为 Filesystem Level 和 Computation Graph Level。以下内容具体地总结了这些层次及概念。除了概念，ROS 也定义了两种名称——Package 和 Graph，同样会在以下内容中提及。

（1）ROS 的 Filesystem Level

文件系统层主要包括以下几项。

① Packages　ROS 的基本组织，可以包含任意格式文件。一个 Package 可以包含 ROS 执行时处理的文件（nodes），一个 ROS 的依赖库，一个数据集合，配置文件或一些有用的文件在一起。

② Manifests　Manifests（manifest.xml）提供关于 Package 元数据，包括它的许可信息和 Package 之间依赖关系，以及语言特性信息，像编译旗帜（编译优化参数）。

③ Stacks　Stacks 是 Packages 的集合，它提供一个完整的功能，像“navigation stack”。Stack 与版本号关联，同时也是如何发行 ROS 软件方式的关键。

④ Manifest Stack Manifests　Stack manifests（stack.xml）提供关于 Stack 元数据，包括它的许可信息和 Stack 之间依赖关系。

⑤ Message（msg）types　信息描述，位置在路径 my_package/msg/MyMessageType.msg 里，定义数据类型在 ROS 的 messages ROS 里面。

⑥ Service（srv）types　服务描述，位置在路径 my_package/srv/MyServiceType.srv 里，定义这个请求和相应的数据结构在 ROS services 里面。

（2）ROS 的 Computation Graph Level

Computation Graph Level 就是用 ROS 的 P2P（Peer-to-Peer 网络传输协议）网络集中处理的所有数据。基本的 Computation Graph 的概念包括 Nodes、Master、Parameter Sever、Messages、Services、Topics 和 Bags，以上所有的这些都以不同的方式给 Graph 传输数据。

① Nodes　Nodes（节点）是一系列运行中的程序。ROS 被设计成在一定颗粒度下的模块化系统。一个机器人控制系统通常包含许多 Nodes。比如一个 Node 控制激光雷达，一个 Node 控制车轮马达，一个 Node 处理定位，一个 Node 执行路径规划，另外提供一个图形化界面等。一个 ROS 节点是由 Libraries ROS client library 写成的，例如 roscpp 和 rospy。

② Master　ROS Master 提供了登记列表和对其他 Computation Graph Level 的查找。没有 Master，节点将无法找到其他节点、交换消息或调用服务。

③ Parameter Server　参数服务器，使数据按照关键参数的方式存储。目前，参数服务器是 Master 的组成部分。

④ Messages　节点之间通过 Messages 来传递消息。一个 Message 是一个简单的数据结构，包含一些归类定义的区。支持标准的原始数据类型（整数、浮点数、布尔数，等）和原始数组类型。Message 可以包含任意的嵌套结构和数组（很类似于 C 语言的结构 Structs）。

⑤ Topics　Messages 以一种发布/订阅的方式传递。一个 Node 可以在一个给定的 Topic 中发布消息。Topic 是一个 name 被用于描述消息内容。一个 Node 针对某个 Topic 关注与订阅特定类型的数据。可能同时有多个 Node 发布或者订阅同一个 Topic 的消息；也可能有一

个 Topic 同时发布或订阅多个 Topic。总体上，发布者和订阅者不了解彼此的存在。主要的概念在于将信息的发布者和需求者解耦、分离。逻辑上，Topic 可以看作是一个严格规范化的消息 bus。每个 bus 有一个名字，每个 Node 都可以连接到 bus 发送和接收符合标准类型的消息。

⑥ Services　发布/订阅模型是很灵活的通信模式，但是多对多，单向传输对于分布式系统中经常需要的“请求/回应”式的交互来说并不合适。因此，“请求/回应”是通过 Services 来实现的。这种通信的定义是一种成对的消息：一个用于请求，一个用于回应。假设一个节点提供了下一个 name 和客户使用服务发送请求消息并等待答复，ROS 的客户库通常以一种远程调用的方式提供这样的交互。

⑦ Bags　Bags 是一种格式，用于存储和播放 ROS 消息。对于储存数据来说，Bags 是一种很重要的机制。例如传感器数据很难收集，但却是开发与测试中必须的。

在 ROS 的 Computation Graph Level 中，ROS 的 Master 以一个 name service 的方式工作。它给 ROS 的节点存储了 Topics 和 Service 的注册信息。Nodes 与 Master 进行通信从而报告它们的注册信息。当这些节点与 Master 通信的时候，它们可以接收关于其他已注册节点的信息并且建立与其他已注册节点之间的联系。当这些注册信息改变时，Master 也会回馈这些节点，同时允许节点动态创建与新节点之间的连接。

节点之间的连接是直接的。Master 仅仅提供了查询信息，就像一个 DNS 服务器。节点订阅一个 Topic 将会要求建立一个与发布该 Topics 的节点的连接，并且将会在同意连接协议的基础上建立该连接。ROS 里面使用最广的连接协议是 TCPROS，这个协议使用标准的 TCP/IP 接口。

这样的架构允许脱钩工作（Decoupled Operation），通过这种方式大型或是更为复杂的系统得以建立，其中 names 方式是一种行之有效的手段。names 方式在 ROS 系统中扮演极为重要的角色：Topics、Services、Parameters 都有各自的 names。每一个 ROS 客户端库都支持重命名，这等同于，每一个编译成功的程序能够以另一种 name 运行。

例如，为了控制一个 Hokuyo 激光测距仪（Hokuyo laser range-finder），可以启动 hokuyo_node 驱动，这个驱动可以与激光仪进行对话并且在“扫描”Topic 下可以发布 sensor_msgs/LaserScan 的信息。为了处理数据，我们也许会写一个使用 laser_filters 的 Node 来订阅“扫描”Topic 的信息。订阅之后，过滤器将会自动开始接收激光仪的信息（注意两边是如何脱钩工作的），所有的 hokuyo_node 的节点都会完成发布“扫描”，不需要知道是否有节点被订阅了。所有的过滤器都会完成“扫描”的订阅，不论知道还是不知道是否有节点在发布“扫描”。在不引发任何错误的情况下，这两个 Nodes 可以任何的顺序启动、终止，或者重启。

以后我们也许会给机器人加入另外一个激光器，这会导致重新设置系统。我们所需要做的就是重新映射已经使用过的 names。当我们开始第一个 hokuyo_node 时，我们可以说它用 base_scan 代替了映射扫描，并且和我们的过滤器节点做相同的事。现在，这些节点将会用 base_scan 的 Topic 来通信从而代替，并且将不再监“扫描”Topic 的信息。然后我们就可以为新的激光测距仪启动另外一个 hokuyo_node。

一个典型 ROS 机器人设计系统如图 3-2 所示。其中，Nodes 之间的交流过程如图 3-3 所示。

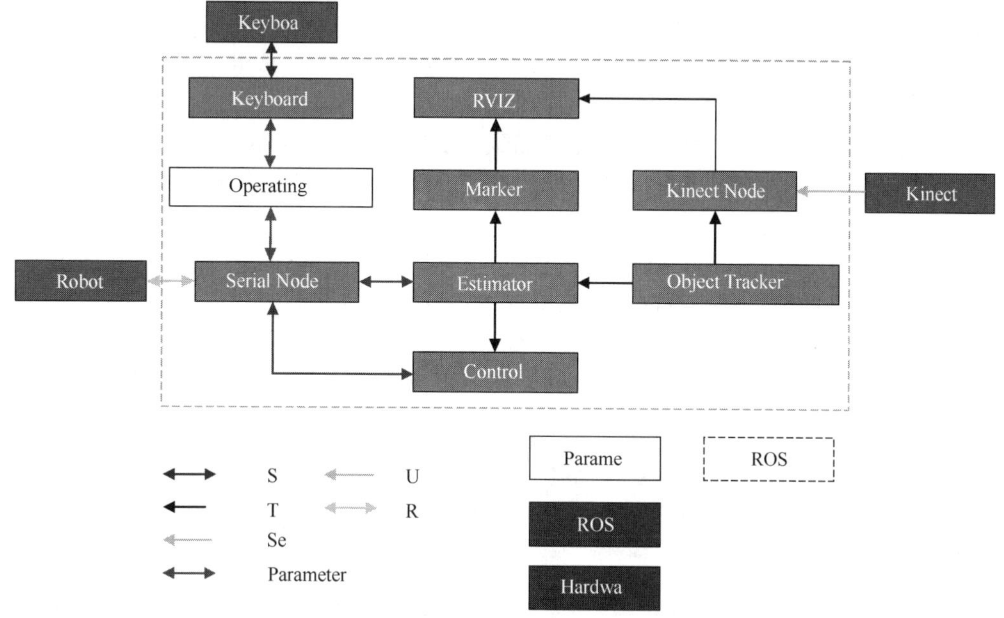

图 3-2　ROS 典型框架

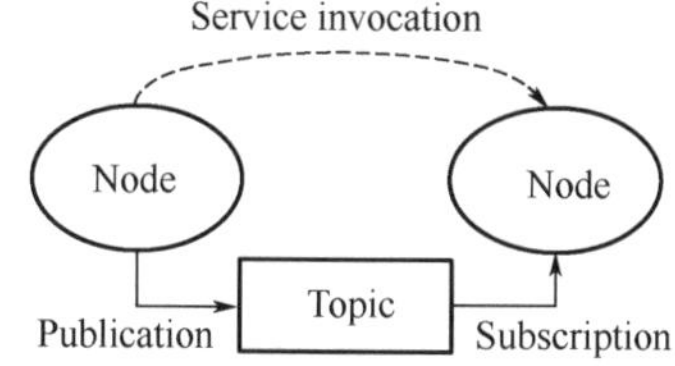

图 3-3　Nodes 之间的交流示意图

3.2　安装并配置 ROS 环境

3.2.1　安装 Ubuntu

由于 ROS 系统运行在 Linux 发行版 Ubuntu 上，在安装 ROS 之前，首先要安装 Ubuntu，其参数见表 3-2。安装步骤如下。

表 3-2　Ubuntu 系统参数

名称	Ubuntu
版本	Ubuntu 14.04.1 LTS
下载地址	http：//www.ubuntu.org.cn/
硬件要求	CPU：700 MHz 内存：384 MB 硬盘：6 GB 剩余空间 显卡：800×600 以上分辨率

① 准备一个 4GB 以上的 U 盘。

② 下载 Ubuntu 最新镜像，下载地址为 http：//www.ubuntu.org.cn/。

③ 下载虚拟光驱软件 Daemon Tools，下载地址自行寻找。

④ 加载 Ubuntu ISO 镜像到虚拟光驱。加载完后应如图 3-4 所示。

⑤ 打开 wubi.exe，这是 Ubuntu 提供的一款在 Windows 下简便安装的工具，新手可以使用 wubi 进行安装。

⑥ 分区。分出一个至少 20GB 的磁盘用来安装 Ubuntu，Windows 下可以使用 Disk Genius 或者 Windows 自带的工具进行分区，具体分区方法这里不过多赘述。

⑦ 打开 wubi.exe，见图 3-4。

⑧ 选择刚刚分好的磁盘、语言、安装大小，桌面环境按照默认设置，用户名和密码自行决定，然后单击“安装”按钮（图 3-5），完成后重启，即可进入 Ubuntu，见图 3-6。

图 3-4

图 3-5

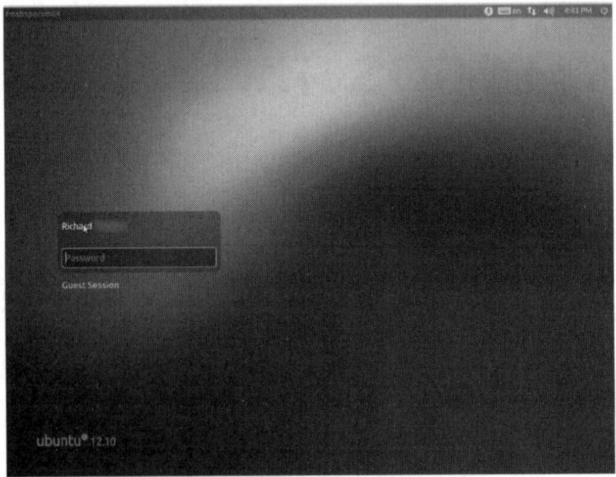

图 3-6 Ubuntu 启动界面

3.2.2 安装并配置 ROS 环境

ROS 系统参数见表 3-3。

表 3-3　ROS 系统参数

名称	ROS
版本号	Indigo
运行环境	Ubuntu 14.04.1 LTS
安装教程地址	http：//wiki.ros.org/indigo/Installation/Ubuntu
硬件要求	CPU：700 MHz 内存：384 MB 硬盘：6 GB 剩余空间 显卡：800×600 以上分辨率 具体视复杂度而定

我们已经预编译好 Ubuntu 平台的 Debian 软件包，直接安装编译好的软件包比从源码编译安装更加高效，这也是我们在 Ubuntu 上的首选安装方式。

首先在 Ubuntu 中打开终端（Terminal），在搜索框中输入“Terminal”，然后单击“搜索结果”，打开方法如图 3-7 所示。

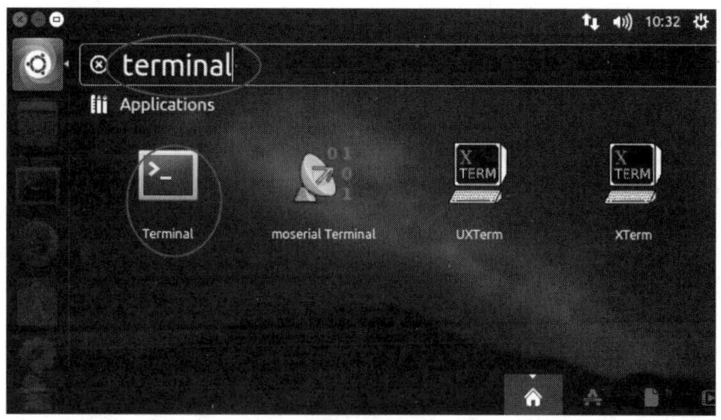

图 3-7

（1）配置 Ubuntu 软件仓库

配置 Ubuntu 软件仓库（repositories），以允许“restricted”“universe”和“multiverse”这三种安装模式，可以按照 ubuntu 中的配置指南（https：//help.ubuntu.com/community/Repositories/Ubuntu）来完成配置。

（2）添加 sources.list

配置电脑使其能够安装来自 packages.ros.org 的软件，ROS Indigo 仅仅支持 Ubuntu 版本 Saucy（13.10）和 Trusty（14.04）。

在终端中输入以下命令：

```
sudo sh -c 'echo "deb http://packages.ros.org/ros/ubuntu $(lsb_release -sc) main" > /etc/apt/sources.list.d/ros-latest.list'
```

注意：强烈建议使用国内或者新加坡的镜像源，这样能够大大提高安装下载速度。

修改方法：在 System Settings 中，选择 Software& Updates，在 Ubuntu Software 中，选择 Download from，挑选速度最快的网站，见图 3-8。在国内，一般阿里云或者网易 163 的速度比较快。

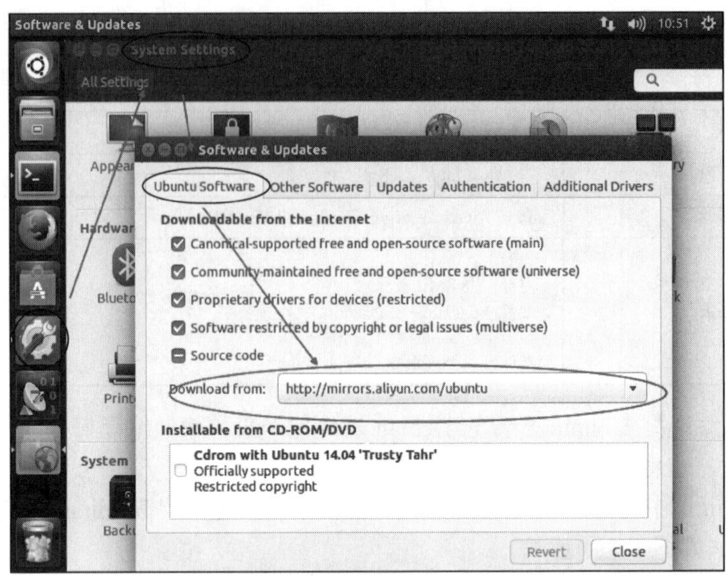

图 3-8

（3）添加 keys

输入以下命令：

```
sudo apt-key adv --keyserver hkp://pool.sks-keyservers.net --recv-key 0xB01-FA116
```

（4）安装

首先，确保 Debian 软件包索引是最新的。

```
sudo apt-get update
```

如果使用 Ubuntu Trusty 14.04.2 并在安装 ROS 的时候遇到依赖问题，可能还得安装一些其他系统依赖。

```
sudo apt-get install xserver-xorg-dev-lts-utopic mesa-common-dev-lts-utopic libxatracker-dev-lts-utopic libopenvg1-mesa-dev-lts-utopic libgles2-mesa-dev-lts-utopic libgles1-mesa-dev-lts-utopic libgl1-mesa-dev-lts-utopic libgbm-dev-lts-utopic libegl1-mesa-dev-lts-utopic
```

如果使用 Ubuntu 14.04，请不要安装以上软件，否则会导致 X server 无法正常工作或者尝试只安装下面这个工具来修复依赖问题。

```
sudo apt-get install libgl1-mesa-dev-lts-utopic
```

ROS 中有很多各种函数库和工具，提供了四种默认安装方式，用户也可以单独安装某个指定软件包。

① 桌面完整版安装（推荐） 包含 ROS、rqt、rviz、通用机器人函数库、2D/3D 仿真器、导航以及 2D/3D 感知功能。

```
sudo apt-get install ros-indigo-desktop-full
```

② 桌面版安装　包含 ROS、rqt、rviz 以及通用机器人函数库。

```
sudo apt-get install ros-indigo-desktop
```

③ 基础版安装　包含 ROS 核心软件包、构建工具以及通信相关的程序库，无 GUI 工具。

```
sudo apt-get install ros-indigo-ros-base
```

④ 单个软件包安装　用户也可以安装某个指定的 ROS 软件包（使用软件包名称替换掉下面的 PACKAGE）。

```
sudo apt-get install ros-indigo-PACKAGE
```

例如：

```
sudo apt-get install ros-indigo-slam-gmapping
```

要查找可用软件包，请运行：

```
apt-cache search ros-indigo
```

（5）初始化 rosdep

在开始使用 ROS 之前还需要初始化 rosdep。rosdep 可以在用户编译某些源码的时候为其安装一些系统依赖，同时也是某些 ROS 核心功能组件所必需用到的工具。

```
sudo rosdep init
rosdep update
```

（6）环境设置

如果每次打开一个新的终端时，ROS 环境变量都能够自动配置好（即添加到 bash 会话中），那将会方便得多。

```
echo "source/opt/ros/indigo/setup.bash" >> ~/.bashrc
source ~/.bashrc
```

注：如果安装多个 ROS 版本，~/.bashrc 必须只能 source 当前使用版本所对应的 setup.bash。

如果用户只想改变当前终端下的环境变量，可以执行以下命令

```
source/opt/ros/indigo/setup.bash
```

（7）安装 rosinstall

rosinstall 是 ROS 中一个独立分开的常用命令行工具，它能够通过一条命令给某个 ROS 软件包下载很多源码树。

要在 Ubuntu 上安装这个工具，请运行：

```
sudo apt-get install python-rosinstall
```

安装好之后在 Terminal 中运行 roslanuch，出现图 3-9 所示结果，表示安装正常。

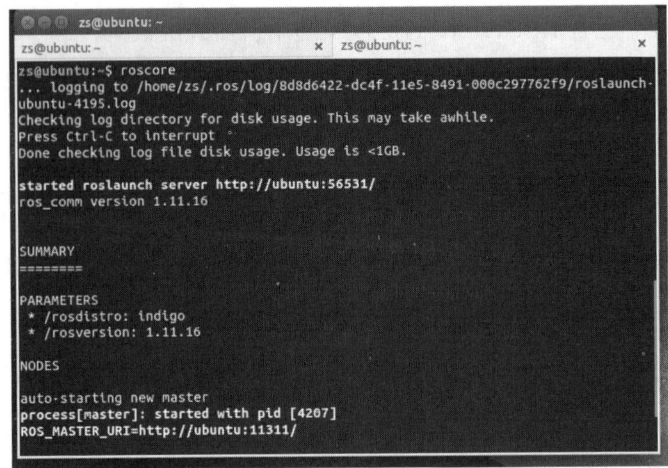

图 3-9

3.3 ROS 文件系统

接下来介绍 ROS 文件系统概念，包括命令行工具 roscd、rosls 和 rospack 的使用。

3.3.1 预备工作

本教程中我们将会用到 ros-tutorials 程序包，请先安装：

```
$ sudo apt-get install ros-<distro>-ros-tutorials
```

将 <distro> 替换成用户所安装的版本（比如 Jade、Indigo、hydro、groovy、fuerte 等）。

3.3.2 文件系统概念

Packages：软件包，是 ROS 应用程序代码的组织单元，每个软件包都可以包含程序库、可执行文件、脚本或者其他手动创建的东西。

Manifest（package.xml）：清单，是对于“软件包”相关信息的描述，用于定义软件包相关元信息之间的依赖关系，这些信息包括版本、维护者和许可协议等。

3.3.3 文件系统工具

程序代码是分布在众多 ROS 软件包当中，当使用命令行工具（比如 ls 和 cd）来浏览时会非常烦琐，因此 ROS 提供了专门的命令工具来简化这些操作。

（1）使用 rospack

rospack 允许用户获取软件包的有关信息。在本教程中，我们只涉及 rospack 中 find 参数选项，该选项可以返回软件包的路径信息。

用法：# rospack find [包名称]

示例：$ rospack find roscpp

应输出：YOUR_INSTALL_PATH/share/roscpp

如果在 Ubuntu Linux 操作系统上通过 apt 来安装 ROS，用户应该会准确地看到：/opt/ros/groovy/share/roscpp。

（2）使用 roscd

roscd 是 rosbash 命令集中的一部分，它允许用户直接切换（cd）工作目录到某个软件包或者软件包集当中。

用法：# roscd [本地包名称[/子目录]]

示例：$ roscd roscpp

为了验证已经切换到了 roscpp 软件包目录下，可以使用 Unix 命令 pwd 来输出当前工作目录：$ pwd。

用户应该会看到：

```
YOUR_INSTALL_PATH/share/roscpp
```

可以看到 YOUR_INSTALL_PATH/share/roscpp 和之前使用 rospack find 得到的路径名称是一样的。

注意：就像 ROS 中的其他工具一样，roscd 只能切换到那些路径已经包含在 ROS_PACKAGE_PATH 环境变量中的软件包，要查看 ROS_PACKAGE_PATH 中包含的路径可以输入：$ echo $ROS_PACKAGE_PATH。

ROS_PACKAGE_PATH 环境变量应该包含那些保存有 ROS 软件包的路径，并且每个路径之间用冒号分隔开来。一个典型的 ROS_PACKAGE_PATH 环境变量：/opt/ros/groovy/base/install/share：/opt/ros/groovy/base/install/stacks。

跟其他路径环境变量类似，用户可以在 ROS_PACKAGE_PATH 中添加更多其他路径，每条路径使用冒号“：”分隔。

子目录：使用 roscd 也可以切换到一个软件包或软件包集的子目录中。

执行：

```
$ roscd roscpp/cmake
$ pwd
```

应该会看到：

```
YOUR_INSTALL_PATH/share/roscpp/cmake
```

（3）使用 roscd log

使用 roscd log 可以切换到 ROS 保存日记文件的目录下。需要注意的是，如果没有执行过任何 ROS 程序，系统会报错说该目录不存在。

如果已经运行过 ROS 程序，那么可以尝试：$ roscd log。

（4）使用 rosls

rosls 是 rosbash 命令集中的一部分，它允许用户直接按软件包的名称而不是绝对路径执行 ls 命令（罗列目录）。

用法：# rosls [本地包名称[/子目录]]

示例：$ rosls roscpp_tutorials

应输出：cmake　package.xml　srv

（5）使用 Tab 自动完成输入

当要输入一个完整的软件包名称时会变得比较烦琐。在之前的例子中 roscpp tutorials 是个相当长的名称，幸运的是，一些 ROS 工具支持 TAB 自动完成输入的功能。

输入：# roscd roscpp_tut<<<现在请按 Tab 键>>>

当按 Tab 键后，命令行中应该会自动补充剩余部分：

$ roscd roscpp_tutorials/

该功能起到很大作用，可节省大量键入时间。因为 roscpp tutorials 是当前唯一一个名称以 roscpp tut 作为开头的 ROS 软件包。

现在尝试输入：# roscd tur<<<现在请按 Tab 键>>>

按 Tab 键后，命令应该会尽可能地自动补充完整：$ roscd turtle

但是，在这种情况下有多个软件包是以 turtle 开头，当再次按 Tab 键后，应该会列出所有以 turtle 开头的 ROS 软件包：turtle_actionlib/　turtlesim/turtle_tf/

这时在命令行中用户应该仍然只看到：$ roscd turtle

现在在 turtle 后面输入“s”然后按 Tab 键：# roscd turtles<<<请按 Tab 键>>>

因为只有一个软件包的名称以 turtles 开头，所以用户应该会看到：$ roscd turtlesim/

用户也许已经注意到了 ROS 命令工具的命名方式：

- rospack = ros + pack（age）
- roscd = ros + cd
- rosls = ros + ls

这种命名方式在许多 ROS 命令工具中都会用到。

3.4 ROS 消息发布器和订阅器

3.4.1 编写发布器节点

创建ROS工作环境。对于ROS Groovy和之后的版本可以参考以下方式建立catkin工作环境。在shell中运行：

```
$ mkdir -p ~/catkin_ws/src
$ cd ~/catkin_ws/src
$ catkin_init_workspace
```

src文件夹中可以看到一个CMakeLists.txt的链接文件，即使这个工作空间是空的（在src中没有package），仍然可以建立一个工作空间。

```
$ cd ~/catkin_ws/
$ catkin_make
```

catkin_make命令可以非常方便地建立一个catkin工作空间，在当前目录中可以看到有build和devel两个文件夹，在devel文件夹中可以看到许多个setup.*sh文件。启用这些文件都会覆盖现在的环境变量，想了解更多，可以查看文档catkin。在继续下一步之前先启动新的setup.*sh 文件。

```
$ source devel/setup.bash
```

为了确认环境变量是否被setup脚本覆盖了，可以运行一下命令确认当前目录是否在环境变量中。

```
$ echo $ROS_PACKAGE_PATH
```

输出：

```
/home/youruser/catkin_ws/src:/opt/ros/indigo/share:
/opt/ros/indigo/stacks
```

至此，环境已经建立好了。

“节点（Node）”是 ROS 中指代连接到 ROS 网络的可执行文件的术语。接下来，我们将会创建一个发布器节点（“talker”），它将不断地在 ROS 网络中广播消息。

转移到在 catkin 工作空间所创建的 beginner_tutorials package 路径下。

```
cd ~/catkin_ws/src/beginner_tutorials
```

（1）源代码

在 beginner_tutorials package 路径下创建 src 目录。

```
mkdir -p ~/catkin_ws/src/beginner_tutorials/src
```

这个目录将会存储 beginner_tutorials package 的所有源代码。

在 beginner_tutorials package 里创建 src/talker.cpp 文件，并粘贴如下网页中的代码：

```
https://raw.github.com/ros/ros_tutorials/groovy-devel/roscpp_tutorials/
talker/talker.cpp
```

（2）代码解释

```
① #include "ros/ros.h"
```

ros/ros.h 是一个实用的头文件，它引用了 ROS 系统中大部分常用的头文件，使用它会使得编程很简便。

```
② #include "std_msgs/String.h"
```

这引用了 std_msgs/String 消息，它存放在 std_msgs package 里，是由 String.msg 文件自动生成的头文件。需要更详细的消息定义，参考 msg 页面。

```
③ ros::init(argc,argv,"talker");
```

初始化 ROS。它允许 ROS 通过命令行进行名称重映射。目前这不是重点。同样，在这里指定节点的名称，节点名称必须唯一。这里的名称必须是一个 base name，不能包含“/”。

```
④ ros::NodeHandlen;
```

为这个进程的节点创建一个句柄。第一个创建的 NodeHandle 会为节点进行初始化，最后一个销毁的会清理节点使用的所有资源。

```
⑤ ros::Publisherchatter_pub = n.advertise<std_msgs::String>("chatter", 1000);
```

告诉 master 我们将要在 chatter topic 上发布一个 std_msgs/String 的消息。这样 master 就会告诉所有订阅了 chatter topic 的节点，将要有数据发布。第二个参数是发布序列的大小。在这样的情况下，如果我们发布的消息太快，缓冲区中的消息在大于 1000 个的时候就会开始丢弃先前发布的消息。

NodeHandle:: advertise( )返回一个 ros:: Publisher 对象，它有两个作用：①它有一个 publish( )成员函数，可以让用户在 topic 上发布消息；②如果消息类型不对，它会拒绝发布。

```
⑥ ros::Rateloop_rate(10);
```

ros:: Rate 对象可以允许用户指定自循环的频率。它会追踪记录自上一次调用 Rate:: sleep( )后时间的流逝，并休眠直到一个频率周期的时间。

在这个例子中，我们让它以 10Hz 的频率运行。

```
⑦ intcount = 0;
  while(ros::ok())
    {
```

roscpp 会默认安装一个 SIGINT 句柄，它负责处理 Ctrl+C 键盘操作，使得 ros:: ok( )返回 FALSE。

ros:: ok( )返回 FLASE 时，如果下列条件之一发生：①SIGINT 接收到（Ctrl-C）；②被另一同名节点踢出 ROS 网络；③ros:: shutdown( )被程序的另一部分调用。所有的 ros:: NodeHandles 就会被销毁。一旦 ros:: ok( )返回 FALSE，所有的 ROS 调用都会失效。

```
⑧ std_msgs::Stringmsg;

  std::stringstreamss;
  ss<<"hello world "<<count;
  msg.data = ss.str();
```

使用一个由 msg file 文件产生的“消息自适应类”在 ROS 网络中广播消息。现在使用标准的 String 消息，它只有一个数据成员“data”。当然用户也可以发布更复杂的消息类型。

```
⑨ chatter_pub.publish(msg);
```

现在已经向所有连接到 chatter topic 的节点发送了消息。

```
⑩ ROS_INFO("%s",msg.data.c_str());
```

ROS_INFO 和类似的函数用来替代 printf/cout，参考 rosconsole documentation（http://wiki.ros.org/rosconsole）以获得更详细的信息。

```
⑪ ros::spinOnce();
```

在这个例子中并不是一定要调用 ros:: spinOnce( )，因为我们不接受回调。然而，如果用户想拓展这个程序，却又没有在这调用 ros：：spinOnce( )，回调函数就永远也不会被调用，所以，在这里最好还是加上下面这一语句。

```
⑫ loop_rate.sleep();
```

这条语句是通过调用 ros：：Rate 对象来休眠一段时间，以使得发布频率为 10Hz。

对上边的内容进行一下总结：

- 初始化 ROS 系统；
- 在 ROS 网络内广播我们将要在 chatter topic 上发布 std_msgs/String 消息；
- 以每秒 10 次的频率在 chatter 上发布消息。

接下来我们要编写一个节点来接收消息。

3.4.2 编写订阅器节点

（1）源代码

在 beginner_tutorials package 目录下创建 src/listener.cpp 文件，并粘贴如下代码：

```
https://raw.github.com/ros/ros_tutorials/groovy-devel/roscpp_tutorials/li
stener/listener.cpp
```

（2）代码解释

```
① voidchatterCallback(conststd_msgs::String::ConstPtr&msg)
  {
  ROS_INFO("I heard:[%s]",msg->data.c_str());
  }
```

这是一个回调函数，当消息到达 chatter topic 的时候就会被调用。消息是以 boost shared_ptr 指针的形式传输，这就意味着可以存储它而又不需要复制数据。

```
② ros::Subscribersub = n.subscribe("chatter",1000,chatterCallback);
```

告诉 master 我们要订阅 chatter topic 上的消息。当有消息到达 topic 时，ROS 就会调用 chatterCallback( )函数。第二个参数是队列大小，以防处理消息的速度不够快，在缓存了 1000 个消息后，再有新的消息到来就将开始丢弃先前接收的消息。

NodeHandle：：subscribe( )返回 ros：：Subscriber 对象，用户必须让它处于活动状态，直到不再想订阅该消息。当这个对象销毁时，它将自动退订消息。

有各种不同的 NodeHandle：：subscribe( )函数，允许用户指定类的成员函数，甚至是 Boost.Function 对象可以调用的任何数据类型。roscpp overview 提供了更为详尽的信息。

```
③ ros::spin();
```

ros：：spin( )进入自循环，可以尽可能快地调用消息回调函数。如果没有消息到达，它不会占用很多 CPU，所以不用担心。一旦 ros：：ok( )返回 FALSE，ros：：spin( )就会立刻跳出自循环。这有可能是 ros：：shutdown( )被调用，或者是用户按下了 Ctrl+C 键，使得 master 告诉节点要 shutdown。也有可能是节点被人为关闭。

还有其他方法进行回调，但在这里我们不涉及。如用户想要了解相关内容，可以参考 roscpp_tutorials package 里的一些 demo 应用。如需要更为详尽的信息，请参考 roscpp overview。

下面我们来总结一下：

- 初始化 ROS 系统；
- 订阅 chatter topic；
- 进入自循环，等待消息的到达；
- 当消息到达，调用 chatterCallback( )函数。

3.4.3 编译节点

我们可以使用 catkin_create_pkg 创建 package.xml 和 CMakeLists.txt 文件。生成的 CMakeLists.txt 看起来应该是如下网页中这样：

```
https://raw.github.com/ros/catkin_tutorials/master/create_package_modified/catkin_ws/src/beginner_tutorials/CMakeLists.txt
```

在 CMakeLists.txt 文件末尾加入几条语句：

```
include_directories(include ${catkin_INCLUDE_DIRS})

add_executable(talker src/talker.cpp)
target_link_libraries(talker ${catkin_LIBRARIES})

add_executable(listener src/listener.cpp)
target_link_libraries(listener ${catkin_LIBRARIES})
```

之后，CMakeLists.txt 文件看起来像网页中这样：

```
https://raw.github.com/ros/catkin_tutorials/master/create_package_pubsub/catkin_ws/src/beginner_tutorials/CMakeLists.txt
```

这会生成两个可执行文件 talker 和 listener，默认存储到 devel space 目录，具体是在～/catkin_ws/devel/lib/<package name>中。

现在要为可执行文件添加对生成的消息文件的依赖，代码如下。

```
add_dependencies(talker beginner_tutorials_generate_messages_cpp)
```

这样就可以确保自定义消息的头文件在被使用之前已经被生成。因为 catkin 把所有的 package 并行的编译，所以如果用户要使用其他 catkin 工作空间中的 package 的消息，同样也需要添加对它们各自生成的消息文件的依赖。当然，如果在 Groovy 版本下，用户可以使用下面的这个变量来添加对所有必须的文件依赖：

```
add_dependencies(talker ${catkin_EXPORTED_TARGETS})
```

用户可以直接调用可执行文件，也可以使用 rosrun 来调用它们。它们不会被安装到“<prefix>/bin”路径下，因为那样会改变系统的 PATH 环境变量。

现在运行 catkin_make：

```
cd~/catkin_ws
$ catkin_make
```

注意：如果添加了新的 package，需要通过--force-cmake 选项告诉 catkin 进行强制编译。

3.5 ROS Service 和 Client

3.5.1 编写 Service 节点

这里，我们将创建一个简单的 Service 节点（“add_two_ints_server”），该节点将接收到两个整形变量，并返回它们的和。

进入先前在 catkin workspace 中所创建的 beginner_tutorials 包所在的目录：

```
cd ~/catkin_ws/src/beginner_tutorials
```

（1）源代码

在 beginner_tutorials 包中创建 src/add_two_ints_server.cpp 文件，并输入下面的代码。

```
#include "ros/ros.h"
#include "beginner_tutorials/AddTwoInts.h"

booladd(beginner_tutorials::AddTwoInts::Request&req,
beginner_tutorials::AddTwoInts::Response&res)
{
res.sum = req.a + req.b;
ROS_INFO("request:x=%ld,y=%ld",(longint)req.a,(longint)req.b);
ROS_INFO("sending back response:[%ld]",(longint)res.sum);
returntrue;
}

intmain(intargc,char **argv)
{
ros::init(argc,argv,"add_two_ints_server");
ros::NodeHandlen;

ros::ServiceServerservice = n.advertiseService("add_two_ints",add);
ROS_INFO("Ready to add two ints.");
ros::spin();

return0;
}
```

（2）代码解释

现在，让我们来逐步分析代码。

```
① #include "ros/ros.h"
  #include "beginner_tutorials/AddTwoInts.h"
```

beginner_tutorials/AddTwoInts.h 是由编译系统自动根据先前创建的 srv 文件生成的对应该 srv 文件的头文件。

```
② booladd(beginner_tutorials::AddTwoInts::Request&req,
  beginner_tutorials::AddTwoInts::Response&res)
```

这个函数提供两个 int 值求和的服务，int 值从 request 里面获取，而返回数据装入 response 内，这些数据类型都定义在 srv 文件内部，函数返回一个 boolean 值。

```
③ {
  res.sum = req.a + req.b;
  ROS_INFO("request:x=%ld,y=%ld",(longint)req.a,(longint)req.b);
  ROS_INFO("sending back response:[%ld]",(longint)res.sum);
  returntrue;
  }
```

现在，两个 int 值已经相加，并存入 response。然后一些关于 request 和 response 的信息被记录下来。最后，service 完成计算后返回 true 值。

```
④ ros::ServiceServerservice = n.advertiseService("add_two_ints",add);
```

这里，service 已经建立起来，并在 ROS 内发布出来。

3.5.2 编写 Client 节点

（1）源代码

在 beginner_tutorials 包中创建 src/add_two_ints_client.cpp 文件，并复制粘贴下面的代码。

```
#include "ros/ros.h"
#include "beginner_tutorials/AddTwoInts.h"
#include <cstdlib>

intmain(intargc,char **argv)
{
ros::init(argc,argv,"add_two_ints_client");
if(argc != 3)
  {
ROS_INFO("usage:add_two_ints_client X Y");
return1;
  }
```

```
    ros::NodeHandlen;
    ros::ServiceClientclient = n.serviceClient<beginner_tutorials::AddTwoInts>
("add_two_ints");
    beginner_tutorials::AddTwoIntssrv;
    srv.request.a = atoll(argv[1]);
    srv.request.b = atoll(argv[2]);
    if(client.call(srv))
      {
    ROS_INFO("Sum:%ld",(longint)srv.response.sum);
      }
    else
      {
    ROS_ERROR("Failed to call service add_two_ints");
    return1;
      }

    return0;
  }
```

（2）代码解释

```
    ① ros::ServiceClientclient = n.serviceClient<beginner_tutorials::AddTwoInts>
("add_two_ints");
```

这段代码为 add_two_ints service 创建一个 client。ros:：ServiceClient 对象后续会用来调用 service。

```
    ② beginner_tutorials::AddTwoIntssrv;
      srv.request.a = atoll(argv[1]);
      srv.request.b = atoll(argv[2]);
```

这里，我们实例化一个由 ROS 编译系统自动生成的 service 类，并给其 request 成员赋值。一个 service 类包含两个成员 request 和 response。同时也包括两个类定义 Request 和 Response。

```
    ③ if(client.call(srv))
```

这段代码是在调用 service。由于 service 的调用是模态过程（调用的时候占用进程阻止其他代码的执行），一旦调用完成，将返回调用结果。如果 service 调用成功，call( )函数将返回 true，srv.response 里面的值将是合法的值。如果调用失败，call( )函数将返回 FALSE，srv.response 里面的值将是非法的。

3.5.3 编译节点

再来编辑一下 beginner_tutorials 里面的 CMakeLists.txt，文件位于～/catkin_ws/src/beginner_tutorials/CMakeLists.txt，并将下面的代码添加在文件末尾。

```
    add_executable(add_two_ints_server src/add_two_ints_server.cpp)
    target_link_libraries(add_two_ints_server ${catkin_LIBRARIES})
```

```
add_dependencies(add_two_ints_server beginner_tutorials_gencpp)

add_executable(add_two_ints_client src/add_two_ints_client.cpp)
target_link_libraries(add_two_ints_client ${catkin_LIBRARIES})
add_dependencies(add_two_ints_client beginner_tutorials_gencpp)
```

这段代码将生成两个可执行程序“add_two_ints_server”和“add_two_ints_client”，这两个可执行程序默认被放在devel space的包目录下，默认为～/catkin_ws/devel/lib/share/<package name>。用户可以直接调用可执行程序，或者使用 rosrun 命令去调用它们。它们不会被装在<prefix>/bin 目录下，因为当系统里安装这个包的时候，这样做会污染 PATH 变量。

现在运行 catkin_make 命令：

```
# In your catkin workspace
cd ~/catkin_ws
catkin_make
```

如果编译过程因为某些原因而失败，确保已经依照先前的教程里的步骤完成操作。

3.6 ROS 开发实例——乌龟机器人

3.6.1 乌龟机器人——先决条件

在本教程中，我们将使用一个轻量级的模拟器，请使用以下命令来安装。

```
$ sudo apt-get install ros-<distro>-ros-tutorials
```

用 ROS 发行版本名称（例如 electric、fuerte、groovy、hydro 等）替换掉“<distro>”。

（1）图概念概述

Nodes：节点，一个节点即为一个可执行文件，它可以通过 ROS 与其他节点进行通信。

Messages：消息，消息是一种 ROS 数据类型，用于订阅或发布到一个话题。

Topics：话题，节点可以发布消息到话题，也可以订阅话题以接收消息。

Master：节点管理器，ROS 名称服务（比如帮助节点找到彼此）。

Rosout：ROS 中相当于 stdout/stderr。

Roscore：主机+ rosout + 参数服务器（参数服务器会在后面介绍）。

（2）节点

一个节点其实只不过是 ROS 程序包中的一个可执行文件。ROS 节点可以使用 ROS 客户库与其他节点通信。节点可以发布或接收一个话题。节点也可以提供或使用某种服务。

（3）客户端库

ROS 客户端库允许使用不同编程语言编写的节点之间互相通信。

rospy = Python 客户端库

roscpp = C++ 客户端库

（4）使用 roscore

roscore 是在运行所有 ROS 程序前首先要运行的命令。

请运行：

```
$ roscore
```

然后用户会看到类似下面的输出信息：

```
... logging to ~/.ros/log/9cf88ce4-b14d-11df-8a75-00251148e8cf/roslaunch-

machine_name-13039.log
Checking log directory for disk usage. This may take awhile.
Press Ctrl-C to interrupt
Done checking log file disk usage. Usage is <1GB.

started roslaunch server http://machine_name:33919/
ros_comm version 1.4.7

SUMMARY
========

PARAMETERS
 * /rosversion
 * /rosdistro

NODES

auto-starting new master
process[master]:started with pid [13054]
ROS_MASTER_URI=http://machine_name:11311/

setting /run_id to 9cf88ce4-b14d-11df-8a75-00251148e8cf
process[rosout-1]:started with pid [13067]
started core service [/rosout]
```

如果 roscore 运行后无法正常初始化，很有可能存在网络配置问题，参见网络设置——单机设置。

如果 roscore 不能初始化并提示缺少权限，这可能是因为~/.ros 文件夹归属于 root 用户（只有 root 用户才能访问），修改该文件夹的用户归属关系，代码如下。

```
$ sudo chown -R <your_username> ~/.ros
```

（5）使用 rosnode

打开一个新的终端，可以使用 rosnode，像运行 roscore 一样看看在运行什么。

注意：当打开一个新的终端时，运行环境会复位，同时~/.bashrc 文件会复原。如果在运行类似于 rosnode 的指令时出现一些问题，也许需要添加一些环境设置文件到~/.bashrc 或者手动重新配置它们。

rosnode 显示当前运行的 ROS 节点信息，rosnode list 指令列出活跃的节点：

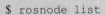

```
$ rosnode list
```

用户会看到：

```
/rosout
```

这表示当前只有一个节点在运行 rosout。因为这个节点用于收集和记录节点调试输出信息，所以它总是在运行的。rosnode info 命令返回的是关于一个特定节点的信息。

```
$ rosnode info /rosout
```

这给了更多的关于 rosout 的信息，例如，事实上由它发布/rosout_agg。

```
--------------------------------------------------------------------------------
Node [/rosout]
Publications:
 * /rosout_agg [rosgraph_msgs/Log]

Subscriptions:
 * /rosout [unknown type]

Services:
 * /rosout/set_logger_level
 * /rosout/get_loggers

contacting node http://machine_name:54614/ ...
Pid:5092
```

现在，让我们看看更多的节点。为此，我们将使用 rosrun 弹出另一个节点。

（6）使用 rosrun

rosrun 允许用户使用包名直接运行一个包内的节点（而不需要知道这个包的路径）。

用法：

```
$ rosrun [package_name] [node_name]
```

现在我们可以运行 turtlesim 包中的 turtlesim_node。然后，在一个新的终端中运行：

```
$ rosrun turtlesim turtlesim_node
```

用户会看到 turtlesim 窗口（图 3-10）。

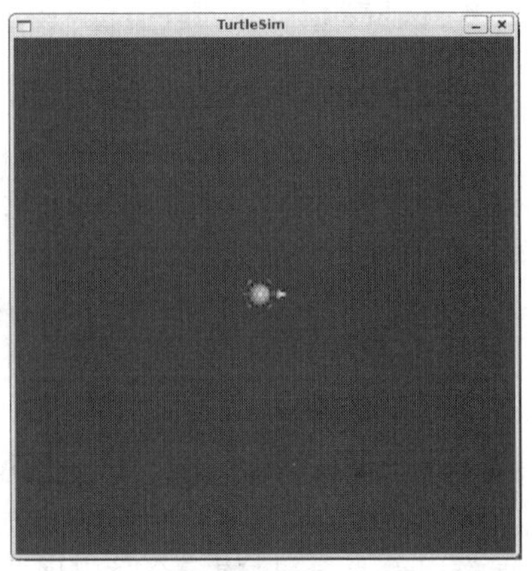

图 3-10

注意：这里的 turtle 可能和用户 turtlesim 窗口不同。别担心，这里有许多版本的 turtle，而用户的是一个惊喜！

在一个新的终端中运行：

```
$ rosnode list
```

用户会看见类似于：

```
/rosout
/turtlesim
```

ROS 的一个强大特性就是可以通过命令行重新配置名称。关闭 turtlesim 窗口停止运行节点（或者回到 rosrun turtlesim 终端并使用“Ctrl+C”）。现在让我们重新运行它，但是这一次使用 Remapping Argument 改变节点名称。

```
$ rosrun turtlesim turtlesim_node __name:=my_turtle
```

现在，我们退回使用 rosnode list：

```
$ rosnode list
```

用户会看见类似于：

```
/rosout
/my_turtle
```

注意：如果仍看到 turtlesim 在列表中，这可能意味着在终端中使用 Ctrl+C 停止节点而不是关闭窗口，或者没有$ROS_HOSTNAME 环境变量，这在 Network Setup - Single Machine Configuration 中有定义。可以尝试清除 rosnode 列表，通过“$ rosnode cleanup”我们可以看到新的 my_turtle 节点。使用另外一个 rosnode 指令“ping”来测试。

```
$ rosnode ping my_turtle
rosnode:node is [/my_turtle]
pinging /my_turtle with a timeout of 3.0s
xmlrpc reply from http://aqy:42235/     time=1.152992ms
xmlrpc reply from http://aqy:42235/     time=1.120090ms
xmlrpc reply from http://aqy:42235/     time=1.700878ms
xmlrpc reply from http://aqy:42235/     time=1.127958ms
```

3.6.2 乌龟机器人——分步解析

（1）roscore

首先确保 roscore 已经运行，打开一个新的终端：

```
$ roscore
```

如果用户没有退出在上一篇教程中运行的 roscore，那么可能会看到下面的错误信息：

```
roscore cannot run as another roscore/master is already running.
Please kill other roscore/master processes before relaunching
```

这是正常的，因为只需要有一个 roscore 在运行就够了。

（2）turtlesim

在本教程中，我们也会使用到 turtlesim（图 3-11），请在一个新的终端中运行：

```
$ rosrun turtlesim turtlesim_node
```

（3）通过键盘远程控制 turtle

我们需要通过键盘来控制 turtle 的运动，请在一个新的终端中运行：

```
$ rosrun turtlesim turtle_teleop_key
```

输出：

```
[ INFO] 1254264546.878445000:Started node [/teleop_turtle],pid [5528],bound on [aqy],xmlrpc port [43918],tcpros port [55936],logging to [～/ros/ros/log/teleop_turtle_5528.log],using [real] time
Reading from keyboard
---------------------------
Use arrow keys to move the turtle.
```

现在可以使用键盘上的方向键来控制 turtle 运动了。如果不能控制，请选中 turtle_teleop_key 所在的终端窗口，以确保按键输入能够被捕获。

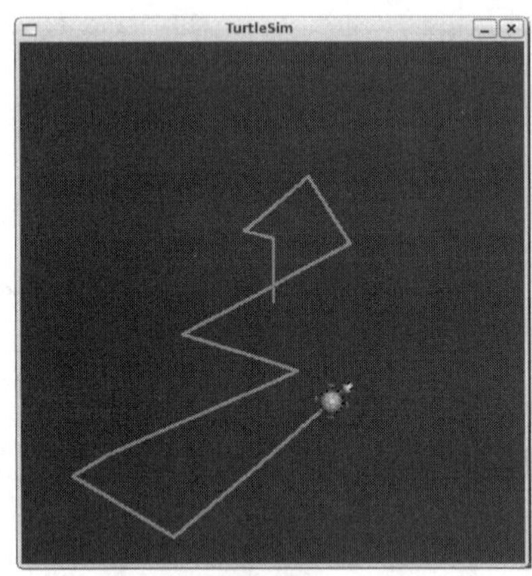

图 3-11

现在可以控制 turtle 运动了，下面我们一起来看看这背后发生的事。

（4）ROS Topics

turtlesim_node 节点和 turtle_teleop_key 节点之间是通过一个 ROS 话题来互相通信的。turtle_teleop_key 在一个话题上发布按键输入消息，而 turtlesim 则订阅该话题以接收该消息。下面让我们使用 rqt_graph 来显示当前运行的节点和话题。

注意：如果用户使用的是 electric 或更早期的版本，那么 rqt 是不可用的，请使用 rxgraph 代替。

（5）使用 rqt_graph

rqt_graph 能够创建一个显示当前系统运行情况的动态图形。rqt_graph 是 rqt 程序包中的一部分。如果没有安装，请通过以下命令来安装：

```
$ sudo apt-get install ros-<distro>-rqt
$ sudo apt-get install ros-<distro>-rqt-common-plugins
```

请使用 ROS 版本名称（比如 fuerte、groovy、hydro 等）来替换掉<distro>。在一个新终端中运行：

```
$ rosrun rqt_graph rqt_graph
```

用户会看到类似图 3-12 所示的图形。

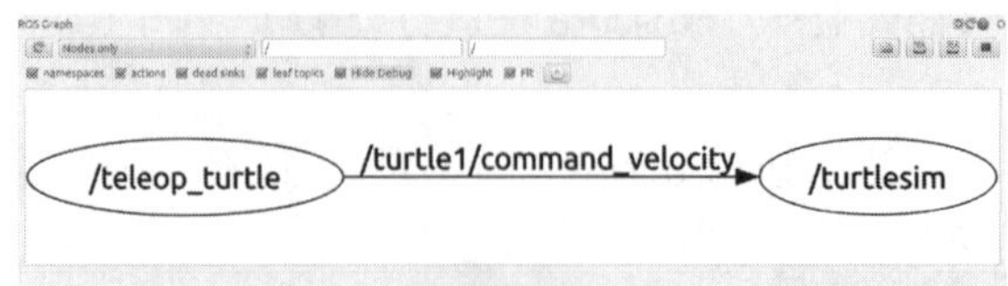

图 3-12

如果将鼠标放在图 3-13 中/turtle1/command_velocity 上方，相应的 ROS 节点(/teleop_turtle 和 turtlesim）和话题（command_velocity）就会高亮显示。正如用户所看到的，turtlesim_node 和 turtle_teleop_key 节点正通过一个名为/turtle1/command_velocity 的话题来互相通信，见图 3-13。

图 3-13

（6）**rostopic 介绍**

rostopic 命令工具能让用户获取有关 ROS 话题的信息。用户可以使用帮助选项查看 rostopic 的子命令：

```
$ rostopic -h
```

输出：

```
rostopic bw     display bandwidth used by topic
rostopic echo   print messages to screen
rostopic hz     display publishing rate of topic
rostopic list   print information about active topics
rostopic pub    publish data to topic
rostopic type   print topic type
```

接下来我们将使用其中的一些子命令来查看 turtlesim。

（7）**使用 rostopic echo**

rostopic echo 可以显示在某个话题上发布的数据。

用法：

```
rostopic echo [topic]
```

在一个新终端中看一下 turtle_teleop_key 节点在/turtle1/command_velocity 话题（非 hydro 版）上发布的数据。

```
$ rostopic echo /turtle1/command_velocity
```

如果用户使用的是 ROS Hydro 及其之后的版本（下同），请运行：

```
$ rostopic echo /turtle1/cmd_vel
```

用户可能看不到任何东西，因为现在还没有数据发布到该话题上。接下来我们通过按下方向键使 turtle_teleop_key 节点发布数据。记住：如果 turtle 没有动起来就需要用户重新选中 turtle_teleop_key 节点运行时所在的终端窗口。

现在，当用户按下向上方向键时，应该会看到下面的信息：

```
---
linear:2.0
```

```
angular:0.0
---
linear:2.0
angular:0.0
---
linear:2.0
angular:0.0
---
linear:2.0
angular:0.0
---
linear:2.0
angular:0.0
```

现在让我们再看一下 rqt_graph（可能需要刷新一下 ROS graph）。正如用户所看到的，rostopic echo 现在也订阅了 turtle1/command_velocity 话题，见图 3-14。

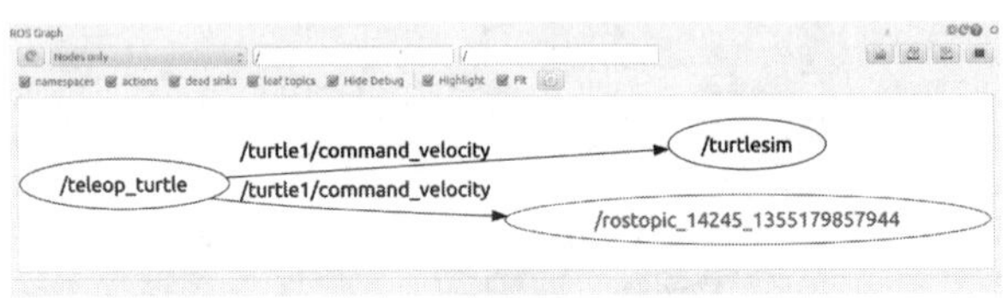

图 3-14

（8）使用 rostopic list

rostopic list 能够列出所有当前订阅和发布的话题。让我们查看一下 list 子命令需要的参数，在一个新终端中运行：

```
$ rostopic list -h
Usage:rostopic list [/topic]

Options:
  -h,--help            show this help message and exit
  -b BAGFILE,--bag=BAGFILE
                          list topics in .bag file
  -v,--verbose       list full details about each topic
  -p                      list only publishers
  -s                      list only subscribers
```

在 rostopic list 中使用 verbose 选项：

```
$ rostopic list -v
```

这会显示出有关所发布和订阅的话题及其类型的详细信息。

```
Published topics:
 * /turtle1/color_sensor [turtlesim/Color] 1 publisher
```

```
 * /turtle1/command_velocity [turtlesim/Velocity] 1 publisher
 * /rosout [roslib/Log] 2 publishers
 * /rosout_agg [roslib/Log] 1 publisher
 * /turtle1/pose [turtlesim/Pose] 1 publisher

Subscribed topics:
 * /turtle1/command_velocity [turtlesim/Velocity] 1 subscriber
 * /rosout [roslib/Log] 1 subscriber
```

（9）ROS Messages

话题之间的通信是通过在节点之间发送 ROS 消息实现的。对于发布器（turtle_teleop_key）和订阅器（turtulesim_node）之间的通信，发布器和订阅器之间必须发送和接收相同类型的消息。这意味着话题的类型是由发布在它上面的消息类型决定的。使用 rostopic type 命令可以查看发布在某个话题上的消息类型。

（10）使用 rostopic type

rostopic type 命令用来查看所发布话题的消息类型。

用法：

```
rostopic type [topic]
```

运行（非 hydro 版）：

```
$ rostopic type /turtle1/command_velocity
```

用户应该会看到：

```
turtlesim/Velocity
```

可以使用 rosmsg 命令来查看消息的详细情况（非 hydro 版）：

```
$ rosmsg show turtlesim/Velocity
float32 linear
float32 angular
```

现在我们已经知道了 turtlesim 节点所期望的消息类型，接下来就可以给 turtle 发布命令了。

（11）使用 rostopic pub

rostopic pub 可以把数据发布到当前某个正在广播的话题上。

用法：

```
rostopic pub [topic] [msg_type] [args]
```

示例（非 hydro 版）：

```
$ rostopic pub -1 /turtle1/command_velocity turtlesim/Velocity -- 2.0 1.8
```

以上命令会发送一条消息给 Turtlesim，告诉它以 2.0 大小的线速度和 1.8 大小的角速度开始移动，见图 3-15。

这是一个非常复杂的例子，因此让我们来详细分析一下其中的每一个参数。

rostopic pub　这条命令将会发布消息到某个给定的话题。

-1　（单个破折号）这个参数选项使 rostopic 发布一条消息后马上退出。

/turtle1/command_velocity　这是消息所发布到的话题名称。

turtlesim/Velocity　这是所发布消息的类型。

--　（双破折号）这会告诉命令选项解析器接下来的参数部分都不是命令选项。这在参数里面包含有破折号-（比如负号）时是必须要添加的。

2.0 1.8　正如之前提到的，在一个 turtlesim/Velocity 消息里面包含有两个浮点型元素 linear 和 angular。在本例中，2.0 是 linear 的值，1.8 是 angular 的值。这些参数其实是按照 YAML 语法格式编写的，这在 YAML 文档中有更多的描述，见图 3-16。

图 3-15

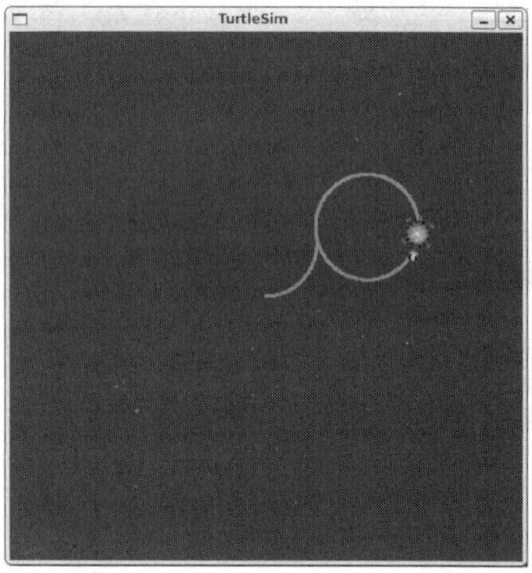

图 3-16

用户可能已经注意到 turtle 已经停止移动了。这是因为 turtle 需要一个稳定的频率为 1Hz 的命令流来保持移动状态。我们可以使用 rostopic pub -r 命令来发布一个稳定的命令流（非 hydro 版）：

```
$ rostopic pub /turtle1/command_velocity turtlesim/Velocity -r 1 -- 2.0  -1.8
```

这条命令以 1Hz 的频率发布速度命令到速度话题上。

我们也可以看一下 rqt_graph 中的情形，可以看到 rostopic 发布器节点（rostopic_14405_1355179938589）正在与 rostopic echo 节点进行通信：

正如用户所看到的，turtle 正沿着一个圆形轨迹连续运动。我们可以在一个新终端中通过 rostopic echo 命令来查看 turtlesim 所发布的数据，见图 3-17。

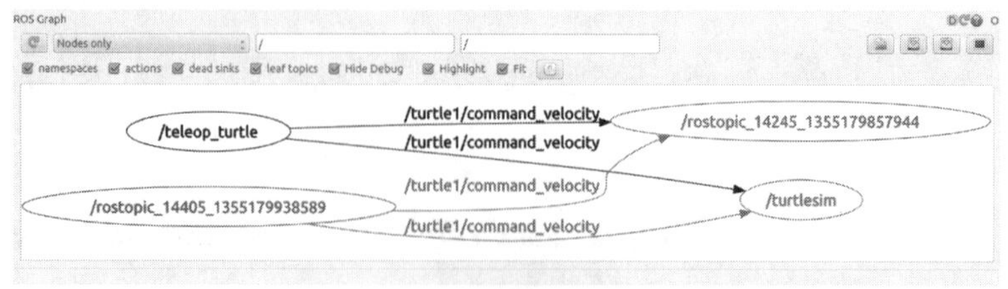

图 3-17

（12）使用 rostopic hz

rostopic hz 命令可以用来查看数据发布的频率。

用法：

```
rostopic hz [topic]
```

我们看一下 turtlesim_node 发布/turtle/pose 时有多快。

```
$ rostopic hz /turtle1/pose
```

用户会看到：

```
subscribed to [/turtle1/pose]
average rate:59.354
        min:0.005s max:0.027s std dev:0.00284s window:58
average rate:59.459
        min:0.005s max:0.027s std dev:0.00271s window:118
average rate:59.539
        min:0.004s max:0.030s std dev:0.00339s window:177
average rate:59.492
        min:0.004s max:0.030s std dev:0.00380s window:237
average rate:59.463
        min:0.004s max:0.030s std dev:0.00380s window:290
```

现在我们可以知道了 turtlesim 正以大约 60Hz 的频率发布数据给 turtle。我们也可以结合 rostopic type 和 rosmsg show 命令来获取关于某个话题的更深层次的信息（非 hydro 版）。

```
$ rostopic type /turtle1/command_velocity | rosmsg show
```

到此我们已经完成了通过 rostopic 来查看话题相关情况的过程，接下来我们将使用另一个工具来查看 turtlesim 发布的数据。

（13）使用 rqt_plot

注意：如果用户使用的是 electric 或更早期的 ROS 版本，那么 rqt 命令是不可用的，请使用 rxplot 命令来代替。

rqt_plot 命令可以实时显示一个发布到某个话题上的数据变化图形。这里我们将使用 rqt_plot 命令来绘制正在发布到/turtle1/pose 话题上的数据变化图形。首先，在一个新终端中运行 rqt_plot 命令：

```
$ rosrun rqt_plot rqt_plot
```

这会弹出一个新窗口，在窗口左上角的一个文本框里面，用户可以添加需要绘制的话题。在里面输入“/turtle1/pose/”后，之前处于禁用状态的加号按钮将会被使能变亮。按一下该按钮，并对/turtle1/pose/y 重复相同的过程。现在用户会在图形中看到 turtle 的 x-y 位置坐标图，见图 3-18。

按下减号按钮会显示一组菜单，让用户隐藏图形中指定的话题。现在隐藏掉用户刚才添加的话题并添加/turtle1/pose/theta，会看到如图 3-19 所示的图形。

请使用 Ctrl+C 退出 rostopic 命令，但要保持 turtlesim 继续运行。

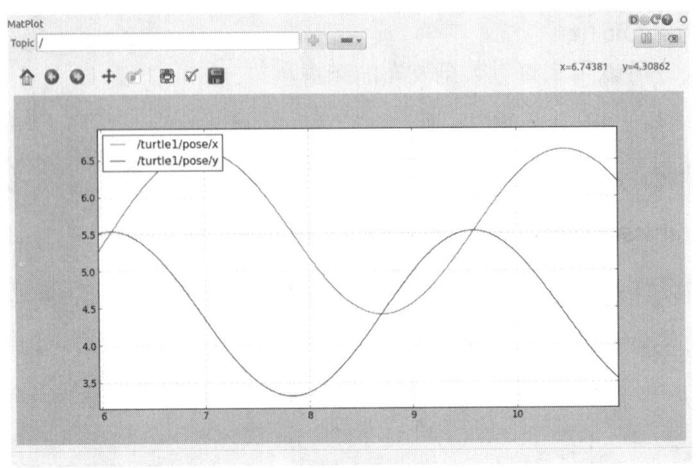

图 3-18

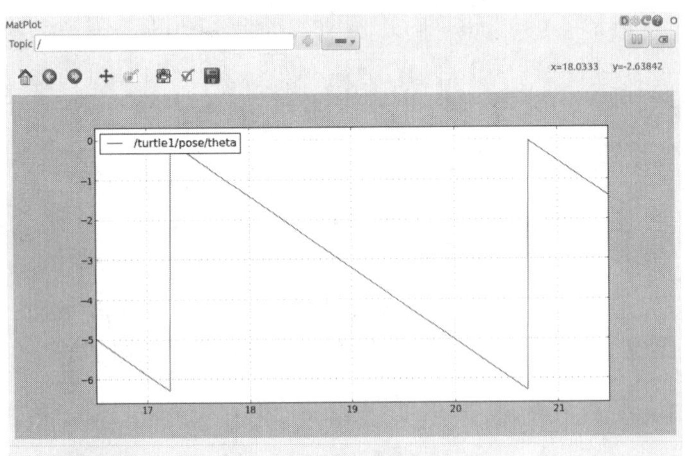

图 3-19

ROS 是由 Willow Garage 公司推出的一款开源机器人软件开发平台，该平台的初衷是为了解决机器人研发过程中的代码复用问题。ROS 采用分布式处理，提供硬件抽象\设备控制\消息管理等标准的操作系统服务；支持对 Linux 硬实时扩展；同时集中不同的研究成果，在其软件平台和社区中开放源码代码，最大程度实现代码共享；深度集成 OROCOS、Gazebo、Webots 等软件，支持 C/C++、Python、Java、LISP 等多种编程语言，实现跨平台跨语言的交互共享，解决当前机器人研发过程中存在的共性问题。到如今基于 ROS 平台开发出的机器人已有 100 多种，各类 ROS 应用程序已达 2000 多种，包括硬件驱动、图像识别、虚拟仿真、运动控制、环境感知等功能包。与基于 Winndows 的机器人软件平台不同，ROS 是建立在 Ubuntu Linux 操作系统之上的次级操作系统，但不负责系统进程管理。它类似于软件管理工具，提供一种点对点的通信机制，便于研究者灵活部署各个功能包，支持分布式处理分散了由图像处理、逆解、插补等功能带来的实时计算压力。基于点对点通信机制，ROS 提出节点、消息、主题、服务四个基本概念。

Chapter 04

第 4 章 Arduino 开发接口技术

4.1 Arduino 开发接口

4.1.1 Arduino 简介

Arduino 是一款便捷灵活、方便上手的开源电子原型平台，是一个微控制器开发平台。主要包含两个主要的部分：硬件部分是可以用来做电路连接的 Arduino 电路板，主控是 AVR 的芯片；另外一个则是 Arduino IDE（Integrated Development Environment），即程序集成开发环境。用户只要在 IDE 中编写程序代码，将程序上传到 Arduino 电路板后，Arduino 电路板便按照程序做些相应的行为。Arduino 能通过各种各样的传感器来感知环境，通过控制灯光、马达等其他的装置来反馈、影响环境。其特点如下。

① 跨平台　Arduino IDE 可以在 Windows、Macintosh OS X、Linux 三大主流操作系统上运行，而其他大多数控制器只能在 Windows 上开发。

② 简单清晰　Arduino IDE 基于 processing IDE 开发。对于初学者来说，极易掌握，同时有着足够的灵活性。Arduino 语言基于 wiring 语言开发，是对 AVRGCC 库的二次封装，不需要太多的单片机基础、编程基础，简单学习后，用户也可以快速地进行开发。

③ 开放性　Arduino 的硬件原理图、电路图、IDE 软件及核心库文件都是开源的，在开源协议范围内里可以任意修改原始设计及相应代码。

本书案例以 Arduino uno 为例讲解，如图 4-1 所示。

图 4-1　Arduino uno 图片

4.1.2 Arduino 硬件接口

下边先介绍基本硬件及工作要求等，结构见图 4-2。

（1）电源

电源有三种供电方式：

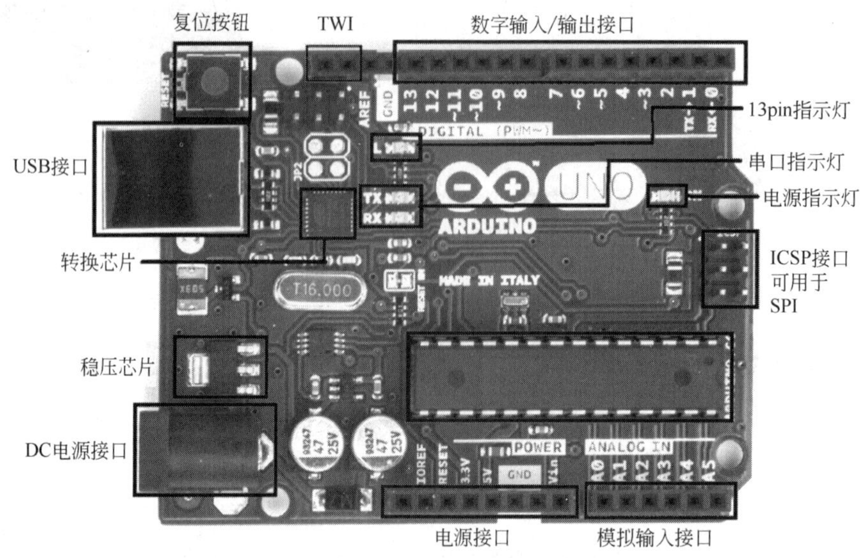

图 4-2　Arduino 电路板结构图

① USB 供电，电压 5V。

② DC 口供电，电压 7～12V。

③ 通过引脚供电，一种是接 GND 和 5V，电压 5V；第二种是接 Vin 和 GND，电压 7～12V。

（2）复位按钮

使 Arduino 重新启动，程序重新运行。

（3）指示灯

① ON　电源指示灯。通电时灯亮。

② TX　串口发送指示灯。Arduino 向计算机或者向蓝牙传输数据时，TX 灯会点亮。

③ RX　串口接收指示灯。Arduino 接收到数据时 RX 灯会点亮。

④ L　可编程控制指示灯。该 LED 连接到 Arduino 的 13 号引脚，当 13 号引脚为高电平或高阻态时，该 LED 会点亮，当为低电平时，不会亮。

注意：利用 L 灯可调试程序。

（4）存储空间

主控芯片集成了 3 种空间，当然，也可以通过外设进行扩展。

① Flash　容量为 32KB。其中 31.5KB 作为用户储存程序的空间。另外的 0.5KB 作为 BOOT 区，用于储存引导程序，实现通过串口下载程序的功能。

② SRAM　容量为 2KB。SRAM 相当于计算机的内存，用来存放程序计算的数据。当 Arduino 断电或复位后，其中的数据都会丢失。

③ EEPROM，容量为 1KB。EEPROM 的全称为电可擦写的可编程只读存储器，是一种用户可更改的只读存储器，在 Arduino 断电或复位后，其中的数据不会丢失。写入需要时间，大概 3.3ms 一次，寿命大概只有 10 万次。

（5）引脚接口

14 路数字输入输出口　工作电压为 5V，每一路能输出和接入最大电流为 40mA。每一路配置了 20～50kΩ内部上拉电阻（默认不连接）。除此之外，有些引脚有特定的功能。

① 串口通信　RX（0 号）、TX（1 号）与内部 ATmega16U2 USB-to-TTL 芯片相连（转

换芯片），提供 TTL 电压水平的串口接收信号。

② 外部中断（2 号和 3 号） 触发中断引脚，可设置触发模式。

③ 脉冲宽度调制 PWM 3、5、6、9、10 、11 引脚提供 6 路 8 位 PWM 输出，板子上数字前边带“～”的引脚。

④ 6 路模拟输入 A0～A5 每一路具有 10 位的分辨率（即输入有 1024 个不同值），默认输入信号范围为 0～5V，可以通过 AREF 调整输入上限。

⑤ SPI 通信接口 10（SS），11（MOSI），12（MISO），13（SCK）。

⑥ TWI 接口（SDA A4 和 SCL A5） 支持通信接口（兼容 I2C 总线）。

⑦ AREF 模拟输入信号的参考电压。

⑧ Reset 信号为低时复位单片机芯片。

4.1.3 Arduino IDE

如同 C 语言，程序入口是 main( )函数，在 Arduino 中，标准的程序入口也是 main 函数，只不过它在内部被定义。用户编写程序只需要关心两个函数：setup( )和 loop( )。

setup( )，当 Arduino 板启动时，setup( )函数会被调用。它是用来初始化板子，就如同在使用之前用来配置环境一样。该函数在 Arduino 板的每次启动时只运行一次。

loop( )，相当于 main( )主函数一样，在里边执行程序。正如其名，是用作连续循环，如同 51 单片机里边的 while（1）一样。

在这里为大家提供一个网页，里边是 Arduino 的参考手册，方便大家快速开发：http：//wiki.dfrobot.com.cn/index.php/Arduino 编程参考手册。

Arduino 开发环境下载安装及配置如下。

① 下载 进入 Arduino-Home（https：//www.arduino.cc），如图 4-3 所示。选择 Download，然后根据自己的电脑配置下载相应版本的 Arduino 软件，然后自行安装。

图 4-3 软件下载界面

② 驱动安装 如果是第一次使用 Arduino，可能会出现无法识别的设备（图 4-4），或者正在安装驱动（图 4-5）。如果未安装成功，需要进入设备管理器，会看到如图 4-6 所示的设备。双击该设备，并选择“更新驱动程序”（图 4-7）。选择第二项，查找本地驱动软（图 4-8）。输入驱动地址，即刚才安装 IDE 软件的位置，选择“drivers”，单击“下一步”按钮，如图 4-9 所示。

图 4-4　无法识别

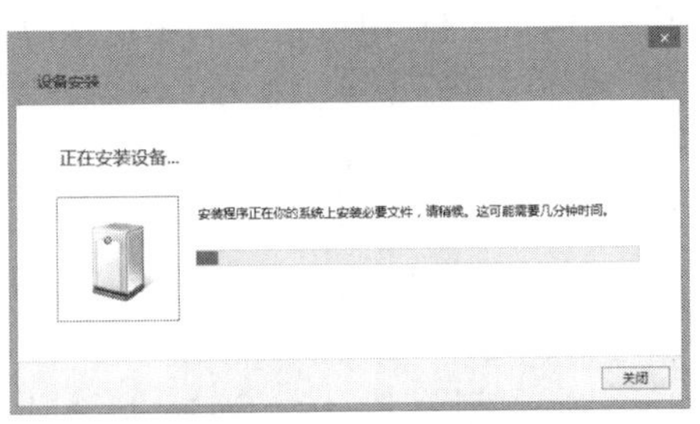

图 4-5　正在安装设备

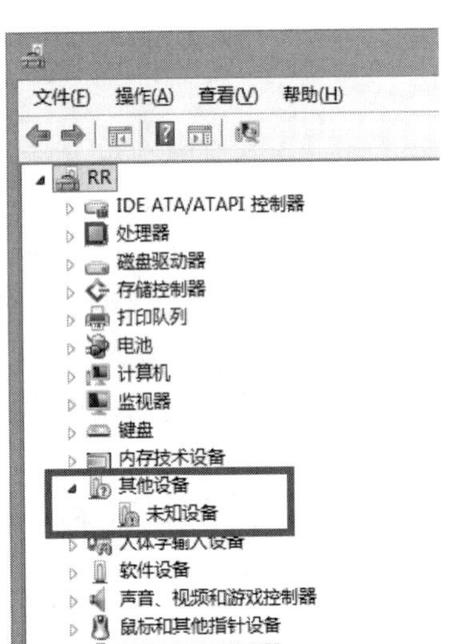

图 4-6　设备管理器中显示“未知设备”

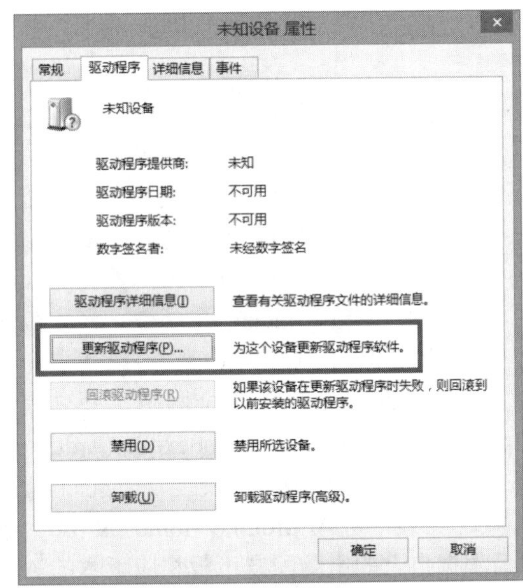

图 4-7　选择更新驱动

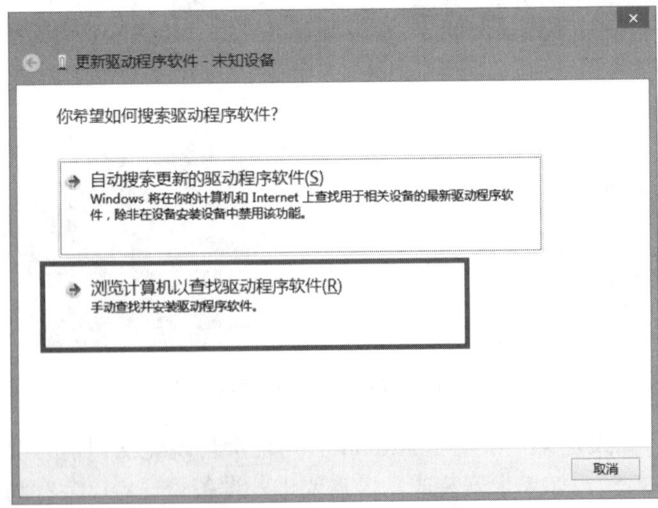

图 4-8　浏览本地驱动软件

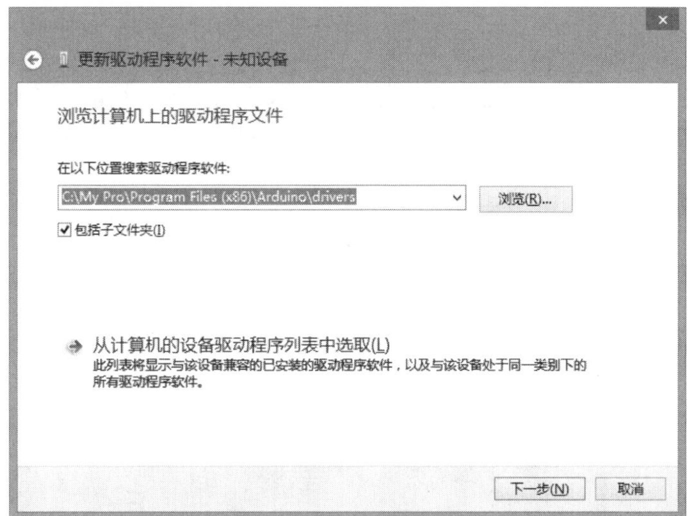

图 4-9　选择文件夹

更新成功之后，在设备管理器中，用户可以看到 Arduino 的 COM 口，如图 4-10 所示。

驱动安装成功之后便可以配置 IDE，根据板子的型号选择相应的板子型号选项，端口选择该板子对应的串口，如图 4-11 所示。

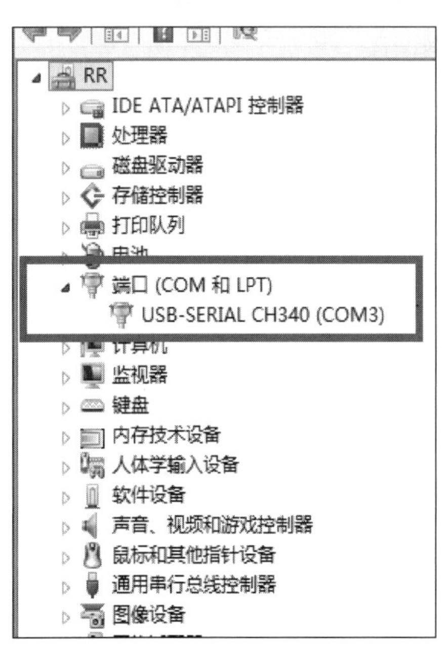

图 4-10　驱动安装成功

图 4-11　板子类型选择

编辑完代码之后上传到板子里边：左上角依次是编译，上传。下边黑色框内显示的是上传信息，当有错误时也会在黑色框内出现，然后可根据错误信息进行调试，右下角显示的是 Arduino 所在的 COM 口，如图 4-12 所示。

关于代码的编写，其实大家不用太担心，只要了解 C 语言的基本结构就行了，因为 IDE 已经把好多底层的东西进行了封装，大家使用时，只需要调用固定的函数就可以了。

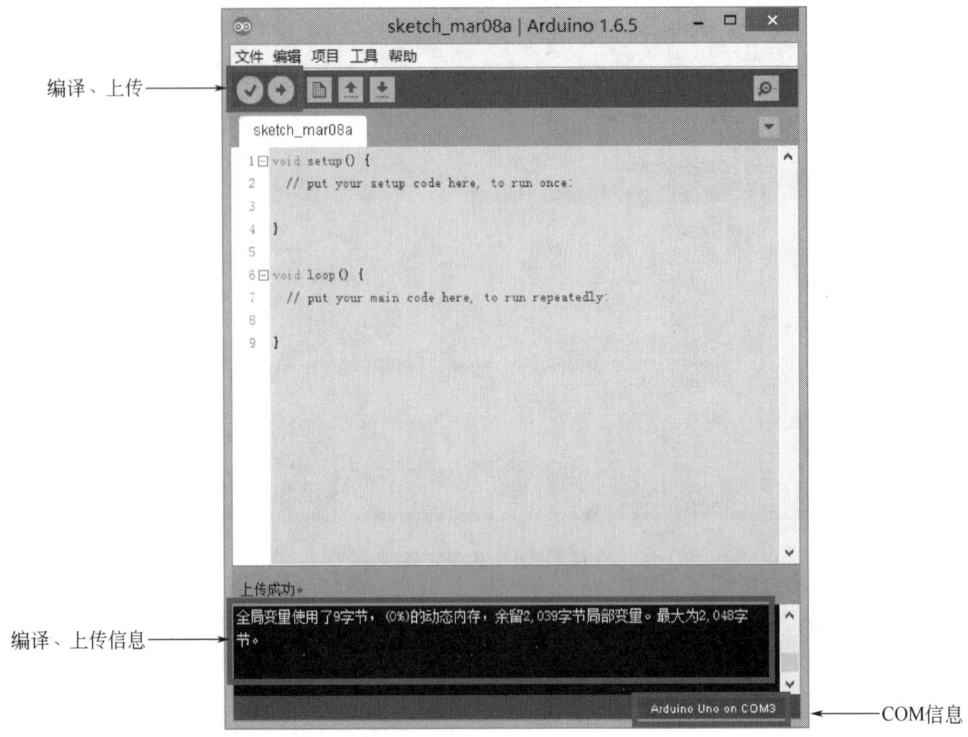

图 4-12 IDE 编辑界面

4.2 Arduino 基本 I/O

4.2.1 数字 I/O

数字 I/O 口，用来输出或输入数字信号。数字信号就是只有高低之分，即 0V 和 5V，不能连续变化。在使用前，首先需要在 setup( )里边配置 I/O 口的工作模式：

```
pinMode(pin,mode);
```

其中，pin 是引脚号，mode 是模式。Arduino 里边有三种模式可以配置：INPUT，输入模式；OUTPUT，输出模式；INPUT_PULLUP，输入上拉模式（默认的输入是高电平，uno 只有内上拉功能，没有下拉功能）。

配置为输出模式以后，还需要使该引脚输出高或低电平。其调用形式为：

```
digitalWrite(pin,value);
```

其中，pin 为引脚号，value 为要输出电平。HIGH 为高电平，也可以用 1 表示，LOW 为低电平，也可用 0 表示。

当引脚用作读取外部输入的数字信号时，其调用形式为：

```
digitalRead(pin);
```

其中，参数 pin 为指定读取状态的引脚编号。

当 Arduino 以 5 V 供电时，以-0.5～1.5V 的输入电压作为低电平，将 3～5.5V 的输入电压作为高电平。所以，即使输入电压有较小误差，Arduino 也可以正常识别。

注意：输入过高的电压会损坏板子。

本实验通过一个按键来控制一个发光二极管的亮灭。按键按一下 LED 点亮，再按一下 LED 熄灭。其中 LED 灯用板子上自带的 L 灯。由于电路振动或者其他原因，还需要进行防抖处理，电路图如图 4-13 所示。

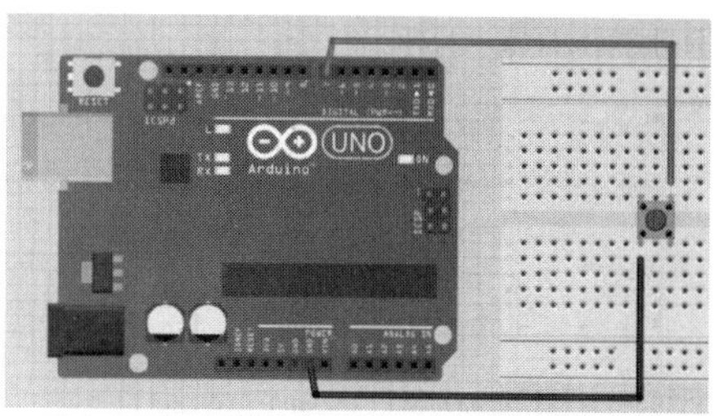

图 4-13 按键控制 L 灯电路图

```
#define LED 13
#define KEY 7
int KEY_NUM = 0;                                    //按键键值存放变量
void setup()
{
  pinMode(LED,OUTPUT);                              //定义 LED 为输出引脚
  pinMode(KEY,INPUT_PULLUP);                        //定义 KEY 为带上拉输入引脚
}
void loop()
{
  ScanKey();                  //按键扫描程序,当按键按下时候,该子程序会修改 KEY_NUM 的值
  if(KEY_NUM == 1)            //是否按键按下,如果函数扫描到按键就会设置 KEY_NUM 值为 1
  {
digitalWrite(LED,!digitalRead(LED));                //LED 的状态翻转
  }
}
void ScanKey()                                      //按键扫描程序
{
  KEY_NUM = 0;                                      //清空变量
  if(digitalRead(KEY)== LOW)                        //有按键按下
  {
    delay(20);                                      //延时去抖动
    if(digitalRead(KEY)== LOW)                      //有按键按下
    {
      KEY_NUM = 1;                                  //变量设置为 1
      while(digitalRead(KEY)== LOW);                //等待按键松手
    }
  }
}
```

4.2.2 模拟 I/O

模拟信号指信号随时间连续变化。例如，为了达到很好的灯光效果，要使灯的亮暗变化是个渐进的过程，这种电压信号就是一种模拟信号。为了实现这个目的，必须使 Arduino 能

控制输出一个连续变化的电压，这就用到 PWM（Pulse Width Modulation），即脉冲宽度调制，简称脉宽调制。

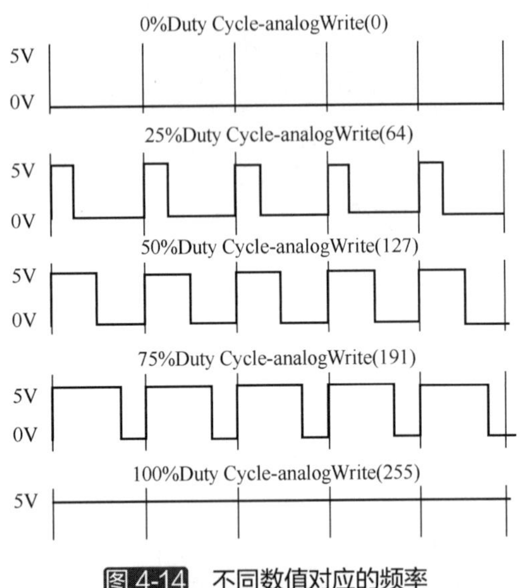

图 4-14　不同数值对应的频率

PWM 通过一系列脉冲的宽带调制（或控制）来等效得到所需要的波形（包括形状和幅值），PWM 模式下端口只能输出 0 和 5V，只不过它调整了一个周期内输出 0V 和 5V 时间的比例，即通过改变方波的占空比，就可以改变等效的输出电压波形，使得总体看起来可以输出指定电压。如图 4-14 所示，不同数值对应频率比例不同。对于模拟量的输出，数值只能在 0～255 之间，成比例对应 0～5V，因为输出的变量的大小是 8 位，最大值是 255。

模拟输入引脚是带有 ADC（Analog-to-Digital Converter，模 / 数转换器）功能的引脚，它可以将外部输入的模拟信号转换为芯片运算时可以识别的数字信号，从而实现读入模拟值的功能。而对于模拟量的输入，其采样精度是 10 位的，最大是 1023，分辨率就是 5/1024=0.0049V，也就是说，两个相差小于 0.0049V 的电压差 Arduino 无法分辨。

此外，Arduino 每隔 100μs（微秒）=0.0001s（秒）对信号进行采样，将模拟量转换为 0～1023 中的一个值。这个采样的时间间隔称为采样周期，它的倒数（f=1/T）称为采样频率。

模拟输入功能需要使用 analogRead( )函数，用法是：

```
analogRead(pin);
```

其中，pin 是模拟输入的引脚。

$$\text{analogRead(pin)的返回值}=\frac{\text{被测电压}}{\text{参考电压}}\times 1023$$

默认参考电压是板子的工作电压，一般为 5V。当要测量较小电压或较高精度电压时，可以降低参考电压来使测量结果更精准。Arduino 提供了内部参考电压，但内部参考电压并不准确，如果使用的话反而会使精度降低。在实际应用中，一般通过输入高精度的外部参考电压来提高检测精度。在 Arduino 控制器上有一个 AREF 引脚，可以从该引脚给 Arduino 输入外部参考电压，参考电压可以利用函数定义：

```
analogReference(type);
```

DEFAULT　默认当前 Arduino 工作电压作为参考电压。

INTERNAL　使用内部参考电压（当使用 uno 时为 1.1V，当使用 ATmega8 时为 2.56V）；该设置并不适用于 Arduino MEGA。

INTERNALlV1　使用内部 1.1V 参考电压（仅适用于 Arduino MEGA）。

INTERNAL2V56　内部 2.56V 参考电压（仅适用于 Arduino MEGA）。

EXTERNA　从 AREF 引脚输入的外部参考电压。

一般不要使参考电压高于工作电压，这样会烧坏板子。

接下来利用模拟输入控制模拟输出，其中需要一个电位器来改变模拟输入的大小，电路图如图 4-15 所示。

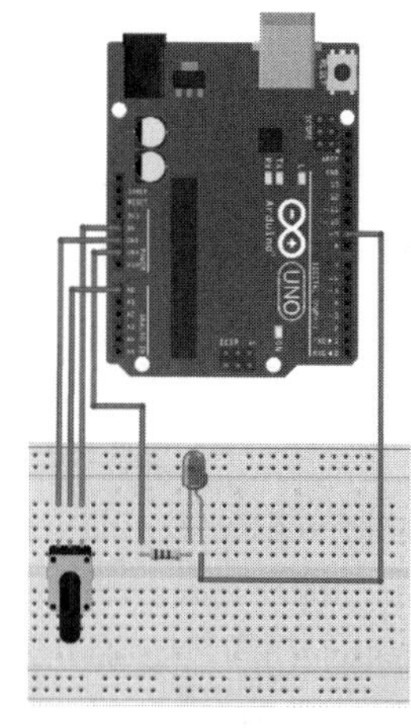

图 4-15 电位器控制 LED 电路图

```
int sensorPin = A0;         //选择电位器的引脚
int ledPin = 9;             //选择 LED(发光二极管) 的引脚
int sensorValue = 0;        //存储由传感器传来的值
int pulseWidth;
 void setup(){              //引脚模式设置
pinMode(ledPin,OUTPUT);
  pinMode(sensorPin,INPUT);
 }
void loop(){
  //读取传感器的值,并把值赋给变量 sensorValue
sensorValue = analogRead(sensorPin);
pulseWidth = map(sensorValue,0,1023,0,255);
//把输入值和输出值成比例对应
analogWrite(ledPin,pulseWidth);
}
```

旋转旋钮，LED 灯亮度改变。

4.2.3 I/O 接口实例：超声波测距

超声波测距是通过发送器发出超声波信号，遇到物体反射回来传到接收器，然后利用反射回来所用的时间计算距离。使用超声波测距模块，超声波发射器向某一方向发射超声波同时开始计时，超声波在途中碰到障碍物就立即返回来，超声波接收器收到反射波就立即停止计时，如图 4-16 所示。声波在空气中的传播速度为 340m/s，根据计时器记录的时间 t，就可以计算出发射点距障碍物的距离 s，即 s=340m/s×t/2，这就是时间差测距法。

引脚名称	说　明
Vcc	电源5V
Trig	触发引脚
Echo	回馈引脚
Gnd	地

图 4-16 超声波模块及引脚说明

超声波模块工作原理时序图：通过 Arduino 的数字引脚给 Trig 引脚至少 10μs 的高电平信号，触发测距功能。通过 Trig 触发引脚，如图 4-17 所示。

触发信号　10μs的高电平

图 4-17 Arduino 发送触发信号

触发测距功能后，模块会自动发送 8 个 40 kHz 的超声波脉冲，并自动检测是否有信号返回。这一步由模块内部自动完成，如图 4-18 所示。

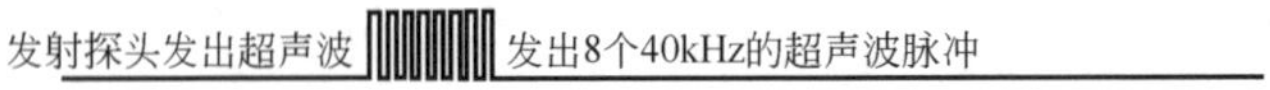

发射探头发出超声波 发出8个40kHz的超声波脉冲

图 4-18　超声波模块发送脉冲

若有信号返回，则 Echo 引脚会输出高电平，高电平持续的时间就是超声波从发射到返回的时间，如图 4-19 所示。

模块获得发射与接收的时间差 测距结果

图 4-19　超声波返回测量结果

此时可以使用 pulseln( )函数获取测距的结果，并计算出距被测物体的实际距离。pulseln( )的功能：检测指定引脚上的脉冲信号宽度，即返回脉冲信号持续的时间。

pulseln( )函数还可以设定超时时间。如果超过设定时间仍未检测到脉冲，则会退出 pulseIn( )函数并返回 0。当没有设定超时时间时，pulseIn( )会默认 1s 的超时时间。

```
pulseIn(pin,value)
pulseIn(pin,value,timeout)
```

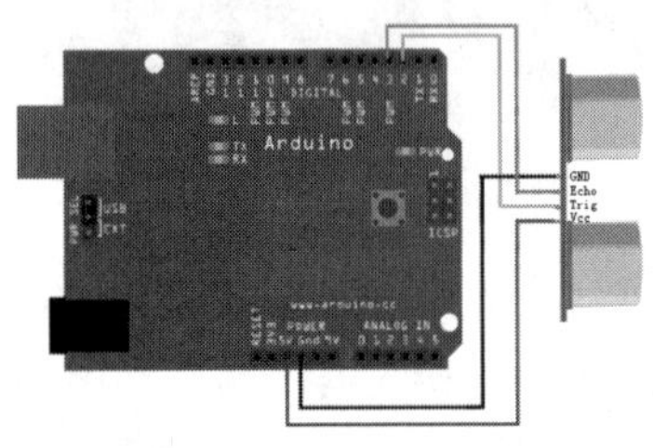

图 4-20　超声波连接模块

其中，pin 为需要读取脉冲的引脚。Value 为需要读取的脉冲类型，取 HIGH 或 LOW。Timeout 为超时时间，单位为 ms，数据类型为无符号长整型。函数返回值：换行返回脉冲宽度，单位为 ms，数据类型为无符号长整型。如果在指定时间内没有检测到脉冲，则返回 0。

本次实验利用超声波模块进行测距，然后将距离通过串口显示到电脑上，下载完程序之后单击按钮即可，电路如图 4-20 所示。

程序如下：

```
const int TrigPin = 2;
const int EchoPin = 3;
float cm;
void setup()
{
Serial.begin(9600);
pinMode(TrigPin,OUTPUT);
pinMode(EchoPin,INPUT);
}
void loop()
{
digitalWrite(TrigPin,LOW);                    //低高低电平发一个短时间脉冲去 TrigPin
delayMicroseconds(2);
digitalWrite(TrigPin,HIGH);
delayMicroseconds(10);
digitalWrite(TrigPin,LOW);
cm = pulseIn(EchoPin,HIGH)/ 58.0;           //将回波时间换算成 cm
```

```
cm =(int(cm * 100.0))/ 100.0;            //保留两位小数
//下边程序是向串口监视器输出距离
Serial.print(cm);
Serial.print("cm");
Serial.println();
delay(1000);
}
```

程序中用到了 Serial．begin( )和 Serial．print( )等语句，这些语句就是在操作串口，这里不做过多介绍，具体见串口通信部分。

4.2.4　I/O 接口实例：舵机控制

舵机是一种位置伺服的驱动器，主要是由外壳、电路板、无核心马达、齿轮与位置检测器所构成，如图 4-21 所示。

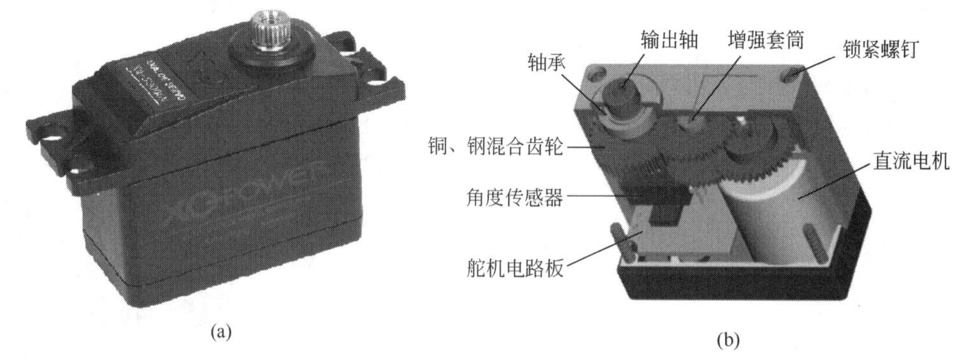

图 4-21　舵机及其内部结构

舵机内部有一个基准电路，产生周期为 20ms、宽度为 1.5ms 的基准信号。舵机将从接收机或者单片机获得的信号，即直流偏置电压，与电位器的电压比较，获得电压差输出。经由电路板上的 IC 判断转动方向，再驱动无核心马达开始转动，当电机转动时，通过级联减速齿轮带动电位器旋转，同时由位置检测器送回信号，使得当电压差为 0 时，电机停止转动。一般舵机旋转的角度范围是 0°～180°。

所有的舵机都有外接的三根线，分别用棕、红、橙三种颜色进行区分，棕色为接地线，红色为电源正极线，橙色为信号线，由于舵机种类太多，颜色也会有所差异。

舵机的转动角度是通过可变宽度的脉冲来进行控制的，一般舵机的基准信号都是周期为 20ms、宽度为 1.5ms 的脉冲，理论上脉宽分布应在 1～2ms 之间，但事实上舵机不同，脉宽可能会有误差，但是其中间位置的脉冲宽度是一定的，那就是 1.5ms。不同脉冲对应的角度如图 4-22 所示。

Arduino 里边有专门的舵机库函数，下边介绍 Servo 库函数：

myservo.attach（pin）　设定舵机的接口，pin 为引脚号，无返回值。

myservo.write（val）　用于设定舵机旋转角度，val 为输出的角度，可设定的角度范围是 0°～180°，无返回值。

myservo.read( )　用于读取舵机角度，无参数，返回值为舵机的角度。

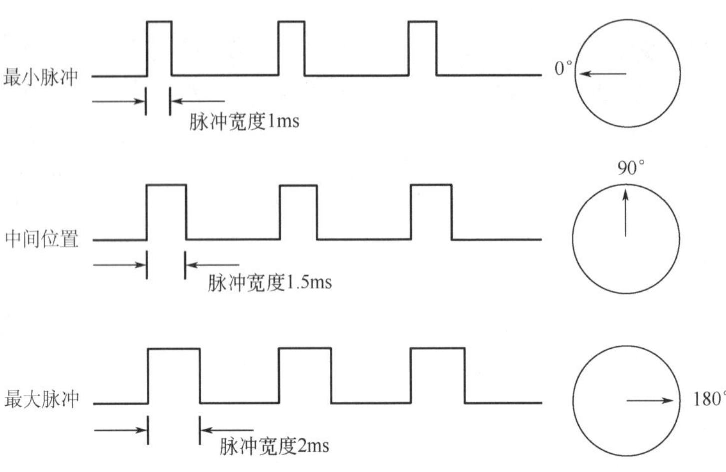

图 4-22 脉冲角度对应图

myservo.attached( ) 判断舵机是否设定了接口，无参数，当舵机已经设置了接口返回值为 1，否则返回 0。

myservo.detach( ) 使舵机与其接口分离，无参数，无返回值。

第一个小示例程序可以在 IDE>File>Examples> Servo> Sweep 中下载。电路图如图 4-23 所示，下载程序之后观察舵机的变化。

图 4-23 舵机电路图

接下来用串口控制舵机的转动（电路图和图 4-23 一样），这样在利用舵机控制角度的时候可以参考以下命令：

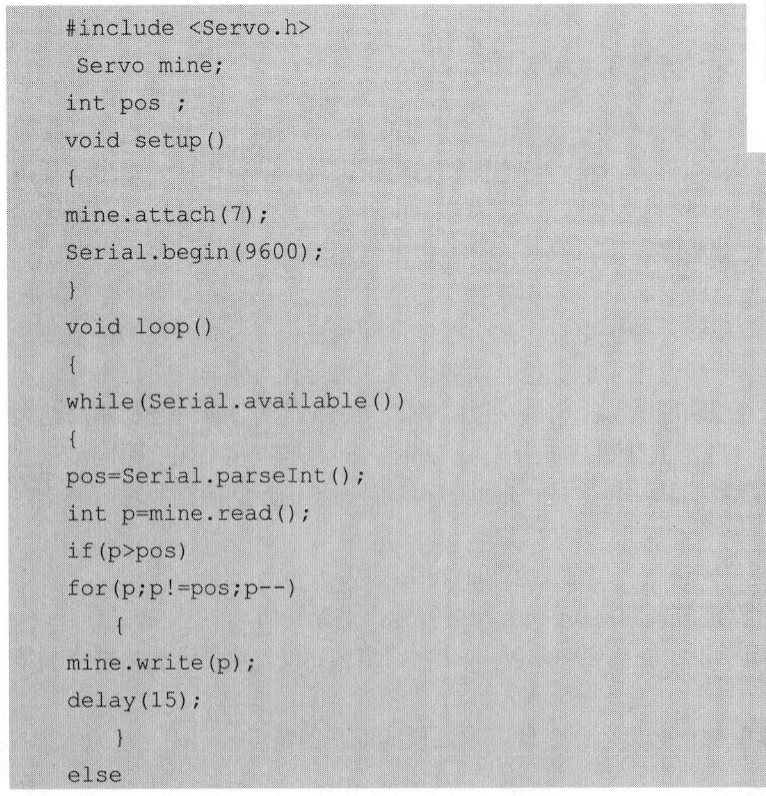

```
#include <Servo.h>
 Servo mine;
int pos ;
void setup()
{
mine.attach(7);
Serial.begin(9600);
}
void loop()
{
while(Serial.available())
{
pos=Serial.parseInt();
int p=mine.read();
if(p>pos)
for(p;p!=pos;p--)
    {
mine.write(p);
delay(15);
    }
else
```

```
for(p;p!=pos;p++)
       {
mine.write(p);
delay(15);
    }
Serial.println(pos);
}
Serial.println(mine.read());
delay(500);
}
```

程序中用了 Serial.parseInt( )来读取串口输入角度，这个函数是读取整数，如果用 Serial.read( ) 的话读取的值是字符串，而不是整数，舵机就会按照字符对应的 ASCII 值调整角度。

还有一点需要注意，一般大一点的舵机的工作电流比较大，如果直接连接板子，可能在工作时板子会重启，这是因为舵机功率太大，单片机内建电源不能提供足够的功率会使板子工作不稳定引起重启。这时候可以把舵机的电源线单独外接电源，然后和板子共地线，不然信号线没有参考电压，舵机不能工作。电源大小要根据舵机工作电压而定，不要烧坏舵机。

4.2.5 I/O 接口实例：直流电机驱动

直流电机大家都不陌生，直流电机控制非常方便，可以调节电压控制转速，改变正负极控制正反转等。接下来介绍如何控制直流电机。

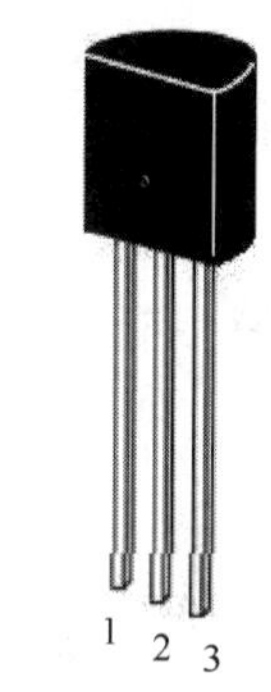

图 4-24 三极管

1—Emitter 发射极；2—Base 基极；3—Collector 集电极

电机是较大功率的器件，不能直接用 Arduino 的端口去驱动。一般来说，Arduino 的每个引脚通过最大 40mA 的电流，而所有端口的总电流不超过 200mA（0.2A），而一般小电机也往往超过 100mA。因此需要采用放大驱动的方式，以三极管（图 4-24）驱动电路为例，将端口连接至基极，就可以不到几毫安的电流驱动流经电机的数百毫安电流。需要将供电电源与 Arduino 的供电电源分开，以防止电机启停时对电源的干扰影响 Arduino 的正常工作。

下面以 Arduino 连接三极管直接控制电机为例进行实验，电路图如图 4-25 所示。

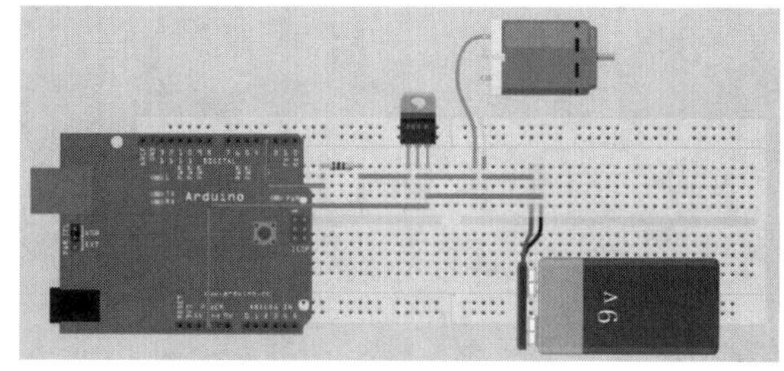

图 4-25 直流电机电路图

```
int motorPin = 3;                    //定义电机连接引脚
```

```
void setup()
{
pinMode(motorPin,OUTPUT);
}
void loop()
{
motorOnThenOff();
  //motorOnThenOffWithSpeed();
  //motorAcceleration();
}
//关闭电机
void motorOnThenOff(){
  int onTime = 2500;                  //调节开关占空比,也可使用 PWM 模拟输出方式
int offTime = 1000;
digitalWrite(motorPin,HIGH);
delay(onTime);
digitalWrite(motorPin,LOW);
delay(offTime);
}
//电机以特定速度启停
void motorOnThenOffWithSpeed(){
int onSpeed = 200;
int onTime = 2500;
int offSpeed = 50;
int offTime = 1000;
analogWrite(motorPin,onSpeed);
delay(onTime);
analogWrite(motorPin,offSpeed);
delay(offTime);
}
//电机变速
void motorAcceleration(){
  int delayTime = 50;                  //调整速度的时间间隔
  //电机加速
for(int i = 0;i < 256;i++){
analogWrite(motorPin,i);
delay(delayTime);
  }
  //电机减速
for(int i = 255;i >= 0;i--){
analogWrite(motorPin,i);
delay(delayTime);
  }
}
```

由于一个晶体管驱动的电机只能单向驱动调速，有时候往往还需要电机能够正反转。如图 4-26 所示，当 Q1 管和 Q4 管导通，Q2 和 Q3 截止时，电流从电源正极经 Q1 从左至右流过直流电机，然后再经 Q4 回到电源负极，从而驱动直流电机沿一个方向旋转。反之，当 Q2 和 Q3 导通，Q1 管和 Q4 管截止时，电流从直流电机右边流入，从而驱动直流电机沿另外一个方向旋转。这种驱动方式的电路和字母“H”非常相似，所以往往被称为 H 桥驱动电路。这样类似的 H 桥组合驱动电路可以自行搭建，但要注意不能让 Q1 和 Q2 或者 Q3 和 Q4 同时导通，哪怕是较短的时间也不允许，因为这会使得电源正负极直接相连，可能损坏电源或晶体管。所以在执行使用 H 桥驱动直流电机电路前，务必仔细检查电路和程序，以防短路。

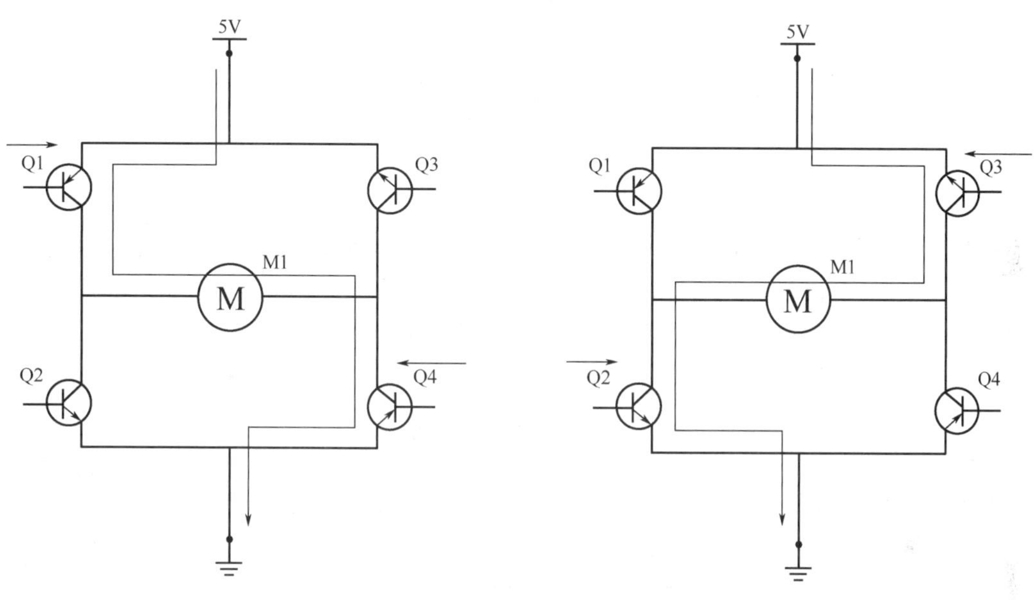

图 4-26 H 桥示意图

自行搭建电路比较麻烦，一般都会使用现成的电机驱动模块来直接驱动电机，比如 L298N、L293D 模块，如图 4-27 所示。它们内部都有 H 桥可以驱动电机正反转，原理基本相同，只不过工作的负载不同，本书只介绍 L298N 模块，结构图见图 4-28。

图 4-27 L298N（左）和 L293D（右）

图 4-28 L298N 结构图

由于本模块是 2 路的 H 桥驱动，所以可以同时驱动两个电机，使能 ENA、ENB 之后，可以分别从 IN1、IN2 输入 PWM 信号驱动电机 1 的转速和方向，可以分别从 IN3、IN4 输入 PWM 信号驱动电机 2 的转速和方向。也可以从 ENABLE 输入 PWM，另外两个引脚控制正反转。不同的电平对应的电机正反转如表 4-1 所示。

表 4-1　不同电平对应电机的正反转

直流电机	旋转方式	IN1	IN2	IN3	IN4	调速 PWM 信号	
						调速端 A	调速端 B
M1	正转	高	低	—	—	高	—
	反转	低	高	—	—	高	—
	停止	低	低	—	—	高	—
M2	正转	—	—	高	低	—	高
	反转	—	—	低	高	—	高
	停止	—	—	低	低	—	高

当驱动电压（图 4-28 标识为 12V 输入，实际可以接受的输入范围是 7～12V）为 7～12V 的时候，可以使能板载的 5V 逻辑供电，当使用板载 5V 供电之后，接口中的+5V 供电不要输入电压，但是可以引出 5V 电压供外部使用（这种即为常规应用）。当驱动电压高于 12V，但小于或等于 24V 时，比如要驱动额定电压为 18V 的电机。首先必须拔除板载 5V 输出使能的跳线帽。然后在 5V 输出端口外部接入 5V 电压对 L298N 内部逻辑电路供电（这种是高压驱动的非常规应用）。

下面程序能够实现功能电机 1 和电机 2 循环正转 1s，然后反转 1s：

```
    #define motor1pin 4
#define motor1pwm 5
#define  motor2pin 7
#define motor2pwm 6
```

```
void setup()
{}
void loop()
{
  motor(motor1pin,motor1pwm,1,180);      //电机 1 以 180m/s 的速度正转,45 口控制电机 1
  motor(motor2pin,motor2pwm,1,180);      //电机 2 以 180m/s 的速度正转,67 口控制电机 2
delay(1000);
  motor(motor1pin,motor1pwm,2,180);      //电机 1 以 180m/s 的速度反转
  motor(motor2pin,motor2pwm,2,180);      //电机 2 以 180m/s 的速度反转
delay(1000);
}
void motor(char pin,char pwmpin,char state,int val)//参数 pin 是输入的高低电平的 I/O
口,pwmpin 表示输入的 PWM 波形的 I/O 口,state 指电机状态(正转或反转),val 是调速值大小 0~255
{
pinMode(pin,OUTPUT);
 if(state==1)                                //当 state 为 1 时正转
 {
analogWrite(pwmpin,val);
digitalWrite(pin,1);
  }
 else if(state==2)                               //当 state 为 2 时反转
{
analogWrite(pwmpin,val);
digitalWrite(pin,0);
}
else if(state==0)                                //当 state 为 0 时停止
{
analogWrite(pwmpin,0);
digitalWrite(pin,0);
}
}
```

4.2.6 Arduino 中断

中断是指 CPU 在正常运行程序时，由于内部/外部事件或由程序预先安排的事件，引起 CPU 中断正在运行的程序，而转到为内部/外部事件或为预先安排的事件服务的程序中去，服务完毕，再返回去执行被暂时中断的程序，这个过程称为中断。Arduino 中断分为内部中断和外部中断。中断源在 CPU 的内部，称为内部中断，大多数的中断源在 CPU 的外部，称为外部中断。

（1）中断语法

```
attachInterrupt(interrupt,function,mode)
```

interrupt　中断号

function　中断发生时调用的函数，此函数必须不带参数和不返回任何值，该函数有时被称为中断服务程序。

mode　定义何时发生中断，以下为四个 contstants 预定有效值：①LOW，当引脚为低电平时，触发中断；②CHANGE，当引脚电平发生改变时，触发中断；③RISING，当引脚由低电平变为高电平时，触发中断；④FALLING，当引脚由高电平变为低电平时，触发中断。

```
detachInterrupt(interrupt);
```

中断分离函数来取消这一中断设置，interrupt 是中断号。

当发生外部中断时，调用一个指定函数。当中断发生时，该函数会取代正在执行的程序。Arduino uno 板有两个外部中断：0（数字引脚 2）和 1（数字引脚 3）。不同板子对应中断见表 4-2。

表 4-2　不同板子对应中断

型号	int.0	int.1	int.2	int.3	int.4	int.5
UNO/Ethernet	2	3				
Mega2560	2	3	21	20	19	18
Leonardo	3	2	0	1		
Due	所有 I/O 口均可					

当中断函数发生时，delya( )和 millis( )的数值将不会继续变化。当中断发生时，串口收到的数据可能会丢失，所以用户应该声明一个变量来在未发生中断时储存变量。

（2）案例

下面做一个控制 LED 的对比实验，电路如图 4-29 所示。

图 4-29　中断电路图

① 不使用中断

```
int pbIn = 2;                //定义输入信号引脚
int ledOut = A0;             //定义输出指示灯引脚
int state = LOW;             //定义默认输入状态
void setup()
{
  // 设置输入信号引脚为输入状态、输出引脚为输出状态
pinMode(pbIn,INPUT);
pinMode(ledOut,OUTPUT);
}
void loop()
{
  state = digitalRead(pbIn);                    //读取微动开关状态
  digitalWrite(ledOut,state);                   //把读取的状态赋予 LED 指示灯
  //模拟一个长的流程或者复杂的任务
for(int i = 0;i < 100;i++)
  {
```

```
    //延时 10ms
    delay(10);
     }
    }
```

② 使用中断

```
int pbIn = 0;                          // 定义中断引脚为 0,也就是 D2 引脚
int ledOut = A0;                       // 定义输出指示灯引脚
volatile int state = LOW;              // 定义默认输入状态
void setup()
{
  // 置 ledOut 引脚为输出状态
pinMode(ledOut,OUTPUT);
  // 监视中断输入引脚的变化
attachInterrupt(pbIn,stateChange,CHANGE);
}
void loop()
{
  // 模拟长时间运行的进程或复杂的任务
for(int i = 0;i < 100;i++)
  {
    // 什么都不做,等待 10ms
delay(10);
  }
}
void stateChange()
{
state = !state;
digitalWrite(ledOut,state);
}
```

这样，使用中断的反应要比不使用中断快得多。

除了外部硬件中断之外，还有内部软件中断，这就是我们常说的定时器，类似于一个闹钟，当到达一定时间后就会响应之前设定的事件，但是 IDE 里边没有定时器的库，用户可以自己到网上下载一个定时器库，然后就可以实现内部中断。

4.3 Arduino 通信接口

4.3.1 串口通信

Arduino 与计算机通信最常用的方式就是串口通信。但实际我们说的 Arduino 串口通信是指的 UART 接口通信。串口和 USB 是不兼容的，需要一个转换芯片来桥接 USB 和 UART，这就是

USB 转串口芯片，早先的板子使用的 ATmega16U2，新版的 unoR3 使用的使 CH340。除了 USB 外，还可以通过引脚通信，在 Arduino 控制器上，0（RX）和 1（TX）的两个引脚用于通信。

串口工作的原理实际上就是电平的变化，在 UART 通信的时候，当没有通信信号发生时，通信线路保持高电平，当要发送数据之前，先发 0 表示起始位，然后发送 8 位数据位，数据位按照“先发低位、再发高位”的顺序，数据位发完后，再发一位校验位，最后再发一位 1 表示停止位。这样本来要发送一个字节的 8 位数据，而实际上我们一共发送了 10 位，或者 11 位。Arduino 一般没有校验位，默认是 10 位。而接收方原本一直保持高电平，一旦检测到一位低电平，那就是要开始准备接收数据了，接收到 8 位数据位后，接收校验位，最后检测到停止位，再准备下一个数据的接收，如图 4-30 所示。

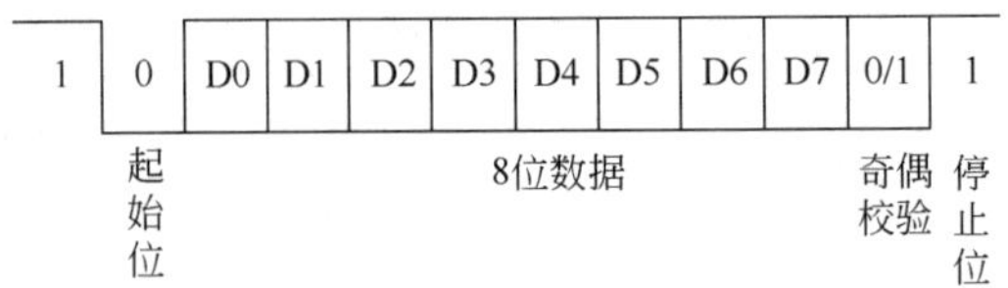

图 4-30　数据发送示意图

这里介绍一下波特率，波特率是发送二进制数据位的速率，习惯上用 baud 或者 speed 表示，即发送一位二进制数据的持续时间=1/baud。在通信之前，单片机 1 和单片机 2 首先要明确约定好它们之间的通信波特率，必须保持一致，收发双方才能正常实现通信。串口缓冲使用串口通信时，需要用 Serial 函数，下边介绍一下 Serial 部分函数。

初始化 Arduino 的串口通信功能。

```
Serial.begin(speed);Serial.begin(speed,config);
```

其中，参数 speed 指串口通信波特率，串口通信的双方必须使用同样的波特率方能正常进行通信。串口监视器的右下边可以更改波特率。config 配置数据位、校验位、停止位等。返回值无。

```
Serial.available();
```

获取串口上可读取的数据的字节数。该数据是指已经到达并存储在接收缓存（共有 64 字节）中。无参数，返回值为可读的字节数。

```
Serial.read();Serial.peek();
```

两者都是读取串口数据，peek( )读取数据，但不删除它，read( )删除数据。两者无参数，当无数据是返回-1。

```
Serial.print(val);Serial.print(val,format);
Serial.println(val);Serial.println(val,format);
Serial.write(val);Serial.write(str);Serial.write(buf,len);
```

三者都是写入出数据到串口，print( )和 println( )是以 ASCII 码写到串口，只不过后者多了一个换行。Val 是要发送的数据，format 是配置输出进制或者保留小数的位数。而 write( )是以字节形式输出，str 是字符串型的数据，buf 是数组型数据，len 是缓冲区长度。三者返回值都是输出字节的长度。

```
Serial.parseInt();Serial.parseFloat();
```

这两个函数是从串口缓冲区返回第一个有效的 float/int 数据，无参数，返回值为 float/int 数据类型。

```
Serial.readBytes(buffer,length);
Serial.readBytesUntil(character,buffer,length);
```

这两个函数都是从接收缓冲区读取指定长度，并将它们放到数组中，若读到停止符或者时间超时会推出函数。Character 为停止符，buffer 为存储的数组，length 为需要读取的字符长度。若没有数据返回值为 0。

Arduino 每接收到一次数据，就会将数据放入串口缓冲区中。Arduino 默认设定了串口缓冲区为 64 字节，当 Arduino 接收到数据量较大时，写入的数据可能会有一些丢失，因为当数据超过 64 字节后，Arduino 会将最早接收到的数据清除。

可以通过宏定义的方式来增大串口读写缓冲区的空间为 128Bytes:

```
#define SERIAL_TX_BUFFER_SIZE 128
#define SERIAL_RX_BUFFER_SIZE 128
 void setup()
{
 }
 void loop()
{
 }
```

Arduino 核心库中串口发送缓冲区宏名为 SERIAL_TX_BUFFER_SIZE，串口接收缓冲区宏名为 SERIAL_RX_BUFFER_SIZE。

这种方法实际是开辟 RAM 上的临时存储空间，因此缓冲区的设定大小不能超过 arduino 本身的 RAM 大小。而实际程序还需要 RAM 存储数据，所以并不能将所有 RAM 空间都分配作串口缓冲区，实际可根据需要修改缓冲区大小。

4.3.2 IIC 通信

IIC 总线（也称 I2C，Intel-Integrated Circuit）是一种两线式串行总线，用于连接微控制器及其外围设备。我们通常说的 TWI 通信和 IIC 其实是一回事。I2C 是一种多向控制总线，多个芯片可以同时连接在一起，每个芯片都可以对其他芯片进行数据传输，这种方式简化了信号传输总线。在 CPU 与被控 IC 之间、IC 与 IC 之间进行双向传送，最高传送速率 100kbps。各种被控制电路均并联在这条总线上，在信息的传输过程中，I2C 总线上并接的每一模块电路既可以是主控器（或被控器），又可以是发送器（或接收器），这取决于它所要完成的功能。

I2C 总线是由数据线 SDA 和时钟 SCL 构成的串行总线，可发送和接收数据，同时还需要 GND 线，提供参考电压。在主从通信中，需要对信号线上的每个芯片定义一个逻辑地址，然后通过地址来识别通信对象。I2C 连线如图 4-31 所示。

IIC 协议包含 START（开始）、ACK（回应）、NACK（另一种回答）、STOP（发送结束）。发送顺序如下。

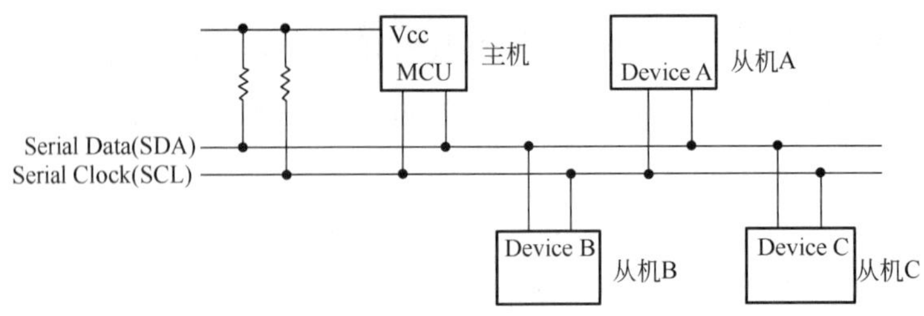

图 4-31　I2C 连线图（1）

主发从收：主机发送 START 信号→主机发送地址→从机发送 ACK 应答→［主机发送数据→从机发送 ACK 应答（循环）］→主机发送 STOP 信号或主机发送 START 信号启动下一次传输。

主收从发：主机发送 START 信号→从机发送发地址→主机发送 ACK 应答→［从机发送数据→主机发送 ACK 应答（循环）］→接收至最后一个字节时，主机发送 NACK→主机发送 STOP 信号或主机发送 START 信号启动下一次传输。

Arduino 有两个 I2C 接口：一个是 AREF 引脚旁边的 SDA 和 SCL；另一个是 A4 和 A5 引脚。Arduino 的地址数据位是 7 位，所以最多能连接 128 个从设备。Arduino 中使用 I2C 通信可直接调用 Wire.h 库函数。

```
Wire.begin();Wire.begin(address);
```

这两个函数初始化 wire 库 ，并且加入 I2C 网络，前者作为 Master 或 Slaver，并且只能调用一次。如果没有参数，则以 Master 的形式加入 I2C。有参数，以从机加入。

```
Wire.requrstFrom(addtess,quantity);
Wire.requrstFrom(addtess,quantity,stop);
```

主设备向从设备发送数据请求信号，然后从机相应请求，然后从机发送的数据可以被主设备用 read( )或 available( )接受。参数 addtess，从机地址；quantity，请求得到的数量；stop，布尔型，为‘1’则在请求结束后发送一个停止命令，并释放总线。为‘0’则继续发送请求保持连接，无返回值。

```
Wire.beginTransmission(address);
```

该函数用来设定传输数据到指定地址的从机设备，address 为地址，无返回值。

```
Wire.endTransmission();Wire.endTransmission(stop);
```

该函数用来结束数据传递。stop 为布尔型变量，如果为 1，发送一个停止信息，释放 I2C，若无参数，则等效为 1；如果为 0，则发送重新开始信息，保持总线有效。返回值为 0 表示成功；1 表示数据溢出；2 表示发送 address 时从机接收到 NACK 信号；3 表示发送数据时接收到 NACK；4 表示其他错误。

```
Wire.write(value);Wire.write(string);
Wire.write(data,length);
```

这三个函数是发送数据。参数 value 为单字节发送；string 为字符串发送；data 为以字节形式发送，length 表示传输的数量。

```
Wire.available();Wire.read();
```

前者返回接收到的字节数，返回值为可读字节数。后者读取 1B 的数据，返回值为数据。两者都无参数。

```
Wire.onReceive(handler);
```

当收到数据时被触发 handler 事件，handler 是带有一个 int 型参数没有返回值的事件。

```
Wire.onRequest(handler);
```

当收到数据请求时被触发 handler 事件，handler 是无参数没有返回值的事件。

I2C 的电路图连接如图 4-32 所示。

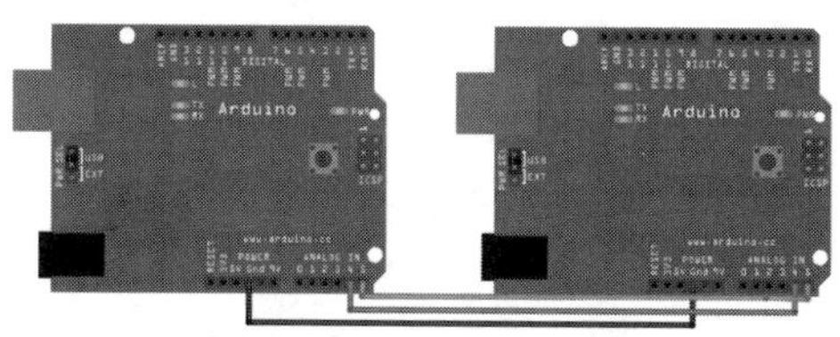

图 4-32　I2C 连线图（2）

Arduino 里边自带示例程序，打开方式和 blink 相似，找到 Wire，分别打开 master_writer 和 slaver_receiver，下载到板子里边，然后打开 Slave 的串口观察接收到的数据。示例里边只是一个接收一个发送，在开发过程中，用户可以根据自己的需求定义地址，发送和接收。

下面以传输 16 位整型为例熟悉一下 I2C。

① 从机

```
#include <Wire.h>
void setup(){
 Wire.begin(8);                          //设置地址
Wire.onRequest(requestEvent);
 }
void loop()
{
delay(100);
}
void requestEvent()
{//把 int 变量 16 位分成 2 个 8 位传送
int vx = 1 *100,vy = 2*100;
char vx1= vx>>8;
char vx2=(vx<<8)>>8;
char vy1= vy>>8;
char vy2=(vy<<8)>>8;
char fly[4] = {vx1,vx2,vy1,vy2};
```

```
Wire.write(fly,6);
}
```

② 主机

```
#include <Wire.h>
int  Vy=0,Vx=0;
void setup()
{
Serial.begin(9600);
Wire.begin();        //join i2c
}
void loop()
{
Wire.requestFrom(8,4);
while(Wire.available())
  {
byte c1=Wire.read();
byte c2=Wire.read();
byte c3=Wire.read();
byte c4=Wire.read();
    Vx=c2+(c1<<8);
    Vy=c4+(c3<<8);
  }
Serial.print("Vx:");
Serial.println(Vx/100.0);
Serial.println();
Serial.print("Vy");
Serial.println(-Vy/100.0);
delay(100);
  }
```

4.3.3 SPI 通信

SPI 的英文全称是“Serial Peripheral Interface”，即串口通信外围设备接口技术，也就是把数据用串口传输方式进行交换。它一般是由 6 根线组成的，分别是 MOSI、MISO、SCK、SS 以及 GND、电源线。它是双全工串行通信，可以实现主设备与一个设备或多个从设备同步双向通信。

① MOSI　是由主机向设备发出数据的，11 号引脚。

② MISO　是由设备向主机发送数据的，12 号引脚。

③ SCK　是起到一个控制数据传输的校准，根据 Arduino 官方的说法，还具备对数据全能的控制作用，13 号引脚。

④ SS 是一根使能线，特别是接多个外围设备的时候，可以通过控制 SS 线，对不同的外围设备进行通信，10 号引脚。

当然，不同的板子对应的 SPI 引脚不同，但是大多数板子都有 ICSP 引脚，可以通过 ICSP 引脚使用 SPI 总线。

Arduino 有内建的 SPI 库文件，这里先介绍一下库函数。

```
SPI.begin()
```

初始化 SPI 总线，将 SCK（Pin13）、MOSI（Pin11）和 SS（Pin10）管脚设置为输出模式，将 SCK 和 MOSI 设置为低电平，SS 为高电平。无参数，无返回。

```
SPI.end()
```

停止 SPI 总线的使用（保持引脚的模式不改变）。无参数，无返回。

```
SPI.setBitOrder(order)
```

设置串行数据传输时，先传输高位还是低位，有两种类型可选。order：LSBFIRST（最低位在前）或 MSBFIRST（最高位在前），无返回。

```
SPI.setClockDivider(divider)
```

设置 SPI 串行通信的时钟。通信时钟是由系统时钟分频而得到，分频值有 2、4、8、16、32、64 或 128。默认设置是 SPI_CLOCK_DIV4，设置 SPI 串行通信时钟系统时钟的四分之一，无返回。

```
    divider:SPI_CLOCK_DIV2;SPI_CLOCK_DIV4;SPI_CLOCK_DIV8;SPI_CLOCK_DIV16;SPI_
CLOCK_DIV32;SPI_CLOCK_DIV64;SPI_CLOCK_DIV128
    SPI.setDataMode(mode);
```

设置 SPI 的数据模式，即时钟极性和时钟相位。时钟极性表示时钟信号在空闲时是高电平还是低电平；时钟相位决定数据是在 SCK 的上升沿采样还是在 SCK 的下降沿采样。包含四种数据模式，采样时，应先准备好数据，再进行采样。无返回。

mode：SPI_MODE0（上升沿采样，下降沿置位，SCK 闲置时为 0）；SPI_MODE1（上升沿置位，下降沿采样，SCK 闲置时为 0）；SPI_MODE2（下降沿采样，上升沿置位，SCK 闲置时为 1）；SPI_MODE3（下降沿置位，上升沿采样，SCK 闲置时为 1）。

```
SPI.transfer(val)
```

用于在 SPI 总线上传输一个数据，包括发送与接收。val：向 SPI 总线发送的数据值。返回从 SPI 总线上接收的数据值。

SPI 库并没有像其他库提供发送和接收的 write 和 read 函数，而是用 transfer 代替了两者的功能，参数是发送的数据，返回值是接收的数据，每发送一次就会接收一次数据。

4.3.4 蓝牙通信

蓝牙是一种无线通信技术，利用蓝牙可很方便地控制 Arduino 来开发项目，不过我们得外接一个蓝牙模块。以 HC-05 嵌入式蓝牙串口通信模块（以下简称模块）为例进行介绍，如

图 4-33 所示。

HC-05 是主从一体蓝牙模块，具有两种工作模式：命令响应工作模式和自动连接工作模式，在自动连接工作模式下，模块又可分为主（Master）、从（Slave）和回环（Loopback）三种工作角色。当模块处于自动连接工作模式时，将自动根据事先设定的方式连接的数据传输；当模块处于命令响应工作模式时能执行 AT 命令，用户可向模块发送各种 AT 指令，为模块设定控制参数或发布控制命令。在这里不对如何配置参数及 AT 指令做过多介绍，感兴趣的同学可以到网上查找资料。一般默认为从机，密码为 1234，波特率为 9600。

这种模块空旷地理论传输有效距离为 10m，实际可能会更小。工作电压为 4.5～6V。引脚说明：STATE，蓝牙状态引出脚，未连接输出低电平，连接后输出高电平；TXD，发送；RXD，接收；GND，地线；VCC，电源线；EN，使能端，需要进入 AT 模式时接 3.3V。

配对以后当全双工串口使用，因为直接模块化了，采取 UART 通信，就不需要了解蓝牙协议。还可以连带蓝牙功能的安卓手机，通过安卓手机端的蓝牙串口助手 APP 控制板子。本例做一个用手机控制 led 灯的亮灭，电路如图 4-34 所示。

图 4-33 蓝牙

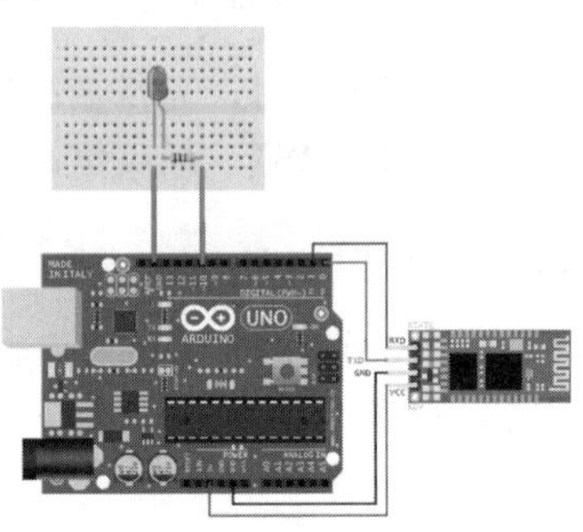

图 4-34 蓝牙电路连接示意图

正常通信时，蓝牙本身的 TXD 接板子的 RXD，蓝牙的 RXD 接板子的 TXD，这就像两个人交流，我说话时你是在听，你说话时我要听。当板子发送数据时，蓝牙需要接收；蓝牙发送数据时，板子需要接收。

示例代码如下：

```
int ledpin=10;//设置引脚
void setup()
{
Serial.begin(9600);
pinMode(ledpin,OUTPUT);
}
void loop()
{
while(Serial.available())                    //当从串口接收到数据时
     {
    char c=Serial.read();
    if(c=='a')
    {
```

```
        digitalWrite(ledpin,HIGH);
        }
        else if(c==''b'')
    {
    digitalWrite(ledpin,LOW);
            }
    }
    }
```

注意：往板子上下载程序时，要把蓝牙拔了，不然会有冲突。

然后设置手机 APP（示例使用蓝牙串口 APP），如图 4-35 所示。然后单击按钮就可以控制灯的亮灭了。

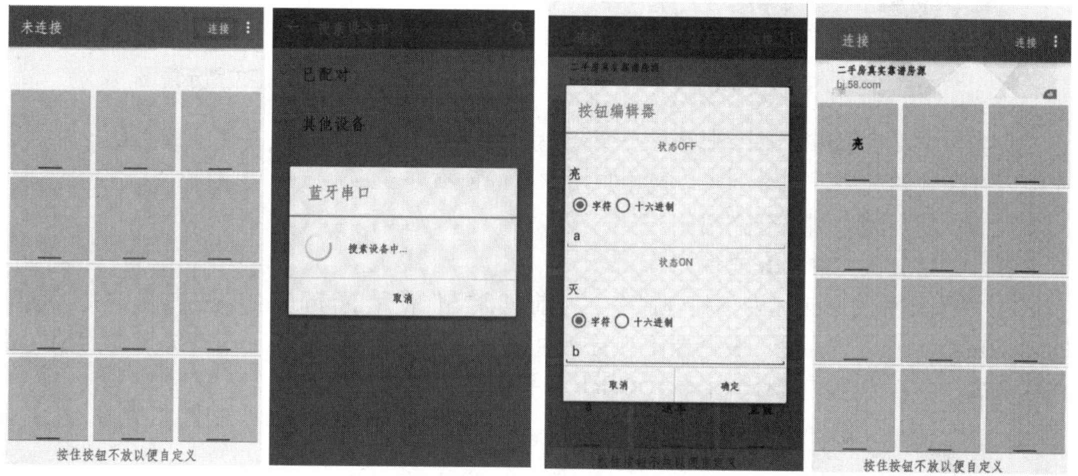

图 4-35　手机 APP 设置图

4.4　Arduino 库开发

库就相当于工具箱，你把自己的东西全部给封装到了一个盒子里边，当你需要时，只要打开盒子拿出就可以。使用库文件，可以提高代码的编写效率及程序的可读性。用户也可以下载其他人写好的库，然后添加到文件中。打开 Arduino 进行添加文件，在项目→Include Library→Add .zip Library 中添加压缩文件即可，如图 4-36 所示。此时文件默认放在 C 盘文档中的 Arduino 文件夹中。第二种方法是直接把文件夹放到 IDE 的安装目录下文件夹中的 libraries 文件夹内。libraries 文件夹中存放的是 Arduino 的各种类库，将类库放入其中后，便可以在编写程序时调用它们。

例如，文件 MsTimer2，添加之后再打开 Arduino IDE 时就会发现在“文件”→“示例”菜单中增加了一个选项，如图 4-37 所示，这就是刚才添加的 MsTimer2 类库的示例程序。

创建库至少需要两个文件：一个头文件（扩展名为.h）和一个源文件（扩展名为.cpp）。如果用户需要自己把定义的库的函数设置语法高亮，可以再加一个文本文档（扩展名为.txt）。

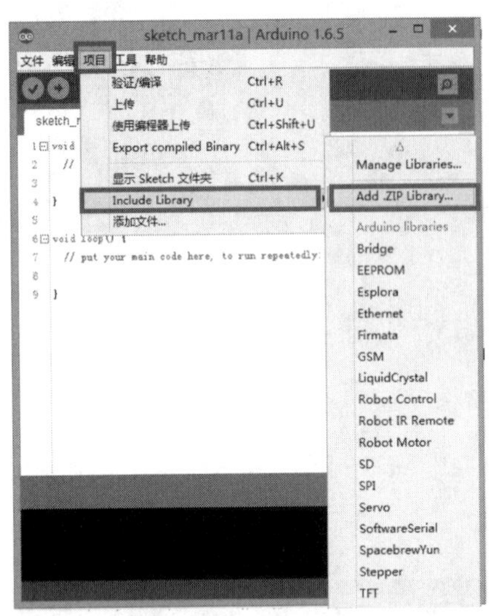

图 4-36　文件添加图

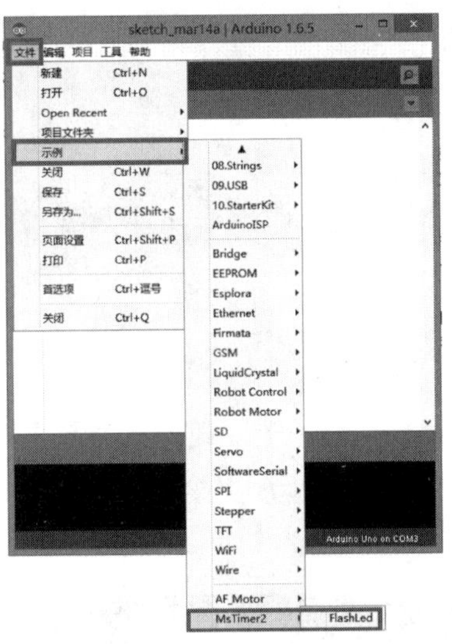

图 4-37　程序位置示意图

头文件定义扩展库：基本上是一个原代码中所有元素的列表。头文件的核心是一个扩展库中所有函数的列表，这个列表以及用户所需要的所有变量写在一个类里面。

我们以超声波为例进行介绍。

（1）先定义头文件（.h 文件）

以“#”开头的语句称为预处理命令。之前包含文件使用的#include 及在常量定义时使用的#define 均为预处理命令。编译器不会直接对预处理命令进行编译，而是在编译之前预先处理这些命令。首先需要建立一个名为 Csb.h 的头文件，然后声明.h。

```
#ifndef Csb_h
#define Csb_h
#endif
```

这样是为了防止之前定义过 Csb.h 而引起冲突。之后声明一个类，类的声明方法如下。

```
class Csb
{
public:
private:
};
```

通常一个类包含两个部分——public 和 private。public 中声明的函数和变量可以被外部程序所访问，而 private 中声明的函数和变量则只能在这个类的内部访问。

接着，根据实际需求来设计这个类，我们需要设置引脚和测量距离，所以我们定义两个 public 函数，用来设置引脚和返回测量的距离。然后定义两个 private 变量设置引脚。

```
class Csb
{
private:
     int trigPin,echoPin;                    //传递引脚号
```

```
public:
        void trigechoPin(int i,int j);              //用来设置超声波引脚
        double  distance();                         //用来传出距离数据
};
```

在头文件里边定义所有函数之后，在源文件里边对函数进行解释和编辑。然后头文件基本就定义完成了。

```
#define Csb_h
#include"Arduino.h"                                 //为了使用 Arduino 的核心库
class Csb
{
private:
        int trigPin,echoPin;
public:
        void trigechoPin(int i,int j);
        double  distance();
};
#endif
```

若程序中使用#include 语句包含了一个文件，例如#include<EEPROM. h>，那么在预处理时，系统会将该语句替换成 EEPROM.h 文件中的实际内容，然后再对替换后的代码进行编译。文件包含命令的一般形式为：#include<文件名>或#include “文件名”。

两种形式的实际效果是一样的，只是当使用<文件名>形式时，系统会优先在 Arduino 库文件中寻找目标文件，若没有找到，系统再到当前 Arduino 的项目文件夹中查找；而使用“文件名”形式时，系统会优先在 Arduino 项目文件夹中查找目标文件，若没有找到，再查找 Arduino 库文件。

（2）编辑源文件（.cpp）

头文件定义完之后再来编辑源文件。在编写 Csb 库时，在 Csb.h 文件中声明 Csb 类及其成员函数，在 Csb.cpp 文件中定义其成员函数的实现方法。当在类声明以外定义成员函数时，需要使用域操作符“::”来说明该函数作用于 Csb 类。

源文件如下：

```
#include"Csb.h"
void Csb::trigechoPin(int i,int j)                  //编辑引脚设置函数
{//用来传递引脚号
    trigPin=i;
    echoPin=j;
    pinMode(trigPin,OUTPUT);                        //使 trigPin 引脚输出
    pinMode(echoPin,INPUT);                         //使 echoPin 引脚输入
};
double Csb::distance()                              //编辑测量距离函数
{
    digitalWrite(trigPin,LOW);
```

```
    delayMicroseconds(2);
    digitalWrite(trigPin,HIGH);
    delayMicroseconds(10);
    digitalWrite(trigPin,LOW);
    double duration;
    duration = pulseIn(echoPin,HIGH);
    double distance;
    distance = duration/58.0;
    return distance;
};
```

（3）关键字高亮（.txt）

还记得编辑代码时彩色的代码吗？这就是关键字高亮，也可以把定义的函数在IDE里边编辑时出现语法高亮，这需要定义关键字。

```
keywords 文件内容:
#######################################
# Syntax Coloring Map For Csb
#######################################
#######################################
# Class(KEYWORD1)
#######################################
Csb KEYWORD1
#######################################
# Methods and Functions(KEYWORD2)
#######################################
trigechoPin KEYWORD2

distance KEYWORD2
#######################################
# Constants(LITERAL1)
#######################################
```

类名用KEYWORD1，函数名用KEYWORD2。注意：中间为Tab符，而不是空格。

（4）示例文件（.ino）

为了方便其他人可以快速了解这个库文件，可以建立一个示例程序。然后把.ino文件放到example文件夹里边。

```
#include "Csb.h"
double Distance;
Csb b;
void setup()
{
b.trigechoPin(7,8);
Serial.begin(9600);
}
```

```
void loop()
{
Distance = b.distance();
Serial.println("***the Distance is");
Serial.print(Distance);
Serial.print("cm\n");
delay(500);
}
```

示例程序有无并不影响库文件的使用，建立示例函数主要是方便他人学习。

此时一个完整的库文件就建立好了，然后就可以添加到IDE的库文件里边，打开IDE就可以在里边直接进行调用。最后使用并根据实际效果加以优化和改进。

Chapter 05

第 5 章 三菱 Q PLC 开发接口

5.1 PLC 系统开发概述

可编程序控制器是在继电器控制和计算机控制的基础上开发出来的，并逐渐发展成以微处理器为核心，把自动化技术、计算机技术和通信技术融为一体的新型工业自动控制装置。目前已经被广泛地应用于各种生产机械和生产过程的自动控制中。

可编程序控制器出现以后，名称很不一致，早期的可编程序控制器在功能上只能进行逻辑控制，因此被称为可编程序逻辑控制器（Programmable Logic Controller），简称 PLC。

随着科学技术的发展，国外一些厂家开始采用微处理器来作为可编程序控制器的中央处理单元（CPU），从而扩大了控制器的功能，它不仅可以进行逻辑控制，而且还可以对模拟量进行控制，因此美国电气制造协会（National Electrical Manufactures Association，简称 NEMA）于 1980 年将它正式命名为可编程序控制器（Programmable Controller），简称 PC。

PC 这一名称在国外工业界已使用多年，但是近年来 PC 这个名字又成为个人计算机（Personal Computer）的专称，为了区别，现在常把可编程序控制器称为 PLC。

5.1.1 Q 系列 PLC 简介

Q 系列 PLC 是三菱公司从原 A 系列 PLC 的基础上发展过来的中、大型 PLC 产品。Q 系列 PLC 采用了模块化的结构形式，系列产品的组成与规模灵活可变，最大 I/O 点数可以达到 4096 点，最大程序储存量可达 252K 步，采用扩展储存器后可以达到 32MB；基本指令的处理速度可以达到 34ns，适用于各种中等复杂机械、自动生产线的控制场合。

Q 系列 PLC 的基本组成包括电源模块、CPU 模块、基板、I/O 模块等。根据控制系统的需要，系列产品有多种电源模块、CPU 模块、基板、I/O 模块可供用户选择。通过扩展基板与 I/O 模块可以增加 I/O 点数，通过控制储存器卡可增加储存器容量，通过各种特殊功能模块可提高 PLC 性能，扩大 PLC 的应用范围。

Q 系列 PLC 可以实现多 CPU 模块协同工作，CPU 模块间可以通过自动刷新来进行定期通信或通过特殊指令进行瞬时通信，以提高系统的处理速度。

5.1.2 Q系列PLC性能比较

PLC的性能主要取决于CPU的型号。按照不同的性能，Q系列PLC的CPU可以分为基本型、高性能型、过程控制型、运动控制型、计算机型、冗余型等多种系列产品，以适用不同的控制要求。其中，基本型、高性能型、过程控制型为常用控制系列产品；运动控制型、计算机型、冗余型一般用于特殊的控制场合。基本型CPU包括Q00J、Q00、Q01三种基本型号。其中Q00J型为结构紧凑、功能精简型，最大I/O点数为256点，程序储存器容量为8K步，可以适用于小规模控制系统；Q01型在基本型中功能最强，最大I/O点数可以达到1024点，程序储存器容量为14K步，是一种为中、小规模控制系统设计的常用PLC产品。

高性能型CPU包括Q02、Q02H、Q06H、Q12H、Q25H等品种，Q25H系列的功能最强，最大I/O点数为4096点，程序储存容量为252K步，可以适用于中大规模控制系统的要求。

Q系列过程控制CPU包括Q12PH、Q25PH两种基本型号，可以用于小型DCS系统的控制。过程控制CPU构成的PLC系统，使用的PLC编程软件与通用PLC系统（GX Develop）不同，在Q系列过程控制PLC上应该使用GX Develop软件，并且可以使用过程控制专用编程语言（FBD）进行编程。过程控制CPU增强了PID调节功能，可以实现PID自动计量、测试，对回路进行高速PID运算与控制，并且通过自动调谐还可以实现控制对象参数的自动调整。

Q系列运动控制CPU包括Q172、Q173两种基本型号，分别可以用于8轴和32轴的运动控制。运动控制CPU具备多种运动控制应用指令，并可以使用运动控制SFC编程、专用语言（SV22）进行编程。系统可以实现点定位、回原点、直线插补、圆弧插补、螺旋线插补，并且可以进行速度位置的同步控制。位置控制的最小周期可以达到0.88ms，且具有S型加速、高速振动控制等多种功能。

Q系列冗余CPU目前有Q12PRH与Q25PRH两种规格，冗余系统用于对系统可靠性要求极高，不允许控制系统出现停机的控制场合。在冗余系统中，备用系统始终处于待机状态，只要工作控制系统发生故障，备用系统可以立即投入工作，成为工作控制系统，以保证控制系统的持续运行。

5.2 PLC系统的工作原理

PLC实质上也是一种工业控制用的专用计算机，系统的实际组成与微型计算机基本相同，它也是由硬件系统和软件系统组成的。

PLC经过五个阶段的工作过程，称为一个扫描周期，完成一个扫描周期后，又重复执行上述过程，扫描周而复始的进行。

在不考虑通信处理时，扫描周期T的大小为：

$$T=(\text{读入一点的时间}\times\text{输入点数})+(\text{运算速度}\times\text{程序步数})+$$
$$(\text{输出一点的时间}\times\text{输出点数})+\text{故障诊断时间}$$

显然，扫描周期组取决于程序的长短，一般每秒钟可扫描数十次以上，这对普通工业设备通常没有什么影响。但对控制时间要求严格、响应速度要求快的系统，就应该精确地计算响应时间，细心编排程序，合理安排指令的顺序，以尽可能减少扫描周期造成的响应延时等不良影响，见图 5-1。

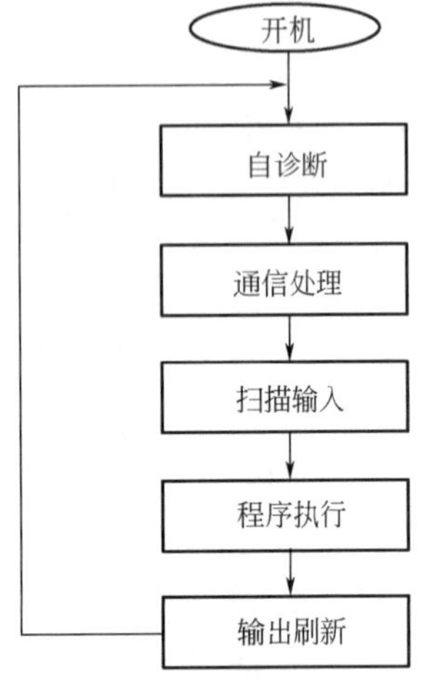

图 5-1

5.2.1 扫描

PLC 是一种存储程序控制器。用户根据某一具体的控制要求，编制好程序后，用编程器键入 PLC 的用户程序存储器中寄存。PLC 的控制作用就是通过用户程序来实现的。

当 PLC 运行时，用户程序中有众多的操作需要去执行，但 CPU 是不能同时去执行多个操作的，它只能按分时操作原理每一时刻执行一个操作。由于 CPU 的运算处理速度很高，使得外部显现的结果从宏观来看似乎是同时完成的。这种分时操作的过程称为 CPU 对程序的扫描。扫描是一种形象化的术语，用作描述 CPU 是如何完成分配给它的各种任务的方式。

扫描从 0000 号存储地址所存放的第一条用户程序开始，在无中断或跳转控制的情况下，按存储地址号递增的方向顺序逐条扫描用户程序，也就是顺序逐条执行用户程序，直到程序结束。每扫描完一次程序就构成一个扫描周期，然后再从头开始扫描，并周而复始地重复。

为了进一步说明这一顺序控制，顺控程序将叙述输入条件成立时进行何种输出，而可编程控制器则针对该程序进行运算。如果输入条件“连接到 X0 与 X1 两个端子的按钮开关均为 ON 状态”成立，则下述所说的顺控程序进行将 Y70 端子设为 ON 的运算，然后从 Y70 端子中输出该运算结果，点亮连接到端子的指示灯，见图 5-2。

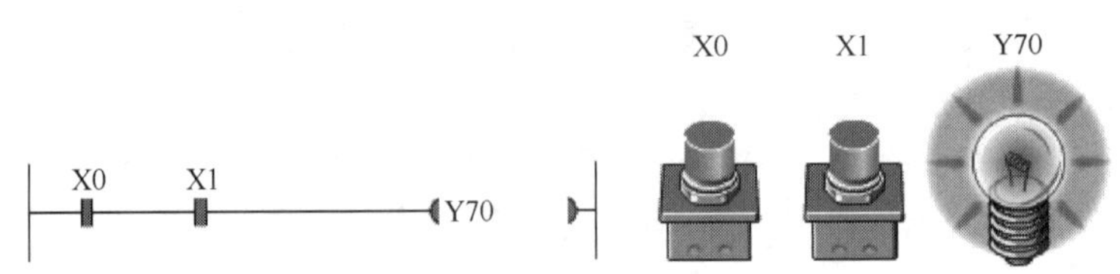

当X0和X1均为ON状态时，Y70灯泡点亮

图 5-2

顺序扫描的工作方式简单直观，它简化了程序的设计，并为 PLC 的可靠运行提供了非常有用的保证。一方面，所扫描到的指令被执行后，其结果马上就可以被将要扫描到的指令所利用。另一方面，还可以通过 CPU 设置的定时器来监视每次扫描是否超过规定的时间，从而避免了由于 CPU 内部故障使程序执行进入死循环而造成故障的影响。

5.2.2 程序执行过程

PLC 的工作过程就是程序执行过程。PLC 投入运行后，便进入程序执行过程，它分为三个阶段进行，即输入采样（或输入处理）阶段、程序执行（或程序处理）阶段、输出刷新（或输出处理阶段），如图 5-3 所示。

（1）输入采样阶段

在输入采样阶段，PLC 以扫描方式按顺序将所有输入端的输入信号状态（开或关，即 ON 或 OFF、“1”或“0”）读入输入映像寄存器中寄存起来，称为对输入信号的采样，或称输入刷新。接着转入程序执行阶段，在程序执行期间，即使输入状态变化，输入映像寄存器的内容也不会改变。输入状态的变化只能在下一个工作周期的输入采样阶段才被重新读入。

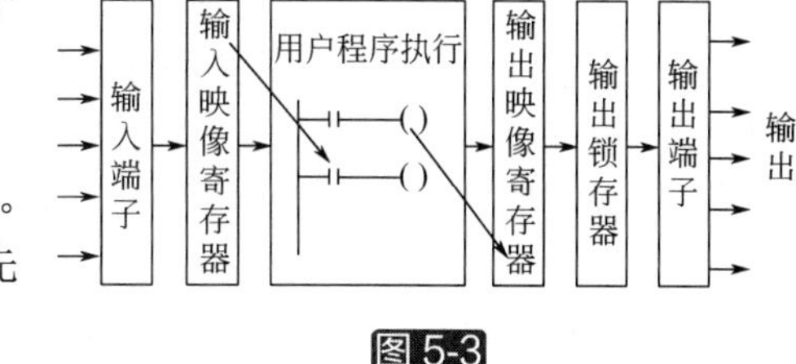

图 5-3

（2）程序执行阶段

在程序执行阶段，PLC 对程序按顺序进行扫描。如果程序用梯形图表示，则总是按“先上后下、先左后右”的顺序进行扫描。每扫描到一条指令时，所需要的输入状态或其他元素的状态分别由输入映像寄存器和元素映像寄存器中读出，而将执行结果写入元素映像寄存器中。这就是说，对于每个元素来讲，元素映像寄存器中寄存的内容，会随程序执行的进程而变化。

（3）输出刷新阶段

当程序执行完后，进入输出刷新阶段。此时，将元素映像寄存器中所有输出继电器的状态转存到输出锁存电路，再去驱动用户输出设备（负载），这就是 PLC 的实际输出。

PLC 采用“顺序扫描、不断循环”工作方式，这个过程可分为输入采样、程序执行、输出刷新三个阶段，整个过程扫描并执行一次所需的时间称为扫描周期。PLC 重复地执行上述三个阶段，每重复一次的时间就是一个工作周期（或扫描周期）。工作周期的长短与程序的长短（即组成程序的语句多少）有关，例如 ACMY-5256 型 PLC 执行 0～999 条语句的工作周期为 20ms。PLC 在每次扫描中，对输入信号采样一次，对输出刷新一次。这就保证了 PLC 在执行程序阶段，输入映象寄存器和输出锁存器的内容或数据不变。

5.3 三菱 Q PLC 的硬件接口

5.3.1 硬件系统

PLC 的硬件系统指构成 PLC 的物理实体或物理装置，也就是它的各个结构部件。图 5-4 是 PLC 的硬件系统简化框图。PLC 的硬件系统由主机、I/O 扩展机以及外部设备组成。

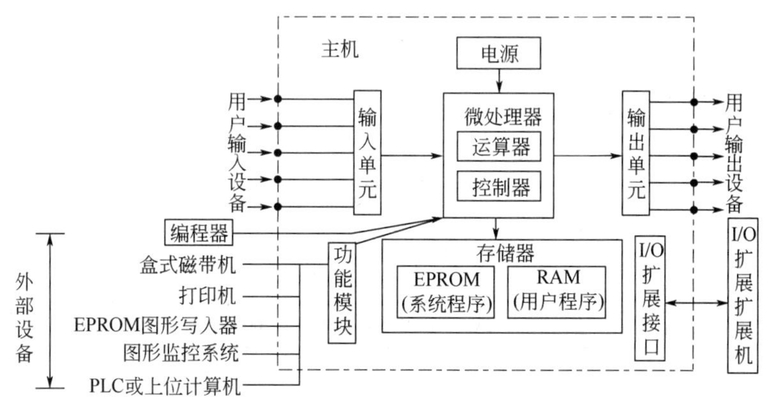

图 5-4 PLC 硬件系统简化框图

（1）PLC 主机

PLC 主机由电源、中央处理单元（CPU 板）、输入单元、输出单元和储存器单元组成。

① 电源 PLC 配有开关式稳压电源，以提供内部电路使用。与普通电源相比，PLC 电源的稳定性好、抗干扰能力强。因此，对于电网提供的电源稳定度要求不高，一般允许电源电压在其额定值±15%的范围内波动。许多 PLC 还向外提供直流 24V 稳压电源，用于对外部传感器供电。

② 中央处理器（CPU） CPU 的作用是完成 PLC 内所有的控制和监视操作，归纳起来主要有以下五个方面。

a．接收并存储编程器或其他外设输入的用户程序或数据。

b．诊断电源、PLC 内部电路故障和编程中的语法错误等。

c．接收并存储从输入单元（接口）得到现场输入状态或数据。

d．逐条读取并执行存储器中的用户程序，将运算结果存入存储器。

e．根据运算结果，更新有关标志位和输出内容，通过输出接口实现控制、制表打印或数据通信等功能。

③ 输入模块 PLC 输入接口：用户设备将各种控制信号，如限位开关、操作按钮、选择开关、行程开关以及其他一些传感器输出的开关量或模拟量（要通过模数变换进入机内）等，通过输入接口电路将这些信号转换成中央处理单元能够接收和处理的信号，PLC 依据输入信号对被控对象进行控制。

输入模块的规格（以 QX40 DC 为例）见表 5-1，端子排及接线见表 5-2。

表 5-1 QX40 DC 输入模块规格

规格 \ 型号		DC 输入模块（正极公共端型）	
		QX40	外观
输入点数		16 点	
隔离方法		光电耦合器	
额定输入电压		24VDC(+20/−15%，纹波系数在 5%以内)	QX40 0 1 2 3 4 5 6 7 8 9 A B C D E F
额定输入电流		约 4mA	
输入额定降低值		无	
ON 电压/ON 电流		19V 或更高/3mA 或更高	0 1 2 3 4 5 6 7 8 9 A B C D E F
OFF 电压/OFF 电流		11V 或更低/1.7mA 或更低	
输入阻抗		约 5.6kΩ	
响应时间	OFF 至 ON	1ms/5ms/10ms/20ms/70ms 或更短（CPU 参数设置）初始化设置为 10ms	
	ON 至 OFF	1ms/5ms/10ms/20ms/70ms 或更短（CPU 参数设置）初始化设置为 10ms	
介电耐压电压		560VAC rms/3 个周期［海拔 2000m（6557.38ft）］	COM NC
绝缘电阻		由绝缘电阻测试仪测出 10MΩ或更高	24VDC 4mA
抗扰度		通过 500Vp-p 噪声电压、1μs 噪声宽度和 25～60Hz 噪声频率的噪声模拟器	
		第一瞬时噪声 IEC61000-4-4：1kV	

续表

规格＼型号	DC 输入模块（正极公共端型）	
	QX40	外观
防护等级	IP2X	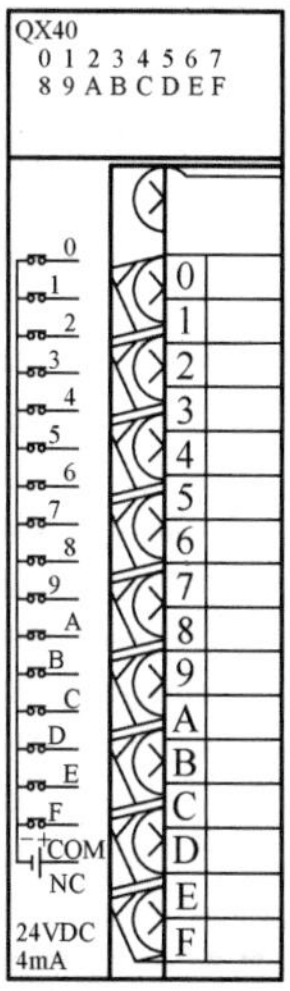
公共端子排列	16 点/公共端（公共端子：TB17）	
I/O 点数	16（按 16-点输入模块设置 I/O 分配）	
运行指示器	ON 指示（LED）	
外部连接	18-点端子排（M3×6 螺钉）	
适用线径	芯 0.3～0.75mm^2［外径最大 2.8mm（0.11in）］	
适用夹紧端子	R1.25-3（不能使用带套管夹紧端子）	
5VDC 内部电流消耗	50mA（标准：所有点 ON）	
质量	0.16kg	

表 5-2　端子排及接线（输入模块）

外部连接	端子排编号	信号名称
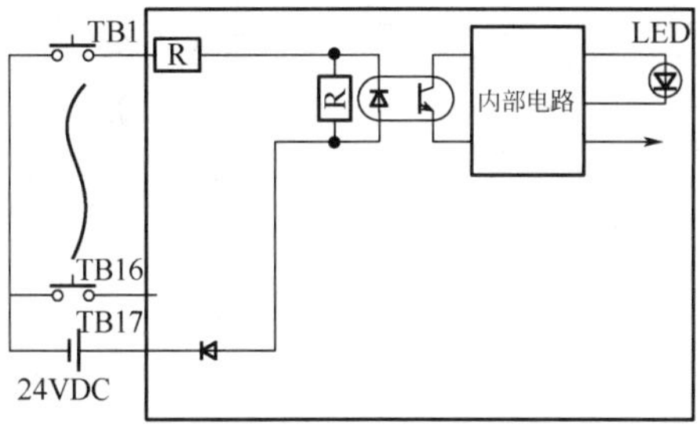	TB1	X00
	TB2	X01
	TB3	X02
	TB4	X03
	TB5	X04
	TB6	X05
	TB7	X06
	TB8	X07
	TB9	X08
	TB10	X09
	TB11	X0A
	TB12	X0B
	TB13	X0C
	TB14	X0D
	TB15	X0E
	TB16	X0F
	TB17	COM
	TB18	空

④ 输出模块　PLC 输出接口：将中央处理单元送出的弱电控制信号转换成现场控制电路需要的强电信号输出，以控制电磁阀、接触器、电机等被控设备。输出模块的规格（以 QY40P 为例）见表 5-3，端子排及接线见表 5-4。

表 5-3　QY40P 输出模块规格

规格 \ 型号		晶体管输出模块（漏型）	
		QY40P	外观
输出点数		16 点	
隔离方法		光电耦合器	
额定负载电压		12～24VDC（+20/−15%）	
最大负载电流		0.1A/点，1.6A/公共端	
最大启动电流		0.7A，10ms 或更短	
OFF 时的泄漏电流		0.1mA 或更小	
ON 时的最大电压降		0.1VDC（标准）0.1A，0.2VDC（最大）0.1A	
响应时间	OFF 至 ON	1ms 或更小	
	ON 至 OFF	1ms 或更短（额定负载、电阻负载）	
电涌抑制器		齐纳二极管	
保险丝		无	
外部电源	电压	12～24VDC（+20/−15%）（纹波系数在 5%以内）	
	电源	10mA（在 24VDC 时）（最大：所有点 ON）	
介电耐压电压		560VAC rms/3 个周期［海拔 2000m（6557.38ft）］	
绝缘电阻		由绝缘电阻测试仪测出 10MΩ或更高	
抗扰度		通过 500Vp-p 噪声电压、1μs 噪声宽度和 25～60Hz 噪声频率的噪声模拟器	
		第一瞬时噪声 IEC61000-4-4：1kV	
防护等级		IP2X	
公共端子排列		16 点/公共端（公共端子：TB18）	
保护功能		有（热保护、短路保护） 以 1 点为增量激活热保护 以 1 点为增量激活短路保护	
运行指示器		ON 指示（LED）	
外部连接		18-点端子排（M3×6 螺钉）	
I/O 点数		16（按 16 点输出模块设置 I/O 分配）	
适用线径		芯 0.3～0.75mm^2［外径最大 2.8mm（0.11in）］	
适用夹紧端子		R1.25-3（不能使用带套管夹紧端子）	
5VDC 内部电流消耗		65mA（标准：所有点 ON）	
质量		0.16kg	

表 5-4　端子排及排线（输出模块）

外部连接	端子排编号	信号名称
LED 内部电路 R TB1 L TB16 L TB17 TB18 12/24VDC	TB1	Y00
	TB2	Y01
	TB3	Y02
	TB4	Y03
	TB5	Y04
	TB6	Y05
	TB7	Y06
	TB8	Y07
	TB9	Y08
	TB10	Y09
	TB11	Y0A
	TB12	Y0B
	TB13	Y0C
	TB14	Y0D
	TB15	Y0E
	TB16	Y0F
	TB17	12/24VDC
	TB18	COM

（2）扩展机

当 I/O 点数不够时，可通过 PLC 的 I/O 扩展接口对系统进行扩展。高性能 CPU 扩展连接时，应注意以下几点。

① 高性能 CPU 需要扩展时，应该根据电源基板的类型，并选用相应的电源模块。

② 扩展基板的类型可以自由组合，但最大扩展级数应该在 7 级以内（包括主基板为 8 级）。

③ 扩展基板上可以安装的 I/O 模块数量受最大点数(4096 点)与最大安装的 I/O 模块(64 个）两方面的限制。当超过 4096 点时，扩展基板的空余槽上不可以再安装 I/O 模块；同样，扩展模块达到最大允许装的 64 个后，即使 I/O 点未满 4096 点，也不能再增加 I/O 模块。

④ 当系统采用触摸屏等人机界面后，扩展基板只能连接 6 组。

⑤ 硬件自动编号的空槽位与虚槽位所占点数都可在软件设定编号中设置成不占点数，软件优先于硬件设定可单独设定并指定模块。

5.3.2　硬件接口

（1）输入输出编号与软元件

① 模块端子的输入输出编号与软元件即虚拟开关元件及线圈的对应　在模块中配线的输入设备的状态（ON/OFF）保存到称作软元件的 CPU 模块内的储存区域（储存器），输出也一样，将顺控程序的运算结果保存到软元件中。输出设备根据软元件的状态而动作。如此，顺控程序视软元件的状态进行动作。只有开/关变化的软元件称为位软元件，例如，输入 X，输出 Y。在软元件符号后配备输入输出编号部分。

例如，将输入模块装于 CPU 后第一个插槽，模块的初始地址为 X00，将输出模块装于第二个插槽中，由于第一个输入模块为 16 位，故输出模块的初始地址为 Y10。输入输出编号 X0 的状态反映在软元件 X0 中，同样，软元件 Y10 状态表现为输出到输入输出编号 Y10 端子中，见图5-5、图5-6。

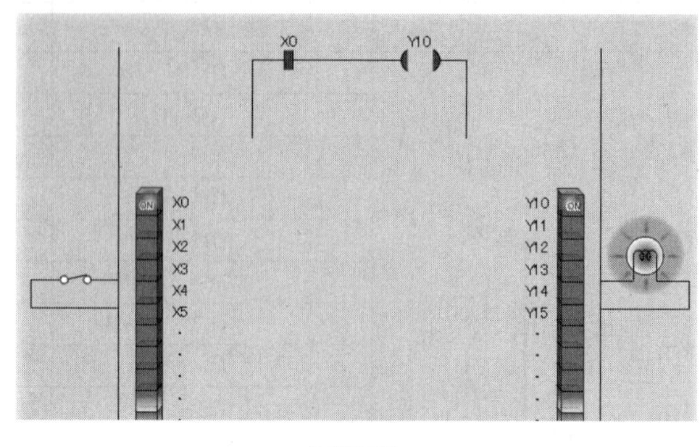

图5-5

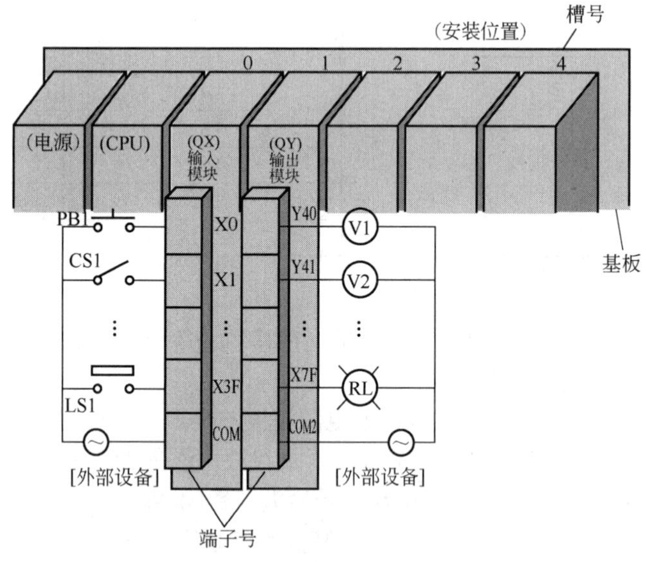

图5-6

② 输入输出地址与外部输入输出信号的对应　输入输出地址是指为用程序控制输入信号和输出信号所加的地址，某些模块直接从外部设备接收信号，或者直接向外部设备发送信号，这些模块上的输入输出信号所对应的地址将在程序中处理。

③ 内部继电器　输入、输出的位软元件分别对应模块的输入输出端子，除此之外，还存在不对应模块输入输出的位软元件，典型代表为内部继电器M。输入、输出用16进制表示各自是独立的，但内部继电器用10进制以示区别。内部继电器主要作为位信息的临时储存位置使用，将顺控程序的运算结果保存到内部继电器M中，然后在其他回路块中用于输入条件等。

Q系列CPU程序中使用的各种软元件地址的基本表示方法：与外部设备上发数据时使用的软元件，用16进制表示（输入继电器X、输出继电器Y等）；其他在CPU模块内部所使用的软元件，用10进制表示（内部继电器M、数据寄存器D等）。

（2）外部I/O信号和I/O号

主基板连接I/O模块的I/O号分配如图5-7所示，此分配同样适用于I/O模块和智能功能模块。

主基板
(Q33B、Q35B、
Q38B、Q312B)
0 1 2 3 4 5 6 7 8 9 10 11
插槽号
电源模块
CPU
00 TO 0F
10 TO 1F
20 TO 2F
30 TO 3F
40 TO 4F
50 TO 5F
60 TO 6F
70 TO 7F
80 TO 8F
90 TO 9F
A0 TO AF
B0 TO BF
I/O号
3插槽基板(Q33B)
5插槽基板(Q35B)
8插槽基板(Q38B)
12插槽基板(Q312B)

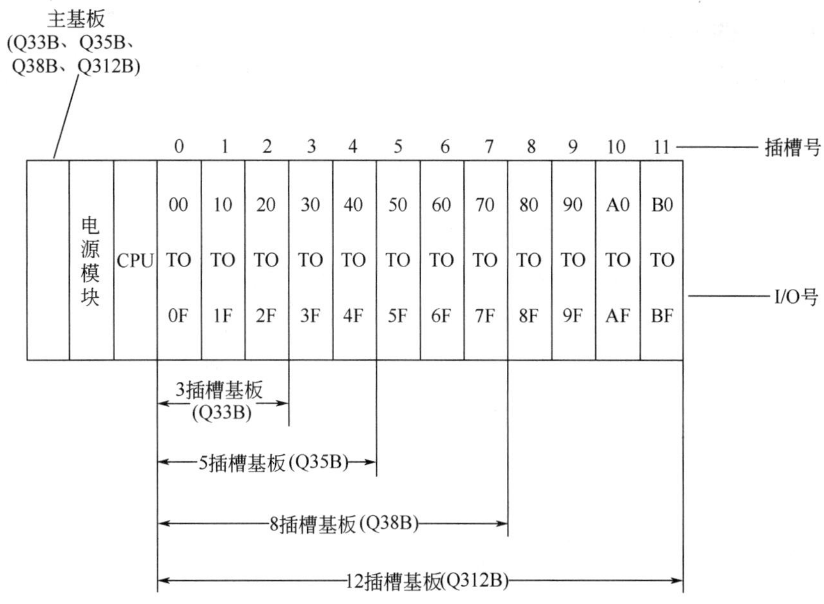

图 5-7

① 一个插槽（一个模块）的 I/O 号以 16 点单位升序分配（0～F），每个插槽标准插装 16 点模块。例如，第五个插槽内插装 32 点模块时，I/O 号如图 5-8 所示。

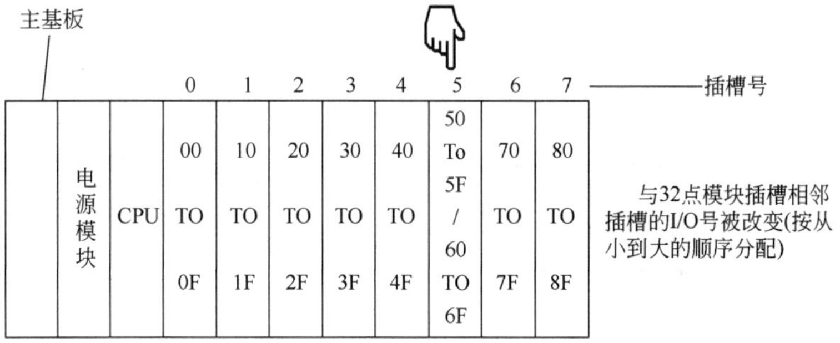

主基板
0 1 2 3 4 5 6 7
插槽号
电源模块
CPU
00 TO 0F
10 TO 1F
20 TO 2F
30 TO 3F
40 TO 4F
50 To 5F / 60 TO 6F
70 TO 7F
80 TO 8F
与32点模块插槽相邻插槽的I/O号被改变(按从小到大的顺序分配)

图 5-8

② 空槽（未插装 I/O 模块的插槽）也分配 I/O 号。例如，第三个插槽未插装 I/O 模块时，I/O 号分配情况如图 5-9 所示（默认）。可用设定值修改分配的 I/O 号。

主基板
0 1 2 3 4 5 6 7
插槽号
电源模块
CPU
00 TO 0F
10 TO 1F
20 TO 2F
30 TO 3F
(空槽)
40 TO 4F
50 TO 5F
60 TO 6F
70 TO 7F

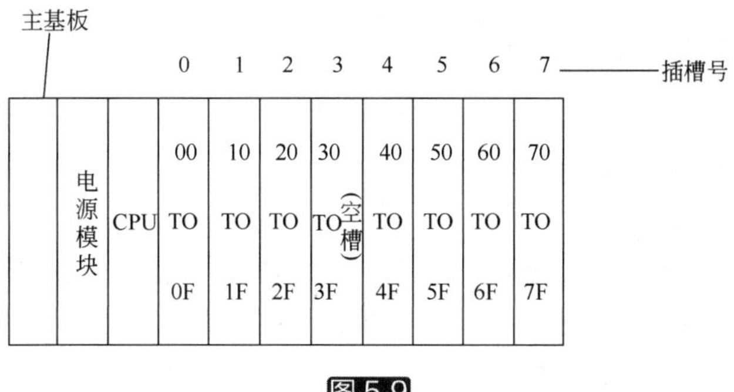

图 5-9

（3）扩展基板的 I/O 号

所需的插槽数超过主基板的插槽数时，需要连接扩展基板，图 5-10 所示为默认的 I/O 号分配。

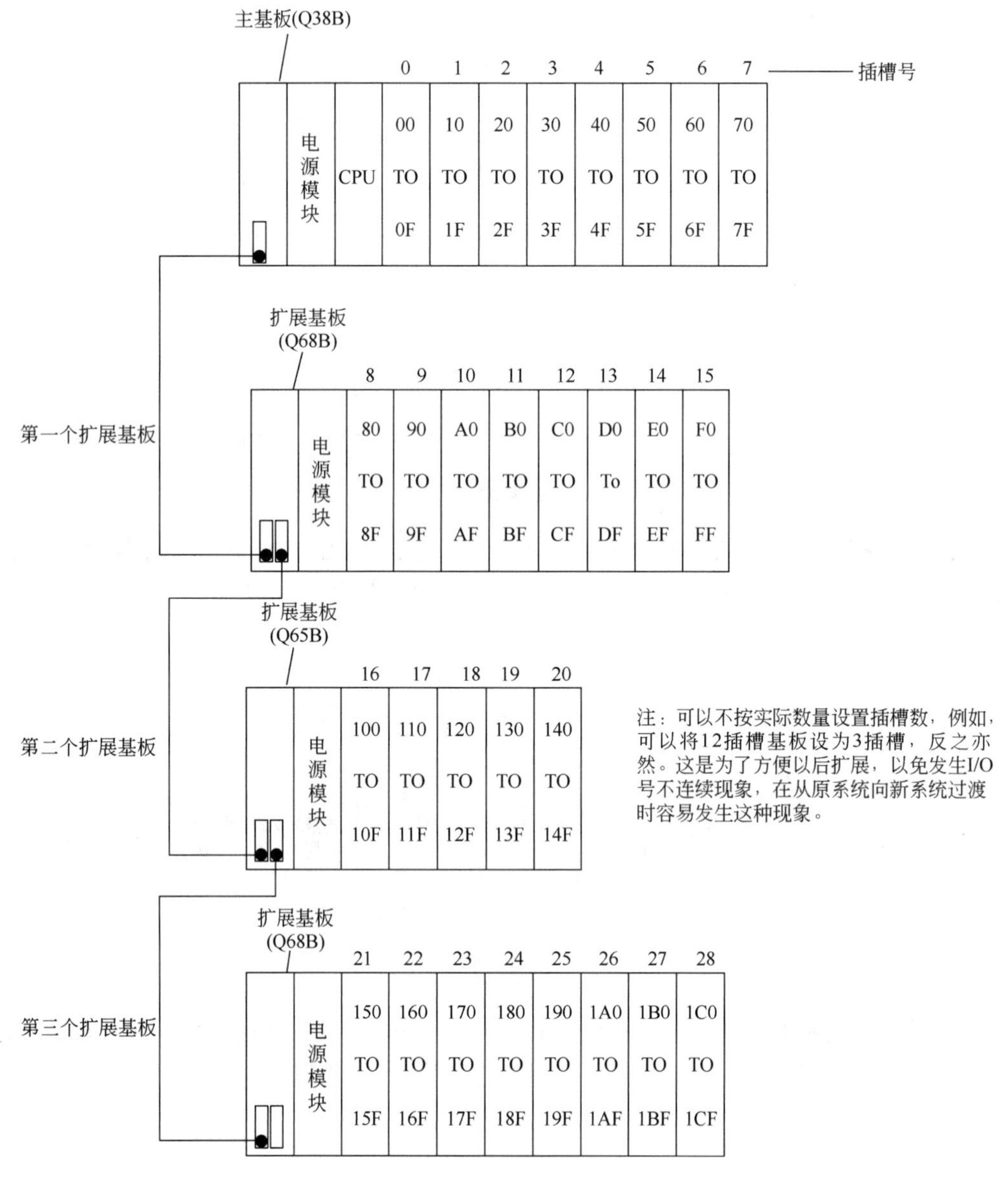

图 5-10

主机和扩展机采用微机的结构形式，其内部由运算器、控制器、存储器、输入单元、输出单元以及接口等部分组成。

运算器和控制器集成在一片或几片大规模集成电路中，称为微处理器，简称 CPU。

主机内各部分之间均通过总线连接。总线分为电源总线、控制总线、地址总线和数据总线。

5.4 GX Works2 软件入门实例

GX Works2 是基于 Windows 运行的，是用于 PLC 设计、调试、维护的编程软件。其与 GX Developer 相比，提高了功能及操作性能，变得更加容易使用。

5.4.1 GX Works2 的功能简介

（1）程序创建

通过简单工程可以与传统 GX Developer 一样进行编程以及通过结构化工程进行结构化编程。

（2）参数设置

可以对可编程逻辑控制器的 CPU 参数及网络参数进行设置。此外，也可对智能功能模块的参数进行设置。

（3）可编程控制器 CPU 的写入/读取功能

通过可编程逻辑控制器写入/读取功能，可以将创建的顺控程序写入/读取到可编程逻辑控制器的 CPU 中，此外，通过运行中的写入功能，可以在可编程逻辑控制器的 CPU 处于运行状态下对顺控程序进行变更。

（4）监视/调试

将创建的顺控程序写入可编程逻辑控制器 CPU 中，可对运行的软元件值进行离线/在线监视。

（5）诊断

可以对可编程逻辑控制器的 CPU 的当前出错状态及故障履历进行诊断。通过诊断功能，可以缩短恢复作业时间。此外，通过系统监视，可以了解智能功能模块等的相关详细信息。由此，可以减少出错时的恢复作业所需的时间。

5.4.2 GX Works2 使用简介

以如图 5-11 所示的梯形图为例，介绍用 GX Works2 建立项目、输入梯形图、调试程序和下载程序的完整过程。

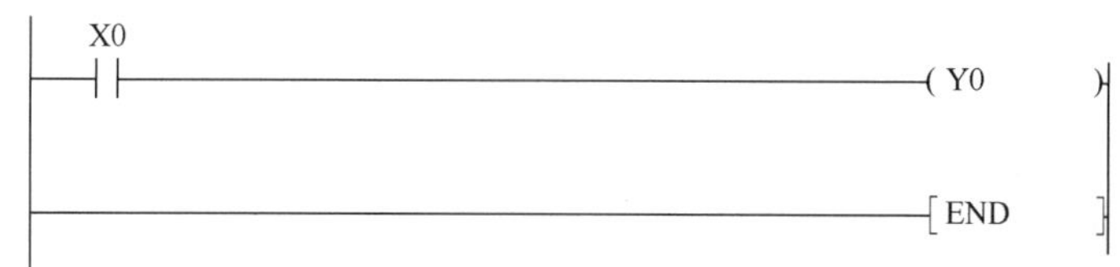

图 5-11 梯形图

（1）新建项目

先打开 GX Works2 编程软件，如图 5-12 所示。单击“工程”→“创建新工程”菜单，弹出“新建工程”，如图 5-13 所示。在“工程类型”中选择所创建工程类型，本例为“简单工程”。在“PLC 系列”中选择所选用的 PLC 系列，本例为“QCPU（Q 模式）”。在“PLC 类型”中输入具体类型，本例为“Q00J”。在“程序语言”中选择“梯形图”，单击“确定”

按钮，完成一个新的项目创建。

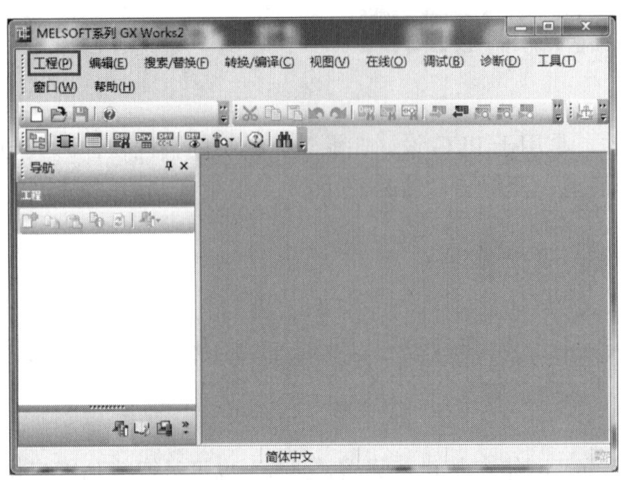

图 5-12 打开 GX Works2 编程软件

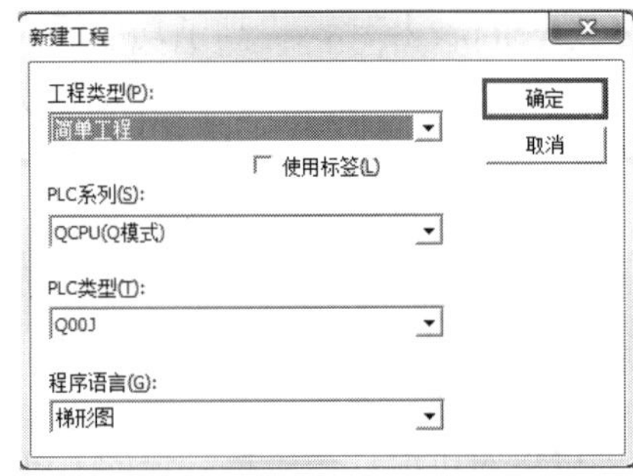

图 5-13 新建工程

（2）输入梯形图

如图 5-14 所示，将光标移到图 5-14 中的 A 区域处，单击工具栏的常开触点按钮或者单击功能键 F5，弹出“梯形图输入”，在中间输入“X0”，单击“确定”按钮。将光标移到图 5-15 中的 B 区域处，单击工具栏的线圈按钮或者单击功能键 F7，弹出“梯形图输入”，在中间输入“Y0”，单击“确定”按钮，梯形图输入完成，如图 5-15 所示。

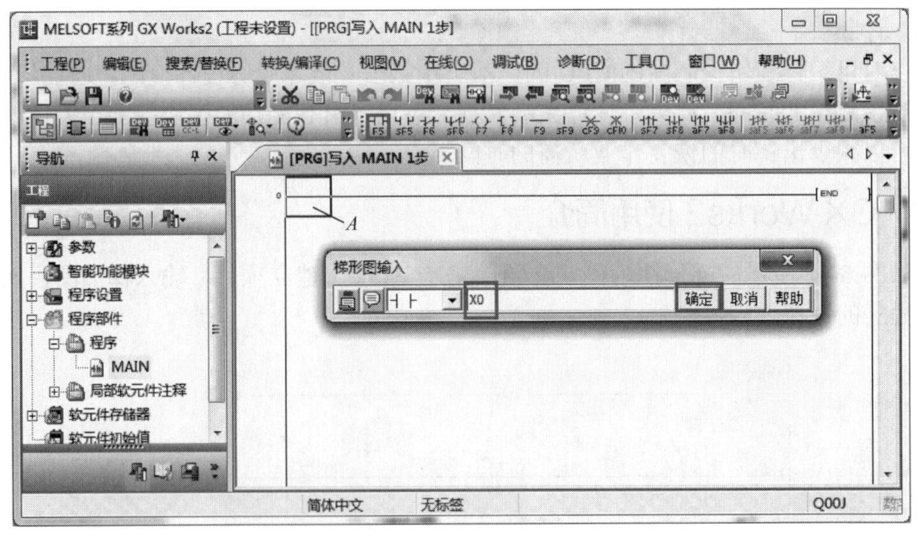

图 5-14 梯形图输入（1）

（3）程序编译

如图 5-16 所示，刚输入完成的程序，程序区是灰色的，不能下载到 PLC 中，还必须进行编译。如果程序没有语法错误，只要单击编译按钮，即可完成编译，编译成功后，程序区变成白色，如图 5-17 所示。

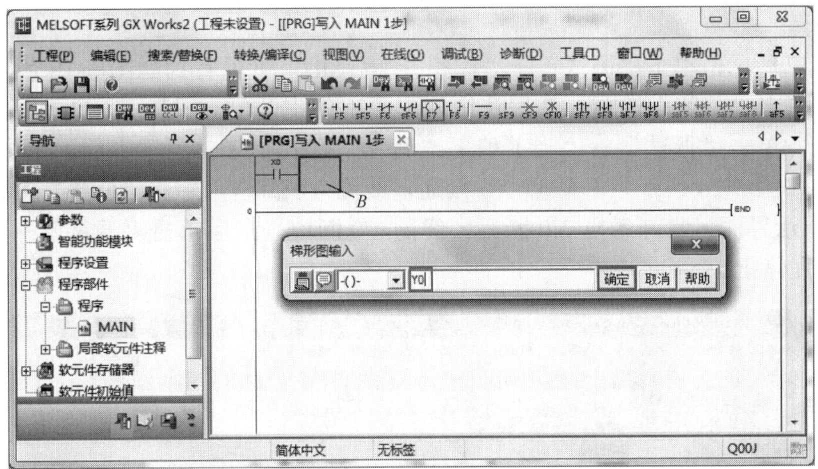

图 5-15　梯形图输入（2）

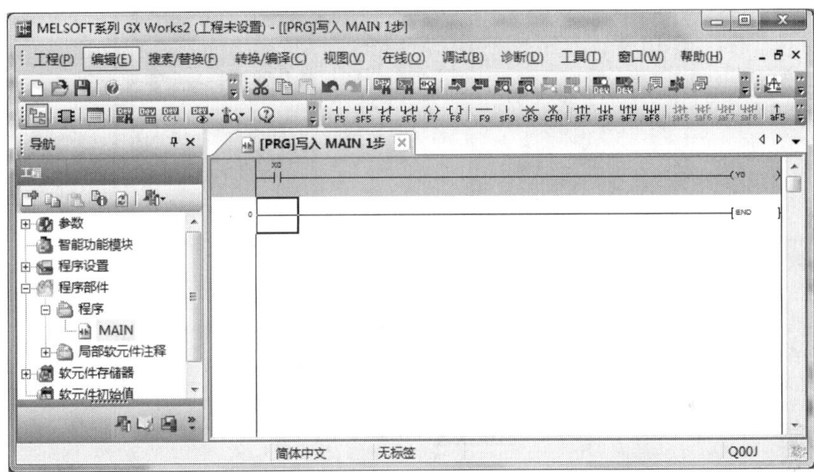

图 5-16　程序编译（1）

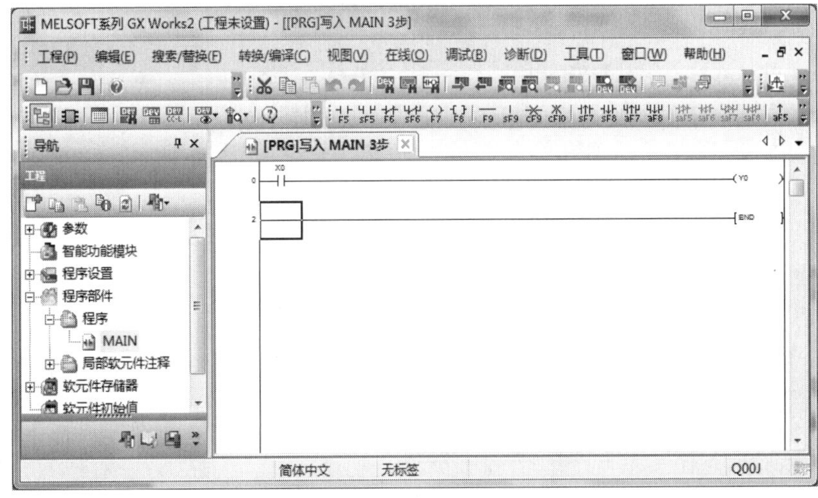

图 5-17　程序编译（2）

（4）仿真

如图 5-17 所示，单击“调试”→“模拟开始/停止”可以看到如图 5-18 所示“PLC 写入”界面，单击“关闭”按钮。然后选中梯形图中的常开触点“X0”，单击鼠标右键，弹出快捷菜单，单击“调试”→“当前值更改”，出现如图 5-19 所示界面，单击“ON”按钮可以看到如图 5-20 所示常开触点 X0 接通，线圈 Y0 得电，单击“OFF”按钮可以看到如图 5-21 所示界面，常开触点 X0 断开，线圈 Y0 断电。最后单击“调试”→“模拟开始/停止”，仿真停止。

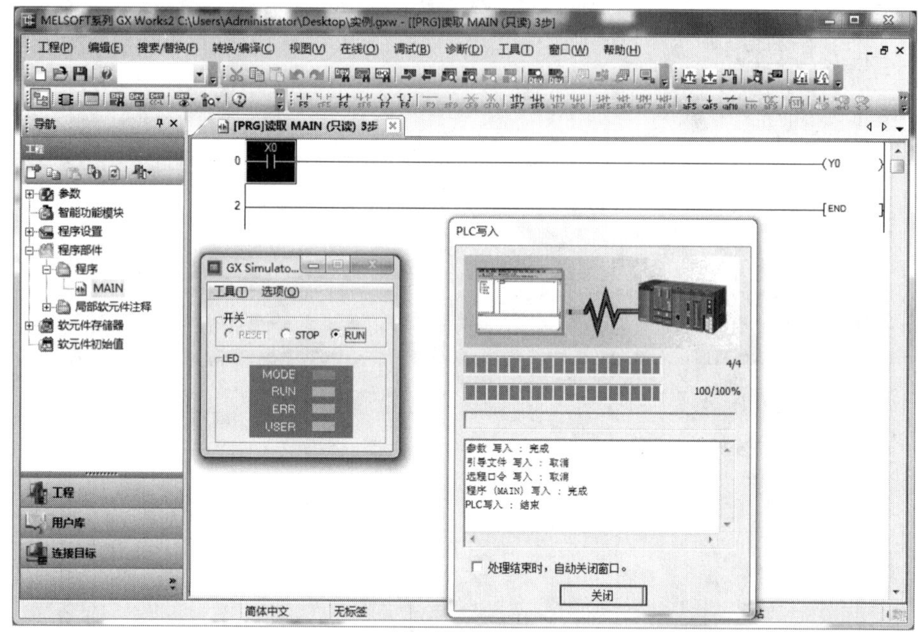

图 5-18　仿真（1）

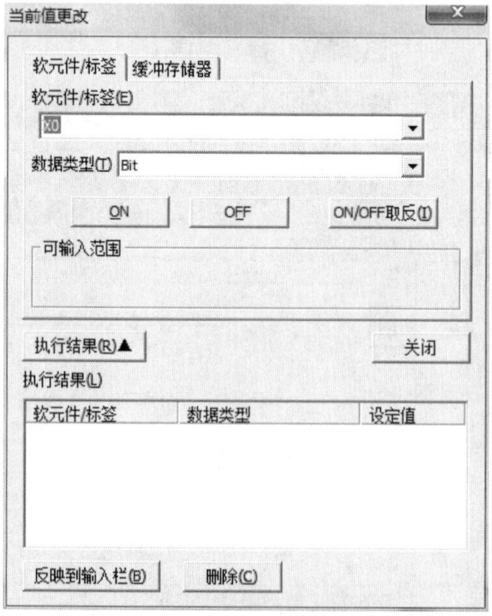

当前值更改
软元件/标签　缓冲存储器
软元件/标签(E)
X0
数据类型(T) Bit
ON　OFF　ON/OFF取反(I)
可输入范围
执行结果(R)▲　关闭
执行结果(L)
软元件/标签　数据类型　设定值
反映到输入栏(B)　删除(C)

图 5-19　仿真（2）

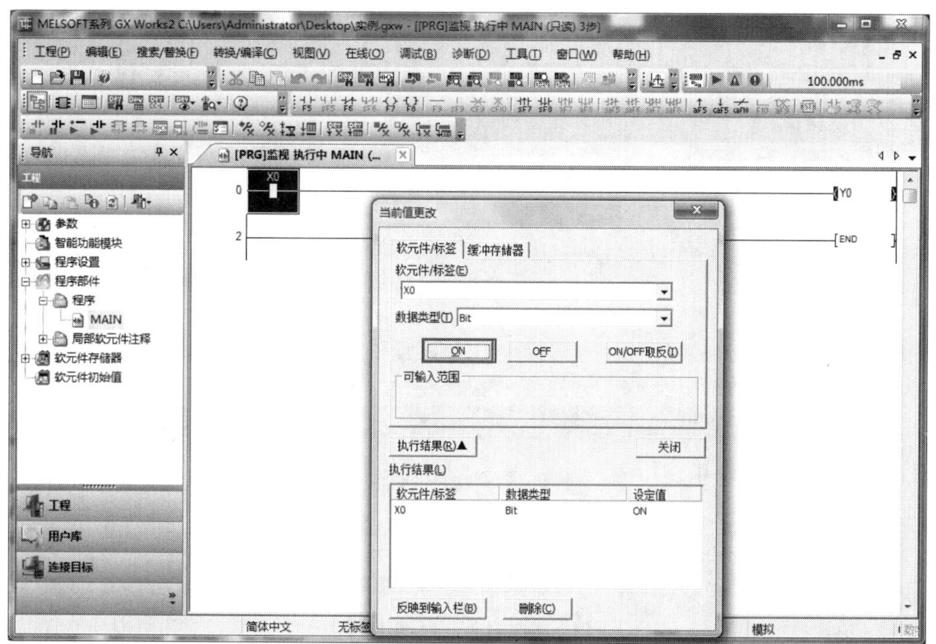

图 5-20 仿真（3）

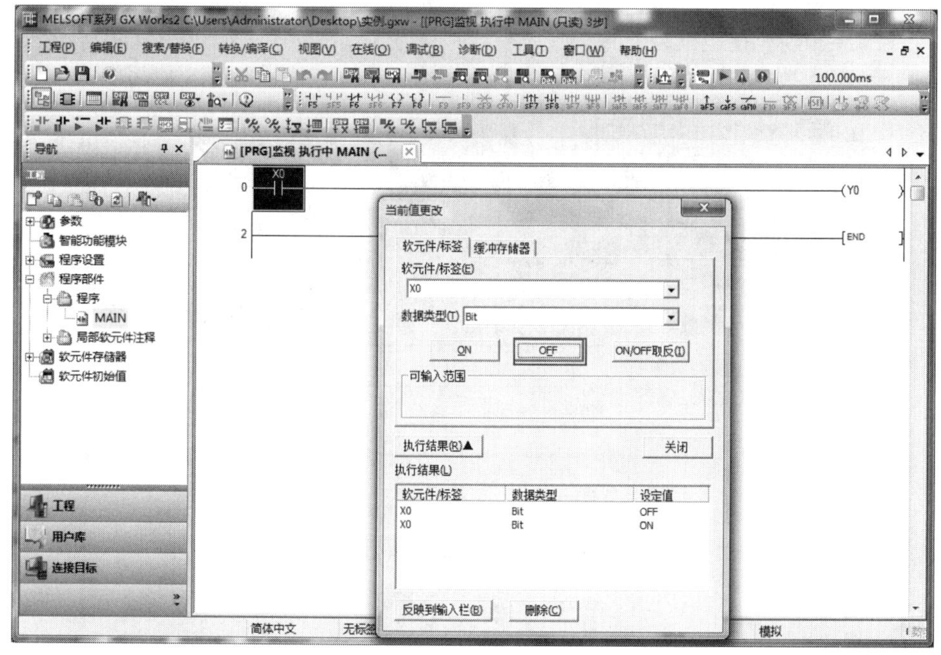

图 5-21 仿真（4）

（5）下载程序

先单击工具栏“在线”→“PLC 写入”弹出如图 5-22 所示窗口，依次选择“写入（W）”→“CPU 模块”→“参数+程序”[选择要写入的数据（可全选）]。弹出如图 5-23 所示的窗口，单击“是”按钮。等到图 5-24 的进度条满格后，单击“关闭”按钮，PLC 写入，在线数据操作窗口见图 5-25。

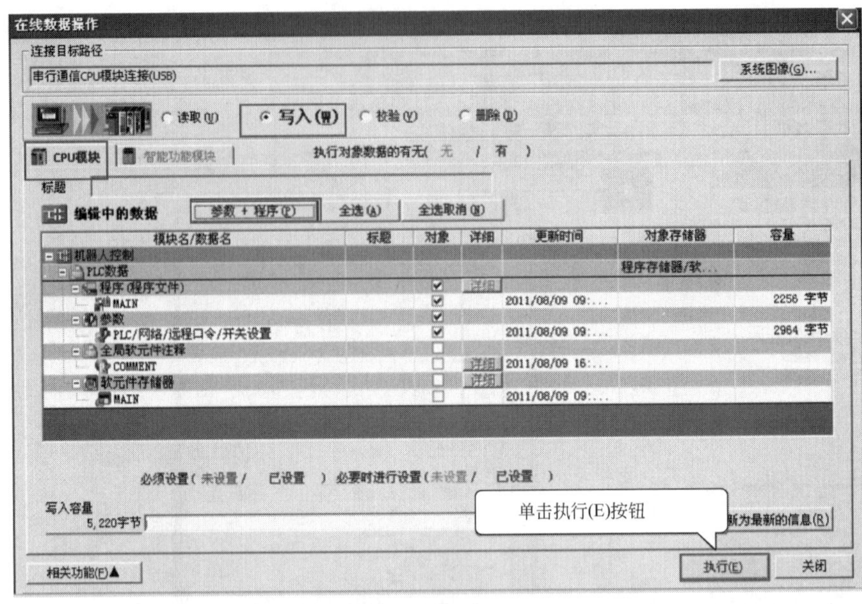

图 5-22 下载程序（1）

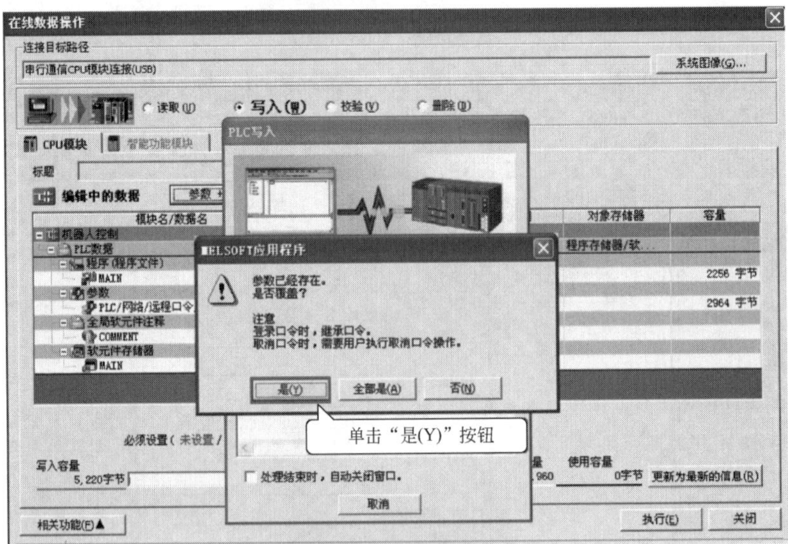

图 5-23 下载程序（2）

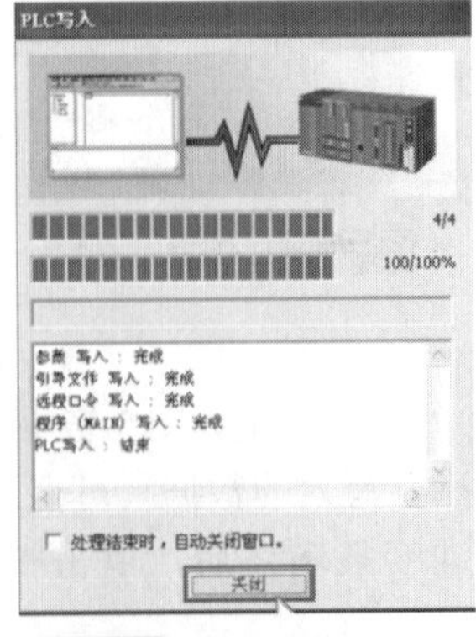

图 5-24 下载程序（3）

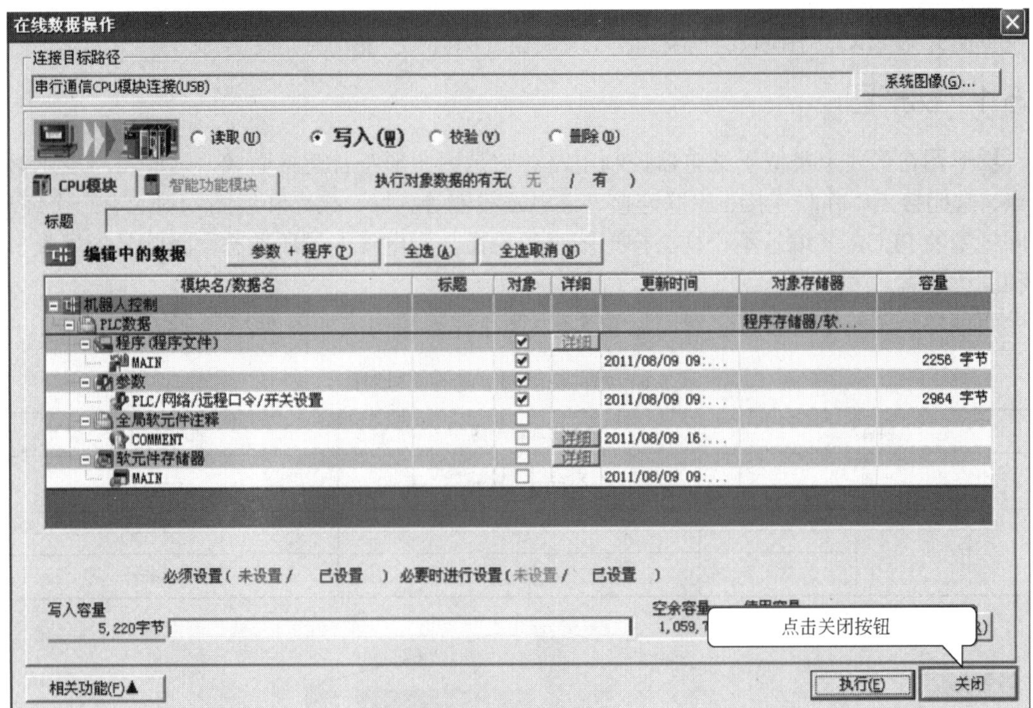

图 5-25　下载程序（4）

5.5 PLC 编程基础

PLC 是专为工业自动控制而开发的装置，主要使用对象是广大电气技术人员及操作维护人员。为了满足他们的传统习惯和掌握能力，通常 PLC 不采用微机的编程语言，而常常采用面向控制过程、面向问题的“自然语言”编程，这些编程语言有梯形图 LAD（Ladder Diagram）、语句表 STL（Statement List）、控制系统流程图 CSF（Control System Flowchart）、逻辑方程式或布尔代数式等。为了满足熟悉计算机知识、曾使用过高级编程语言的用户的需要，也为了增强 PLC 的各种运算功能，有的 PLC 还配有 BASIC 语言，并正在摸索用其他高级语言。

部分软元件编号内容见表 5-5。

表 5-5　软元件编号内容

软元件编号	内　　容
输入：X0～	从可编程控制器外部输入开关接收信号的窗口，软元件编号以 X 表示 也称输入继电器
输出：Y0～	将信号发送至可编程控制器外部的窗口，软元件编号以 Y 表示 也称输出继电器
内部继电器：M0～	编写程序时使用的可编程控制器内部的辅助继电器
计时器：T0～	可编程控制器内部的计时器。具有计测时间的功能，每个计时器软元件编号都拥有相应的线圈及触点。到达设定的时间后，触点可变为 ON 状态
计数器：C0～	可编程控制器内部的计数器。具有计测次数的功能，每个计数器软元件编号都拥有相应的线圈及触点。达到设定的次数后，触点可变为 ON 状态

下面介绍 PLC 常用的几种编程语言或编程方法。

5.5.1 梯形图

梯形图在形式上类似于继电器控制电路。它是用图形符合连接而成，这些符号表示常开接点、常闭接点、并联连接、串联连接、继电器线圈等。每一接点和线圈均对应有一个编号。不同机型的 PLC，其编号不一样。梯形图直观易懂，为电气人员所熟悉，因此是应用最多的一种编程语言。

两种梯形图的继电器符号对比见表 5-6。简单梯形图构成如图 5-26 所示。

表 5-6　两种梯形图继电器符号对比

项目		物理继电器	PLC 继电器
线圈			—( )
触点	常开		┤├
	常闭		┤/├

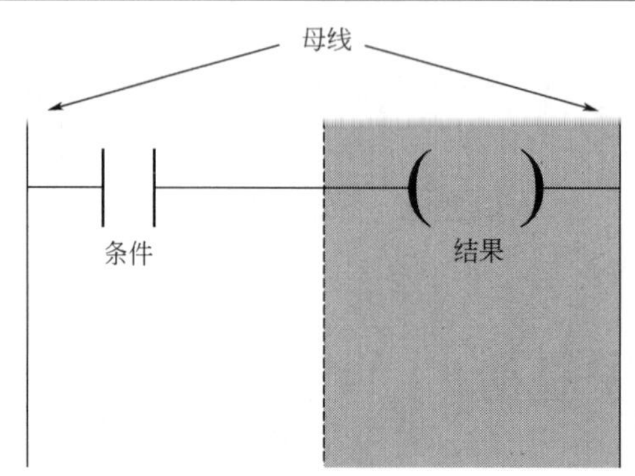
母线
条件
结果
梯形图面向2根平行的母线，左侧表示条件，右侧表示结果

图 5-26　简单梯形图

梯形图与继电器控制电路在电路的结构形式、元件的符号以及逻辑控制功能等方面是相同的。但它们又有很多不同之处，梯形图具有以下特点。

① 梯形图按“自上而下，从左到右”的顺序排列。每个继电器线圈为一个逻辑行，即一层阶梯。每一逻辑行起于左母线，然后是各种元件，最后终于继电器线圈（有的还加上一条右母线），整个图形呈阶梯形，见图 5-27。

② 梯形图中的继电器不是继电器控制电路中的物理继电器，它实质上是存储器中的位触发器，因此称为“软继电器”。相应位的触发器为“1”态，表示继电器线圈通电，常开接点闭合，常闭接点打开。梯形图中继电器的线圈是广义的，除了输出继电器、辅助继电器线圈外，还包括计时器、计数器、移位寄存器以及各种算术运算的结果等。

③ 梯形图中，一般情况下（除有跳转指令和步进指令等程序段以外），某个编号的继电器线圈只能出现一次，而继电器接点则可无限引用，既可是常开接点，又可是常闭接点。

④ 梯形图是 PLC 形象化的编程手段。梯形图中并没有真实的物理电流流动，而仅只是“概念”电流，是用户程序运算中满足输出执行条件的形象表示方式。“概念”电流只能从左向右流动，层次改变只能先上后下。

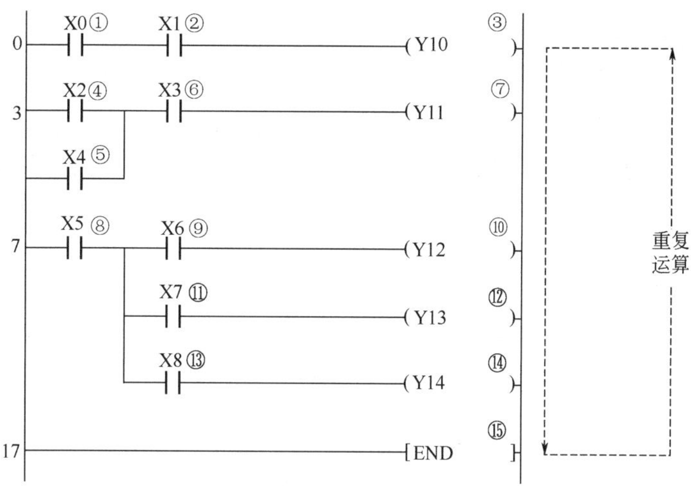

图 5-27 顺控程序的处理顺序

⑤ 一输入继电器供 PLC 接收外部输入信号，而不能由内部其他继电器的接点驱动。因此，梯形图中只出现输入继电器的接点，而不出现输入继电器的线圈。输入继电器的接点表示相应的输入信号。

⑥ 输出继电器供 PLC 作输出控制用。它通过开关量输出模块对应的输出开关（晶体管、双向可控硅或继电器触点）去驱动外部负载。因此，当梯形图中输出继电器线圈满足接通条件时，就表示在对应的输出点有输出信号。

⑦ PLC 的内部继电器不能作输出控制用，其接点只能供 PLC 内部使用。

⑧ 当 PLC 处于运行状态时，PLC 就开始按照梯形图符号排列的先后顺序（从上到下、从左到右）逐一处理，也就是说，IC 对梯形图是按扫描方式顺序执行程序。因此不存在几条并列支路同时动作的因素，这在设计梯形图时可减少许多有约束关系的联锁电路，从而使电路设计大大简化。

5.5.2 语句表

语句表类似于计算机汇编语言的形式，它是用指令的助记符来编程的。但 PLC 的语句表却比汇编语言的语句表通俗易懂，因此也是应用得很多的一种编程语言，见图 5-28。

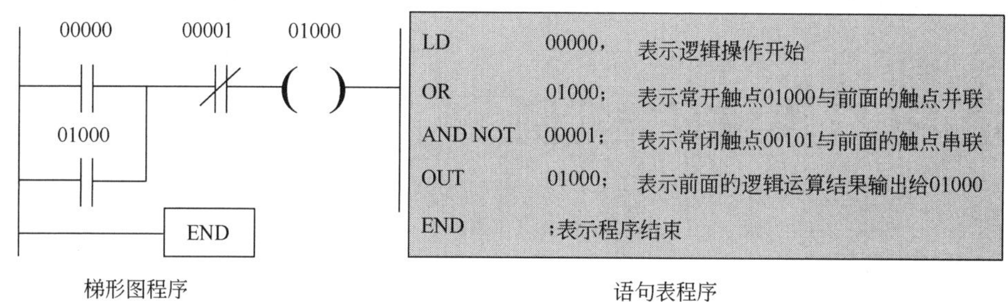

图 5-28 语句表

语句表是由若干条语句组成的程序。语句是程序的最小独立单元。每个操作功能由一条或几条语句来执行。每条语句表示给 CPU 一条指令，规定 CPU 如何操作。PLC 的语句表达形式与微机的语句表达形式类似，它是由操作码和操作数两部分组成。其格式为：

操作码	操作数
(指令)	(数据)

操作码用助记符表示，它表明 CPU 要完成的某种操作功能，又称编程指令或编程命令。例如逻辑运算的与、或、非，算术运算的+、−、×、÷，时间或条件控制中的计时、计数、移位等功能。PLC 全部编程指令的集合称为指令系统。

操作数包括为执行某种操作所必须的信息，告诉 CPU 用什么东西来执行此种操作。操作数一般由标识符和参数组成。标识符表示操作数的类别，例如表明是输入继电器、输出继电器、辅助继电器、计时器、计数器、数据寄存器等。参数用来指明操作数的地址或者表示某一个常数（例如计数器、计数器的设定值）。

需要说明的是：各种 PLC 由于功能不同，其编程指令的数目、操作码的助记符和操作数的表示方法也不同，甚至同种功能指令的含义也不尽相同。

5.5.3 顺序功能图

顺序功能图常用来编制顺序控制程序，它包括步、动作、转换三个要素。用顺序功能图法可以将一个复杂的控制过程分解为一些小的工作状态。对于这些小状态的功能依次处理后，再把这些小状态依一定顺序控制要求连接成组合整体的控制程序，见图 5-29。

5.5.4 控制系统流程图

控制系统流程图类似于“与”“或”“非”等逻辑图，对应于图 5-27 的控制系统流程图如图 5-30 所示。控制系统流程图比较直观易懂，有一定数字电路知识的人很容易掌握。

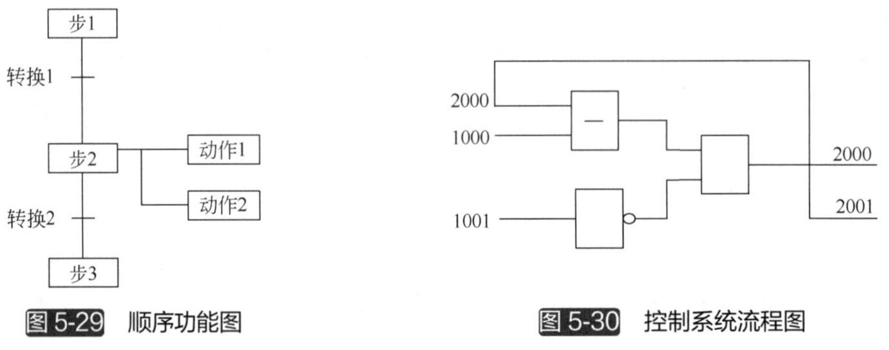

图 5-29 顺序功能图

图 5-30 控制系统流程图

5.6 PLC 系统开发实例

5.6.1 程序练习

① 用开关点动控制的灯泡的亮灭。

X0：开关 SB1；Y6：灯泡。程序如图 5-31 所示，这样就对灯泡进行点动控制。

② 当开关按下时灯一直亮，当按下停止后灯灭。

X0：开关 SB1；X1：停止 SB2；Y6 ：灯泡。程序如图 5-32 所示，当开关 SB1 按下后灯泡就一直亮，当停止按钮 SB2 按下后灯泡就会熄灭。

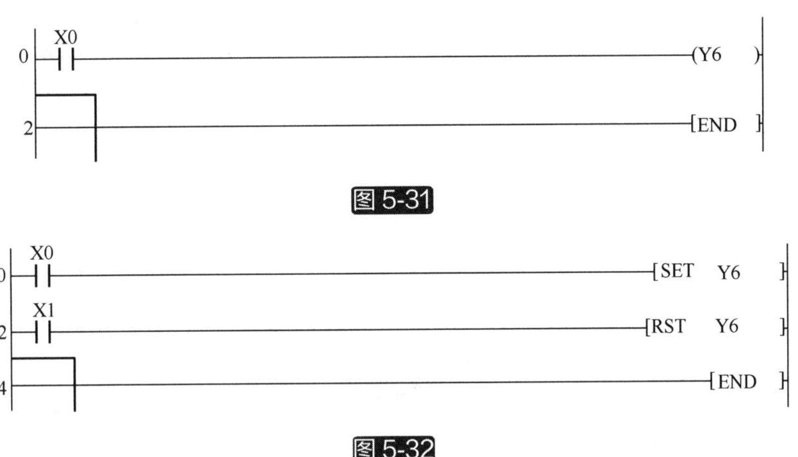

图 5-31

图 5-32

③ 当开关按下后灯泡延时 20s 熄灭。

X0：开关 SB1；Y6：灯泡。程序如图 5-33 所示，当开关 SB1 按下后，灯泡延时 20s 熄灭。

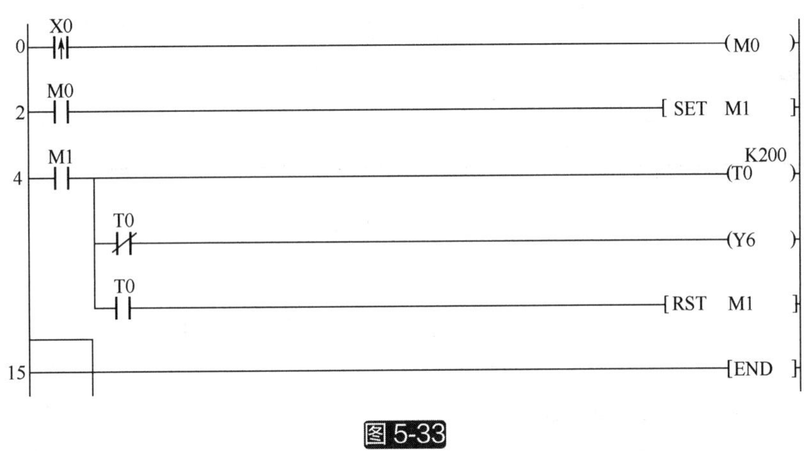

图 5-33

④ 灯泡间隔 1s 闪烁。

Y0：灯泡。灯泡间隔 1s 闪烁，程序见图 5-34。

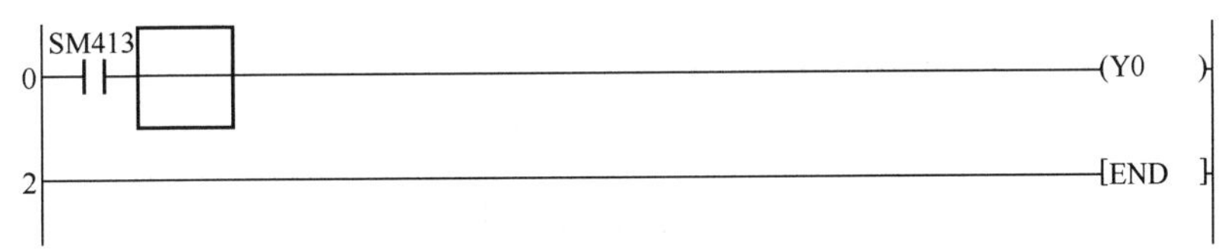

图 5-34

⑤ 计数器的使用。生产线上，当检测到有 5 个工件的时候，启动电机。

X0：复位计数器；X1：工件检测传感器；Y0：电机。程序见图 5-35。

5.6.2 程序应用

（1）三人抢答器的设计

① 控制要求：三人抢答器的程序设计要求是，当主持人按下可以允许抢答按钮 SB1 后可抢答，抢答队员谁先按下，抢答台前对应的灯亮后，其他队员的灯不能亮。

```
      X0
0  ──┤├──────────────────────────[RST   C0 ]
      X1                                K5
5  ──┤├──────────────────────────(C0       )
      C0
10 ──┤├──────────────────────────(Y0       )

12 ──────────────────────────────[END      ]
```

图 5-35

② I/O 分配表。I/O 分配表见表 5-7。

表 5-7　I/O 分配表（抢答器）

X0	SB1	Y0	1 号指示灯
X1	1 号抢答按钮 SB2	Y1	2 号指示灯
X2	2 号抢答按钮 SB3	Y2	3 号指示灯
X3	3 号抢答按钮 SB4		
X4	抢答复位		

③ PLC 电气接线图。PLC 电气接线图如图 5-36 所示。

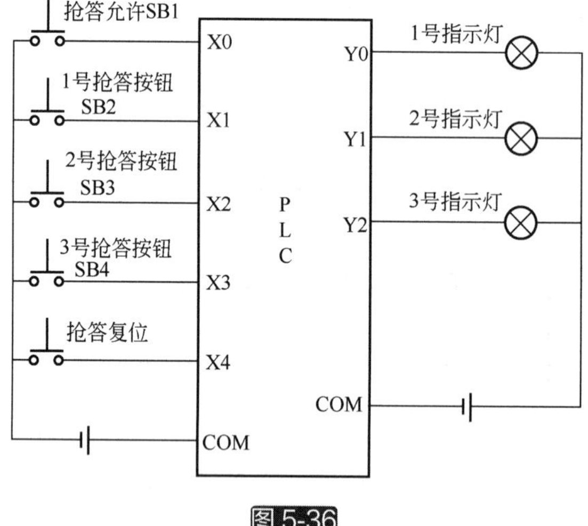

图 5-36

④ 程序。程序见图 5-37。

（2）基于 PLC 的车库自动开关门程序设计

① 控制要求：图 5-38 所示为车库自动开关控制器示意图。自动车库的控制要求：当行人和车进入超声波传感器发射范围内，开关监测出超声回波，从而产生输出电信号（S01=ON），由该信号启动接触器 KM1，电动机 M 正转使卷帘门上升。在装置的下方设一套光敏开关 S02，用以检测是否有物体穿过库门。当行人遮断了光束，光敏开关 S02 便检测到这一物体，产生电脉冲，当信号消失后，启动接触器 KM2，使电动机 M 反转，从而

使卷帘开始下降关门。利用行程开关 S1 和 S2 检测库门的开门上限和关门下限，以停止电动机的转动。

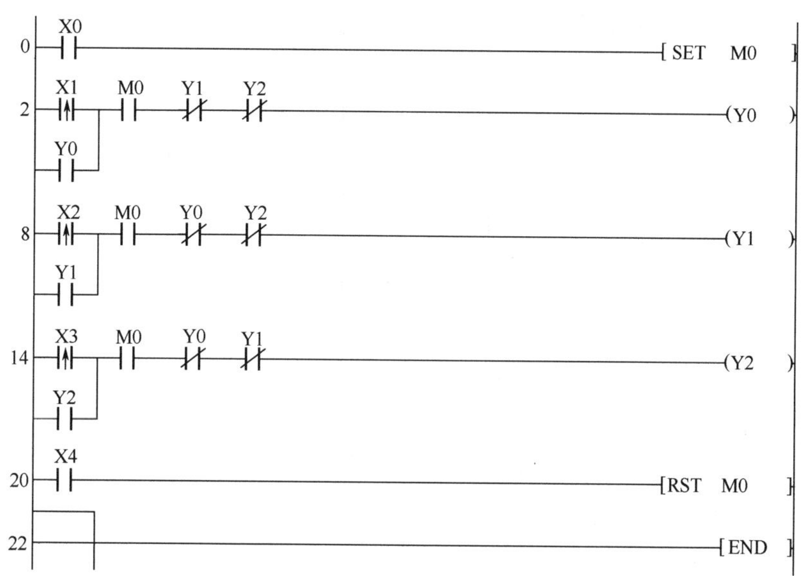

图 5-37

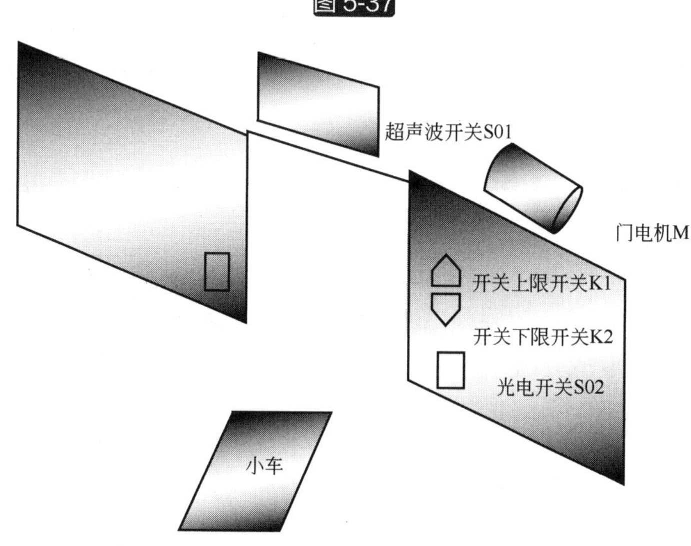

图 5-38 自动开关门示意图

② I/O 分配表。根据控制要求，设定 I/O 分配表如表 5-8 所示。

表 5-8 I/O 分配表（车库自动开关门）

X0	S01 超声波开关	Y0	KM1 电机正转接触器
X1	光敏开关	Y1	KM2 电机反转接触器
X2	开门上限开关		
X3	关门下限开关		

③ PLC 电气接线。PLC 电气接线如图 5-39 所示。

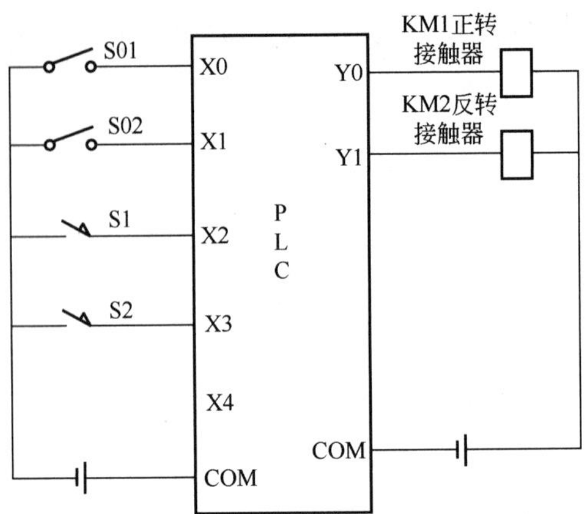

图 5-39 PLC 电气接线图

④ 程序。程序见图 5-40。

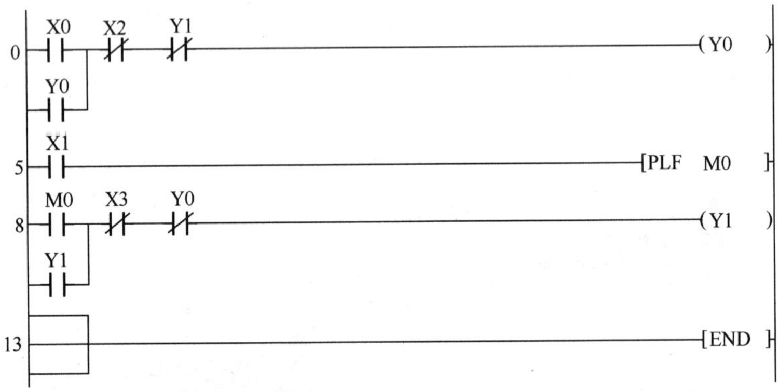

```
    X0    X2    Y1
0 ──┤ ├──┬──┤/├───┤/├──────────────────────(Y0   )
    Y0   │
  ──┤ ├──┘
    X1
5 ──┤ ├────────────────────────────────[PLF  M0  ]
    M0    X3    Y0
8 ──┤ ├──┬──┤/├───┤/├──────────────────────(Y1   )
    Y1   │
  ──┤ ├──┘
13 ────────────────────────────────────────[END  ]
```

图 5-40 PLC 程序

Chapter 06

第 6 章 人机界面开发接口技术

随着工业社会的发展，工厂的生产越来越趋向于自动化，其中使用最多的就是可编程逻辑控制器（PLC），而在生产过程中需要实时对生产过程进行监视和控制，所以工厂对于工业人机界面的需求也就越来越大。

工业人机界面 Human Machine Interface，简称 HMI，又称触摸屏监控器，是一种智能化操作控制显示装置，一般用于工业场合，实现人和机器之间的信息交互，包括文字或图形显示以及输入等功能。目前也有大量的工业人机界面因其成熟的人机界面技术和高可靠性而被广泛用于智能楼宇、智能家居、城市信息管理、医院信息管理等非工业领域，因此，工业人机界面正在向应用范围更广的高可靠性智能化信息终端发展。

学习和掌握三菱的人机界面，对于未来使用触摸屏控制 PLC 具有很好的帮助作用，然而，三菱官方给的有关人机界面的资料虽然涵盖了人机界面的所有相关技术知识，但是对于初学者来说不容易入门而且难度太高。为了使初学者能很快入门，我们编写了面向初级学者的系列化教材。

本书使用的是三菱 GS 系列的人机界面，使用的软件是三菱公司的 GT Designer3 软件。

6.1 GOT1000 触摸屏接口介绍

GOT1000 触摸屏接口见图 6-1、图 6-2。

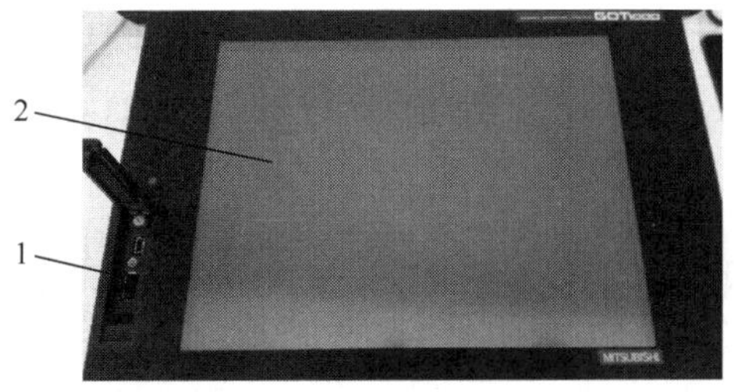

图 6-1 GOT1000 触摸屏接口（1）

1—USB 接口（用于连接电脑进行传输数据）；2—人机界面显示屏

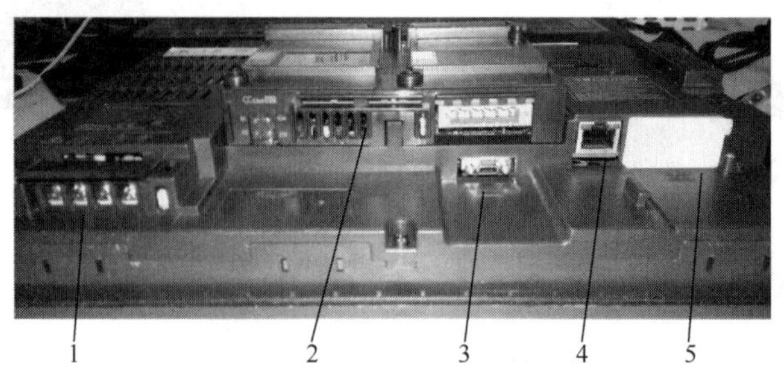

图 6-2 GOT1000 触摸屏接口（2）

1—触摸屏电源接口；2—CClink 模块；3—RS-482/485 接口；4—以太网接口；5—RS-232 接口

6.2 GT Designer3 的基本知识

6.2.1 GT Designer3 简介

GT Designer3 是 GOT2000 系列、GOT1000 系列和 GS 系列触摸屏用的画面创建软件。该软件可以进行工程创建、模拟、与 GOT 间的数据传送。

该软件能进行以下操作。

（1）创建工程

GT Designer3 中，使 GOT 动作的数据是以工程为单位进行管理的。对创建的工程设置在 GOT 中显示的画面或在 GOT 中动作的功能等。

（2）模拟仿真

使用 GT Simulator3 在计算机中对 GT Designer3 中正在创建的工程进行 GOT 操作的模拟。通过 GT Simulator3 单体也可对 GT Designer3 中已创建的工程进行模拟。通过 GT Simulator3 单体模拟时，可对 GOT2000 系列、GOT1000 系列、GOT-A900 系列触摸屏的工程进行模拟。

（3）数据传送

将创建的工程、GOT 运行所需的数据从 GT Designer3 写入 GOT 中。此外，将 GOT 中累积的资源数据从 GOT 读取至 GT Designer3。

6.2.2 启动 GT Designer3

从三菱电机官网下载 GT Designer3 软件进行安装，完成后双击桌面上的软件图标打开 GT Designer3 软件。打开后出现“工程选择”对话框（图 6-3）。

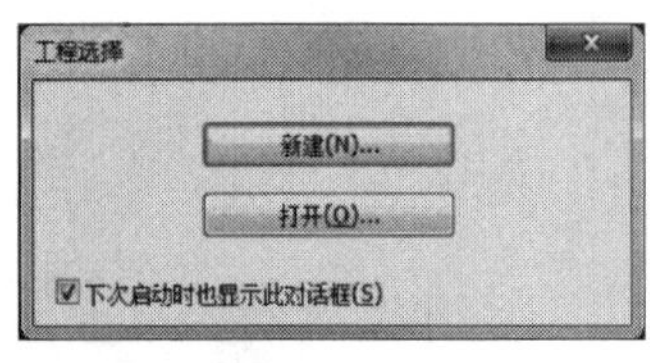

图 6-3 工程选择

“新建”按钮：新建一个工程文件。“打开”按钮：打开一个保存过的工程。“下次启动时也显示此对话框”：启动 GT Designer3 时，显示“工程选择”对话框。

GT Designer3 的画面结构如图 6-4 所示。

标题栏：显示软件名。根据编辑中的工程的保存格式，会显示工程名（工作区格式）或带完整路径的文件名（单文件格式）。

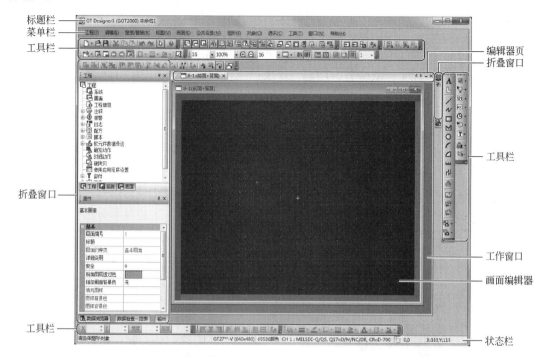

图6-4 GT Designer3工作界面

菜单栏：可以通过下拉菜单操作GT Designer3。

工具栏：可通过按钮等操作GT Designer3。

折叠窗口：可折叠于GT Designer3窗口上的窗口。折叠窗口有以下几类。

引用创建（画面）窗口：搜索可从其他工程引用的画面。

工程窗口：显示全工程设置的一览表。

系统窗口：显示GOT的机种设置、环境设置、连接机器等设置的一览表。

画面窗口：显示创建的基本画面、窗口画面的一览表。可新建或编辑基本画面、窗口画面。

属性窗口：显示所选画面、图形、对象设置的一览表。可在不打开图形或对象等的设置对话框的状态下，编辑设置。

库窗口：显示库中已登录的图形、对象的一览表。可以对图形、对象进行引用、新建、编辑。

数据浏览器窗口：显示工程内设置的一览表。可以对图形、对象等的设置进行搜索、更改。

数据检查一览表窗口：显示数据检查结果的一览表。

输出窗口：因GOT类型更改等导致转换工程时，显示更改记录的一览表。

连接机器类型一览表窗口：显示各通道设置内容的一览表。

数据一览表窗口：显示画面编辑器上的图形、对象的一览表。可在数据一览表窗口中选择图形、对象。

画面图像一览表窗口：显示基本画面、窗口画面图像的一览表。可新建或编辑基本画面、窗口画面。

分类一览表窗口：显示分类以及各分类的图形、对象的一览表。可对分类进行编辑或对各分类的软元件等的设置进行批量更改。

部件图像一览表窗口：显示已登录部件图像的一览表。可新建或编辑部件。

编辑器页：显示工作窗口中显示的画面编辑器或窗口的页。

工作窗口：显示画面编辑器、环境设置窗口、GOT 设置窗口等。

画面编辑器：配置图形、对象，创建要在 GOT 中显示的画面。

状态栏：根据鼠标光标的位置、图形、对象的选择状态，会显示如下内容。

① 鼠标光标所指项目的说明。

② 正在编辑的工程的 GOT 机种、颜色设置、连接机器的设置（机种）。

③ 所选图形、对象的坐标。

6.2.3 创建新工程

使用向导新建工程步骤如下。

步骤一：单击“工程选择”对话框的“新建”按钮。

步骤二：单击“下一步”按钮，见图 6-5。

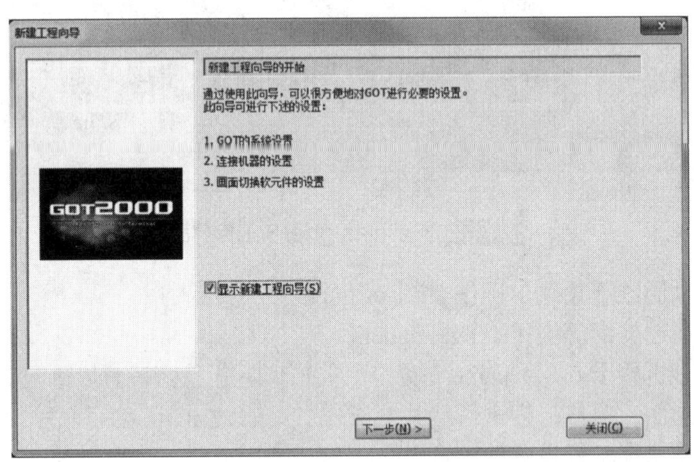

图 6-5　新建工程导向

步骤三：设置“系列”、“机种”，单击“下一步”按钮，见图 6-6。

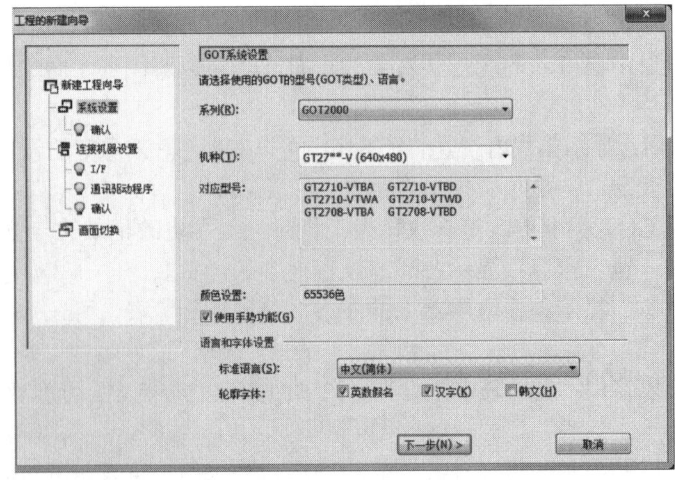

图 6-6　选择机种

系列：在“系列”中，可选择 GOT2000、GOT1000、GS 系列。

机种：在“机种”中，可选择适合的机种。

对应型号：在“对应型号”中，根据所选择的系列对应的型号。

颜色设置：用于设置分辨率。

水平：640～1920 点。

垂直：480～1200 点。

使用手势功能：用于将通过手势进行的 GOT 操作设为有效。

语言和字体设置：用于选择触摸屏需要显示的语言，如日语、英语，中文（简体）、中文（繁体），韩国语（韩文）。

步骤四：确认步骤三中设置的内容，单击“下一步”按钮，见图 6-7。

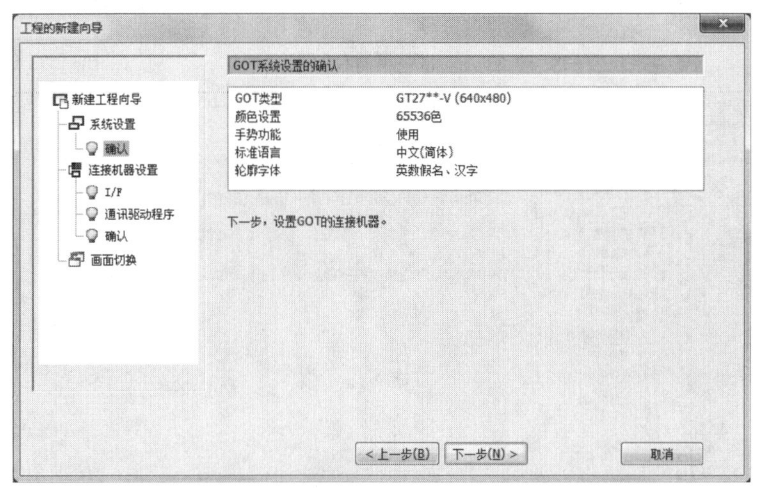

图 6-7 基本设置

步骤五：设置“制造商”“机种”，单击“下一步”按钮，见图 6-8。

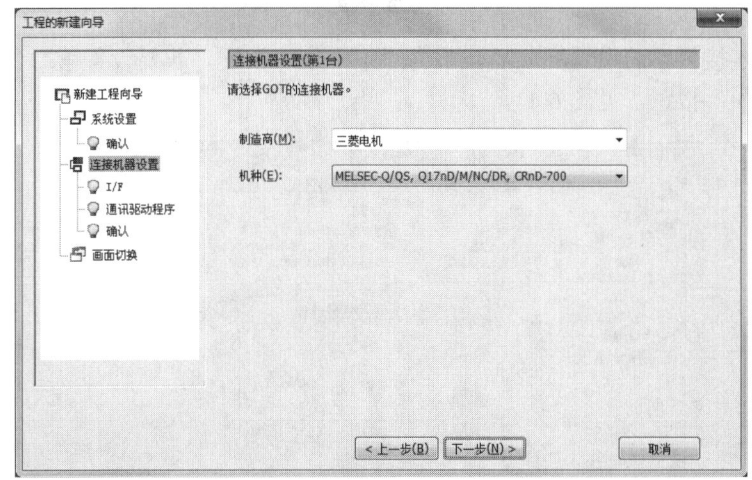

图 6-8

步骤六：选择“I/F”，单击“下一步”按钮，见图 6-9。

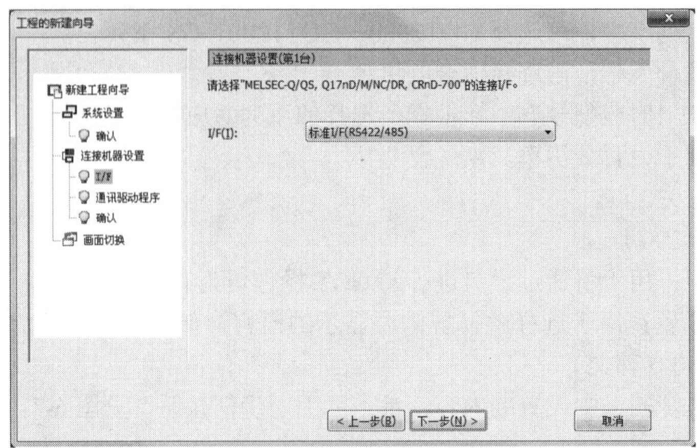

图 6-9

步骤七：设置“通讯驱动程序”，单击“下一步”按钮，见图 6-10。

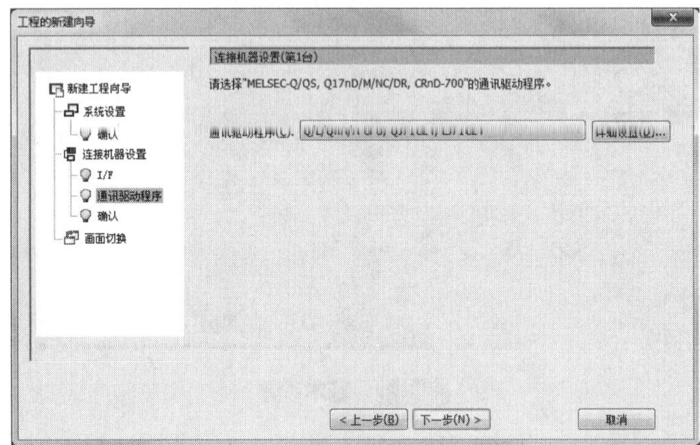

图 6-10

步骤八：连接机器的设置完成后，单击“下一步”按钮。若要设置第二台以后的连接机器，单击“追加”按钮，见图 6-11。

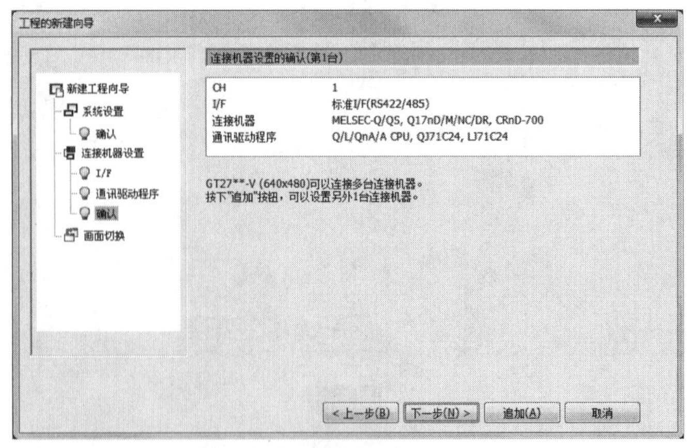

图 6-11

步骤九：设置基本画面和必要画面的切换软元件，并单击“下一步”按钮。也可在“环境设置”窗口中设置画面切换软元件，见图 6-12。

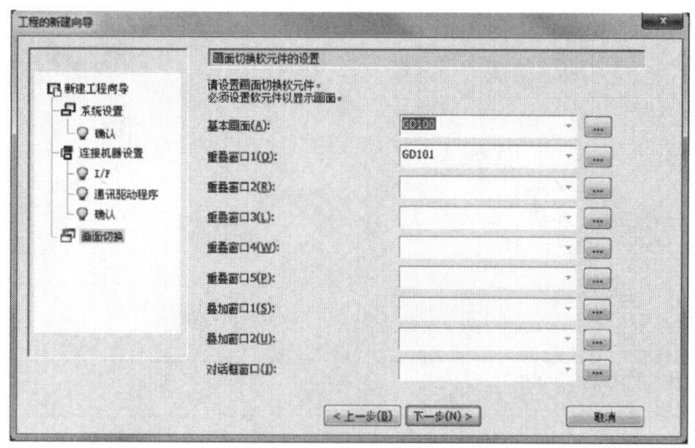

图 6-12

基本画面：设置基本画面的画面切换软元件。系统就绪的第一个画面。

重叠窗口：设置重叠窗口 1～5 的画面切换软元件。设置不同画面用于切换。

GT23 仅可设置重叠窗口 1、2 的画面切换软元件。

叠加窗口：设置叠加窗口 1、2 的画面切换软元件。

对话框窗口：设置对话框窗口的画面切换软元件。

步骤十：确认通过向导设置的内容，单击“结束”按钮，即完成设置，见图 6-13。

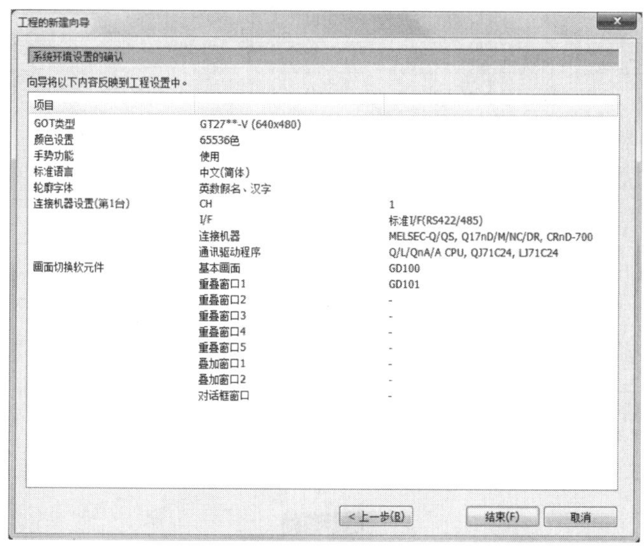

图 6-13

6.2.4 对 GOT 进行读取和写入

（1）设置通信方式

① 通过 USB 电缆通信。

在“通讯设置”对话框中设置计算机与 GOT 的通信方法。

该对话框可通过“通讯”→“通讯设置”菜单显示。

进行如图 6-14 所示设置，然后单击“确定”按钮。

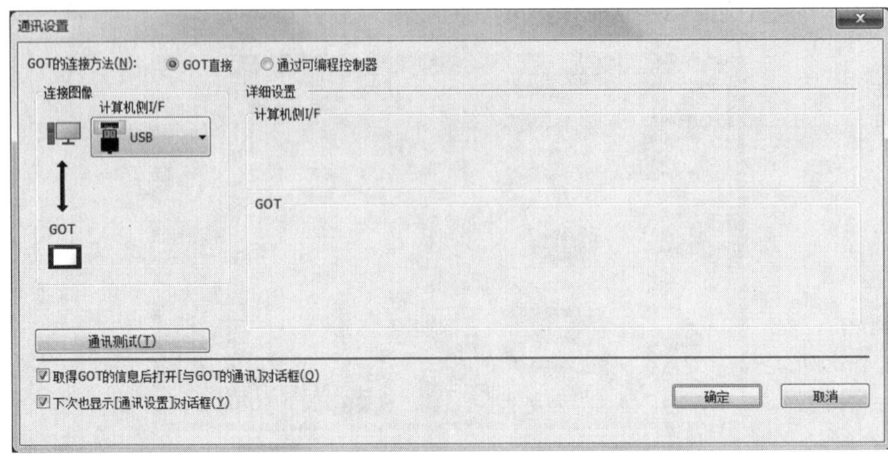

图 6-14

步骤一：在“GOT 的连接方法”中选择“GOT 直接”。

步骤二：在“计算机侧 I/F”中选择“USB”。

② 通过以太网通信。

在“通讯设置”对话框中设置计算机与 GOT 的通信方法。

该对话框可通过“通讯”→“通讯设置”菜单显示。

进行如图 6-15 所示设置，然后单击“确定”按钮。

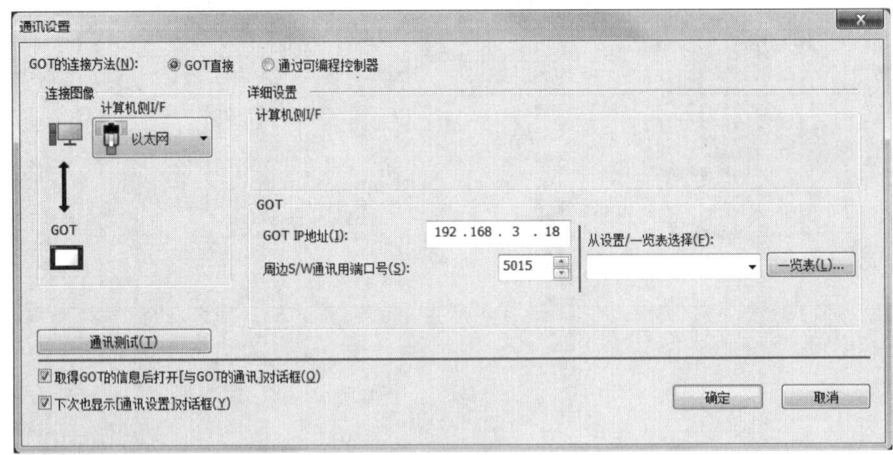

图 6-15

步骤一：在“GOT 的连接方法”中选择“GOT 直接”。

步骤二：在“计算机侧 I/F”中选择“以太网”。

步骤三：设置“GOT IP 地址”与“周边 S/W 通讯用端口号”。一般采用默认即可。

步骤四：点击通讯测试查看是否可以通讯。

（2）将数据写入 GOT

将数据导入 GOT 步骤如图 6-16 所示。

步骤一：在“写入数据”中选择“软件包数据”。

在“数据大小”中会显示传送数据的容量，确认传送目标驱动器的可用空间是否不足。

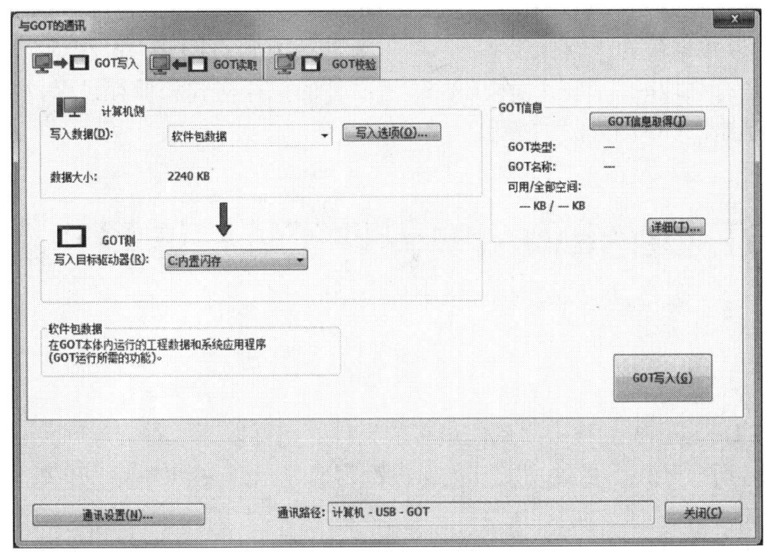

图 6-16

步骤二：选择“写入目标驱动器”。

步骤三：需要在软件包数据中追加、删除系统应用程序或特殊数据时，单击“写入选项”按钮，在“写入选项”对话框中进行设置。

步骤四：单击“GOT 写入”按钮。

（3）从 GOT 中读取数据

从 GOT 中读取数据步骤如图 6-17 所示。

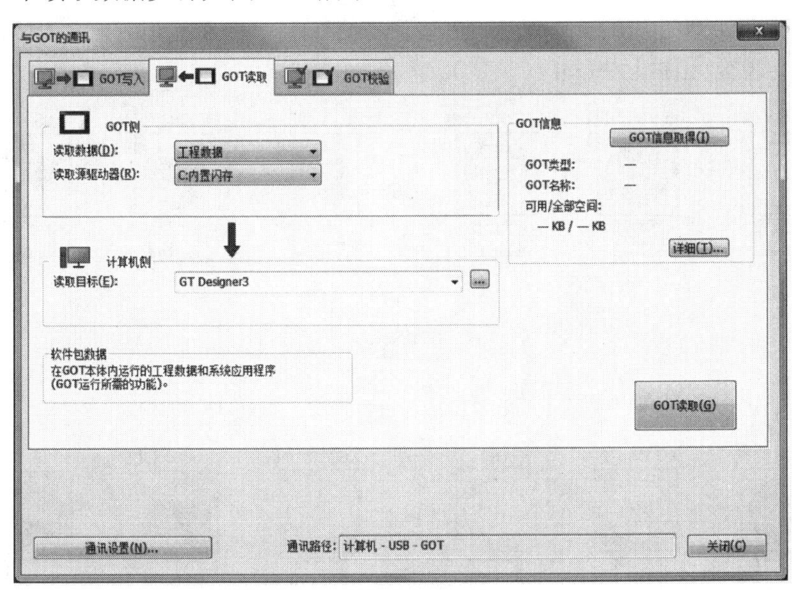

图 6-17

步骤一：GOT 侧设置。在“读取数据”中选择“工程数据”或“软件包数据”。

在“读取源驱动器”中选择存储有工程数据或软件包数据的驱动器。

步骤二：设置“计算机侧”。在“读取目标”中设置工程的读取目标。

读取 GT Designer3 时，请选择“GT Designer3”。

注意：“读取数据”为“软件包数据”时，无法读取到 GT Designer3 中。

作为文件进行读取时，单击[...]按钮，设置文件的保存格式和保存目标。

步骤三：单击“GOT 读取”按钮。

6.3 GT Designer3 元件工具栏详解

6.3.1 开关

开关是 GT Designer3 工程中用到的最多的元件，包括以下几种：位开关、字开关、画面切换开关、站号切换开关、扩展功能开关、按键窗口显示开关和键代码开关。

（1）位开关

用于将位软元件设为 ON、OFF 有如下几种功能，如图 6-18～图 6-21 所示。

① 将指定位软元件设为 ON （设置）。

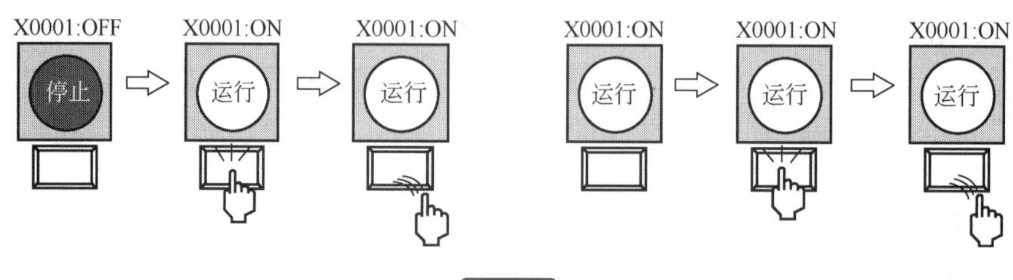

图 6-18

② 将指定位软元件设为 OFF（复位）。

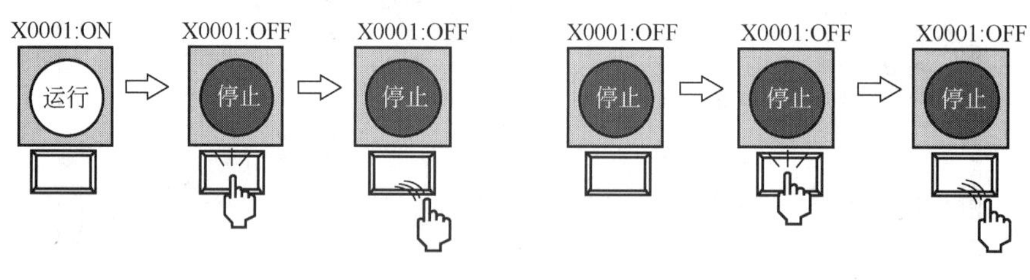

图 6-19

③ 反转指定位软元件当前的状态（ON←→OFF）（反转）。

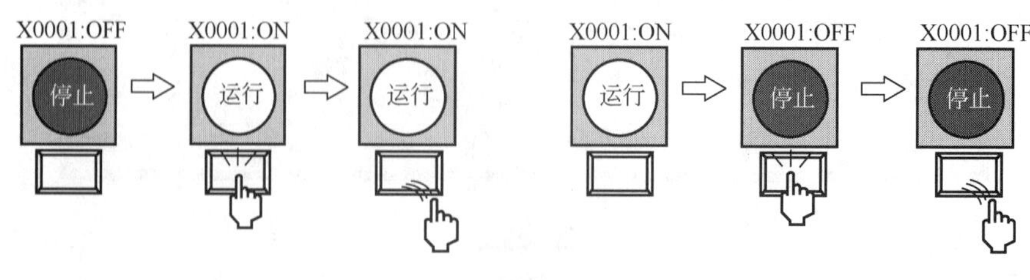

图 6-20

④ 将指定位软元件设为仅在触摸开关为触摸状态时 ON（点动）。

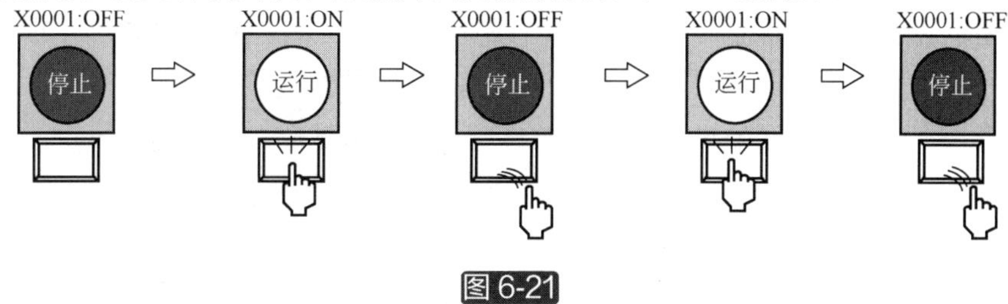

图 6-21

（2）字开关

用于更改字软元件的值，有如下几种功能。

① 向指定字软元件写入设置的值（常数）。

② 向指定字软元件写入设置字软元件的值（间接软元件）。

③ 向指定字软元件写入设置字软元件的值+常数（常数+间接软元件）。

（3）画面切换开关

用于切换基本画面、窗口画面，如图 6-22 所示，有如下几种功能。

① 切换至上次显示的基本画面编号的画面。

② 切换至指定的画面编号的画面。

③ 通过指定位软元件的 ON、OFF，切换至指定画面编号的画面。

④ 指定字软元件的当前值符合所设置的条件式时，切换至指定画面编号的画面。

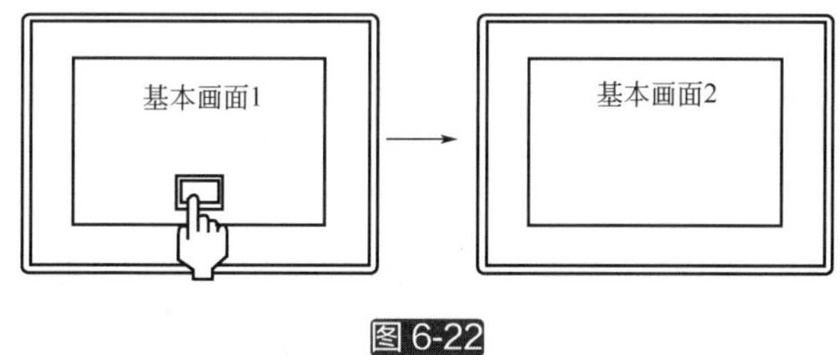

图 6-22

（4）站号切换开关

用于将当前监视的对象的软元件切换到其他站号的相同软元件有如下几种功能，见图 6-23。

① 切换监视目标到指定的站号。

② 通过指定位软元件的 ON、OFF 切换监视目标到指定的站号。

③ 指定字软元件的当前值符合所设置的条件式时，切换至指定的站号。

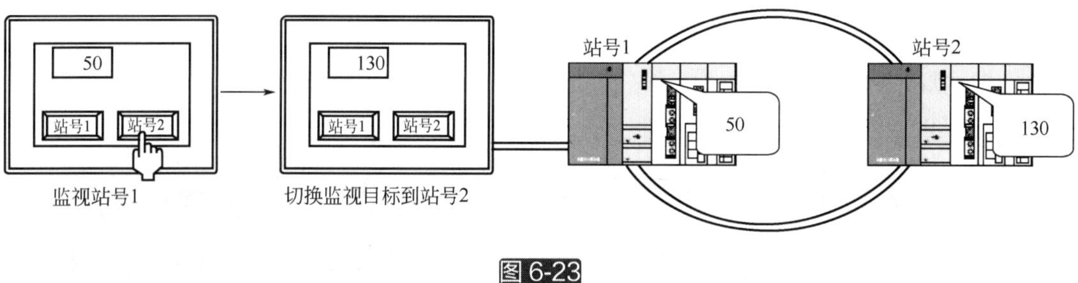

图 6-23

（5）扩展功能开关

用于切换至实用菜单、扩展功能等画面。

（6）按键窗口显示开关

用于使指定的按键窗口显示在指定的位置，或者使光标显示在指定的对象上，如图 6-24 所示。

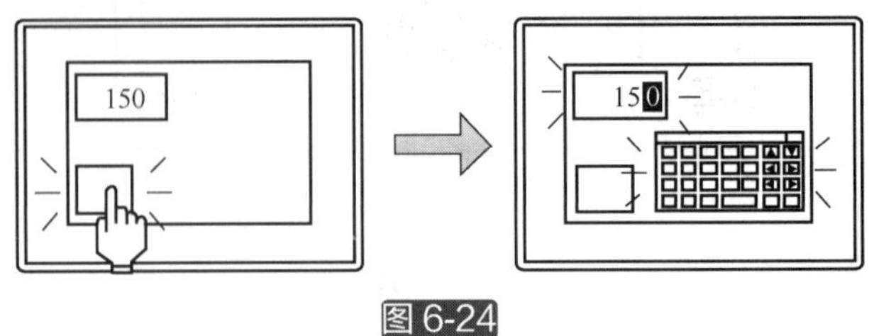

图 6-24

（7）键代码开关

用于对数值输入、字符串输入的按键输入、报警显示、数据列表显示、报警进行控制，见图 6-25。

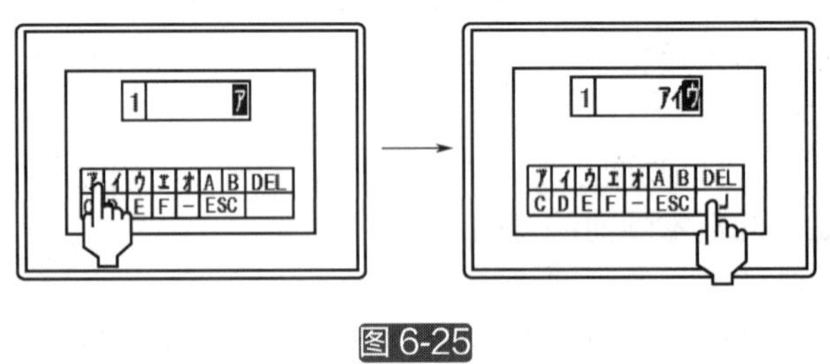

图 6-25

6.3.2 指示灯

指示灯同样是工程中必不可少的一个元件，通过设置指示灯可以显示设备是否运行以及设备出现故障时进行报警。

（1）位指示灯

位指示灯可以通过位软元件的 ON、OFF 来控制亮灯、熄灯，见图 6-26。

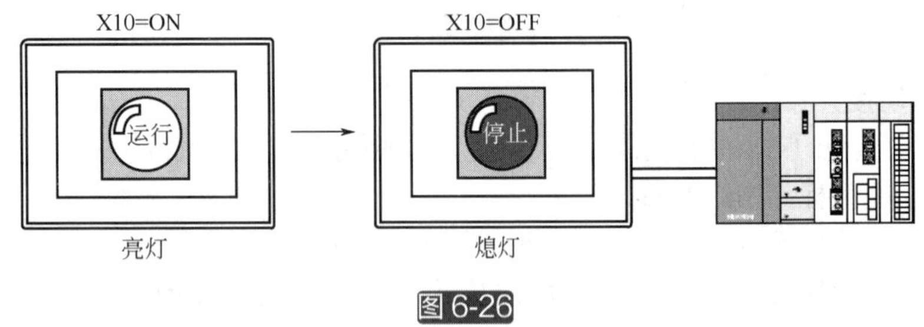

图 6-26

（2）字指示灯

字指示灯是通过字软元件的值来更改指示灯亮灯颜色，见图 6-27。

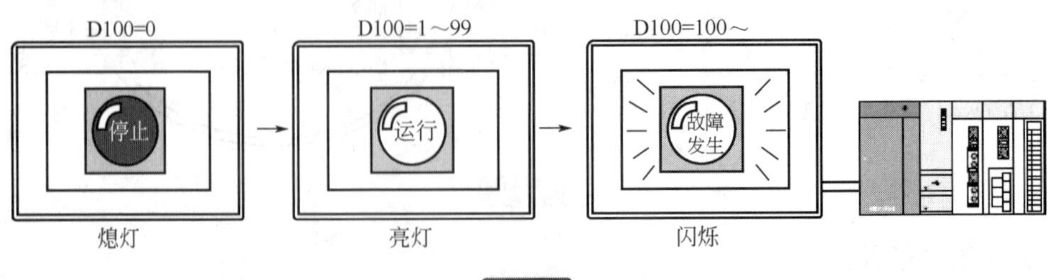

图 6-27

6.3.3 数值显示/输入

数值显示可以在触摸屏上显示出 PLC 程序中寄存器的数值，从而起到监视生产的作用。

（1）数值显示

将软元件中存储的数据以数值的形式显示到 GOT 中，见图 6-28。

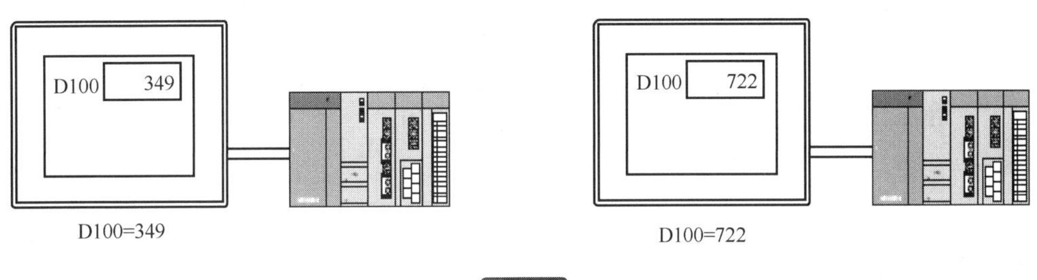

图 6-28

（2）数值输入

将 GOT 中输入的任意值写入软元件。

用按键输入数值：可以使用按键窗口或者使用在触摸开关中分配键代码而创建的按键。

通过画面上配置的触摸开关输入，见图 6-29。

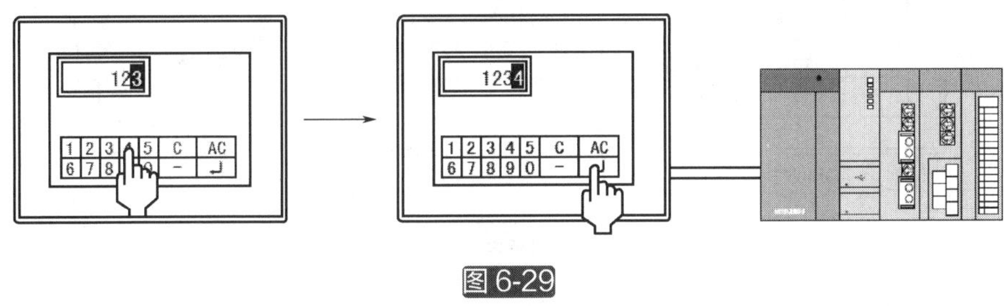

图 6-29

通过按键窗口输入，见图 6-30。

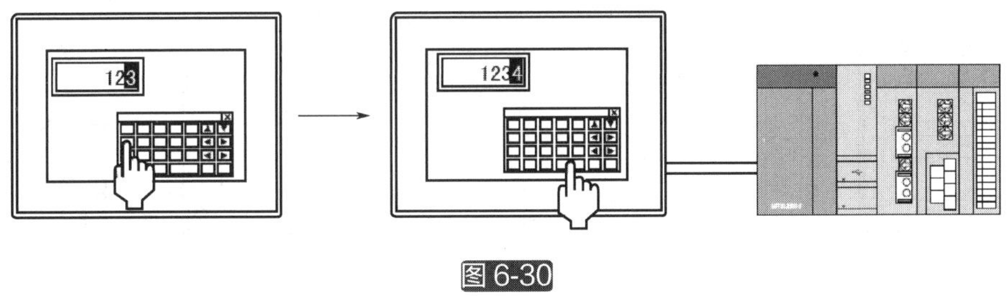

图 6-30

6.3.4 字符串显示

字符串显示可以将存储在字软元件中的数据视作字符代码（ASCII 代码、移位 JIS 代码、GB 代码、KS 代码、Big5 代码），以显示字符串的功能，见图 6-31。

6.3.5 日期时间显示

通过设置该软元件，可以使触摸屏的相应位置上显示日期和时间。

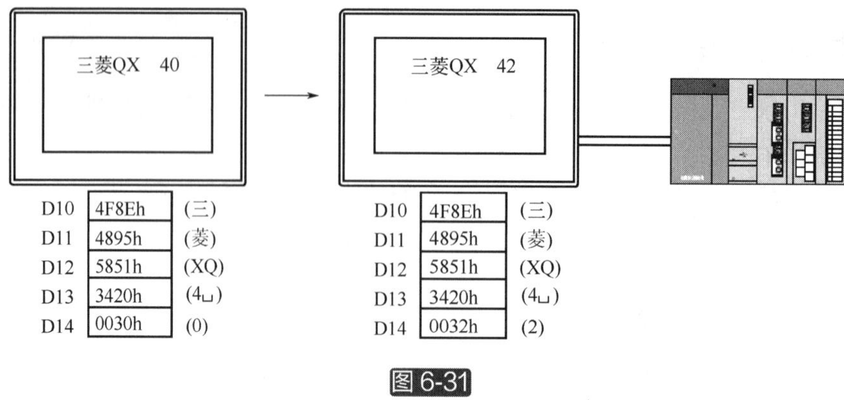

图 6-31

6.3.6 注释显示

通过设置该元件，可以显示出位或字软元件对应的注释。

（1）注释显示（位）

显示与位软元件的 ON、OFF 相对应的注释，见图 6-32。

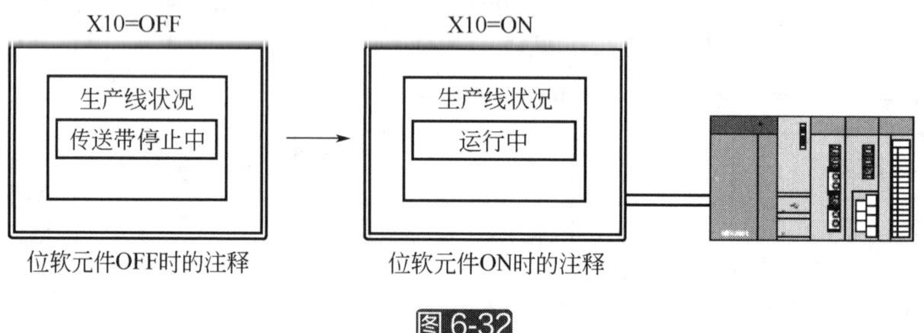

图 6-32

（2）注释显示（字）

显示与字软元件的值相对应的注释，见图 6-33。

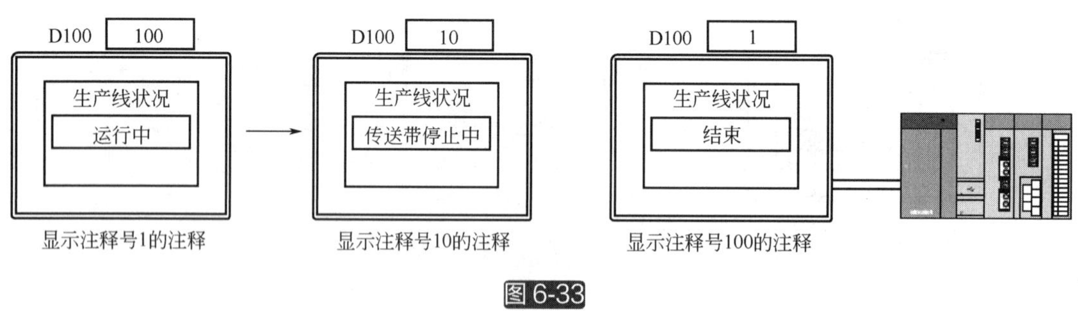

图 6-33

6.4 GT Designer3 简单工程实例详解

6.4.1 四种位开关进行的灯光控制

使用三菱 PLC 编程软件 GX Works2 编写如图 6-34 所示的程序。

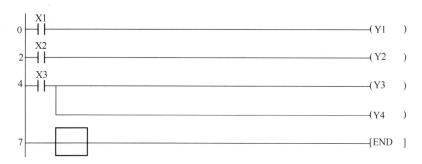

图 6-34

其中 X1～X3 为 3 个开关，Y1～Y4 为 4 个指示灯。接下来根据前面所讲内容使用 GT Designer3 画面设计软件新建一个工程，本次所使用的触摸屏为三菱电机公司 GOT2000 型号的触摸屏。

（1）位开关按钮的放置

单击右侧工具栏的开关选项，选择位开关（图 6-35），然后在图中黑色区域画一个适当大小的按钮（图 6-36）。

图 6-35

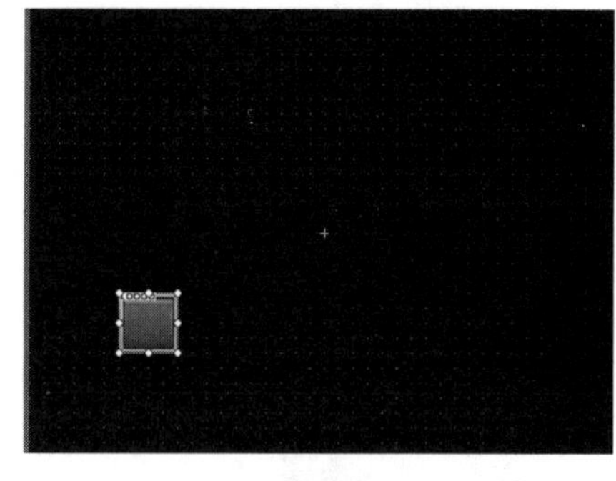

图 6-36

双击图中的按钮进入位开关设置界面，见图 6-37。

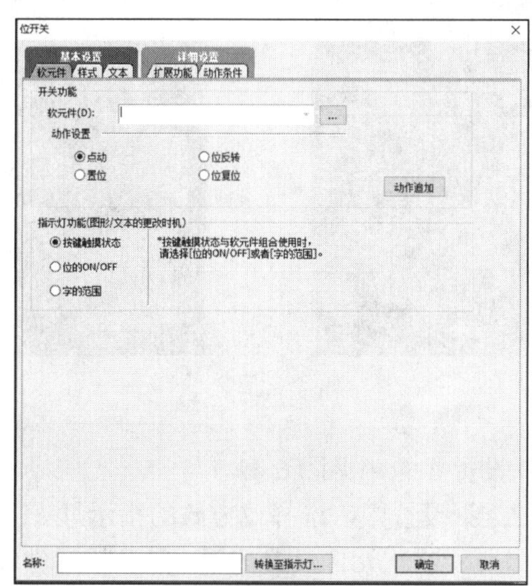

图 6-37

步骤一：单击图 6-37 中所示的软元件设置按钮进入软元件设置界面，根据程序我们将按钮 1 的软元件设置为 X1，单击“确定”回到位开关设置界面，见图 6-38。

步骤二：在“动作设置”中，将按钮 1 设置为“点动”的方式，见图 6-37。

步骤三：单击文本页面进入按钮 1 的显示文本设置，为了便于区分，在字符串对话框中，输入“点动”作为该开关名称，在对话框左侧的位置可以预览效果，见图 6-39。

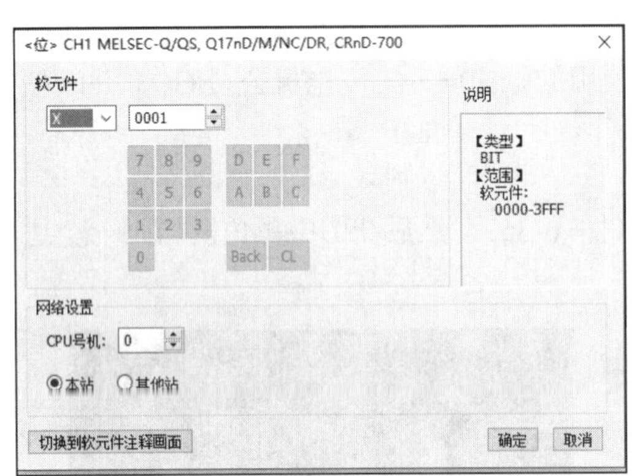

图 6-38

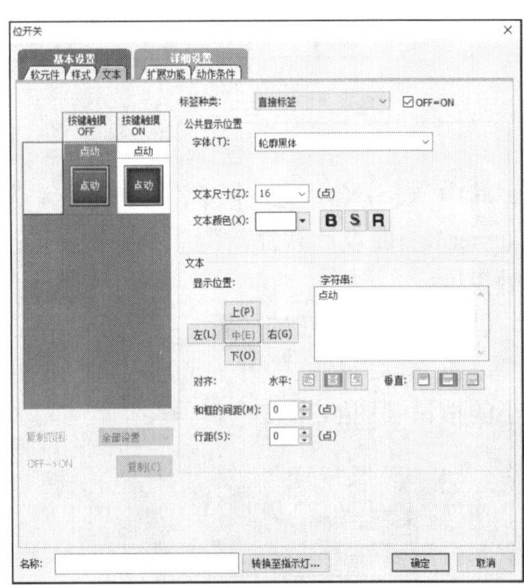

图 6-39

步骤四：单击“确定”按钮完成按钮 1 的设置，设置结果如图 6-40 所示。

（2）指示灯的放置

单击右侧工具栏的指示灯选项，选择位指示灯，然后在图 6-41 中黑色区域画一个适当大小的指示灯。

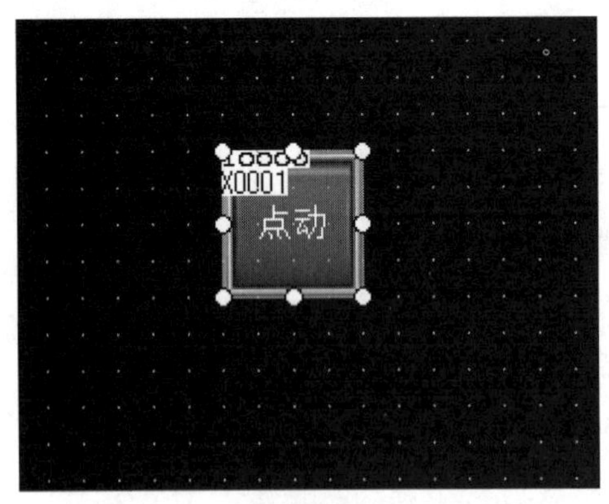

图 6-40

图 6-41

双击指示灯进入指示灯设置界面，见图 6-42。

步骤一：在“指示灯种类”设置中，选择位方式的指示灯。

步骤二：单击图 6-42 中所示的软元件设置按钮，进入软元件设置界面，根据程序，将指示灯 1 的软元件设置为 Y1，单击“确定”按钮回到指示灯设置界面，见图 6-43。

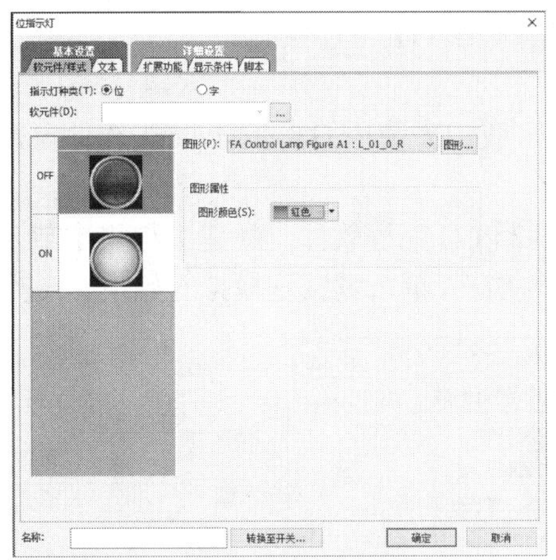

图 6-42

步骤三：单击“确定”按钮完成指示灯 1 的设置，完成后结果如图 6-44 所示。

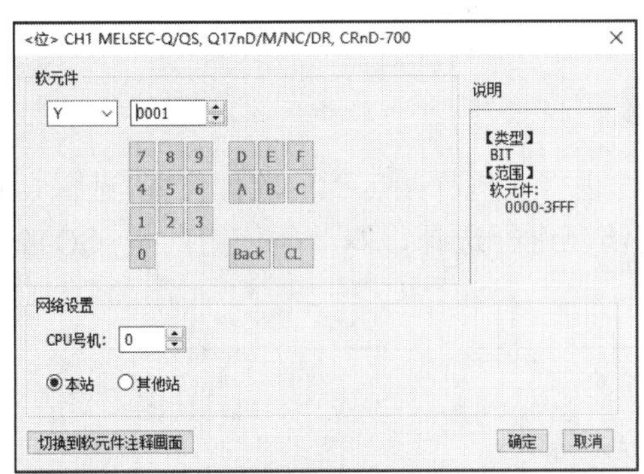

图 6-43

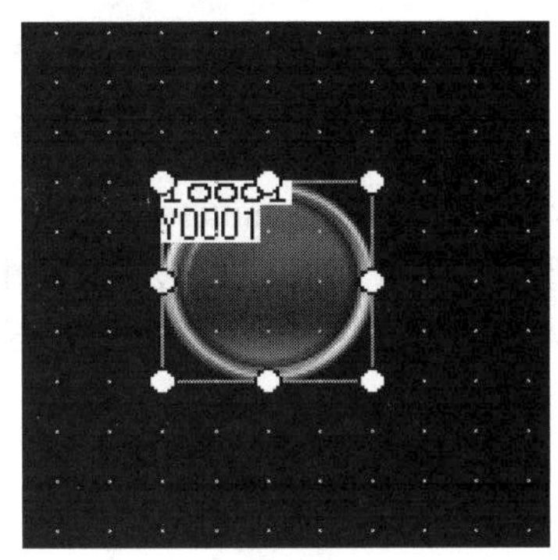

图 6-44

根据本节前面的按钮设置教程再放置 3 个位开关，动作设置分别为位反转、置位和位复位，软元件分别设置为 X2、X3 和 X3，放置结果如图 6-45 所示。

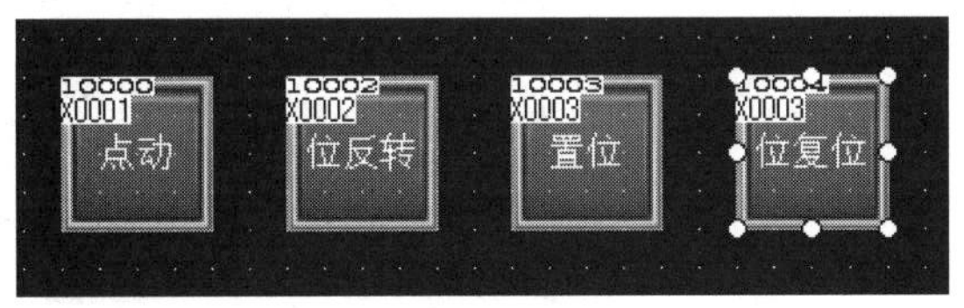

图 6-45

同理再放置三个位指示灯，这三个位指示灯分别设置为 Y2、Y3 和 Y4，放置结果如图 6-46 所示。

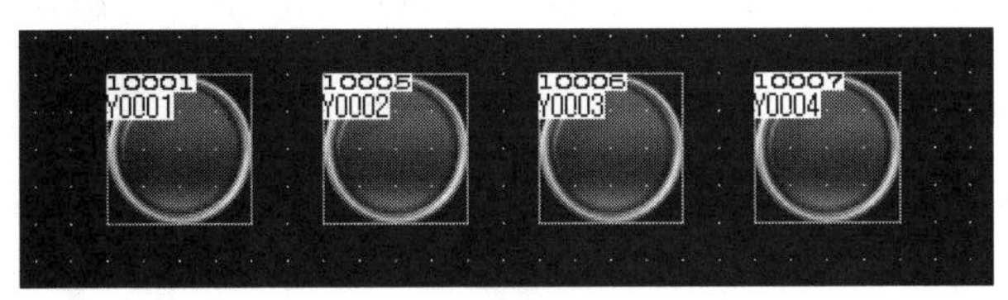

图 6-46

单击“保存”按钮将已做好的 GT 工程保存。

（3）软件仿真

为了验证结果是否正确，我们先使用 GT Designer3 软件自带的 GT Simulator3 仿真软件进行软件仿真。

步骤一：打开 GX Works2 PLC 编程软件，新建工程将本节开头的梯形图程序输入其中。

步骤二：进行 PLC 的软件仿真，单击调试→模拟开始/停止进入 PLC 软件仿真，见图 6-47。

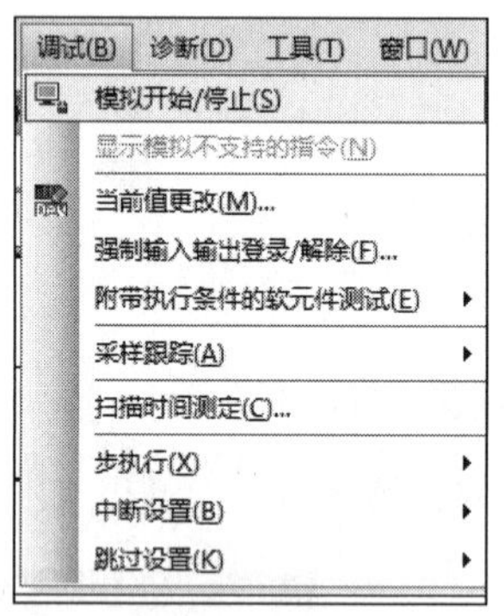

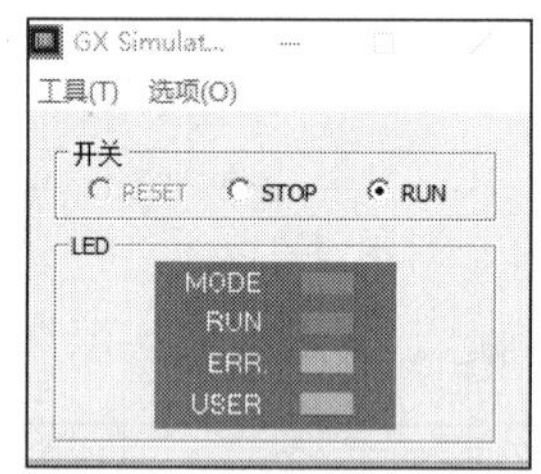

图 6-47

步骤三：打开 GT Simulator3 人机界面仿真软件进行人机界面工程的软件仿真，见图 6-48。

步骤四：对于模拟器的设置，根据实际使用情况进行选择，本节所使用的是 GOT2000 系列的人机界面（图 6-49），进行如下设置。

图 6-48

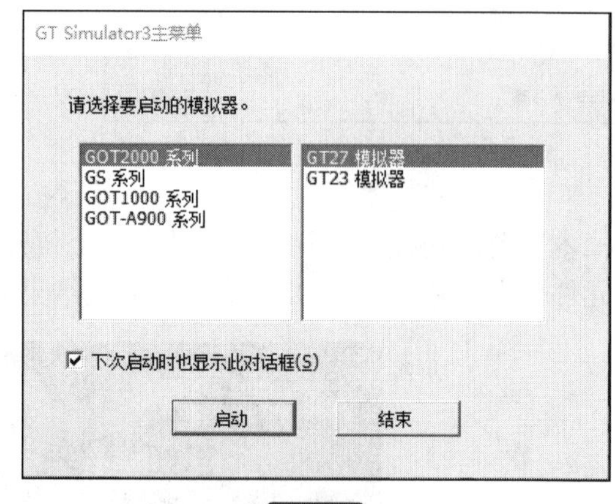

图 6-49

① 选择所使用的人机界面的系列。

② 选择所使用人机界面的型号。

③ 单击“启动”按钮打开仿真软件。

步骤五：进入软件界面，单击“打开文件”按钮，将本节中保存的工程文件打开，见图 6-50、图 6-51。

（4）仿真结果

点动：当鼠标单击“点动”按钮时，对应的上方的指示灯亮；当停止单击时，指示灯灭。

位反转：当鼠标单击“位反转”按钮时，指示灯亮且保持常亮状态；再次单击“位反转”按钮时，指示灯灭。

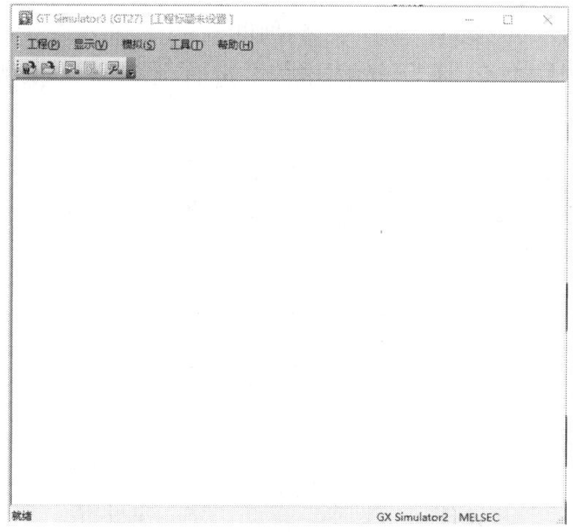

图 6-50

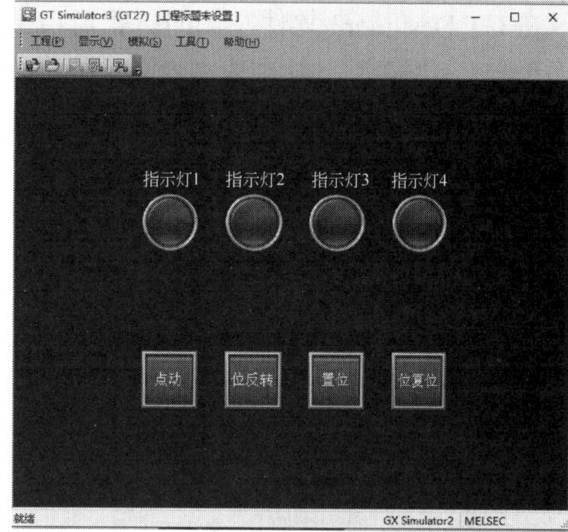

图 6-51

置位：当鼠标单击“置位”按钮时，指示灯 3 和指示灯 4 亮且保持常亮；再次单击时，指示灯 3 和指示灯 4 无反应。

位复位：当鼠标单击“位复位”按钮时，指示灯 3 和指示灯 4 由常亮的状态变为全灭；再次单击时，指示灯 3 和指示灯 4 无反应。

本节小结：本节进行四种位开关指示灯控制的实验目的是：了解 4 种位开关的使用方法，以及各自的区别。点动位开关只有在按动时才会接通；位反转位开关会将当前开关的状态进行反转，从 0→1 或从 1→0；置位位开关会将对应的软元件置一；位复位位开关会将对应的软元件置零。

6.4.2 数值显示/输入综合

下面介绍人机界面较为综合的工程，其中包括点动开关、位反转开关、画面切换开关、指示灯、数值显示、数值输入和文字显示。

使用三菱 PLC 编程软件 GX Works2 编写如图 6-52 所示的程序。

```
       X1                                                        D3
 0 ----| |------------------------------------------------------(Y0      )
       T0
 5 ----| |------------------------------------------------------(Y1      )
       SM400
 7 ----| |--------------------------------------------[MOV   T0      D2   ]
       X2                                                        D4
10 ----| |------------------------------------------------------(C1      )
       C1
15 ----| |------------------------------------------------------(Y2      )
       X3
17 ----| |----+-------------------------------------------------[RST   C1 ]
              |
              +-------------------------------------------------[RST   D4 ]
       SM400
24 ----| |--------------------------------------------[MOV   C1      D1   ]
```

图 6-52

在 GT Designer3 软件左侧的折叠窗口中找到画面页面，在“基本画面”的下拉菜单中单击“新建”，创建 3 个新的基本画面，并将画面分别命名为“开始画面”“定时器窗口”“计数器窗口”，见图 6-53。

双击“基本画面”中的“开始画面”，再开始画面编辑区放置两个画面切换开关，分别对应基本画面的“2 定时器窗口”和“3 计数器窗口”，并添加文本注释，见图 6-54～图 6-56。

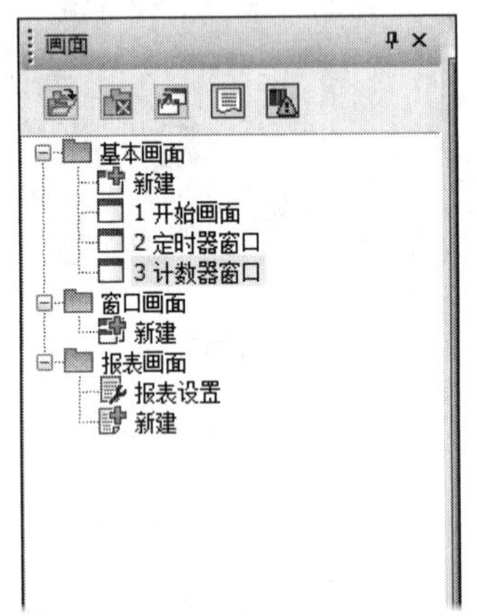

图 6-53

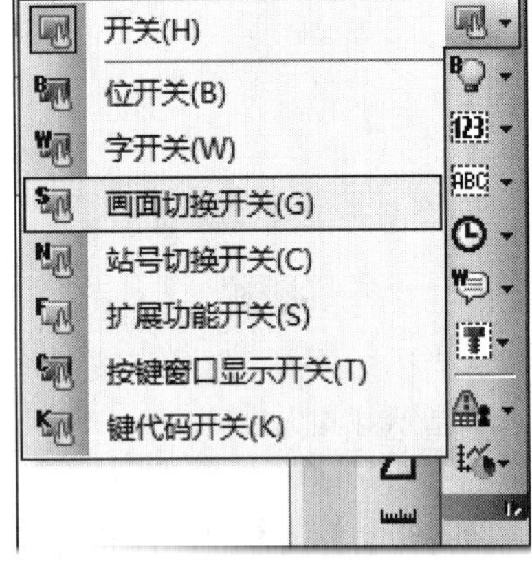

图 6-54

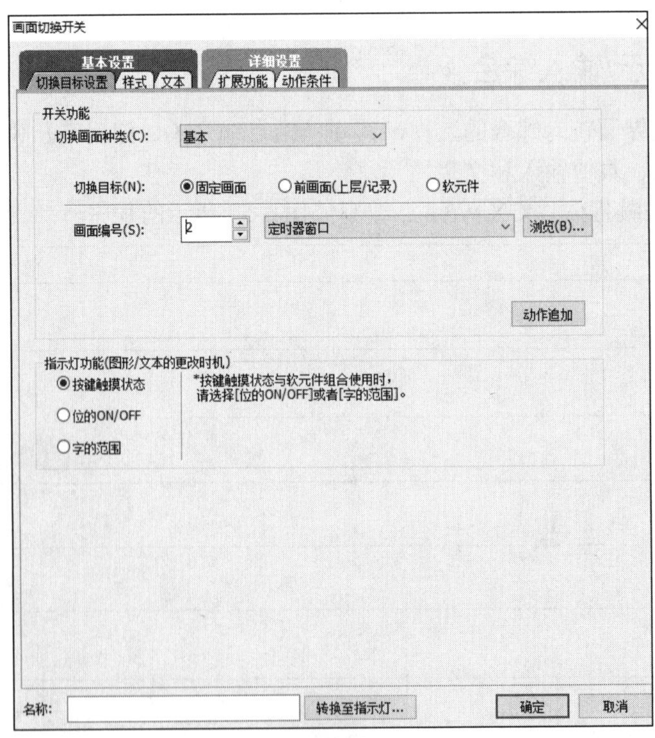

图 6-55

（1）编辑定时器窗口

双击“2 定时器窗口”进入定时器窗口画面的编辑，在编辑窗口中放置元件并进行设置，见图 6-57。

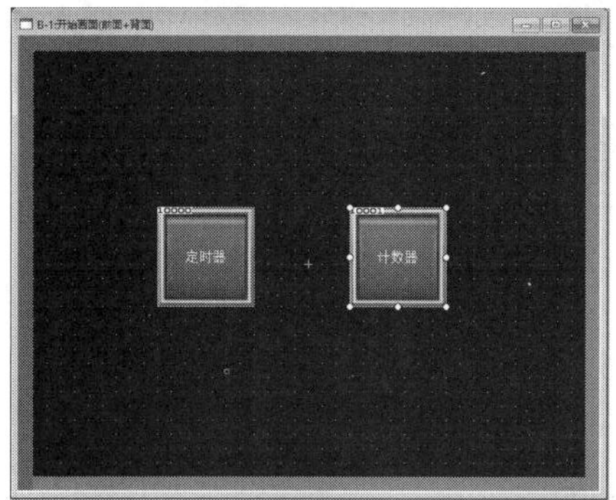

图 6-56

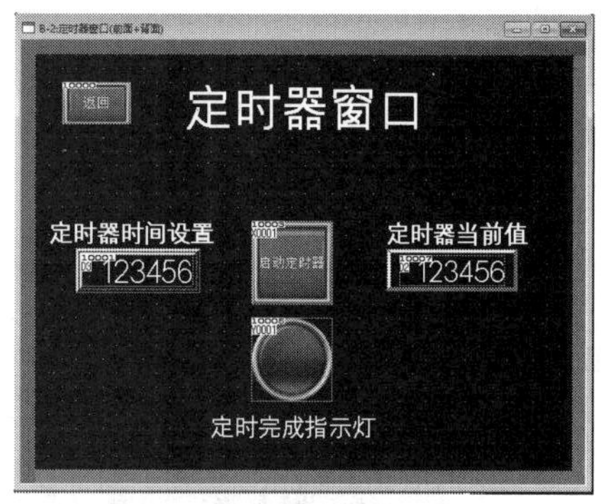

图 6-57

① 画面切换开关。

对画面切换开关进行如图 6-58 所示设置。

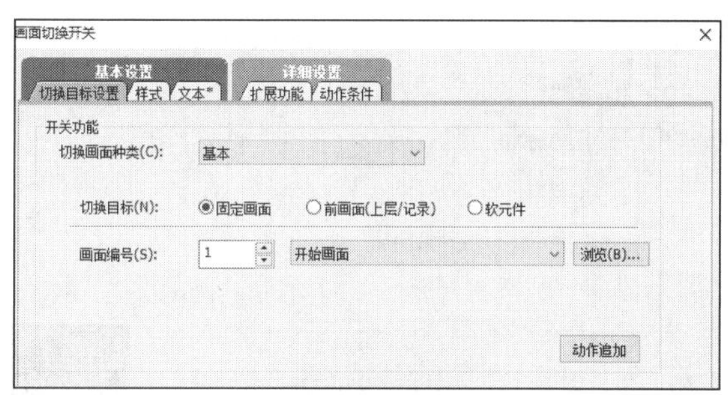

图 6-58

② 添加文字注释。

添加文字注释见图 6-59。

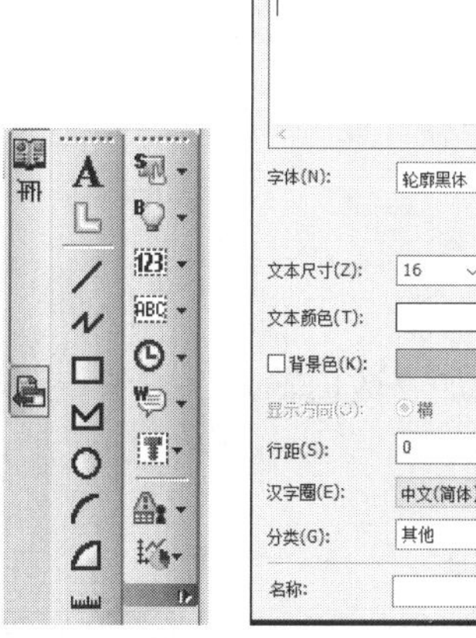

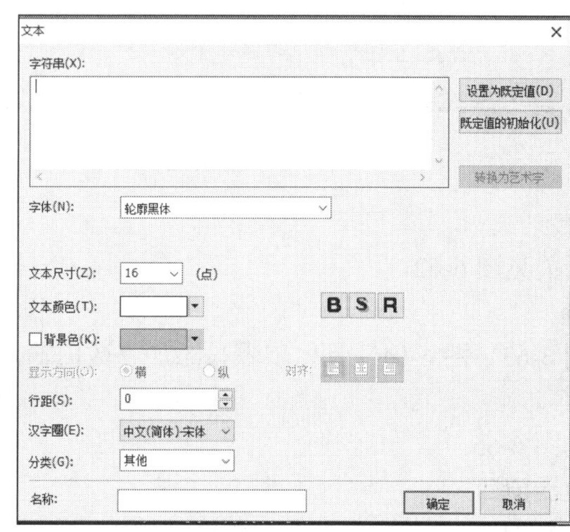

图 6-59

③ 数值输入。

单击右侧工具栏，选择“数值输入”，见图 6-60。

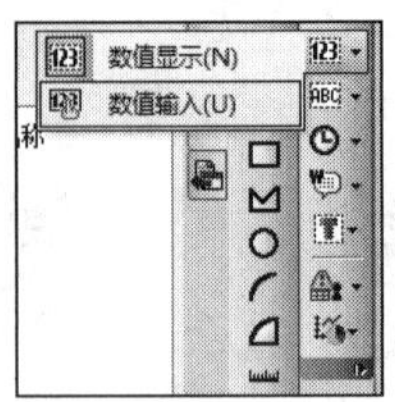

图 6-60

双击添加“数值输入”元件，对其进行如图 6-61 所示设置。

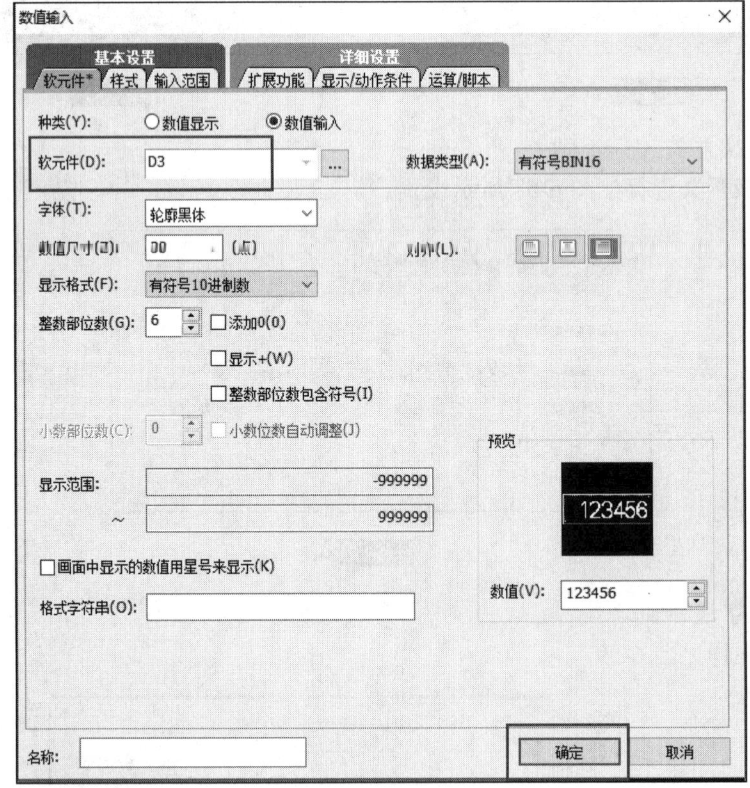

图 6-61

④ 添加位反转开关。

添加位反转开关见图 6-62。

⑤ 数值显示。

数值显示见图 6-63、图 6-64。具体步骤与添加“数值输入”方法一致。

⑥ 添加指示灯。

添加指示灯见图 6-65。

（2）编辑计数器窗口

双击“2 定时器窗口”进入定时器窗口画面的编辑，在编辑窗口中放置元件并进行设置，见图 6-66。

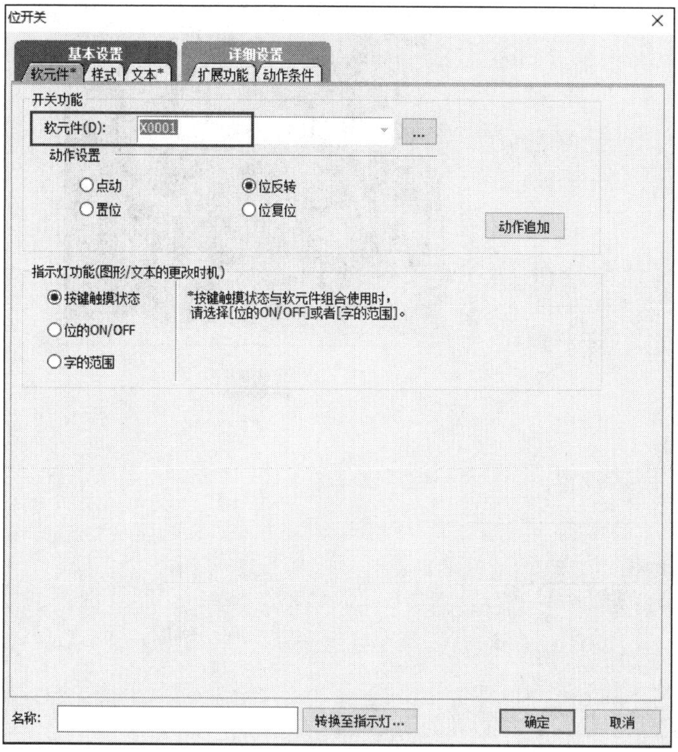

位开关

基本设置 | 软元件* | 样式 | 文本*

详细设置 | 扩展功能 | 动作条件

开关功能

软元件(D): X0001

动作设置

○点动 ◉位反转

○置位 ○位复位

动作追加

指示灯功能(图形/文本的更改时机)

◉按键触摸状态

○位的ON/OFF

○字的范围

*按键触摸状态与软元件组合使用时，请选择[位的ON/OFF]或者[字的范围]。

名称: 转换至指示灯… 确定 取消

图 6-62

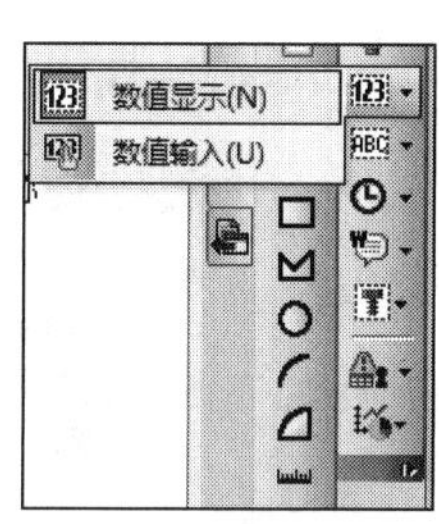

图 6-63

数值显示

基本设置 | 软元件* | 样式

详细设置 | 扩展功能 | 显示/动作条件 | 运算/脚本

种类(Y): ◉数值显示 ○数值输入

软元件(D): D2

数据类型(A): 有符号BIN16

字体(T): 轮廓黑体

数值尺寸(Z): 36 (点)

对齐(L):

显示格式(F): 有符号10进制数

整数部位数(G): 6 □添加0(0)

□显示+(W)

□整数部位数包含符号(I)

小数部位数(C): 0 □小数位数自动调整(J)

预览

显示范围: -999999 ~ 999999

123456

□画面中显示的数值用星号来显示(K)

数值(V): 123456

格式字符串(O):

名称: 确定 取消

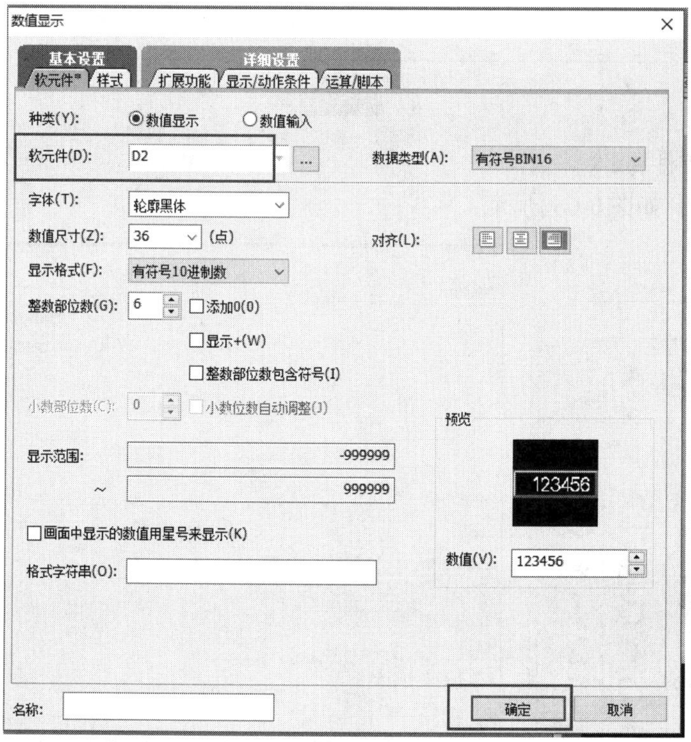

图 6-64

图 6-65

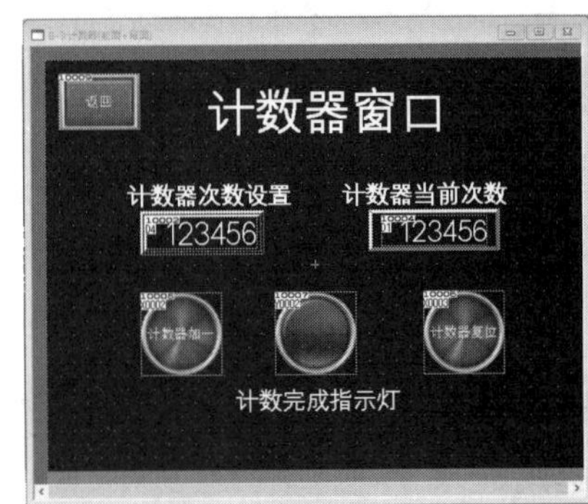

图 6-66

① 画面切换开关。

对画面切换开关进行如图 6-67 所示设置。

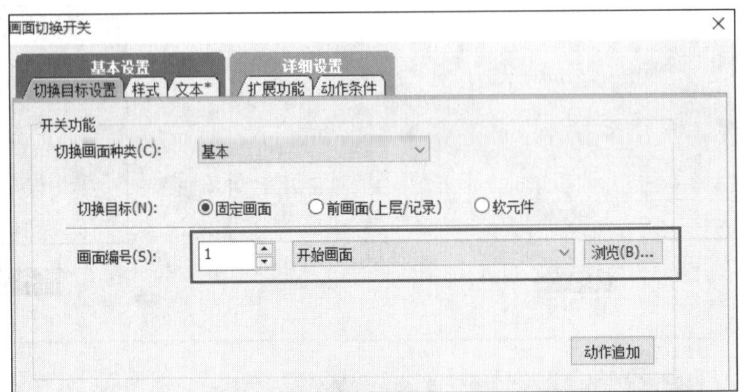

图 6-67

② 添加文字注释。

添加文字注释如图 6-68 所示。

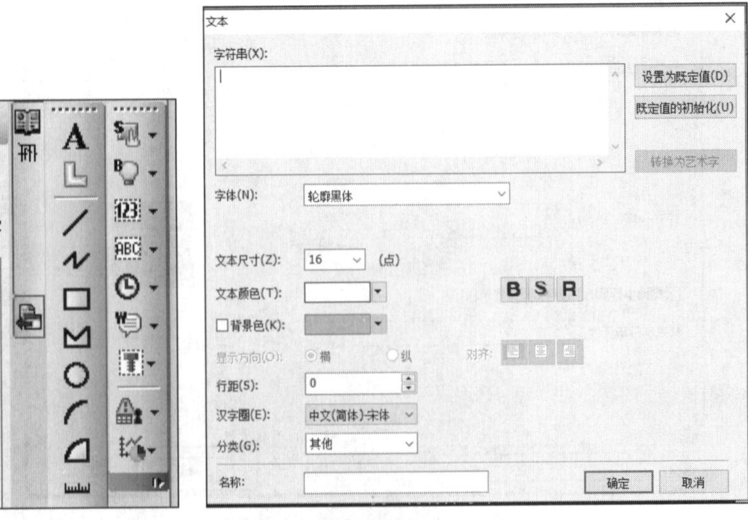

图 6-68

③ 数值输入。

单击右侧工具栏，选择“数值输入”，见图 6-69、图 6-70。

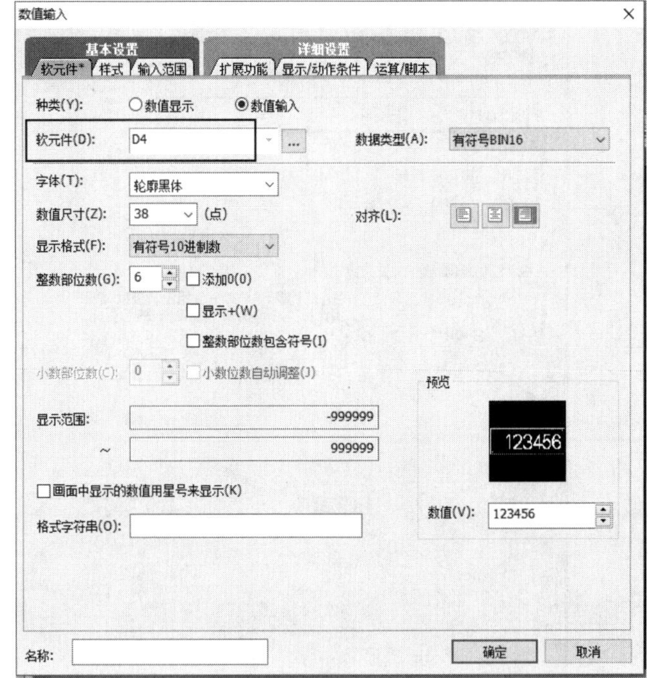

图 6-69

图 6-70

④ 数值显示。

数值显示见图 6-71、图 6-72。

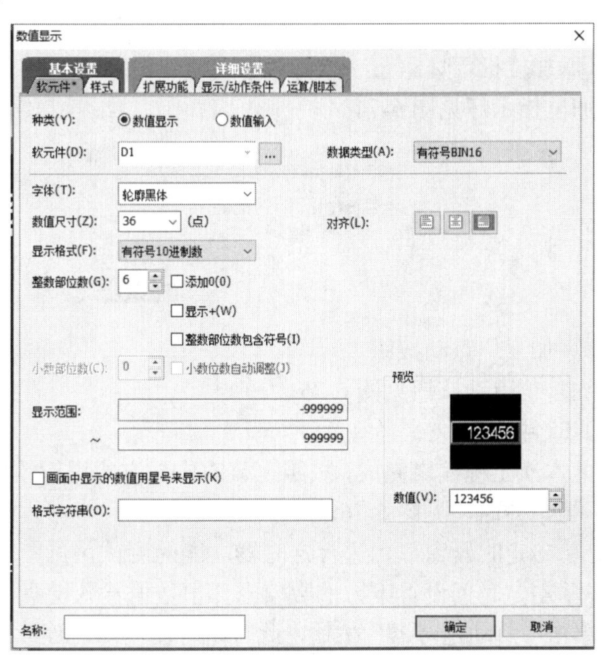

图 6-71

图 6-72

⑤ 添加点动开关。

添加点动开关见图 6-73。

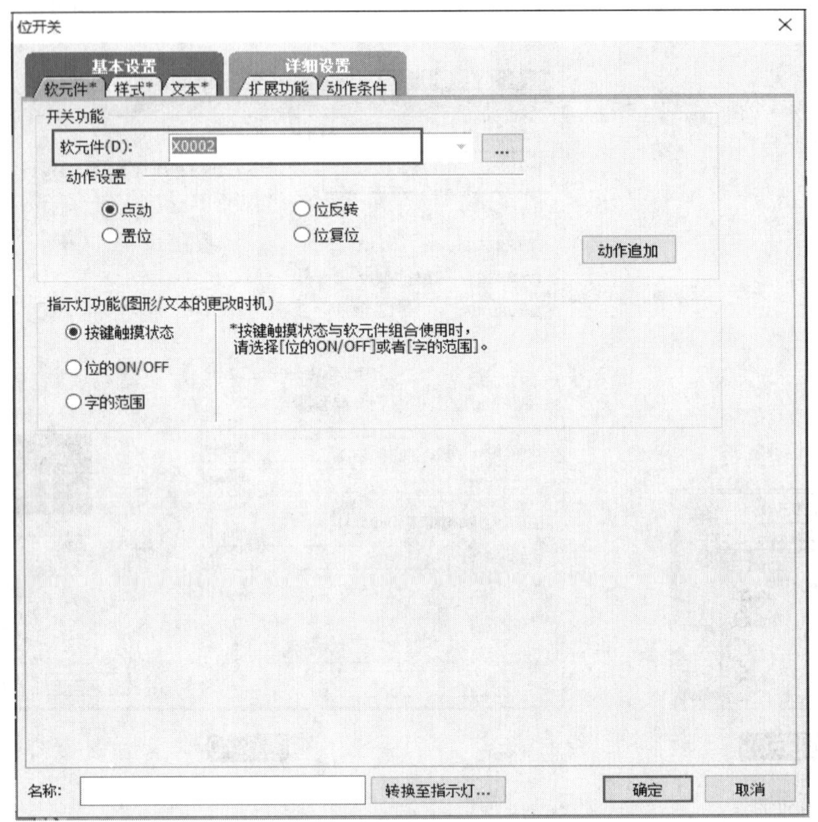

图 6-73

⑥ 添加位指示灯。

添加位指示灯见图 6-74。

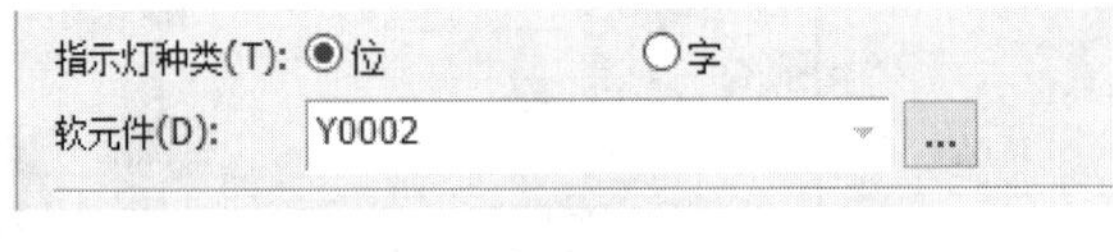

图 6-74

⑦ 添加复位点动按钮。

添加复位点动按钮见图 6-75。

（3）软件仿真

至此本次工程编辑完成，按照上节的仿真方式进行软件仿真，观察本次工程的编辑效果。

① 初始界面，见图 6-76。

② 单击定时器窗口，进行定时器功能的测试，见图 6-77。

③ 单击定时器设置下方的数值框弹出数值输入键盘，输入“20”（2s），单击“ENT”确定，再单击“启动定时器”按钮，此时定时器当前值连续增加，当到达设置值时，定时完成，指示灯亮起，再次单击“启动定时器”按钮，整个定时器系统复位，见图 6-78。

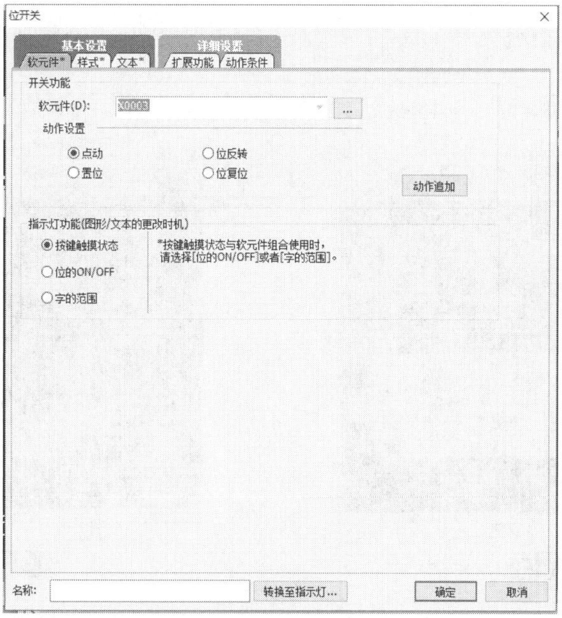

图 6-75

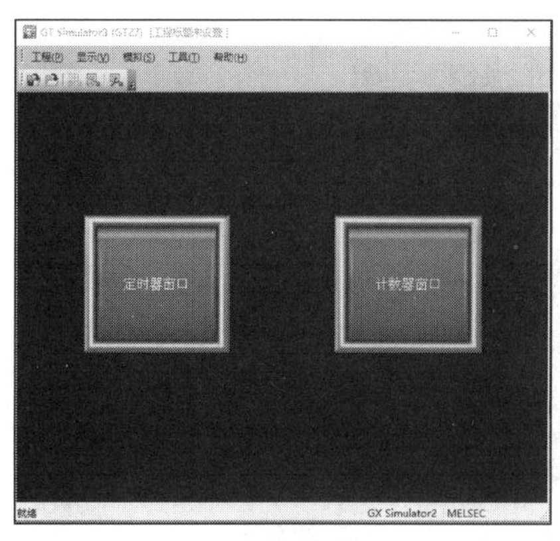

图 6-76

图 6-77

④ 单击“返回”按钮回到主界面，在主界面中，单击“计数器窗口”进入计数器系统，见图 6-79。

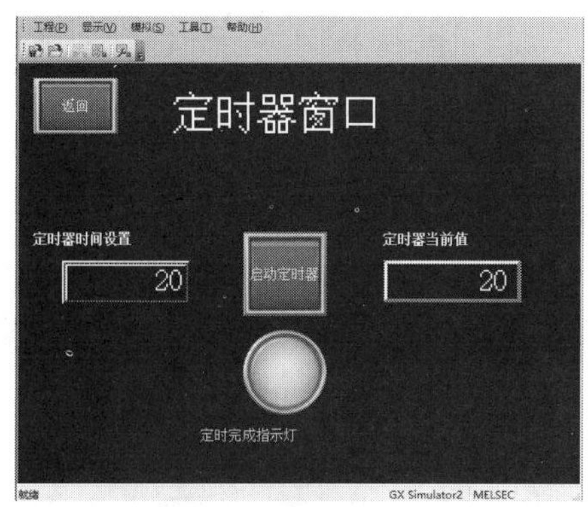

图 6-78

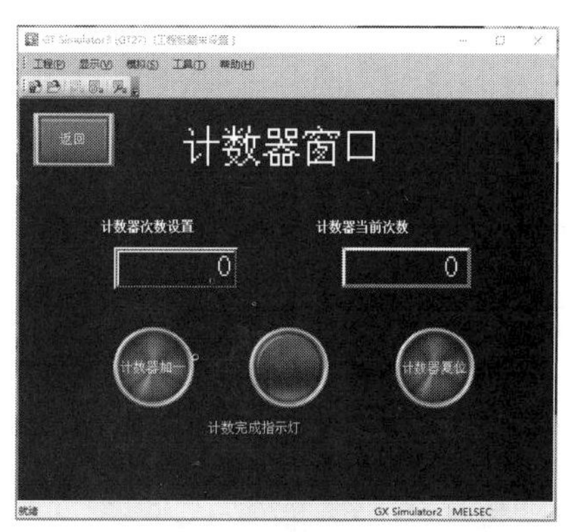

图 6-79

⑤ 单击“计数器次数设置”下方的数值框，弹出数值输入键盘后输入一个任意值，见图 6-80。

⑥ 单击“计数器加一”，“计数器当前次数”能显示单击的次数，见图 6-81。

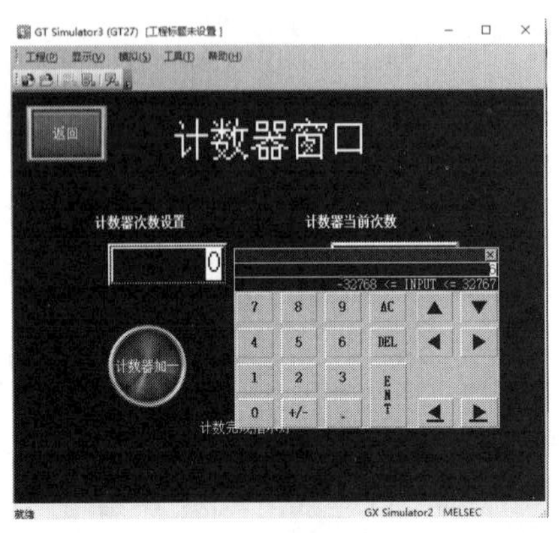

图 6-80

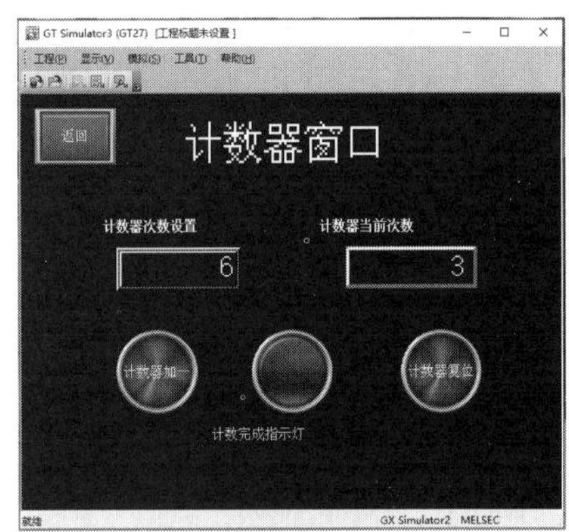

图 6-81

⑦ 待到单击的次数到达设定次数时，指示灯亮起，且在此单击时无反应，见图 6-82。

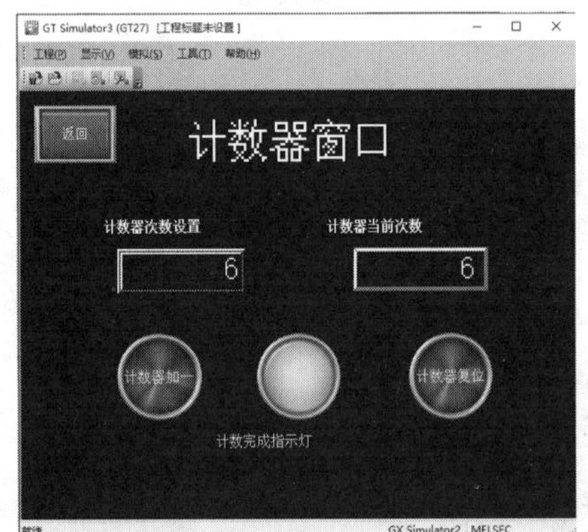

图 6-82

⑧ 单击“计数器复位”按钮可以使计数器的各个寄存器清零，完成计数器的初始化。

Chapter 07

第 7 章 变频控制系统开发接口技术

7.1 变频器的作用

近年来，越来越多“变频”家电产品来到我们身边。例如，“变频空调”已经很普遍了。空调就是使用电机作为动力使制冷剂循环以调节温度的电器，但如果电机只能选择最大转速或者停机，就会带来图 7-1 所示麻烦。电机如果能自动控制转速，便可以设定任何想要的温度，见图 7-2。变频器就是在这样的场合下使用的，是“自由、连续高效地改变电机转速的装置”，见图 7-3。

图 7-1 普通空调

图 7-2　变频空调

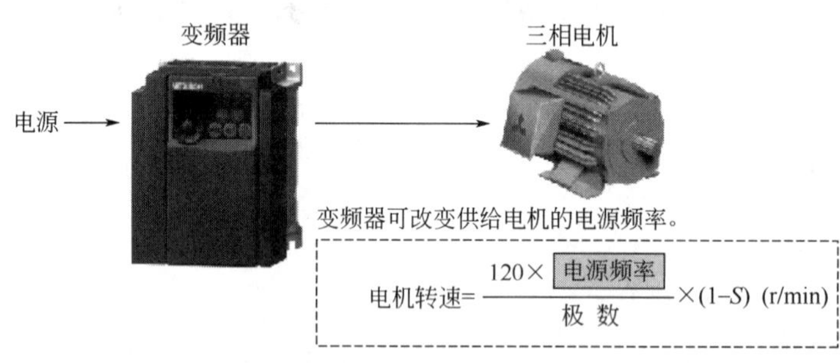

同步转速/N_0	同步转速=(120×电源频率)/(极数)
极数	由各电机的构造决定，例如：4极表示为4P
转差频率/S	额定运行时，通常S=0.03～0.05。停止时相当于S=1

图 7-3　变频器的概念

工业用变频器一般用于三相鼠笼式感应电机。

电机的转速由供给电机的电源的频率和电机级数决定，然而电机级数不能自由、连续的改变，若能自由改变频率，那么，电机的转速也就能自由改变了。变频器就是着眼于这一点，以自由改变频率为目的而构成的装置。

为了更好地使用变频器，了解控制对象的电机特性是非常重要的，这里就基本特征进行简要说明。

（1）转速-转矩-电流特性

鼠笼式感应电机的基本特性与“转速和输出转矩”“转速和电流”有关，电流在启动电机时最大，一旦转速上升，电流就会减小。然而，转矩在转速上升时会增大，当超过某转速点时会减小。当负载的转矩与电机的转矩达到平衡点时，就会进入匀速运行状态。

（2）电机转速

电机转速除取决于负载转矩外，还取决于电源频率与电机级数。

转速计算式为：

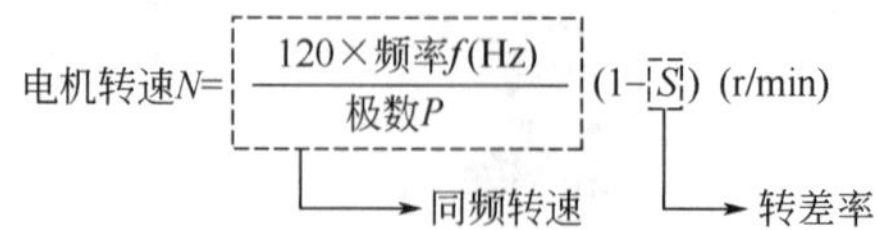

（3）电机额定转矩

由电机产生的力矩称为转矩。其单位为 N·m。电机的额定转矩可通过以下公式计算。

$$额定转矩T_m=9550\times\frac{电机额定功率P\,(kW)}{额定转速N(r/min)}\ (N\cdot m)$$

（4）转差率

当对电机施加负载时，转速会低于同步转速，低于同步转速的程度称为转差率。

$$转差率S=\frac{同步转速N_b-转速N}{同步转速N_b}\times100(\%)$$

① 启动时（转速为 0）转差率为 100%（通常表示为转差率为 1）；通过变频器慢慢增加频率（称为频率启动）时，减小转差率，从而减小启动电流。

② 以额定转矩运行时，转差频率一般为 3%～5%。当负载转矩增大（过负载）时，转差率和电机电流也会随之增大。

③ 当转速大于同步转速时，转差率为负值。

7.2 变频器应用示例

（1）风扇、泵的控制（风量、流量）

商用电源驱动风扇和泵，一般采用风门或阀门来调节风量和流量。这种情况虽然可降低风量和流量，却不能大幅降低电机耗电量，见图 7-4。

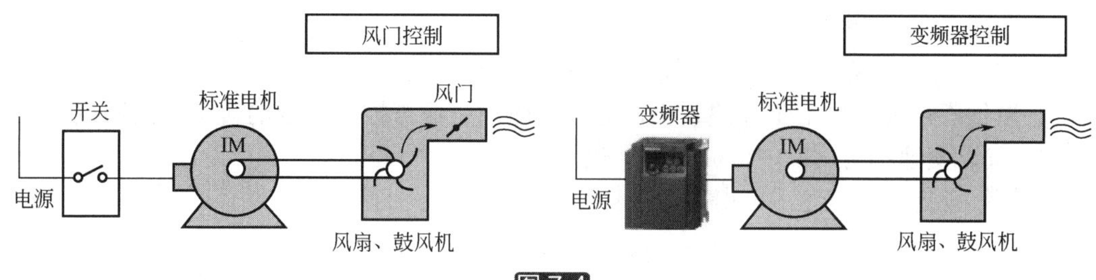

图 7-4

驱动风扇和泵时，旋转转矩与转速的 2 次方成正比，功率与转速的 3 次方成正比。因此，特别在低速旋转区域，通过使用变频器控制可大大实现节能，见图 7-5。

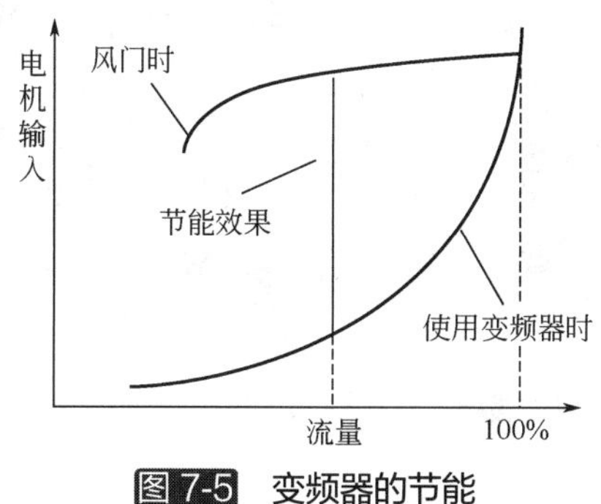

图 7-5 变频器的节能

（2）食品加工控制

在食品加工领域，对其高质量且高安全性方面的要求日益严格。为适应这些要求，变频器的使用也延伸到了食品加工领域。

例如，压面机械如图 7-6 所示，其使用要点如下。

① 可对各压辊的进给速度进行微调。

② 可自由改变面条的粗细。

③ 操作简单。

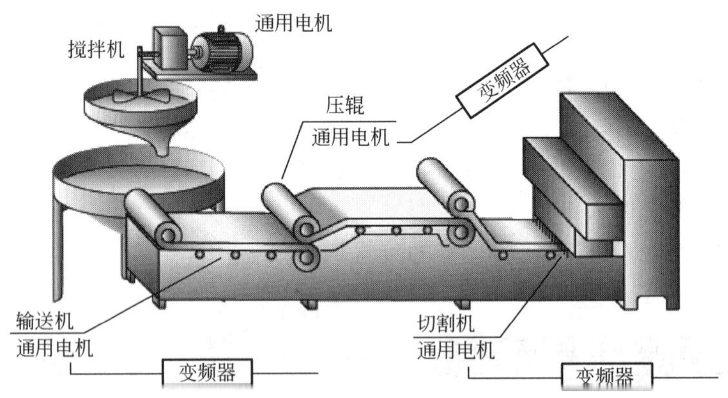

图 7-6 压面机

（3）机床的控制

在机床控制领域，变频器常用于控制主轴转速。尤其是要求加工精度较高时，将矢量变频器和位置检测器（脉冲编码器）进行组合，通过主轴的定位停止或传感器信号反馈，即使发生负载波动，也可以使电机速度保持恒定。

例如，机床主轴驱动如图 7-7 所示，其使用要点如下。

① 以往都是根据加工工件的大小，通过带轮的变速来控制主轴的转速，而通过变频器驱动则可简化变速机构，实现机械的小型化。

② 精细设定主轴转速，可提高加工件的精度。

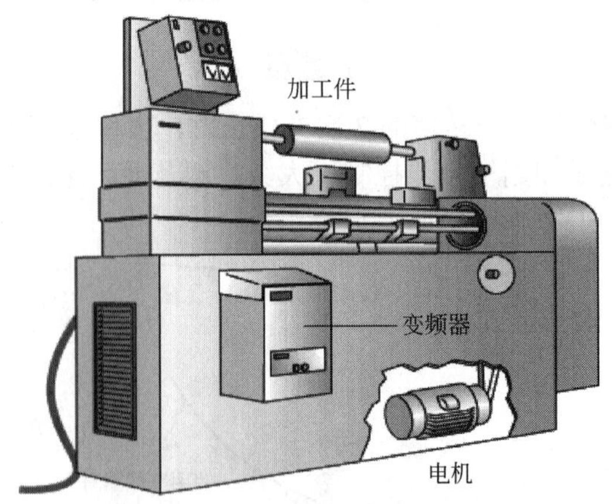

图 7-7 变频器用于机床主轴驱动

7.3 变频器的结构

变频器是将频率固定的交流电源转换为连续可调交流电源的装置，其结构如图 7-8 所示。

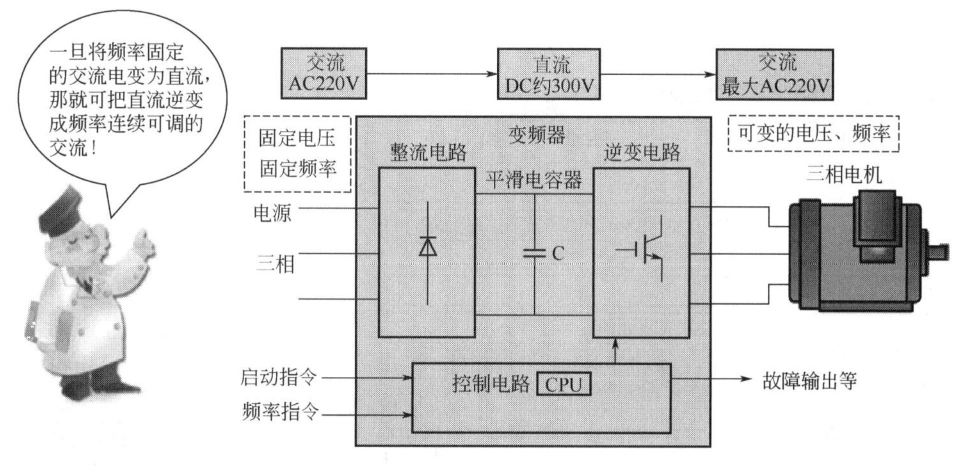

图 7-8　变频器结构

变频器主要部件的作用见表 7-1。

表 7-1　变频器主要部件的作用

电路	作　用
整流电路	利用二极管等半导体元件，将交流转换为直流
平滑电容器	具有对通过整流电路后转换为直流的电压进行平滑滤波的作用
逆变电路	将直流转换为交流，是整流器的逆向转换之意，称为逆变器
控制电路	控制逆变电路

7.4 变频器的优点

变频器的优点见表 7-2。

表 7-2　变频器的优点

优点	作用	优点	作用
可控制标准通用三相电机的速度	适用于已设电机设备	可实现无级变速	可连续、自由地设定最佳速度
可节能（省电）	可降低能源成本	不受电源频率影响	可使设计标准化、省略化
系统可小型化、轻型化	可省去皮带等变速机部分的结构	启动、停止时冲击小	可防止易碎物品在搬运过程中的破损
维护性好	不对变速机的带轮、齿轮的磨损进行维护		

7.5 变频器基础

7.5.1 操作面板各部分的名称与功能

操作面板各部分的名称与功能见图 7-9。

名称	用途
操作面板	装有LED显示、按钮、M旋钮，变频器的启动和停止、频率指令、参数设定以及各种监控进行操作
PU接口	与外部参数单元、电脑、可编程控制器等连接
USB接口	与电脑连接
主电路端子排	连接电源、电机的端子排
标准控制电路端子排	连接外部输入设备(启动指令开关、频率指令器等)、外部输出设备(故障输出、输出频率监控等)的端子排
电压/电流输入切换开关	利用外部模拟输入发出频率指令时，切换至电压输入或电流输入的开关
控制逻辑切换跳线开关	将输入信号的控制逻辑切换为漏型逻辑/源型逻辑。出厂时为漏型逻辑 详情请参照产品手册
内置选配件连接用接口	连接功能扩展用的各种选配件 详情请参照产品手册
冷却风扇	变频器本体的冷却用风扇 拆装简便

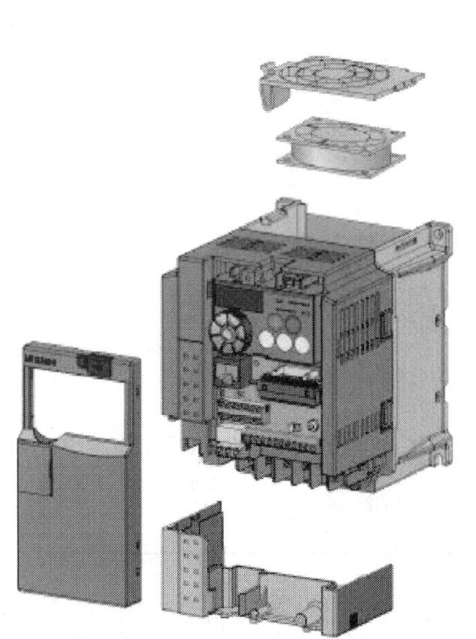

图 7-9 操作面板各部分的名称与功能

7.5.2 变频器端子接线

变频器端子接线如图 7-10～图 7-12 所示。

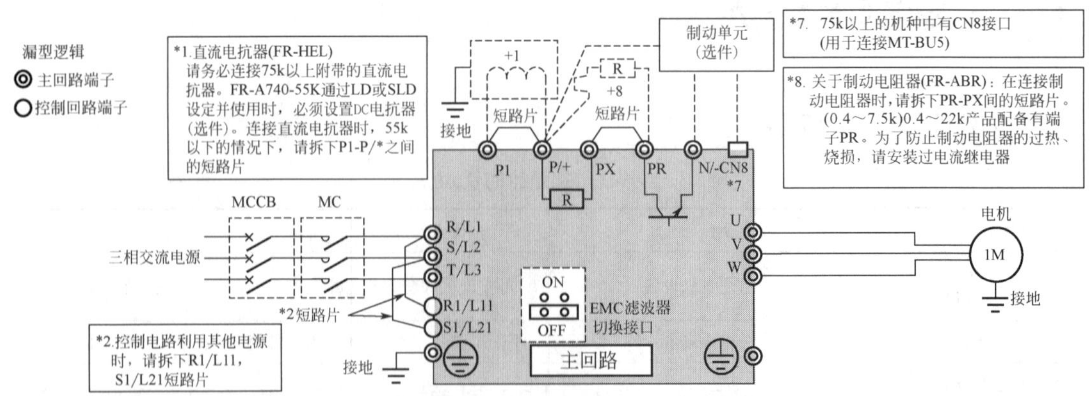

图 7-10 变频器端子接线（1）

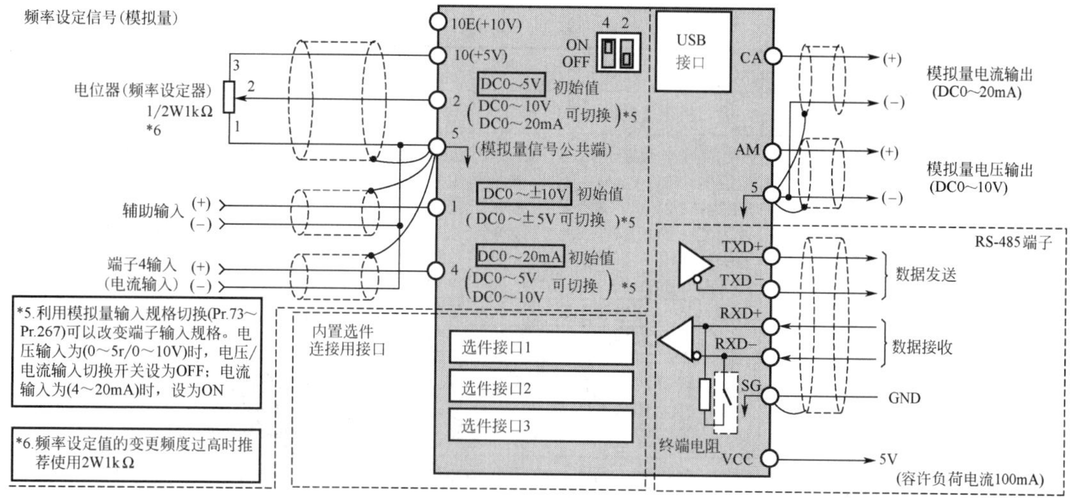

图 7-11 变频器端子接线（2）

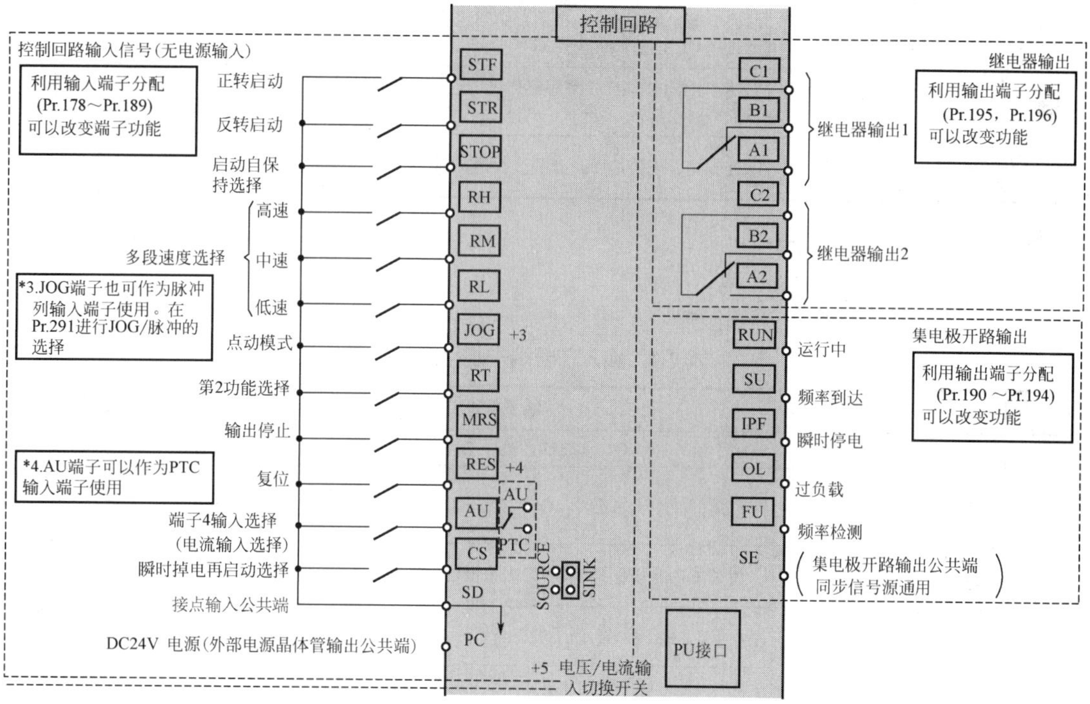

图 7-12 变频器端子接线（3）

7.5.3 主回路端子规格

主回路端子规格见表 7-3。

表 7-3 主回路端子规格

端子记号	端子名称	端子功能说明
R/L1， S/L2， T/L3	交流电源输入	连接工频电源 当使用高功率因数变流器（FR-HC，MT-HC）及共直流母线变流器（FR-CV）时不要连接任何东西

续表

<table>
<tr><th>端子记号</th><th>端子名称</th><th>端子功能说明</th></tr>
<tr><td>U，V，W</td><td>变频器输出</td><td>接三相笼型电机</td></tr>
<tr><td>R1/L11，S1/L21</td><td>控制回路用电源</td><td>与交流电源端子 R/L1，S/L2 相连。在保持异常显示或异常输出时，以及使用高功率因数变流器（FR-HC，MT-HC），电源再生共通变流器（FR-CV）等时，请拆下端子 R/L1-R1/L11，S/L2-S1/L21 间的短路片，从外部对该端子输入电源，在主回路电源（R/L1，S/L2，T/L3）设为 ON 的状态下，请勿将控制回路用电源（R1/L11，S1/L21）设为 OFF。可能造成变频器损坏。控制回路用电源（R1/L11，S1/L21）为 OFF 的情况下，请在回路设计上保证主回路电源（R/L1，S/L2，T/L3）同时也为 OFF
<table><tr><td>变频器容量</td><td>15k 以下</td><td>18.5k 以上</td></tr><tr><td>电源容量</td><td>60VA</td><td>80VA</td></tr></table></td></tr>
<tr><td>P/+，PR</td><td>制动电阻器连接（22k 以下）</td><td>拆下端子 PR-PX 间的短路片（7.5k 以下），连接在端子 P/+–PR 间作为任选件的制动电阻器（FR-ABR）
22k 以下的产品通过连接制动电阻，可以得到更大的再生制动力</td></tr>
<tr><td>P/+，N/–</td><td>连接制动单元</td><td>连接制动单元（FR-BU2，FR-BU，BU，MT-BU5），共直流母线变流器（FR-CV）电源再生转换器（MT-RC）及高功率因素变流器（FR-HC，MT-HC）</td></tr>
<tr><td>P/+，P1</td><td>连接改善功率因数直流电抗器</td><td>对于 55k 以下的产品请拆下端子 P/+–P1 间的短路片，连接上 DC 电抗器［75k 以上的产品已标准配备有 DC 电抗器，必须连接。FR-A740-55k 通过 LD 或 SLD 设定并使用时，必须设置 DC 电抗器（选件）］</td></tr>
<tr><td>PR，PX</td><td>内置制动器回路连接</td><td>端子 PX-PR 间连接有短路片（初始状态）的状态下，内置的制动器回路为有效（7.5k 以下的产品已配备）</td></tr>
<tr><td>⏚</td><td>接地</td><td>变频器外壳接地用，必须接大地</td></tr>
</table>

7.5.4 控制回路端子

（1）输入信号（表 7-4）

表 7-4 输入信号端子规格及功能

<table>
<tr><th>种类</th><th>端子记号</th><th>端子名称</th><th colspan="2">端子功能说明</th><th>额定规格</th></tr>
<tr><td rowspan="10">接点输入</td><td>STF</td><td>正转启动</td><td>STF 信号处于 ON 便正转，处于 OFF 便停止</td><td rowspan="2">STF、STR 信号同时 ON 时变成停止指令</td><td rowspan="5">输入电阻 4.7kΩ
开路时电压 DC21～27V
短路时 DC4～6mA</td></tr>
<tr><td>STR</td><td>反转启动</td><td>STR 信号 ON 为逆转，OFF 为停止</td></tr>
<tr><td>STOP</td><td>启动自保持选择</td><td colspan="2">使 STOP 信号处于 ON，可以选择启动信号自保持</td></tr>
<tr><td>RH，RM，RL</td><td>多段速度选择</td><td colspan="2">用 RH、RM 和 RL 信号的组合可以选择多段速度</td></tr>
<tr><td rowspan="2">JOG</td><td>点动模式选择</td><td colspan="2">JOG 信号 ON 时选择点动运行（初期设定），用启动信号（STF 和 STR）可以点动运行</td></tr>
<tr><td>脉冲列输入</td><td colspan="2">JOG 端子也可作为脉冲列输入端子使用。在作为脉冲列输入端子使用时，有必要变更 Pr.291 的设定值。（最大输入脉冲数：100k 脉冲/s）</td><td>输入电阻 2kΩ，短路时 DC8～13mA</td></tr>
<tr><td>RT</td><td>第二功能选择</td><td colspan="2">RT 信号 ON 时，第二功能被选择
设定［第 2 转矩提升］［第 2V/F（基准频率）］时，也可以用 RT 信号处于 ON 时选择这些功能</td><td rowspan="3">输入电阻 4.7kΩ
开路时电压 DC21～27V
短路时 DC4～6mA</td></tr>
<tr><td>MRS</td><td>输出停止</td><td colspan="2">MRS 信号为 ON（20ms 以上）时，变频器输出停止。用电磁制动停止电机时用于断开变频器的输出</td></tr>
<tr><td>RES</td><td>复位</td><td colspan="2">复位用于解除保护回路动作的保持状态
使端子 RES 信号处于 ON 在 0.1s 以上，然后断开
工厂出厂时，通常设置为复位。根据 Pr.75 的设定，仅在变频器报警发生时可能复位。复位解除后约 1s 恢复</td></tr>
</table>

续表

种类	端子记号	端子名称	端子功能说明	额定规格
接点输入	AU	端子4输入选择	只有把AU信号置为ON时端子4才能用(频率设定信号在DC4～20mA之间可以操作)，AU信号置为ON时端子2（电压输入）的功能将无效	输入电阻4.7kΩ 开路时电压DC21～27V 短路时DC4～6mA
		PTC输入	AU端子也可以作为PTC输入端子使用（保护电机的温度）。用作PTC输入端子时要把AU/PTC切换开关切换到PTC侧	
	CS	瞬停再启动选择	CS信号预先处于ON，瞬时停电再恢复时变频器便可自动启动。但用这种运行必须设定有关参数，因为出厂设定为不能再启动	
	SD	接点输入公共端（漏型）（初始设定）	接点输入端子（漏型逻辑）和端子FM的公共端子	—
		外部晶体管公共端（源型）	在源型逻辑时连接可编程控制器等的晶体管输出（开放式集电器输出）时，将晶体管输出用的外部电源公共端连接到该端子上，可防止因漏电而造成的误动作	
		DC24V电源公共端	DC24V　0.1A电源（端子PC）的公共输出端子 端子5和端子SE绝缘	
	PC	外部晶体管公共端(漏型)(初始设定)	在漏型逻辑时连接可编程控制器等的晶体管输出（开放式集电器输出）时，将晶体管输出用的外部电源公共端连接到该端子上，可防止因漏电而造成的误动作	电源电压范围DC19.2～28.8V 容许负载电流100mA
		接点输入公共端（源型）	接点输入端子（源型逻辑）的公共端子	
		DC24V电源	可以作为DC24V、0.1A的电源使用	
频率设定	10E	频率设定用电源	按出厂状态连接频率设定电位器时，与端子10连接 当连接到10E时，请改变端子2的输入规格	DC10V 容许负载电流10mA
	10			DC5V 容许负载电流10mA
	2	频率设定（电压）	如果输入DC0～5V（或0～10V，0～20mA），当输入5V（10V，20mA）时成最大输出频率，输出频率与输入成正比。DC0～5V（出厂值）与DC0～10V，0～20mA的输入切换用Pr.73进行控制。电流输入为（0～20mA）时，电流/电压输入切换开关设为ON	电压输入的情况下，输入电阻10kΩ±1kΩ 最大许可电压DC20V 电流输入的情况下，输入电阻245Ω±5Ω 最大许可电流30mA 4　2 电压/电流输入切换开关 开关1 开关2
	4	频率设定（电流）	如果输入DC4～20mA（或0～5V，0～10V），当20mA时成最大输出频率，输出频率与输入成正比。只有AU信号置为ON时，此输入信号才会有效（端子2的输入将无效）。4～20mA（出厂值），DC0～5V，DC0～10V的输入切换用Pr.267进行控制。电压输入为0～5V/0～10V时，电压/电流输入切换开关设为OFF。端子功能的切换通过Pr.858进行设定	
	1	辅助频率设定	输入DC0～±5或DC 0～±10V时，端子2或4的频率设定信号与这个信号相加，用参数单元Pr.73进行输入0～±5V DC或0～±10VDC（出厂设定）的切换 通过Pr.868进行端子功能的切换	输入电阻10kΩ±1kΩ，最大许可电压DC±20V
	5	频率设定公共端	频率设定信号（端子2，1或4）和模拟输出端子CA，AM的公共端子，请不要接大地	—

（2）输出信号（表7-5）

表7-5　输出信号端子规格及功能

种类	端子记号	端子名称	端子功能说明	额定规格
接点	A1，B1，C1，	继电器输出1（异常输出）	指示变频器因保护功能动作时输出停止的转换接点 故障时：B-C间不导通（A-C间导通），正常时：B-C间导通（A-C间不导通）	接点容量AC230V 0.3A（功率为0.4） DC30V　0.3A

续表

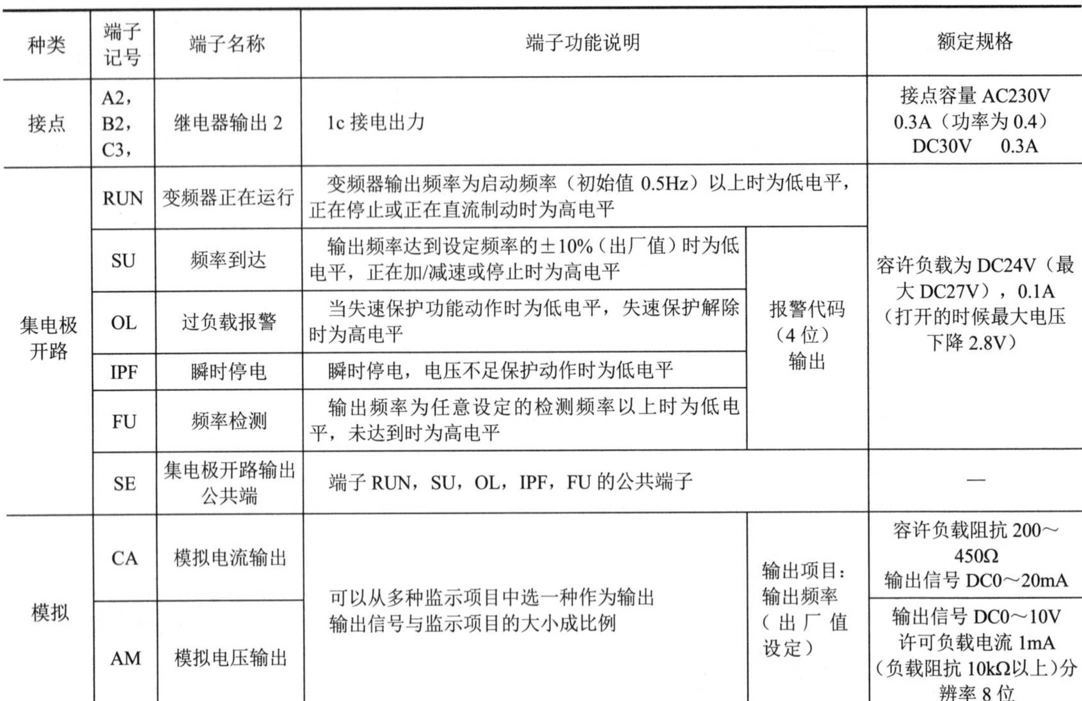

种类	端子记号	端子名称	端子功能说明		额定规格
接点	A2，B2，C3，	继电器输出 2	1c 接电出力		接点容量 AC230V 0.3A（功率为 0.4）DC30V 0.3A
集电极开路	RUN	变频器正在运行	变频器输出频率为启动频率（初始值 0.5Hz）以上时为低电平，正在停止或正在直流制动时为高电平		容许负载为 DC24V（最大 DC27V），0.1A（打开的时候最大电压下降 2.8V）
	SU	频率到达	输出频率达到设定频率的±10%（出厂值）时为低电平，正在加/减速或停止时为高电平	报警代码（4 位）输出	
	OL	过负载报警	当失速保护功能动作时为低电平，失速保护解除时为高电平		
	IPF	瞬时停电	瞬时停电，电压不足保护动作时为低电平		
	FU	频率检测	输出频率为任意设定的检测频率以上时为低电平，未达到时为高电平		
	SE	集电极开路输出公共端	端子 RUN，SU，OL，IPF，FU 的公共端子		—
模拟	CA	模拟电流输出	可以从多种监示项目中选一种作为输出 输出信号与监示项目的大小成比例	输出项目：输出频率（出厂值设定）	容许负载阻抗 200～450Ω 输出信号 DC0～20mA
	AM	模拟电压输出			输出信号 DC0～10V 许可负载电流 1mA（负载阻抗 10kΩ以上）分辨率 8 位

（3）通信（表 7-6）

表 7-6　通信端子规格及功能

种类	端子记号		端子名称	端子功能说明
RS-485	—		PU 接口	通过 PU 接口，进行 RS-485 通信（仅 1 对 1 连接） ① 遵守标准：EIA-485（RS-485） ② 通信方式：多站点通信 ③ 通信速率：4800～38400bps ④ 最长距离：500m
	RS-485 端子	TXD+	变频器传输端子	通过 RS-485 端子，进行 RS-485 通信 ① 遵守标准：EIA-485（RS-485） ② 通信方式：多站点通信 ③ 通信速率：300～38400bps ④ 最长距离：500m
		TXD−		
		RXD+	变频器接收端子	
		RXD−		
		SG	接地	
USB	—		USB 接口	与个人电脑通过 USB 连接后，可以实现 FR-Configurator 的操作 ① 接口：支持 USB1.1 ② 传输速度：12Mbps ③ 连接器：USB　B 连接器（B 插口）

7.6 操作面板的基本操作

基本操作通过“PU/EXT”键可进行外部运行/PU 模式的切换，通过“MODE”键可切换设定模式。

基本操作流程如图 7-13、图 7-14 所示。

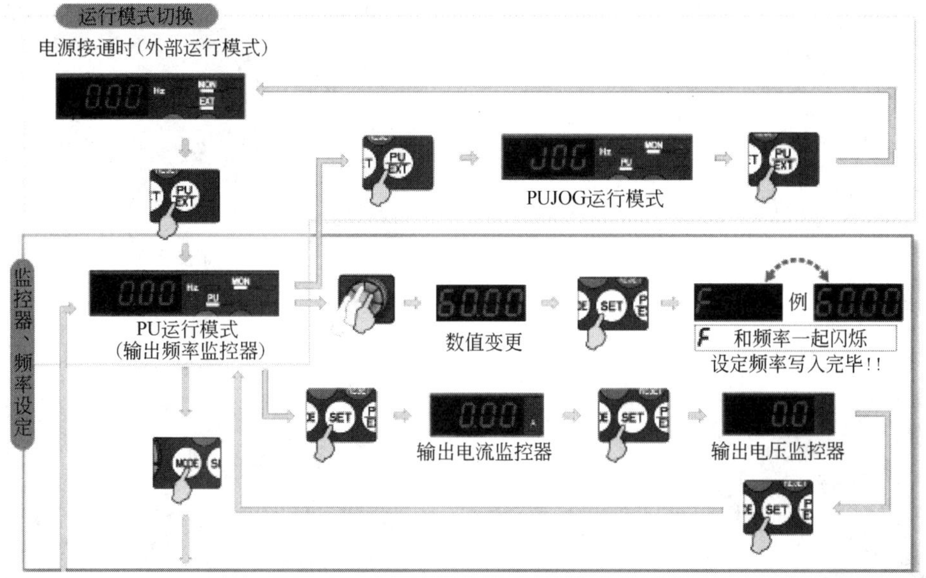

图 7-13　基本操作流程（1）

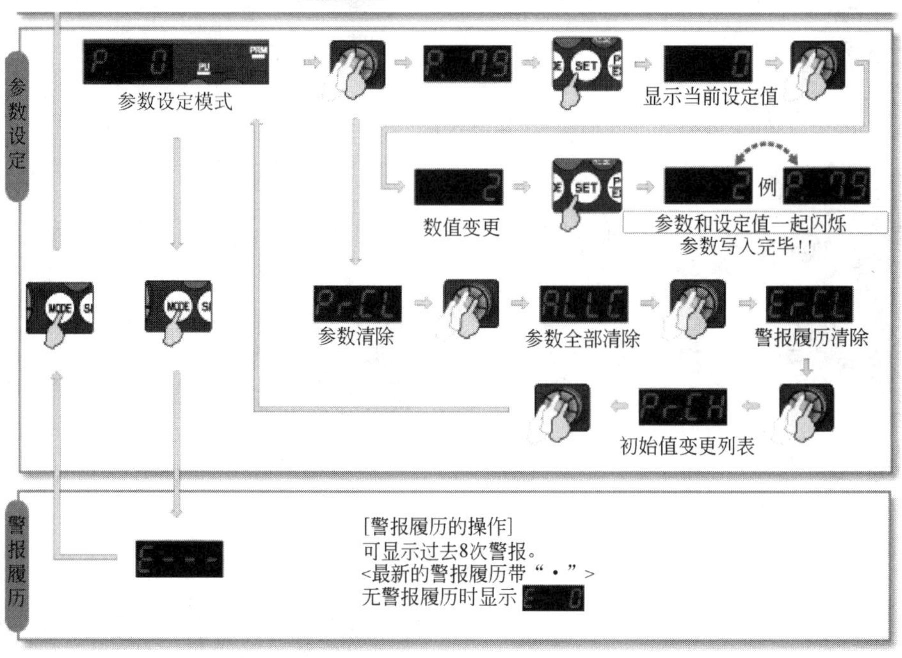

图 7-14　基本操作流程（2）

7.6.1　操作锁定

① 可以防止参数变更或意外启动或停止，使操作面板的 M 旋钮、键盘操作无效化。

② Pr.161 设置为 10 或 11，然后按住 MODE 键 2s，此时 M 旋钮与键盘操作无效。M 旋钮与键盘操作无效化后，操作面板会显示，在此状态下操作 M 旋钮或键盘时，也会显示。（2s 内无 M 旋钮及键盘操作时显示到监视器上）。

③ 如果想使 M 钮与操作键盘有效，请按住MODE键 2s 左右。

具体操作步骤见图 7-15。

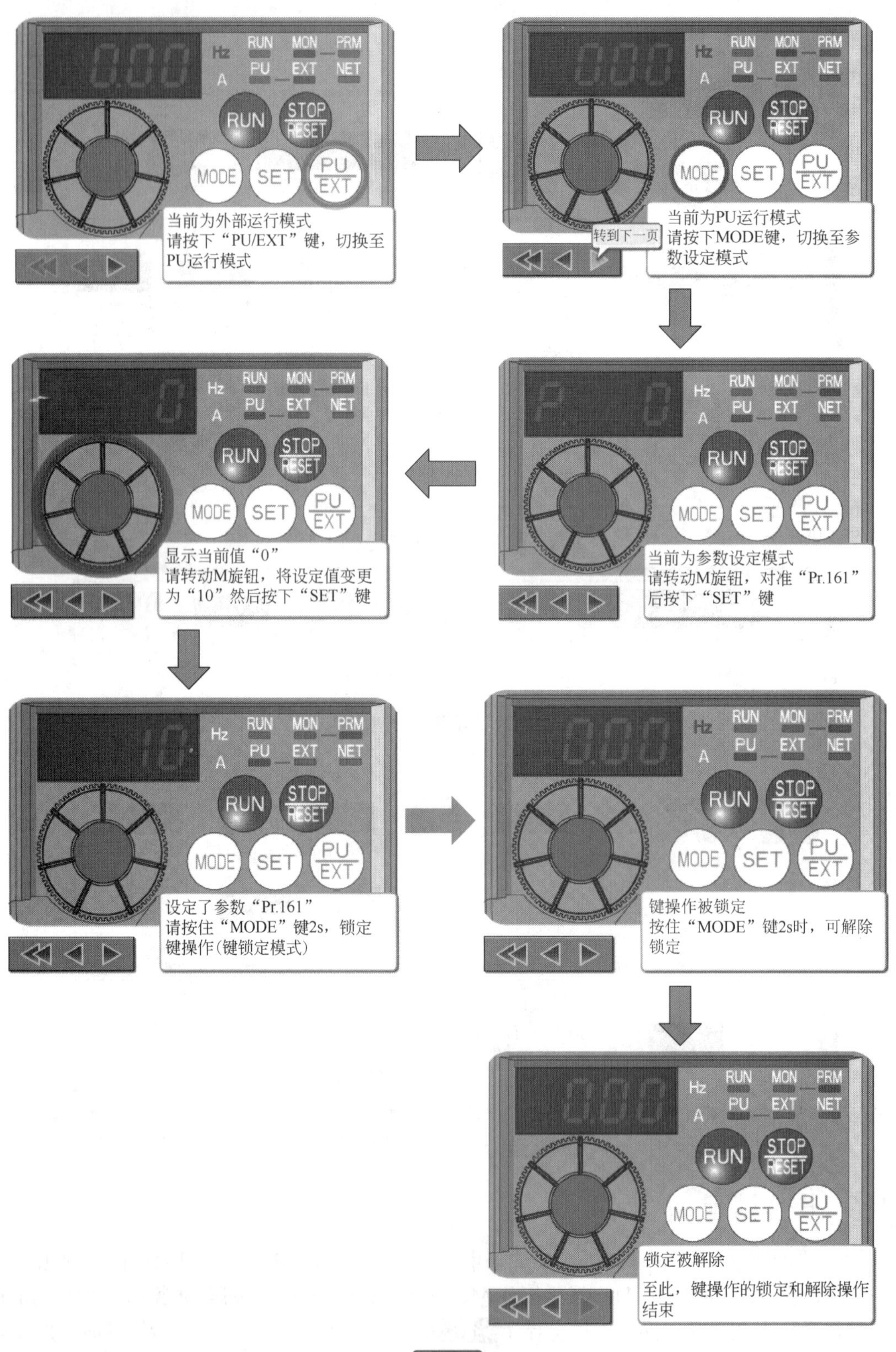
当前为外部运行模式
请按下“PU/EXT”键，切换至PU运行模式
转到下一页
当前为PU运行模式
请按下MODE键，切换至参数设定模式
当前为参数设定模式
请转动M旋钮，对准“Pr.161”后按下“SET”键
显示当前值“0”
请转动M旋钮，将设定值变更为“10”然后按下“SET”键
设定了参数“Pr.161”
请按住“MODE”键2s，锁定键操作(键锁定模式)
键操作被锁定
按住“MODE”键2s时，可解除锁定
锁定被解除
至此，键操作的锁定和解除操作结束

图 7-15

7.6.2 设置输出频率的上限与下限

设置输出频率的上限与下限范围见表 7-7。

表 7-7 输出频率的设置范围

参数编号	名称	初始值		设定范围	内容
1	上限频率	55k 以下	120Hz	0～120Hz	设定输出频率上限
		75k 以下	60Hz		
2	下限频率	0Hz		0～120Hz	设定输出频率下限

例如，设定 Pr.1 将上限频率由 120Hz 变更为 60Hz 的步骤如图 7-16 所示。

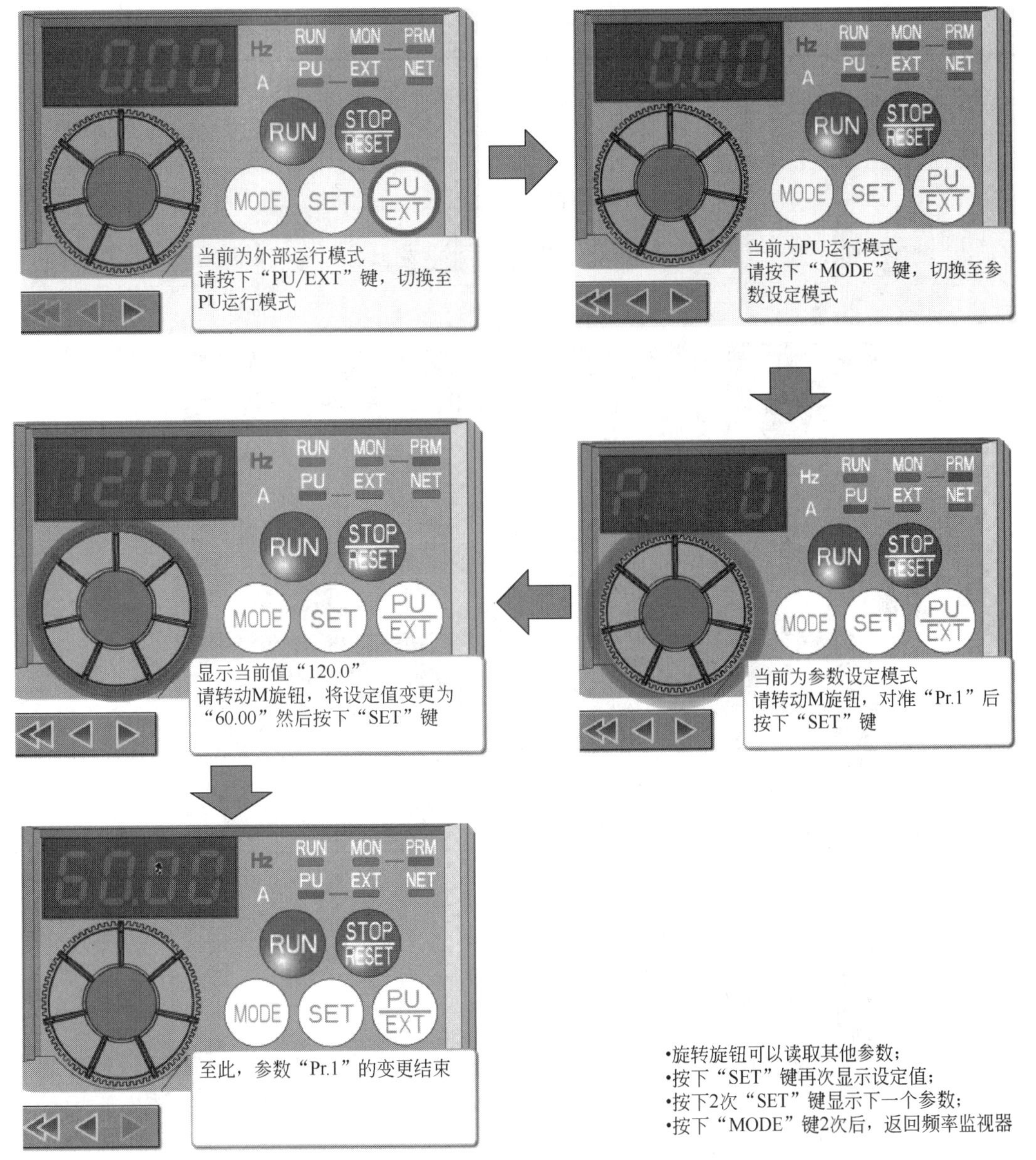

图 7-16

7.6.3 变更加速时间与减速时间

Pr.7 加速时间：如果想快点加速，就把时间设定得长些；如果想慢点加速，就把时间设定得短些，见表 7-8。

Pr.8 减速时间：如果想快点减速，就把时间设定得短些；如果想慢点减速，把时间设定得短些，见表 7-8。

表 7-8 时间的变更

参数编号	名称	初始值		设定范围	内容
7	加速时间	7.5k 以下	5s	0～3600/360s	设定电机加速时间
		11k 以上	15s		
8	减速时间	7.5k 以下	5s	0～3600/360s	设定电机减速时间
		11k 以上	15s		

例如，设定 Pr.7 将加速时间从 5s 调到 10s 的步骤如图 7-17 所示。

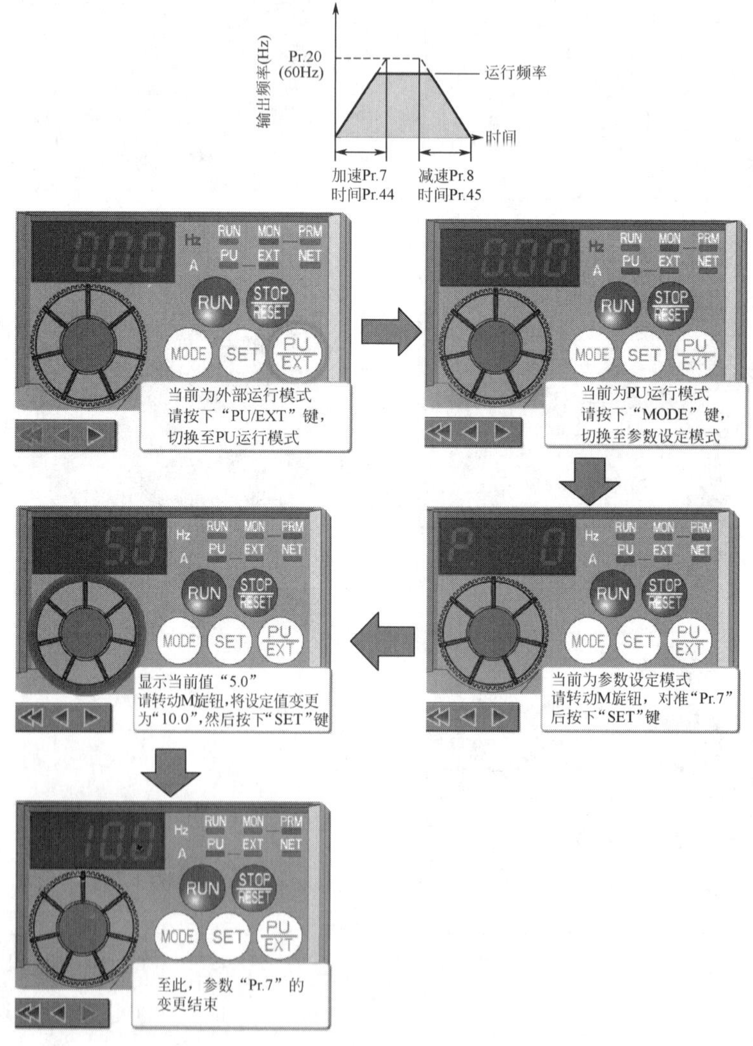

图 7-17

7.6.4 最高频率设定

使用外部电位器设定频率时，或要变更电位器的频率时，可通过“Pr.125：端子 2 频率指定增益”参数进行变更。初始值为 60H。例如，将参数 Pr.125 由初始值 60Hz 变更为 50Hz，见图 7-18。

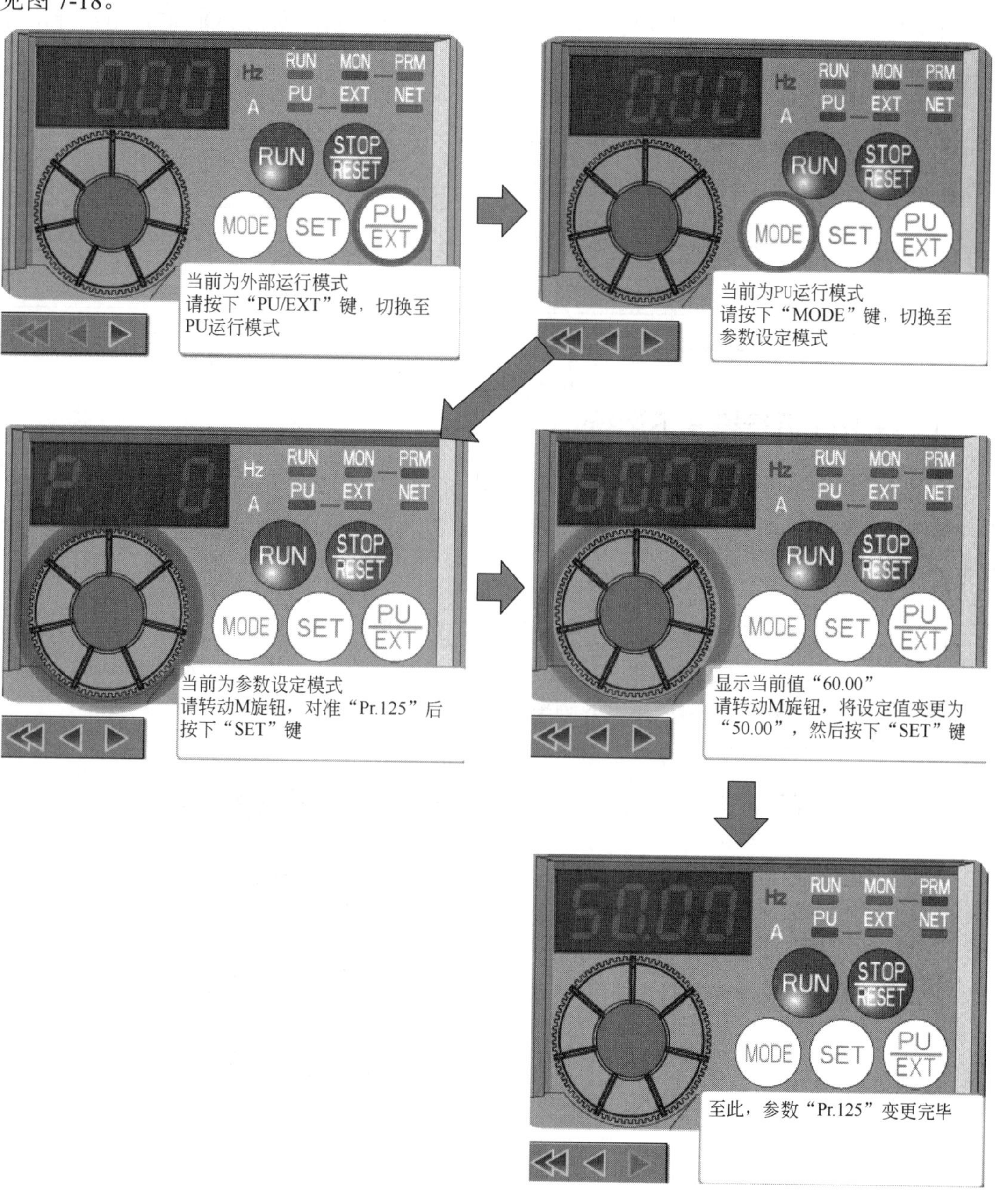

图 7-18

7.7 变频器运行

对变频器进行控制时，需要输入启动指令和频率指令。启动指令为 ON 时，单击开始转动，转速根据频率指令确定，见表 7-9。把启动指令和频率指令的输入方法称为运行模式。

表 7-9

运行模式	启动指令	频率指令（速度）
PU 运行模式	操作面板（RUN 键）外部参数单元	操作面板（M 旋钮）外部参数单元
外部运行模式	外部输入设备	外部输入设备
组合运行模式（组合 1）	外部输入设备	操作面板（M 旋钮）外部参数单元
组合运行模式（组合 2）	操作面板（RUN 键）外部参数单元	外部输入设备
网络运行模式	网络设备	网络设备

7.7.1 在 PU 运行模式下运行

在 PU 运行模式下，通过操作面板上的“RUN”键进行电机的启动、停止，通过 M 旋钮变更转速。加减速运行时间按“5s”设定来运行。

7.7.2 频率变更

在 PU 运行模式下变更频率时，可使 M 旋钮像电位器频率指令器一样设定“Pr.161:M 旋钮电位器模式”参数。设定本参数后，通过 M 旋钮可像电位器一样实时设定频率值。因此，无需每次都通过“SET”键确定变更的频率，见图 7-19。

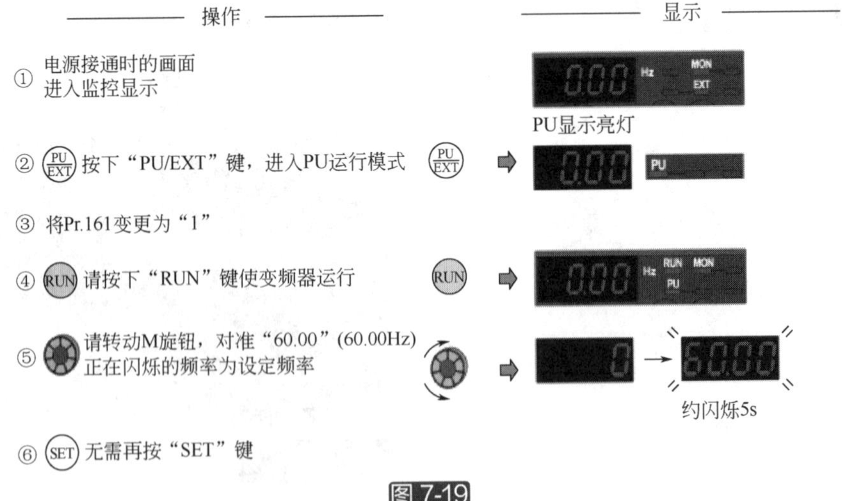

图 7-19

7.7.3 在外部运行模式下运行

在外部运行模式下，通过外部输入设备的正转、反转开关进行电机的启动、停止，通过开关或电位器等变更转速。下面将使用 3 段速开关和电位器 2 种方法变更转速来运行，见表 7-10。

表 7-10 运行指令

项 目	启动指令	频率指令
组合 1	正、反转启动开关	3 段速（低速、中速、高速）
组合 2		电位器（电压输入）

（1）监控运行中输出频率、输出电流和输出电压

在设定模式为频率指令、监控模式的状态下，按下操作面板的“SET”键。每按一次“SET”键，都会显示运行中的输出频率、输出电流和输出电压。

（2）运行中发生故障时的处理方法

如果变频器发生故障，保护功能将会动作，警报停止后，操作面板的显示部分会自动切换至错误显示界面。

保护功能动作时，在处理故障后，使变频器复位重新运行。否则有导致变频器故障和破损的可能。变频器的故障显示大致分为表 7-11 所示几种情况。

表 7-11 变频器故障情况

故障显示种类	说 明
错误信息	以信息形式显示操作面板或参数单元出现的操作错误、设定错误。变频器输出不会中断
警报	即使操作面板上有显示，变频器输出也不会中断，但如不采取措施，则可导致重大障碍
轻微故障	变频器输出不会中断。设定参数时，也可输出轻微故障信号
重大故障	保护功能动作时，变频器输出中断，输出故障

7.7.4 保护功能动作时的复位方法

进行表 7-12 所示任一操作即可进行变频器主体复位，解除复位后，约需 1s 恢复。

表 7-12 变频器主体复位操作

项目	操作方法
操作 1	通过操作面板上的“STOP/RESET”键进行复位，但是仅在变频保护功能（重大故障）动作时可行
操作 2	暂时将电源开关断开（OFF），待显示 LED 熄灭后再接通（ON） ON OFF
操作 3	将复位信号 RES 置于 ON 0.1s 以上 如果 RES 信号继续置于 ON，则显示（闪烁）“Err”，告知复位状态 RES SD

7.7.5 电机不动作时的处理方法

电机不动作时，故障处理方法见表 7-13。

表 7-13　电机不动作的原因及处理方法

故障现象	确认位置	原因	处理方法
电机不动作	主电路	没有外加正常的电源电压（操作面板无显示）	接通无熔丝断路器（NFB）、漏电断路器（ELB）或电磁接触器（MC）
			确认输入电压是否低、有无输入缺相以及配线情况
		电机没有正确连接	确认变频器与电机之间的配线
	输入信号	尚未输入启动信号	确认启动指令场所后，输入启动信号 PU 运行模式时：RUN 键 外部运行模式时：STF/STR 信号
		正转与反转的启动信号（STF、STR）都已输入	仅将正转和反转的启动信号中的一个（STF/STR）置于 ON 通过初始设定，将 STF、STR 信号同时置于 ON，则变为停止指令
		频率指令为零	确认频率指令场所，输入频率指令 （频率指令通过 0Hz 进入启动指令时，操作面板上的 RJN 的 LED 将会闪烁）
		输出停止信号（MRS）或变频器复位信号（RES）为 ON 状态	将 MRS 或 RES 信号置于 OFF 按照启动指令、频率指令运行 确认安全后，请置于 OFF
	负载	负载过重	减轻负载
		轴为限制状态	检查设备（电机）
电机异常发热	电机	冷却风扇不转（积有垃圾、灰尘）	清扫冷却风扇 改善周围环境
	主电路	变频器输出电压（U、V、W 之间的平衡）无法取得平衡	确认变频器的输出电压 确认电机的绝缘情况
电机的旋转方向相反	主电路	输出端子 U、V、W 的相序错误	正确连接输出侧（端子 U、V、W）
	输入信号	启动信号（正转、反转）的连接是否正确	确认连接（STF：正转启动，STR：反转启动）
转速相对设定的值有较大的差异	输入信号	频率设定信号错误	测量输入信号电平
		输入信号线是否受到外来干扰的影响	使用屏蔽线等对输入信号线实施防干扰措施
	负载	负载过重，防止失速动作	减轻负载
	电机		确认变频器和电机的容量选择

7.8 CC-Link 通信接口技术

7.8.1 CC-Link 概述

CC-Link 是三菱电机新近推出的开放式现场总线，其数据容量大，通信速度多级可选择，而且它是一个以设备层为主的网络，同时也可覆盖较高层次的控制层和较低层次的传感层。一般情况下，CC-Link 整个一层网络可由 1 个主站和最多 64 个从站组成。网络中的主站由 PLC 担当，从站可以是远程 I/O 模块、特殊功能模块、带有 CPU 和 PLC 本地站、人机界面、变频器及各种测量仪表、阀门等现场仪表设备，可实现从 CC-Link 到 AS-I 总线的连接。CC-Link 具有高速的数据传输速度，最高可达 10Mb/s。CC-Link 的底层通信协议遵从 RS 485，一般情况下，CC-Link 主要采用广播-轮询的方式进行通信，CC-Link 也支持主站与本地站、智能设备站之间的瞬间通信 。

7.8.2 CC-Link 的系统

CC-Link 通信系统框图如图 7-20 所示。

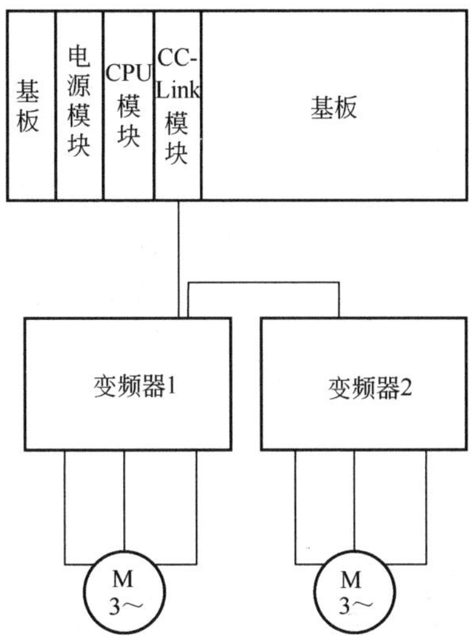

图 7-20 CC-Link 通信系统图

CC-Link 通信端子接线图如图 7-21 所示。

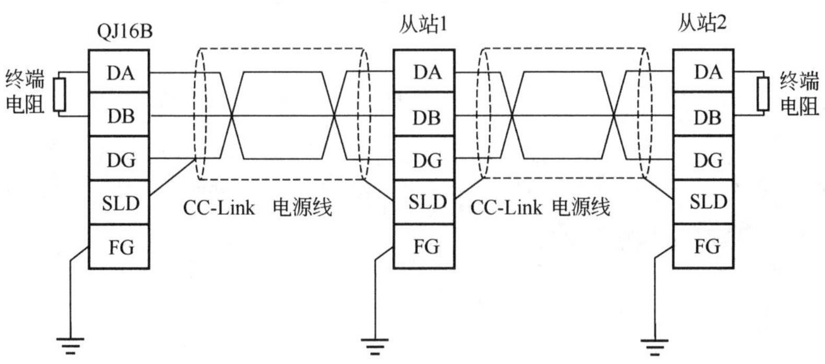

图 7-21 CC-Link 通信端子接线图

7.8.3 CC-Link 与变频器通信控制实例

本例使用 QJ61B 型 CC-Link 与三菱 F-A700-0.75K 变频器通信控制。

（1）CC-Link 输入/输出和远程寄存器分配表（表 7-14）

表 7-14 CC-Link 输入/输出和远程寄存器分配表

信号方向：变频器→主站模块		信号方向：主站模块→变频器	
软元件号	信号名称	软元件号	信号名称
RX0	正向转动	RY0	正转
RX1	反转	RY1	反转
RX2	运行	RY2	高速

续表

信号方向：变频器→主站模块		信号方向：主站模块→变频器	
软元件号	信号名称	软元件号	信号名称
RX3	频率设定	RY3	中速
RX4	过载	RY4	低速
RX5	不使用	RY5	不使用
RX6	频率检测	RY6	不使用
RX7	正常	RY7	不使用
RXC	监视	RYC	监视命令
RXD	频率设置命令	RYD	频率设置命令
RXE	频率设置命令	RYE	频率设置命令
RXF	指令代码执行完成	RYF	指令代码执行请求
RWrn+0	监视值	RWwn+0	监视代码
RWrn+1	输出频率	RWwn+1	设定频率
RWrn+2	回复代码	RWwn+2	指令代码
RWrn+3	读取数据	RWwn+3	写入数据

（2）CC-Link 控制变频器参数设置

第一步：设置 CC-Link 参数，确定远程寄存器和远程输入和远程输出，在左侧的工程树中，在网络参数中选择“CC-Link”，双击进入设置，见图 7-22。

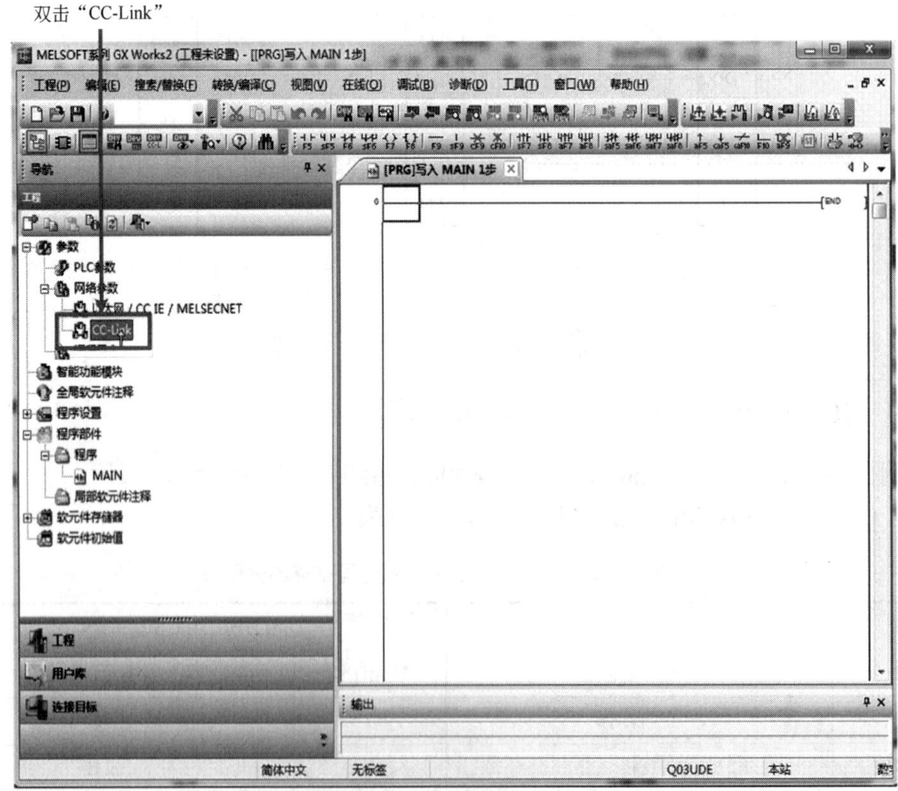

图 7-22　设置 CC-Link 参数

双击“CC-Link”进入，出现图 7-23 所示对话框。

第二步：进行各项参数的设置。

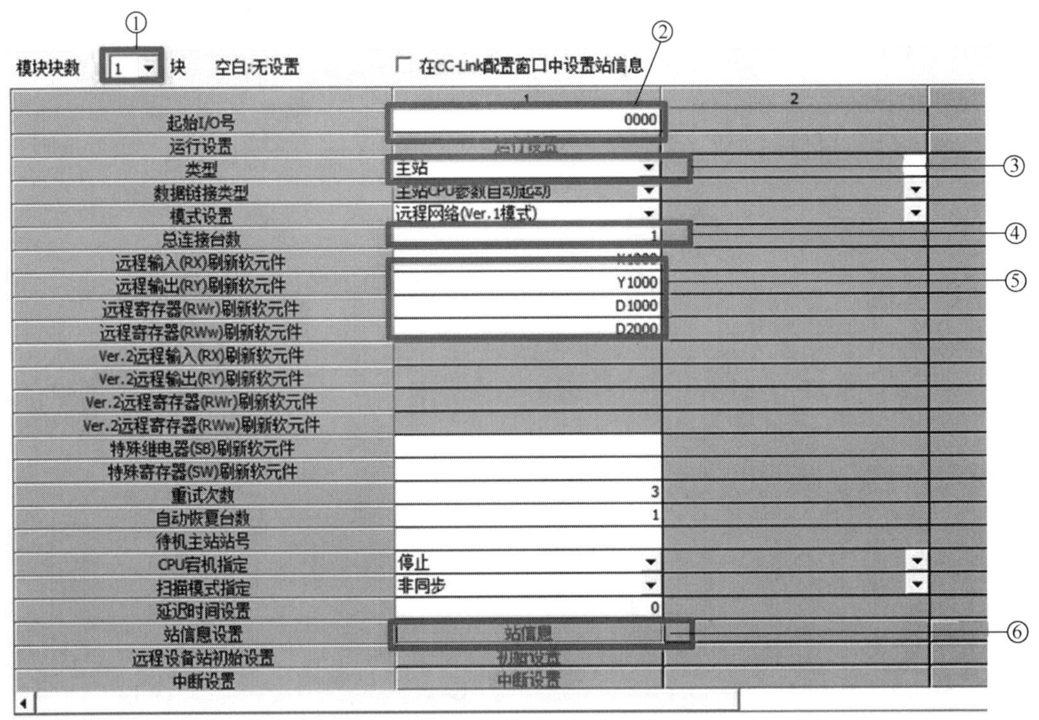

图 7-23 参数设置对话框

图 7-23 中①～⑥含义如下。

① 将所使用的 CC-link 模块的数量进行选择。

② 将 CC-link 模块在基板上的起始地址进行选择。

③ 将本站设为主站。

④ 将与总站连接的使用 CC-Link 通信的从站个数设置下。

⑤ 将与从站进行通信控制的 I/O 地址和远程寄存器进行设置 。

⑥ 根据自己的需要进行站信息的设置。

以上各项设置完成后，单击“检查”，若无错误，单击“设置结束”。

第三步：CC-link 工作模式和站号选择。

CC-Link 工作模式和站号选择见图 7-24。

注意：站号不能与从站相同，工作模式要与从站设置一致。

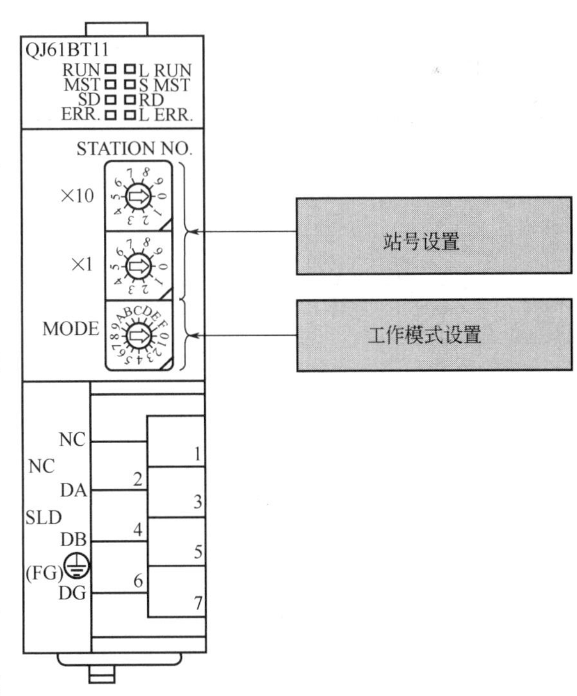

图 7-24 CC-Link 工作模式和站号的选择

7.8.4 CC-Link 控制变频器程序编写

控制要求：实现对三相异步电机 10Hz、20Hz、30Hz 三种频率速度的控制。

程序：程序如图 7-25。

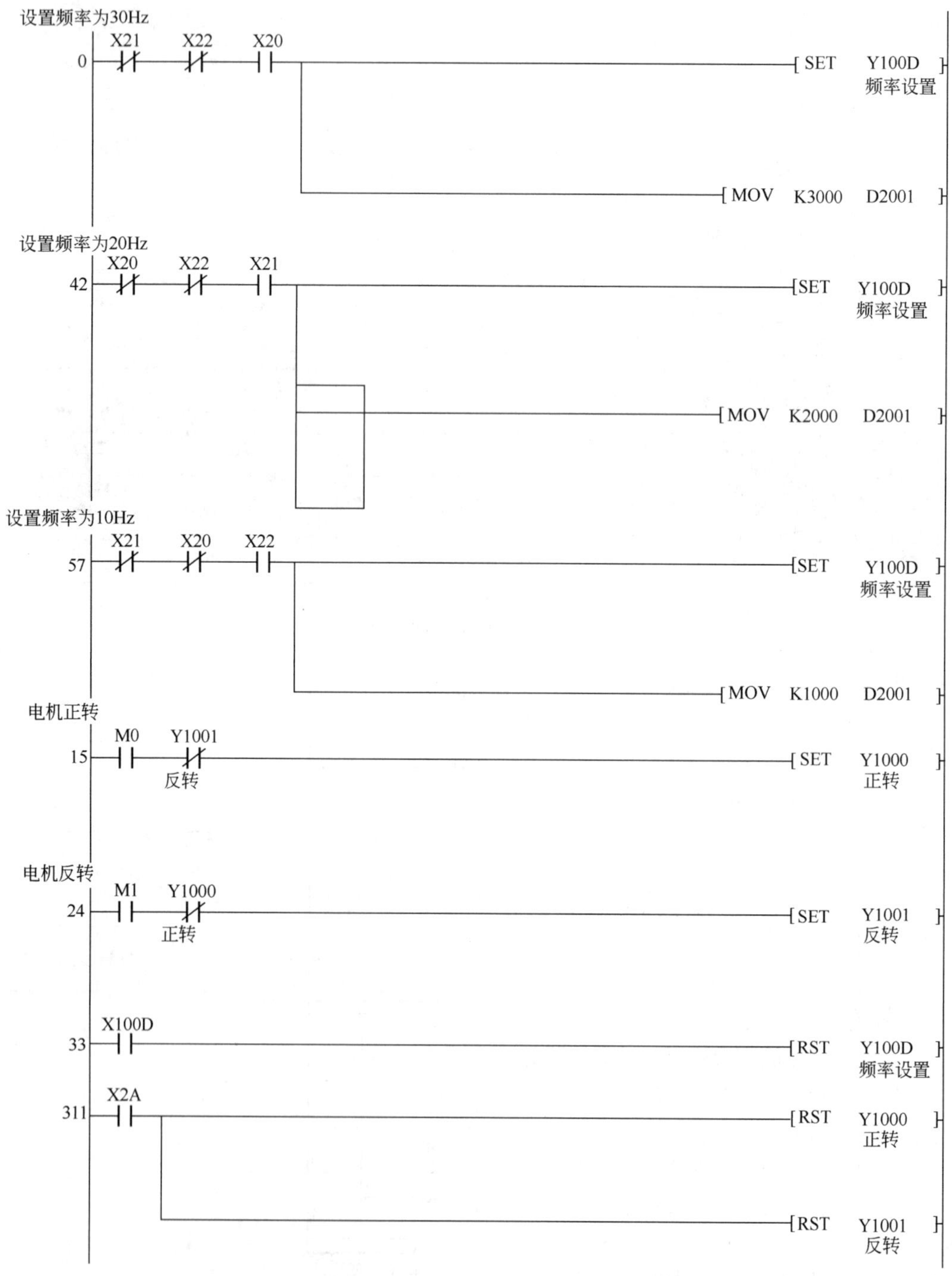

图 7-25 CC-Link 控制变频器程序

Chapter 08

第 8 章 虚拟现实系统开发接口技术

8.1 虚拟现实概述

虚拟现实技术是通过计算机模拟出一个三维的虚拟世界或人工环境，并通过视觉、听觉、触觉、力觉等传感技术让参与者身临其境般地进行体验和交互，是被公认的将改变人们日常生活的高新技术之一。虚拟现实技术已经广泛应用于军事训练、医学实验、城市规划、应急演练、工业仿真、景观展示、智能制造、游戏娱乐、社交等各个领域，发展前景日益广阔。伴随着虚拟现实技术从高端应用向消费应用的转变，虚拟现实市场容量将超过千亿美元，因此包括谷歌、微软、索尼、三星、Facebook、阿里巴巴等国际科技公司纷纷在虚拟现实领域投入巨大财力和研发力量，以期抢占市场先机。

如图 8-1 所示，美国国家航空航天局的两位宇航员在地面空间站虚拟现实模拟器上，穿戴显示头盔和数据手套，开展国际空间站工作任务训练活动。图 8-2 为一个基于虚拟现实技术建立的康复训练平台，它应用动作捕捉器收集关键的临床信息，帮助治疗医生掌握病人的康复状态，改进康复治疗方案。图 8-3 为美国海军资助的虚拟现实项目，用于对船员开展协同、沟通和操作方面的训练。

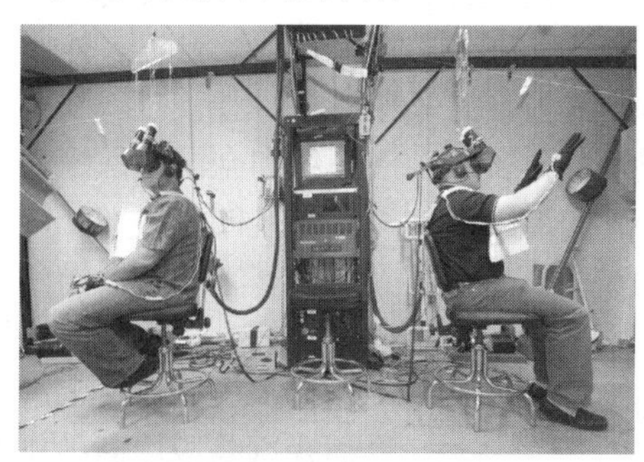

图 8-1 宇航员任务训练

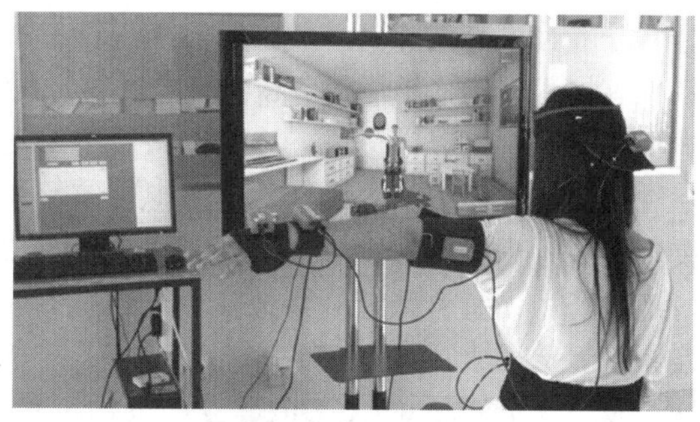

图 8-2 辅助康复治疗

福特、奥迪、通用等知名汽车制造商将虚拟现实技术用于汽车设计和评估、汽车制造和维修等环节中。如图 8-4 所示，福特位于德国科隆的 3D CAVE 虚拟设计工作室将车辆的 3D 影像投影到工作室的三面墙和屋顶上，工程师借助特殊的偏光眼镜和移动感应红外线系统，可以进入虚拟车辆内部感受各项设施，比如调整后视镜或将水瓶放置于门板储物格中。此外，该技术还允许工程师轻松地评估和对比多个设计，包括由其他厂商开发的车辆内饰。在福克斯的设计中，福特汽车利用 CAVE 对雨刮器的工作效率进行优化，包括测试前排座椅和头枕的设计，以确保后排空间的舒适性，评估门框设计对可视性的影响，降低可能对视觉产生影响的反射。

图 8-3 船员航行任务训练

图 8-4 汽车设计虚拟评估环境

2015 年 10 月，谷歌发布了新一代低成本、易制作的虚拟现实设备 Cardboard。尽管 Cardboard 只是一副简单的 3D 眼镜，但这个眼镜加上智能手机就可以组成一个虚拟现实（VR）设备。如图 8-5 所示，用户戴着 Cardboard 眼镜，双眼通过透镜看到两个画面，然后合成一个 3D 图像，进入谷歌地球，用户会看到高山、河流、高楼、桥梁等以 3D 形式呈现的地球图像，有着身临其境的沉浸感。Cardboard 这种简单的解决方案虽不如 Oculus Rift 等专业虚拟现实设备那么专业，但却可以让更多的普通手机用户享受到虚拟现实的浸入式体验。

图 8-5 低成本、易制作的 Cardboard 眼镜

虚拟现实最突出的特点是参与者可以借助于数据头盔、数据手套、位置跟踪器、体感传感器、力反馈臂、3D 眼睛、运动平台等交互设备实时与计算机中的虚拟环境进行交互。如图 8-6 所示，一个完整的虚拟现实应用系统一般由虚拟现实应用软件、运行应用软件的高性能工作站和交互设备等三部分组成。然而由于计算机处理能力、图像分辨率、通信带宽、外设传感水平等技术限制，开发完全高仿真的虚拟环境仍是非常困难的。因此，根据沉浸互动的程度，虚拟现实系统可以被分成三个等级：没有沉浸感的系统、部分沉浸系统和全沉浸系统。无论哪种层次的虚拟现实系统，构建虚拟现实应用软件均是整个虚拟现实系统的核心部分，它主要负责整个虚拟现实场景的开发、运算、生成，是整个虚拟现实系统最基本的物理平台，同时连接和协调整个系统的其他各个子系统的工作和运转，与它们共同组成一个完整的虚拟现实系统。一般来说，创建一个虚拟现实系统的基本方法是在一些通用计算机图形库上进行二次开发，比如 OpenGL、Direct 3D、Java 3D、VRML 等。另外一个途径则是应用商品化的虚拟现实引擎进行开发，这类软件包括 3D VIA Virtools、Quest 3D、Vega Prime、ORGE 等。相

对而言，第一种方式对于开发者的编程能力有更高的要求。本章的后续内容将重点讲述基于 3D VIA Virtools 开发虚拟现实应用系统的基本接口技术。

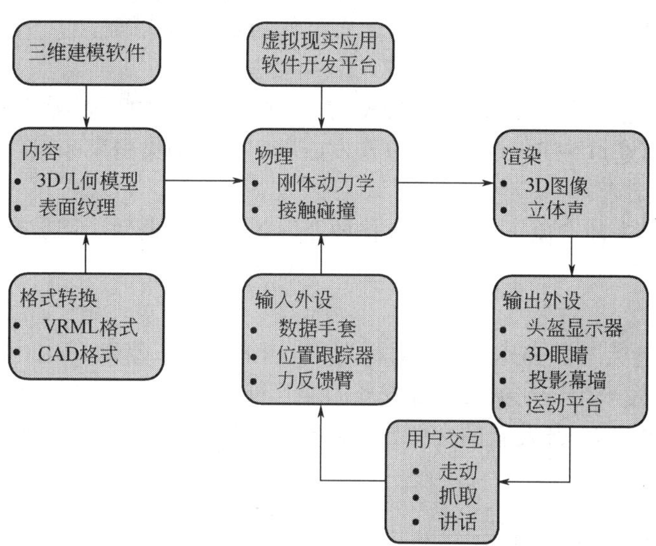

图 8-6　虚拟现实系统的组成

8.2 Virtools 开发平台

8.2.1 Virtools 概述

3DVIA Virtools 是法国达索公司旗下一款虚拟现实系统开发软件平台，其可视化的编程环境、自带的 400 多种行为开发模块、强大的 SDK 开发接口，可以满足虚拟现实系统从简单到复杂的多层次需求。Virtools 能根据开发需求去弹性切换开发模式，减少了烦琐的程序编写环节，且支持多平台发布，因此在人机交互系统、多媒体系统、娱乐游戏、产品展示系统和虚拟现实系统等方面均有广泛的应用。尽管达索公司已经停止了 Virtools 系统的升级和技术支持，转而推出了新一代 3D 交互内容开发平台 3DVIA Studio，但是后者集成了前者的大部分开发接口，比如行为模块（Building Block）、VSL（Virtools Script Language）脚本语言和 SDK（Software Development Kit）开发包。因此，学习 Virtools 的开发原理，对于学习 3DVIA Studio 也会有直接帮助。

作为一个 3D 交互内容创作和发布集成平台，Virtools 包括创作应用程序、行为引擎、渲染引擎、Web 播放器、SDK 等组成部分，下面分别进行介绍。

（1）创作应用程序

Virtools Dev 是一个创作应用程序，可以让用户快速容易的创建丰富、交互式的 3D 作品。通过 Virtools 的行为技术，可以给符合工业标准的模型、动画、图像和声音等媒体文件赋予活力和交互性。然而需要指出的是，Virtools Dev 不是一个建模工具，它不能创建模型，但是可以创建摄像机、灯光、曲线、3D 帧等辅助元素。

（2）交互引擎

Virtools 是一个交互引擎，即 Virtools 对行为进行处理。所谓行为，是指某个元件如何在

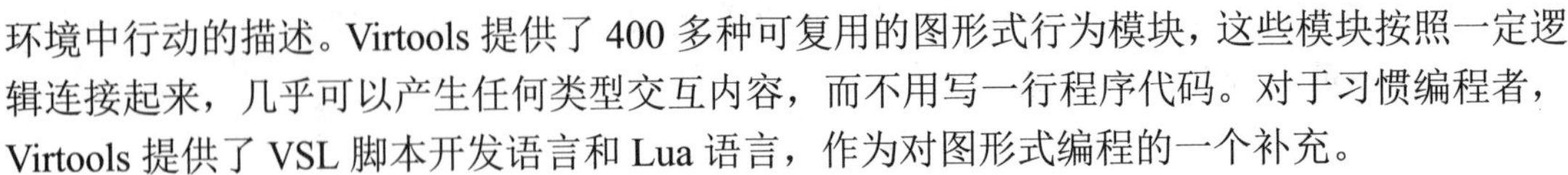

环境中行动的描述。Virtools 提供了 400 多种可复用的图形式行为模块，这些模块按照一定逻辑连接起来，几乎可以产生任何类型交互内容，而不用写一行程序代码。对于习惯编程者，Virtools 提供了 VSL 脚本开发语言和 Lua 语言，作为对图形式编程的一个补充。

（3）渲染引擎

Virtools 有一渲染引擎，在 Virtools Dev 的三维观察窗口中可以所见即所得地查看图像。Virtools 的渲染引擎通过 SDK 可以由用户开发或者定制的渲染引擎来取代。

（4）Web 播放器

Virtools 提供一个能自由下载的 Web 播放器。Web 播放器包含回放交互引擎和完全渲染引擎。

（5）SDK

Virtools Dev 包括一个 SDK，提供对行为和渲染的处理。借助 SDK，用户可以对 Virtools 展开更深层次的开发应用，比如可以开发新的交互行为模块（动态链接库 DLL 方式），修改已存在交互行为的操作，开发新的文件导入或导出插件，替换、修改或扩充 Virtools Dev 渲染引擎。

8.2.2 Virtools 创作流程

尽管 3DVIA Virtools 虚拟现实开发引擎已经提供了一个相对强大的交互性 3D 内容创作解决方案，但是它仅仅是个集成发布、交互创作平台，本身不具备三维建模、材质建模、动画建模等功能。这决定了虚拟现实系统的开发仍然是一个技术链条长、涉及软件平台多的复杂开发过程。图 8-7 给出了基于 Virtools 平台开发虚拟现实系统的一般流程。

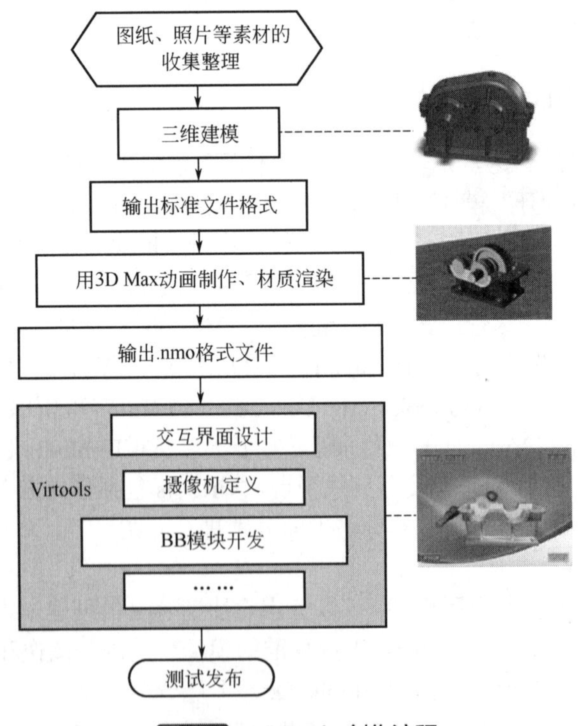

图 8-7 Virtools 创作流程

首先，要搜集图纸、实际产品零部件的照片等基本素材，熟悉产品的工作原理和制造工艺，这是最基本的开发准备工作，也是确保虚拟现实系统高度逼真的基础。其次，应用 Solidworks、Inventor、CATIA 等三维建模软件，完成零部件和装配体的建模，并在 3DS Max 中完成渲染处理。为了保证建模的逼真程度，一般不忽略细节，并将已建立的 3D 模型保存成 STL、WRL 或者其他标准格式的文件。然后用动画制作软件像 3DS Max 和 Maya，读取这些中间格式文件，制作 3D 场景、人物角色和动画。接下来通过输出接口，将制作的媒体文件输出为 Virtools 可读取的.nmo 格式文件。接下来将是虚拟现实开发的核心工作，主要在 Virtools 平台上完成。Virtools 采用图形化、模块化的编程语言，一共有大约 450 个可作用在物体、人物、相机和其他对象上的行为模块。如果这些现有的行为模块无法满足系统的开发需求，开发者可以用 Virtools 脚本语言或二次开发接口函数自己开发新的行为模块。当然，美观、友好的 GUI 界面对于整个系统也是一个不可缺少的部分，这需要用 Photoshop 软件做出按钮、背景等需要的图片。最后完成作品的测试发布工作。总之，Virtools 引擎平台可以通过对 3D 模型、人物角色、3D 动画、图像、视频和声音等媒体文件的交互定义，构造一个高仿真度的虚拟环境和人机交互环境。

8.2.3 Virtools 系统机制

Virtools 整个系统是基于面向对象的方法建立虚拟现实作品的，即每一个具体的元素都属于一个抽象的类。所有元素都通过封装成交互行为模块（BB）的方法和参数进行控制。常用的元素包括从外部导入的模型、声音、纹理等媒体文件，还包括在 Virtools 中创建的曲线、场景、位置以及参数、属性和脚本等。Virtools 中的类都称为 CKClass，即所有的元素都是 CKClass 的实例。图 8-8 所示为 Virtools 类层级中行为对象（Behavioral Object）的分支层级。

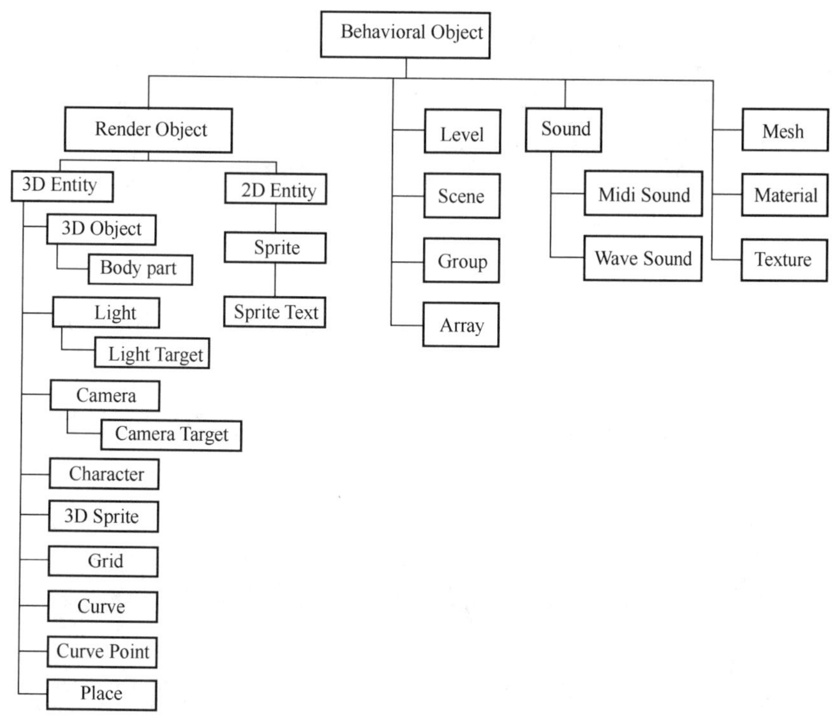

图 8-8　行为对象（Behavioral Object）类层级

采用类封装方法的一个重要优势是可以使用继承。这样任何元素不仅可以集成其父类的所有特性，还可以有自己独特的特性。例如，CKLight 继承自 CK3Dentity，CK3Dentity 继承自 CKRenderObject，CKRenderObject 继承自 CKBeObject。通过特性从父类到子类的传递关系，一个灯光对象（CKLight）首先是一个交互对象（CKBeObject），所以任何能够应用到交互对象的行为也能应用到一个灯光上。其次，灯光（CKLight）还是一个渲染对象（CKRenderObject），从而所有能应用到渲染对象上的任何行为也能应用到一个灯光上。进一步，灯光（CKLight）还是一个三维实体（CK3Dentity），从而它继承了三维实体在 3D 空间内的位置、方位等特性，能够应用到三维实体上的任何方法也能应用到灯光上。当然，灯光（CKLight）除了上述继承的特性之外，还有自身（CKLight）的特性，就像灯光类型（点光源、平行光等）、灯光颜色、照射区域等。

Virtools 应用多态（Polymorphism）技术对特定任务进行优化处理。在面向对象语言中，接口的多种不同的实现方式即为多态。多态性是允许将父对象设置成为一个或更多的与它的子对象相等的技术，赋值之后，父对象就可以根据当前赋值给它的子对象的特性以不同的方式运作。例如，移动一个 3D 帧比移动一个角色更容易，这是因为移动 3D 帧的行为被优化了。优化行为减少了计算时间，在可接受的渲染质量下，使作品更小、对用户的输入反应更快。

Virtools Dev 支持集合，在具有逻辑关系的两个元素之间，一个元素是另一个元素的一部分，但它们分别都具有自己的特性。例如，图 8-9 所示的 3D 对象，可以看到有一个 Object Meshes 栏。虽然在同一时刻只有一个网格能被激活，但是一个 3D 对象可以拥有好几个网格。

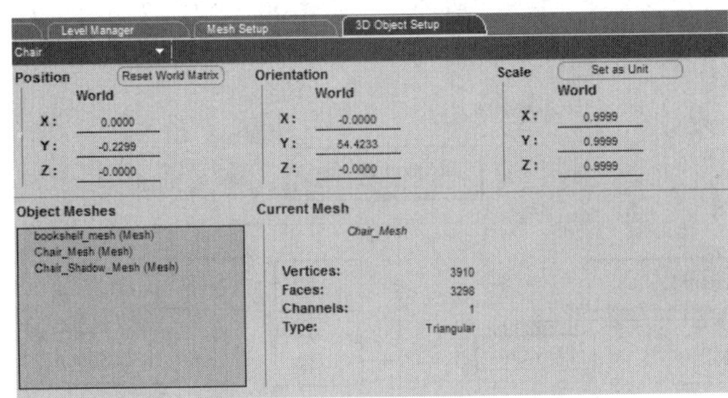

图 8-9　3D 对象的网格设置栏

图 8-10 是网格设置，可以看到有一个 Materials Used 栏。一个网格可以有几个材质，它们中的几个能够在同一时刻被激活。

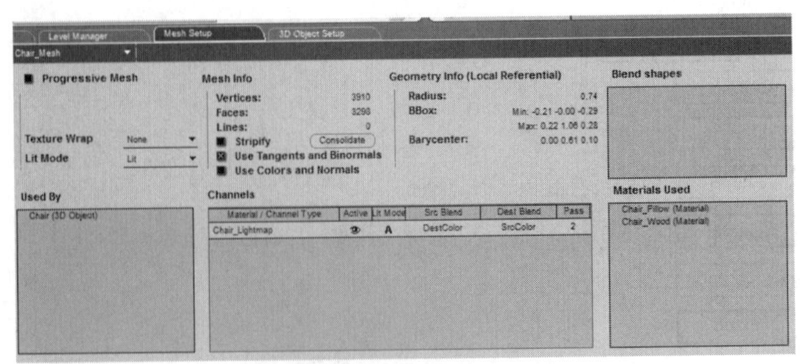

图 8-10　网格设置

图 8-11 是材质设置，用户会看到一个 Texture 标签。一个材质只能有一种纹理。

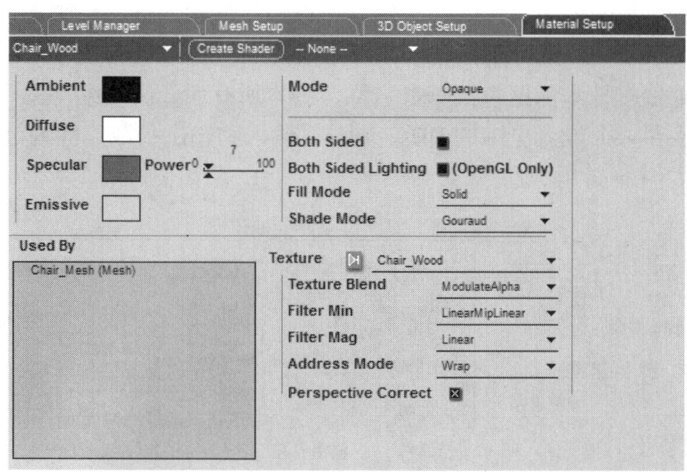

图 8-11 材质设置

所以说，3D 实体元素之间有关联，但每个元素都保持相对的独立性。在上述的例子中，纹理是材质的一部分，材质是网格的一部分，网格是 3D 物体的一部分。因为每个元素都保持相对的独立性，所以每个元素的特性（例子中的物体网格、材质、纹理）都能够被快速简单地改变。事实上，全部的元素都能被另一个兼容元素所交换。例如，用户可以改变一个 3D 物体的网格、材质、纹理或者它们的任意组合，而不改变 3D 物体存在的现实。

Virtools Dev 由于支持集合，所以允许共享例如像声音、动画、网格、材质和纹理这样的元素，并且贯穿在用户的作品中。例如两个椅子能共享相同的网格、材质和纹理，所以两把椅子看起来一样，但有不同的名字。然而，两把椅子也可以有相同的网格、不同的材质和纹理，那样两把椅子将会有相同的形状，但看起来不一样。共享元素能够极大地减小文件尺寸，减轻 CPU 和显卡的工作量。

一个场景由元素组成，通常被运行时激活。场景内的元素被组织到一个场景层次中。Virtools Dev 在场景层次内提供了一个特殊的集合形态。在运行时，元素之间的关系通过 Set Parent 和 Add Child（两者都在 3D Transformations/Basic 中）被确定。运行时集合允许用户在任意 3D 实体集之间建立关联，典型的是，通过建立 3D 实体集，产生单一化的应用程序。例如，利用建模软件，使用 Set Parent 和 Add Child，用户可以建立一部汽车的 3D 实体层级：一个有门、车身、轮子的汽车。一旦层级关系被确定，就能自动改变汽车的子物体，如门、车身、轮子。

8.2.4 Virtools 开发接口

Virtools 提供了四种开发接口：图形脚本、VSL、Lua 和 SDK，如此丰富的开发接口可以充分满足不同层次创作者的业务需求。假如没有编程基础，只需要创作简单的交互作品，应用图形脚本开发就足以胜任。开发一些功能复杂或有特殊要求的交互作品，则往往需要综合应用上述开发接口。

（1）图形脚本

如前所述，Virtools 整个系统是基于面向对象的方法建立虚拟现实作品的，即每一个具体的元素都属于一个抽象的类。为了降低交互作品的开发难度，减少编程工作量，Virtools 进一步将抽象类的方法或属性封装成为行为模块（BB）。BB 是一个图形化的、具有特定功能的脚本元素，是一个对已知的任务迅速解决方案。可以通过拖拽或创建新脚本按钮，将 BB 施加给一个元素，脚本即以一个矩形图框显示在脚本流程图里。如图 8-12 所示，一个脚本由两部分组成：标题和主体。脚本标题包括脚本名称、脚本所有者、脚本缩略图等信息。脚本的主体由开始触发箭头和一个或者更多的 BBs、BGs、输入和输出参数、行为链路（bLinks）、参数链路（pLinks）、注释等组成。

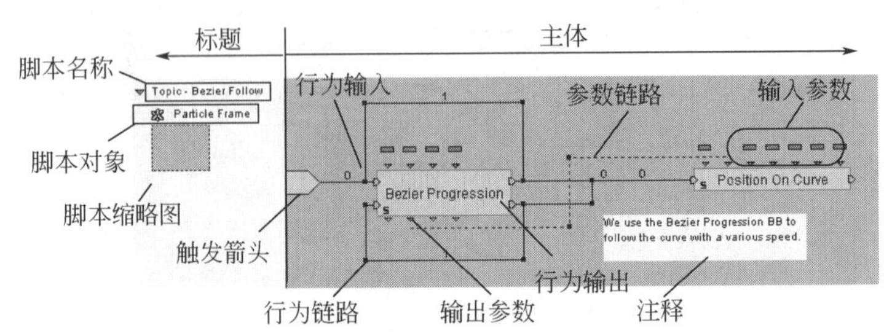

图 8-12 图形脚本

（2）VSL

VSL（Virtools Script Language）脚本语言是一种强劲的脚本语言，通过对 Virtools SDK 脚本级的存取，创建新的 VSL 行为模块，弥补图形脚本的不足。如图 8-13 所示，VSL 编辑器提供智能的语境敏感高亮显示，语境敏感自动显示焦点函数。VSL 包括提供断点的全调试模式、具有值编辑功能的变量观察器、单步调试。对于开发者来说，VSL 是一个和 SDK 的接口。由于不需要建立 C++项目，所以可以容易快速地测试新的想法，在不需要执行订制动态链接库的情况下，执行自定义编码。对于脚本设计者，VSL 可以完美地替换重复参数操作（例如，数学运算、串操作）和创建高级的行为脚本。但是使用 VSL 需具备基础的编程经验并熟悉 Virtools SDK。

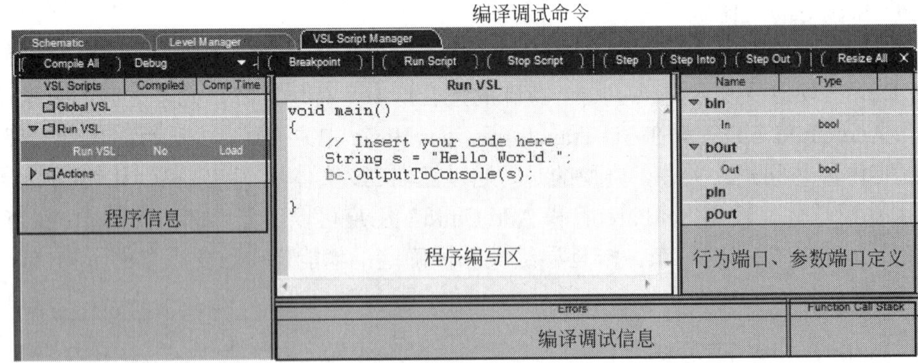

图 8-13 VSL 脚本

（3）Lua

Lua 是一个小巧的脚本语言，该语言的设计目的是为了嵌入应用程序中，从而为应用程序提供灵活的扩展和定制功能。Lua 由标准 C 编写而成，代码简洁优美，几乎在所有操作系统和平台上都可以编译、运行。一个完整的 Lua 解释器不过 200k，在目前所有脚本引擎中，Lua 的速度是最快的。上述特性都决定了 Lua 是嵌入式脚本的最佳选择之一，在游戏工业中更是应用广泛。就像 VSL 一样，Virtools 引入 Lua 首先是为了通过扩展脚本级 SDK 接口，弥补图形脚本的不足。其次，是为了方便已经熟悉 Lua 语言的开发者使用 Virtools，减少学习成本。如图 8-14 所示，Lua 脚本编辑器和 VSL 脚本编辑器的功能区基本一样。

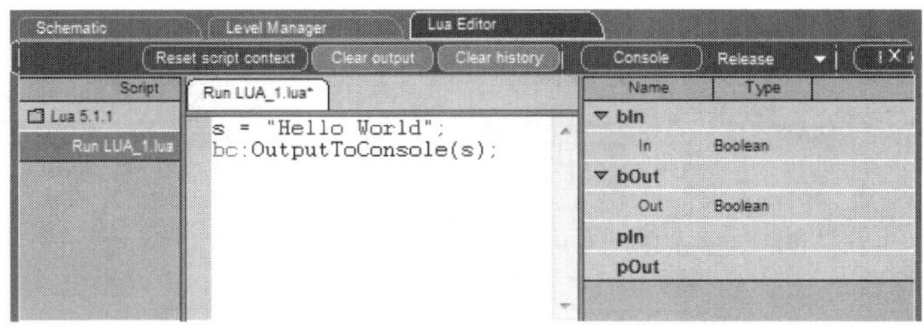

图 8-14 Lua 脚本

（4）SDK

SDK 是“Software Development Kit”的首字母缩写，意思是软件二次开发工具包。这组开发工具（静态链接库、动态链接库、头文件、源文件）使得程序员能够方便地访问 Virtools 的功能函数。程序员直接使用这些功能函数将会有更大的发挥空间，不但可以扩展 Virtools 的 BB 模块，还可以使用 Virtools SDK 开发一些自定义的界面插件。

通过 SDK 接口对 Virtools 开发，需要开发者熟悉 VC 语言的开发机制，和前面的三种接口相比难度增加了很多，但是功能也增强了很多。相对复杂的虚拟现实系统一般都需要 SDK 接口开发，具体开发实例详见后文。

8.3 Virtools 开发接口图形脚本

8.3.1 图形脚本开发入门实例

本小节内容将由简入深介绍一个开关门交互式操作实例，通过本实例体验并初步理解 Virtools 图形脚本开发的基本过程和基本方法。

步骤一：将元素文件导入场景中。如前文所述，创作一个新作品需要准备好相关的模型文件、贴图文件、声音文件等资源，并把这些资源放在一个专门的文件夹中。本实例直接采用 Virtools 自带的资源库文件，单击右上方区域的“Virtools Resources”切换按钮，如图 8-15 所示，通过左侧的目录树，依次找到 Shader materials 下的 Door.nmo 资源，直接将其拖放到 3D Layout 场景中或层级管理器 Level Manager 中。进一步在层级管理器中，单击“3D Objects”，可以发现刚才导入的元素。为了便于后续的制作调试，按住 Shift 键将所有的对象选中，单击鼠标右键，在弹出菜单中选择“Set initial conditions”，这样就设置了元素的初始状态。也可以通过层级管理器“Level Manager”下方的“Set IC for selected”命令按钮设置对象的初始状态。假如不设置初始状态，脚本运行后元素的位置或外观发生了改变，就无法回到初始状态。

步骤二：赋予门旋转行为。单击右上方区域的“Building Blocks”切换按钮，会发现各种 BB 模块。从 3D Transformations→Basic 层级下，找到 Rotate Around 模块，将其拖放到场景中的门上。然后，单击下方的 Schematic 编辑器，可以看到刚才拖放的 Rotate Around 模块，如图 8-16 所示。鼠标右键单击 Rotate Around 模块，在弹出菜单中选择 Edit Parameters，在弹出的对话框中，设置相关的参数，其中 Referential 选择 Door，Keep Orientation 设置为 False。若要详细了解各个参数的含义，可以选择该模块，然后按 F1 键，就会弹出该模块的详细帮助文档。

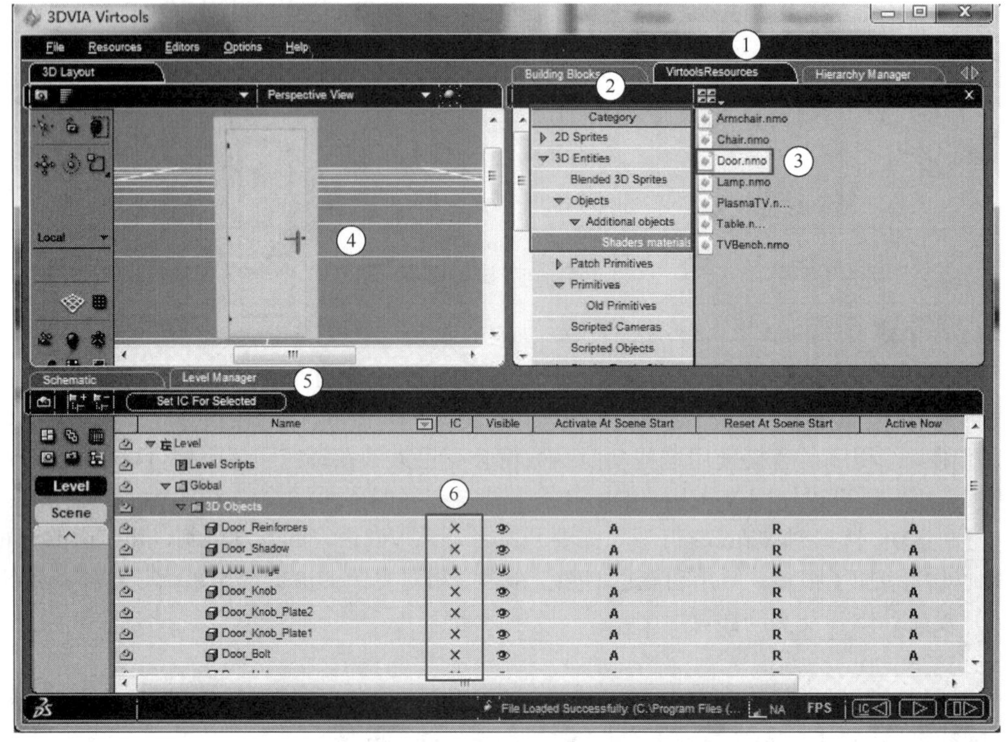

图 8-15 导入元素

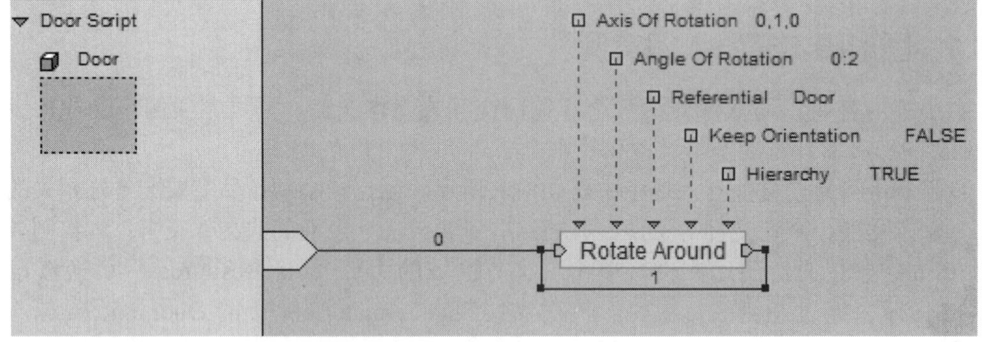

图 8-16 赋予门 Rotate Around 行为

步骤三：查看行为效果。单击界面右下角播放按钮，观察行为效果，发现门会 360° 不停地转动。单击回到初始状态按钮，门会回到步骤一设置的初始状态。显然这种旋转行为不符合开门的实际情况，因为门开关会在一定的角度范围内，而不是 360° 旋转。下面进一步的改进行为。

步骤四：调整开门角度。单击右上方区域的 Building Blocks 切换按钮，从 Logics→Loops 层级下，找到 Bezier Progression 模块，将其拖放到脚本编程区。Bezier Progression 行为模块是在 2D 贝塞尔曲线的最小值和最大值范围之间插补计算输出一个浮点数值，因此控制参数变化范围和变化快慢趋势时经常会用到这个行为模块。进一步设置该模块的参数，其中持续时间 Duration 设置为 1s，插值初始值 A 的数据类型设置为 Angle，值为 0；插值结束值 B 的数据类型同样设置为 Angle，值为 100；插补曲线默认为直线，不改变。将输出 Delta 连接到 Rotate Around 模块的第二个输入参数上，实现两个模块之间的参数传递。将 Bezier Progression 模块的输出端口 Loop out 连接到 Rotate Around 模块的触发端口，将 Rotate Around 模块的输出端口连接到 Bezier Progression 模块的输入端口 Loop in，实现两个模块行为链路的循环传递。Bezier Progression 模块的触发端口 in 连接到触发箭头上。模块的连接和参数具体如图 8-17 所示。进一步参考步骤三，单击界面右下角播放按钮，观察行为效果，会发现门会慢慢打开，而不再 360° 旋转了。

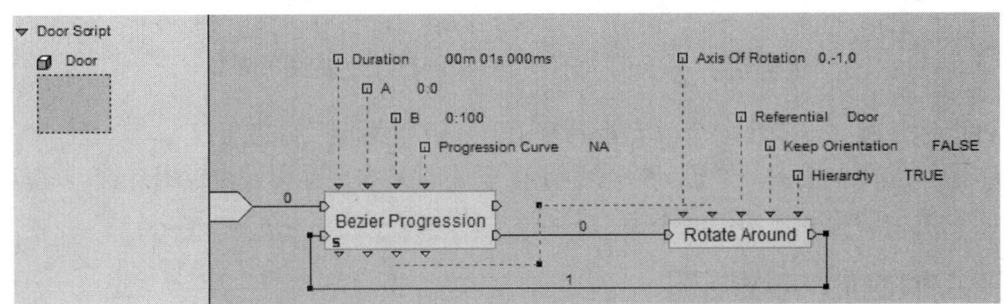

图 8-17 赋予门在一定角度内打开的图形脚本

步骤五：赋予交互动作。上一步中虽然实现了开门的角度设定，但是没有交互行为，现在进一步赋予门交互行为。单击右上方区域的 Building Blocks 切换按钮，从 Logics→Loops 层级下，找到 Wait Message 模块，将其拖放到脚本编程区，并将其第一个输入参数 Message 设置为 OnClick。将 Wait Message 模块触发端连接到开始箭头，将其输出端连接到 Bezier Progression 模块的触发端口，其他不改变，如图 8-18 所示。单击界面右下角播放按钮，然后用鼠标左键单击场景中的门，单击后发现门会慢慢打开。这样门就具有了交互行为特征。然而门不能仅具有开门的行为特征，它还应该有关门的行为特征。

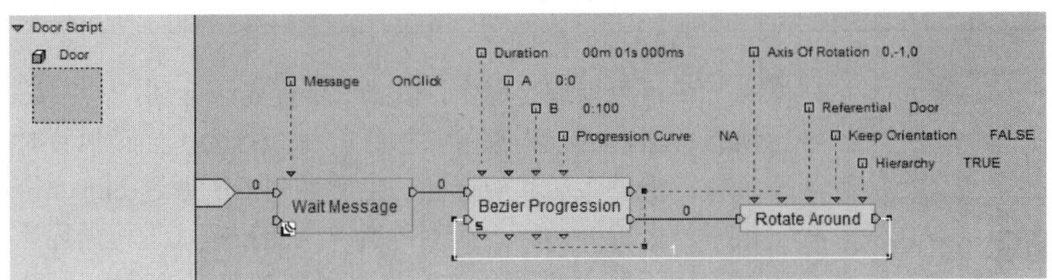

图 8-18 赋予门“开门”交互行为的图形脚本

步骤六：进一步赋予交互动作。上一步中开门的交互，但是没有关门的交互行为，现在进一步编写脚本。单击右上方区域的 Building Blocks 切换按钮，从 Logics→Streaming 层级下，找到 Sequencer 模块，将其拖放到脚本编程区，并单击右键为其增加一个行为输出端口，这样它第一次触发时输出行为 1 激活，第二次触发时输出行为 2 激活，如此循环激活。继续从 Logics→Streaming 层级下，找到 Parameter Selector 模块，将其拖放到脚本编程区，将其两个输入参数的数据类型都定义为 Angle，前者的值为 100，后者的值为-100。进一步，将 Parameter Selector 模块两个触发引脚和 Sequencer 模块输出行为引脚连接起来，这样当 Parameter Selector 模块 In0 引脚触发时，会输出第一个输入参数，In1 引脚触发时，会输出第二个输入参数。将 Parameter Selector 模块的输入参数和 Bezier Progression 模块的第二个参数连接起来，这样就改变了 Bezier

Progression 模块的插值区间。进一步将 Bezier Progression 模块输出行为引脚和 Wait Message 模块的触发引脚连接起来，最终的结果如图 8-19 所示。单击界面右下角播放按钮▷，然后用鼠标左键单击场景中的门，单击后发现门会慢慢打开。再次单击门，发现门会慢慢关上。

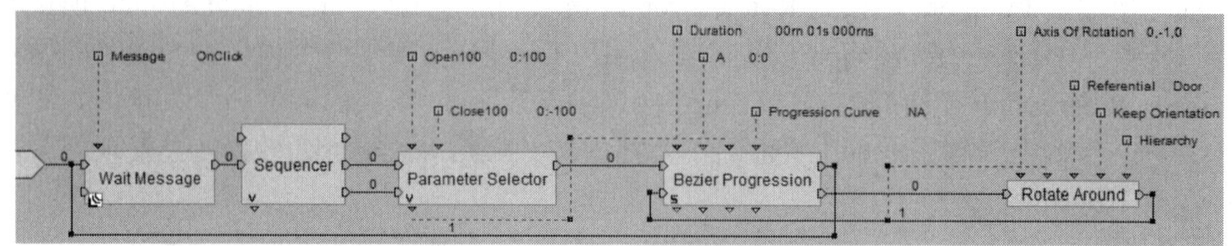

图 8-19 赋予门“开门和关门”交互行为的图形脚本

通过上述步骤，逐步让一个门元素具有了“开门和关门”的交互行为，这是一个 Virtools 图形脚本编程的典型实例。通过 450 多种 BB 模块的参数设置和行为逻辑连接，逐渐赋予某个具体元素复杂的交互行为，而不需要编写一行代码。

8.3.2 Virtools 进程循环

播放上一小节创作的入门作品时，会发现 Virtools 重复执行进程循环，总是以相同的次序执行同样步骤，直到作品被停止或复位。一个进程循环的持续时间一般叫做一帧。帧频是每秒钟完成进程循环的次数用每秒多少帧（FPS）来度量。帧频在 Virtools Dev 的界面上显示，位置在屏幕右下角靠近播放暂停键处。一个满意的帧频通常定义为能提供高效实时的播放画面。实时播放最少需要每秒 15 个图片，全沉浸式需要每秒 60 帧。因此，对创作者来说，应当维持最少每秒 30 帧的帧频（近似于电视的帧频），目标是每秒 60 帧的帧频或者更大。如图 8-20 所示，一个进程循环分为两个部分：处理行为和渲染。

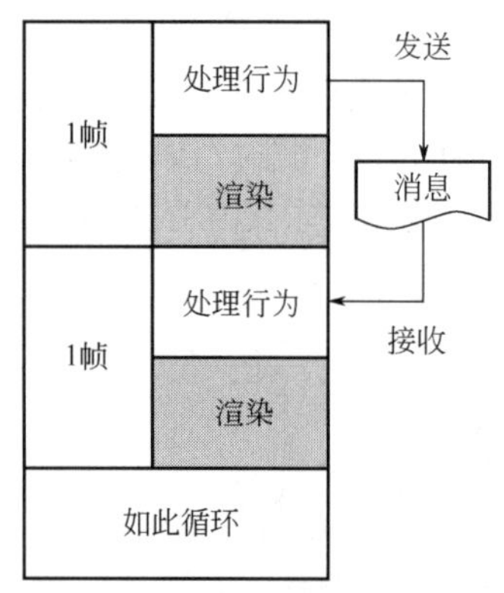

图 8-20 进程循环

（1）行为处理

在行为处理过程中，按照一个优先级计划，一个接着一个地，所有被激活的行为都能被执行。每个行为，当被执行时，通过行为链，能够激活其他行为。当一系列 BB 通过 blinks 链接，就形成了一个行为循环。行为链有一个能在帧（进程循环）中被量度的连接延迟。连接延迟中：0 表示在当前帧传播激活，1 表示在下一帧传播激活，*n* 表示在当前帧后的第 *n* 帧传播激活。通常，不需要知道这些管理器怎样或者什么时候工作，但有一个例外——消息管理器。消息在行为处理结束时发送，并在下一帧开始时被接收。因此，交互驱动消息始终存在于消息被发送和接收帧之间的帧延迟中。

在行为模块执行阶段，各个行为按照优先级别顺序往下执行完成。首先是优先级别较高的对象，其次是该对象的行为脚本，然后是行为脚本中的那些“BB”和“BG”。如果两个对象的优先级别相同，那么处理的顺序是随机的。一个行为脚本在执行过程中可能会激活其他行为脚本，但会出现延时，被激活的行为脚本真正开始执行时，可能会是过去数帧之后，当然这种延时也可能是 0。

（2）渲染

渲染用来显示作品，并由离散的渲染引擎运行。引擎可以由用户选择，取决于显卡和操作系统的性能；然而用户能强制使用某种渲染引擎或丢弃某些功能。在 Virtools Dev 中，选项（Options）菜单的通用选择（General Preferences）里面，能够选择创作模式和播放模式的渲染引擎。渲染在进程循环中最耗时，极度依赖硬件的性能。

在渲染阶段中，3D 对象（人物、场景几何等）和 2D 对象（游标、精灵、界面元素等）被当前图像渲染设备描绘出来。当前图像渲染设备保存着一个要渲染的对象的队列。可以在行为执行模块修改这个队列，来控制这个队列渲染那些对象。这个渲染阶段内部还可以细分，它首先对后备缓冲、深度缓冲的清除，其次是渲染背景 2D 对象，然后才是 3D 对象，接着是前置 2D 对象，最后将后备缓冲填充主缓中，屏幕才显示出来。

8.3.3 BB 模块

通过前文的介绍，可知 BB 模块本质上是函数的图形化表示，是一个复杂任务的快速解决方案。Virtools 的 BB 模块是带有各类引脚的矩形块，如图 8-21 所示。

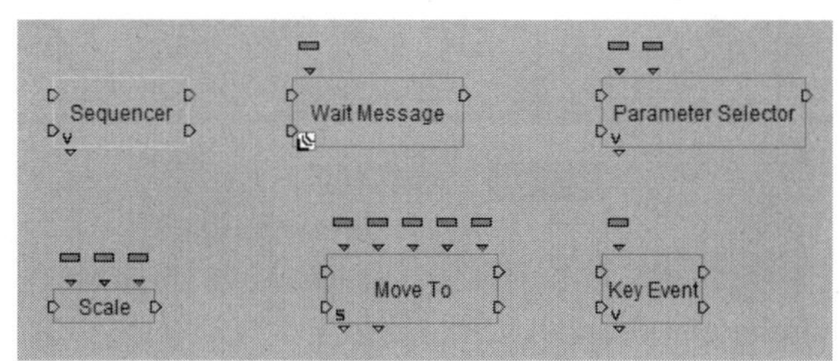

图 8-21 BB 模块

（1）BB 模块的行为链路

BB 模块的行为链路在水平方向上，其中左侧为行为激活端口，一般来讲，一个行为模块至少有一个激活端口；右侧为行为输出端口，当当前帧结束时，行为输出端口被激活。不同模块之间的行为端口通过行为链（bLink）连接起来，行为链路决定了 BB 模块的激活顺序。行为链路有一个可定义的参数：连接延迟。连接延迟中：0 表示在当前帧传播激活，1 表示在下一帧传播激活，*n* 表示在当前帧后的第 *n* 帧传播激活。

BB 模块的左下角有时候会显示 C、S 或 V 三个字母。当显示“V”时，表示该 BB 模块可以添加或改变行为端口和参数端口。当显示“S”时，表示该模块的参数处理条件是可以选择或设定的。当显示“C”时，表示该模块附带有一个复杂的设置对话框进行有关的定义。

（2）BB 模块的参数链路

BB 模块的参数链路在竖直方向上，其中上侧为输入参数，下侧为输出参数。参数由名字（pName）、类型（pType）和数值（pValue）组成。不同模块之间的参数通过参数链路（pLink）连接起来。不像行为链路，参数链路没有链路延迟。参数链路在脚本流程图中通过虚线表示。在参数传递时一定要注意参数类型的一致性，有时候参数类型不一致往往会出现意外或错误的运行结果。

参数输入是行为和 paramOps 的主题——它的值控制它们如何工作。输入参数通过 BB、BG 或者 paramOp 顶部的小三角来表示。参数输入特别是本地参数有一个源点，作为它的 pValue。pIns 在激活之间不存储它的数值。当行为和参数操作完成它们的处理时，一般都产生参数输出。参数输出通过 BB、BG 或一个 paramOp 底部的小三角来表示。参数输出能够有一个或者更多个目的地（借助 pLinks），目的地在参数值改变时立即被更新（pValue 被压入目的地）。pOut 在激活之间不存储它的数值。

本地参数由一个小矩形来表示——通常位于 pIn 上面。本地参数是一个数据缓存器，它存储数值，直到数值被要求穿越参数链路。通过 pLink 链接到 pIns 的本地参数一般有，但不是都有。本地参数可以创建快捷方式，参数快捷方式的主要作用包括：通过减少 pLinks 的数量来简化脚本；通过脚本边界共享参数。参数快捷方式的创建方法是单击本地参数的小矩形，复制后单击右键弹出菜单选择“Paste as Shortcut”，这样原参数图标显示一个向右上方的箭头，复制的快捷方式显示为向右下方的箭头。

通过参数快捷方式，将图 8-19 的脚本改为图 8-22，其中定义了两个参数快捷方式。可以看出，参数快捷方式的创建减少了参数链路的数量，简化了脚本。

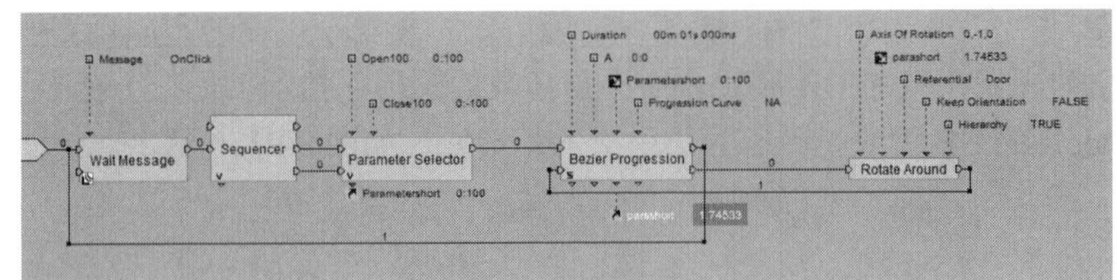

图 8-22 参数快捷方式

（3）模块集合图

所谓模块集合图（Behavior Graph），指的是包含一些行为模块、参数操作模块、参数链路、行为链路、参数快捷方式、注释等元素的大模块。模块集合图是作者自定义的 BB，对于作者，像操作 BB 那样操作 BG-BG 有 pIns、pOuts、bIns 和 bOuts。BG 能够被看作是一个完成特定任务的高级 BB。封装了行为的 BG 可以保存和再生，使它们可以再度利用，行为再度利用能够导致惊人的效率。

创建模块集合图的基本方法是：在图形脚本编程区，单击鼠标右键，在弹出菜单中选择“Draw Behavior Graph”，然后通过鼠标右键框选模块集合图所需包括的内容。模块集合图创建后，可以单击鼠标右键，在弹出菜单中选择“Construct”，添加输入参数、输出参数、输入行为、输出行为等端口。如图 8-23 所示，将图 8-22 中的 Bezier Progression 模块和 Rotate Around 模块的功能集合成一个行为图，从而整个脚本程序变得非常简洁。但更为重要的是，行为图可以重复利用，单击行为图将其保存为.nms 格式的文件，当需要相同功能的模块时，可以直接导入脚本使用，见图 8-24。

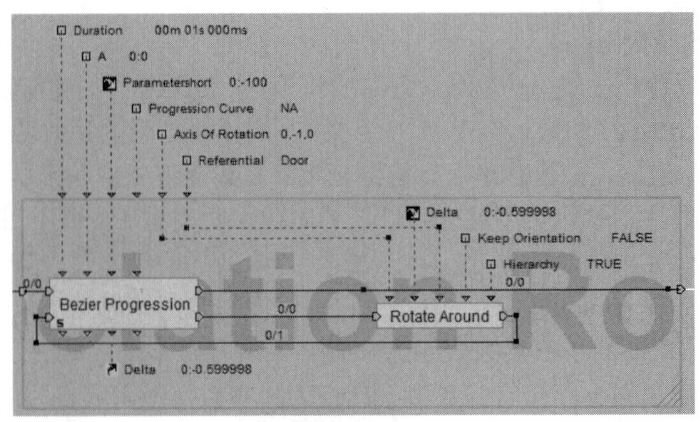

图 8-23 行为图

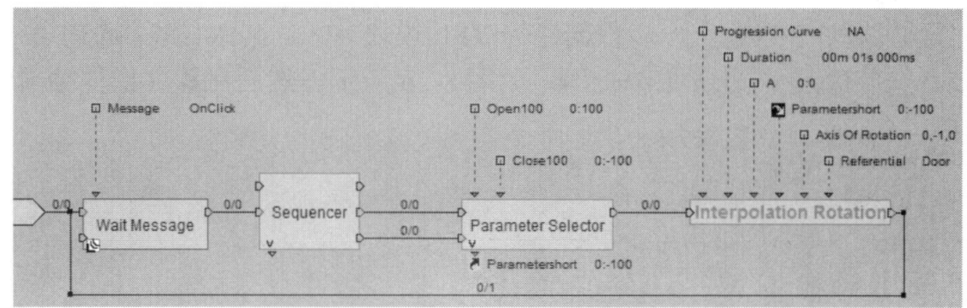

图 8-24 行为图的使用

8.4 Virtools 开发接口 VSL 脚本

8.4.1 VSL 脚本开发入门实例

创造一个 VSL 脚本有三个主要步骤：创建 VSL 模块、编写程序和编译运行。

步骤一：创建 VSL 模块。创建 VSL 模块的第一种方法如图 8-25 所示，选择 Building Blocks→VSL 层级，最后用鼠标左键将“Run VSL”这个 BB 拖到脚本编辑器中即可。第二种方法是快捷方式，在脚本编辑器中，按住键盘 Ctrl 键不放，然后双击鼠标左键，会出现下拉的组合框，在输入框输入“run”后，组合框中会出现“Run VSL”，鼠标单击并选中它即可。此快捷方法也可用于其他 BB 模块的创建，这种操作方法一般要求开发者非常熟悉各类 BB 模块。

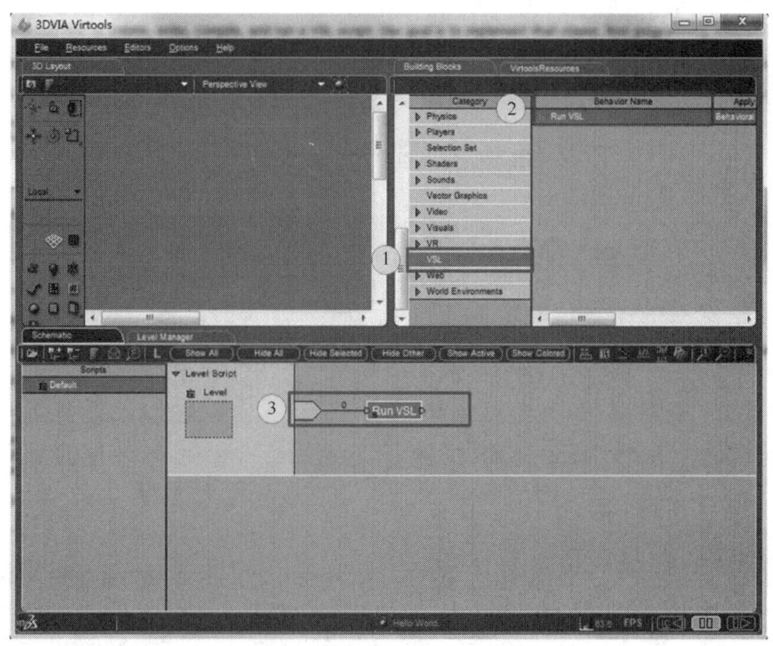

图 8-25 创建 VSL 模块

步骤二：编写程序。点选上一步骤创建的 VSL 模块，单击鼠标右键，选择第一选项“Edit Vsl　Script”，然后进入 VSL 脚本编辑器，如图 8-26 所示。然后在程序框里编辑输入：

```
void main()
{
    String s = "Hello World.";
    bc.OutputToConsole(s);
}
```

步骤三：编译运行。VSL 脚本程序必须编译后才可以运行，如图 8-26 所示，在左侧的程序信息窗口中，单击相应的程序，右击鼠标，选择 Compile，进行编译。编译信息在底部的信息栏内显示。编写没有错误后，对 VSL 脚本模块进行重命名“Hello World”，然后将 VSL 脚本的触发端连到开始箭头上，并单击右下角的播放命令，运行脚本。打开界面底部的日志记录栏，可以看到有“Hello World”信息输出，如图 8-27 所示。

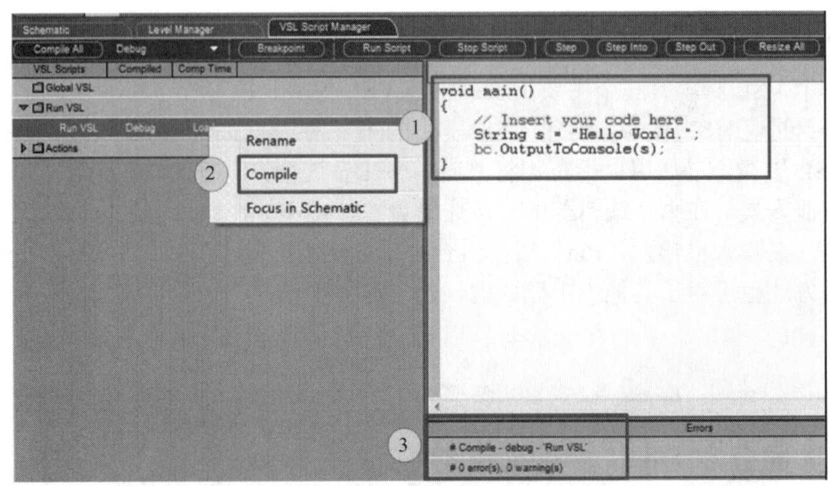

图 8-26　编写 VSL 脚本程序

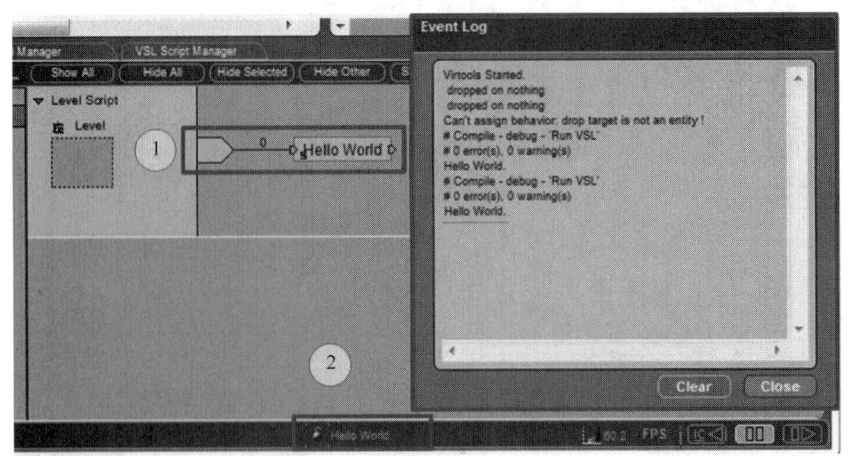

图 8-27　运行 VSL 脚本程序

8.4.2 VSL 脚本开发高级实例

为了进一步地学习 VSL 脚本开发方法，体验 VSL 脚本开发的强度功能，本节在上一节的基础上讲解一个稍微复杂一些的实例，该实例的基本功能是实现元素的圆周阵列。

步骤一：创建 VSL 模块。创建 VSL 模块的具体方法参考上一节，创建后对 VSL 模块进行重命名为 circular pattern。

步骤二：编写程序。进入 VSL 编辑器环境，然后在程序框里编辑输入以下代码：

```
void main()
{
    // Calculate angle betwen each objets
    float angle = 2*pi/nbObject;
    Vector pos(0,0,0);
    // Place each object on the circle
    for (int i = 0;i < nbObject;++i)
    {
        // We copy a nth object and cast it in Entity3D
        Entity3D obj = Entity3D.Cast(bc.Copy(originalObject,true,true));
        //If cast failed obj is null so we skip process...
        if (!obj)
            continue;
        // Compute object position
        pos.x = radius*sin(i*angle);
        pos.z = radius*cos(i*angle);
        // Place object
        obj.SetPosition(pos,null,true);
    }
}
```

上述程序中包含三个自定义的输入参数，为了保证程序正确运行，必须从外部输入三个参数 originalObject、nbObject、radius，在端口创建区添加这三个参数，其类型分别是 Entity3D、int、int，见图 8-28。

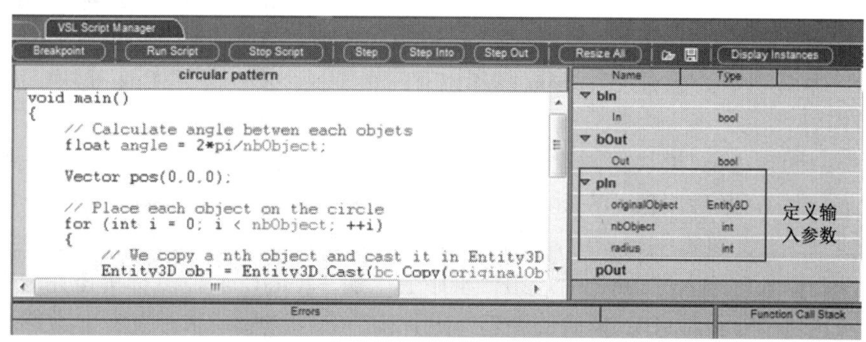

图 8-28　VSL 脚本模块添加参数端口

步骤三：编译运行。编译上述的 VSL 脚本，没有错误后将 VSL 脚本的触发端连到开始箭头上。为了验证程序，单击 Virtools Resources 切换按钮，通过左侧的目录树，依次找到 Shader materials 下的 Chair.nmo 资源，将其拖放到场景中。然后就像定义其他 BB 模块的参数一样，将 circular pattern 模块的三个参数 Originalobject、Numbers、Radius，分别定义为 Chair、5、5。然后播放运行作品，结果如图 8-29 所示，可以看到元素 Chair 实现了圆周阵列。

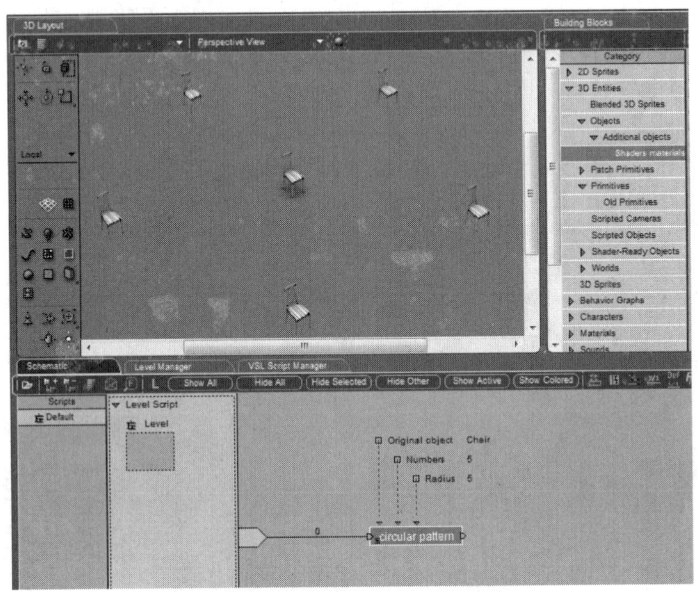

图 8-29　圆周阵列 VSL 脚本

8.5 Virtools 开发接口 Lua 脚本

Lua 是一个小巧的脚本语言，该语言的设计目的是为了嵌入应用程序中，从而为应用程序提供灵活的扩展和定制功能。Lua 由标准 C 编写而成，代码简洁优美，几乎在所有操作系统和平台上都可以编译、运行。一个完整的 Lua 解释器不过 200k，在目前所有脚本引擎中，Lua 的速度是最快的。上述特性都决定了 Lua 是嵌入式脚本的最佳选择之一，在游戏工业中更是应用广泛。就像 VSL 一样，Virtools 引入 Lua 首先是为了通过扩展脚本级 SDK 接口，弥补图形脚本的不足。

和 VSL 脚本一样，创建一个 Lua 脚本也有三个主要步骤：创建 Lua 模块、编写程序和编译运行。

步骤一：创建 Lua 模块。创建 Lua 模块的第一种方法如图 8-30 所示，选择 Building Blocks→Lua 层级，最后用鼠标左键将“Run Lua”这个 BB 拖到脚本编辑器中即可。第二种方法是快捷方式，在脚本编辑器中，按住键盘 Ctrl 键不放，然后双击鼠标左键，会出现下拉的组合框，在输入框输入“run”后，组合框中会出现“Run Lua”，鼠标单击并选中它即可。此快捷方法也可用于其他 BB 模块的创建，这种操作方法一般要求开发者非常熟悉各类 BB 模块。创建后对 VSL 模块进行重命名为 Placing Objects in a Circle.lua。

步骤二：编写程序。点选上一步骤创建的 Lua 模块，单击鼠标右键，选择第一选项“Edit Lua　Script”，然后进入 Lua 脚本编辑器，如图 8-31 所示。然后在程序框里编辑输入：

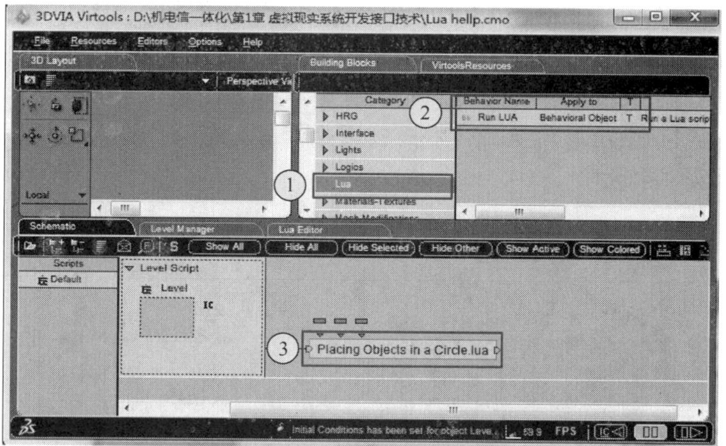

图 8-30　创建 Lua 模块

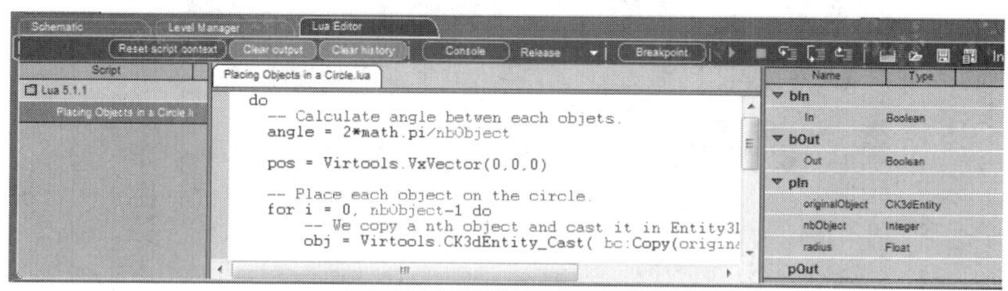

图 8-31　Lua 程序编写和接口定义

```
do
    -- Calculate angle betwen each objets.
    angle = 2*math.pi/nbObject
    pos = Virtools.VxVector(0,0,0)
    -- Place each object on the circle.
    for i = 0,nbObject-1 do
        -- We copy a nth object and cast it in Entity3D.
            obj = Virtools.CK3dEntity_Cast( bc:Copy(originalObject,true,true))
            -- If cast failed obj is null so we skip process...
            if ( obj ~= nil)then
                -- Compute object position
                pos.x = radius*math.sin(i*angle)
                pos.z = radius*math.cos(i*angle)
                -- Place object.
                obj:SetPosition(pos)
            end
    end
end
```

上述程序中包含三个自定义的输入参数，为了保证程序正确运行，必须从外部输入三个参数 originalObject、nbObject、radius，在端口创建区添加这三个参数，其类型分别是 CK3dEntity、integer、float。

步骤三：编译运行。编译上述的 Lua 脚本，没有错误后将 Lua 脚本的触发端连到开始箭头上。为了验证程序，单击 Virtools Resources 切换按钮，通过左侧的目录树，依次找到 Shader materials 下的 Chair.nmo 资源，将其拖放到场景中。然后就像定义其他 BB 模块的参数一样，将 circular pattern 模块的三个参数 OriginalObject、Copy numbers、radius，分别定义为 Chair、5、5。然后播放运行作品，结果如图 8-32 所示，可以看到元素 Chair 实现了圆周阵列。

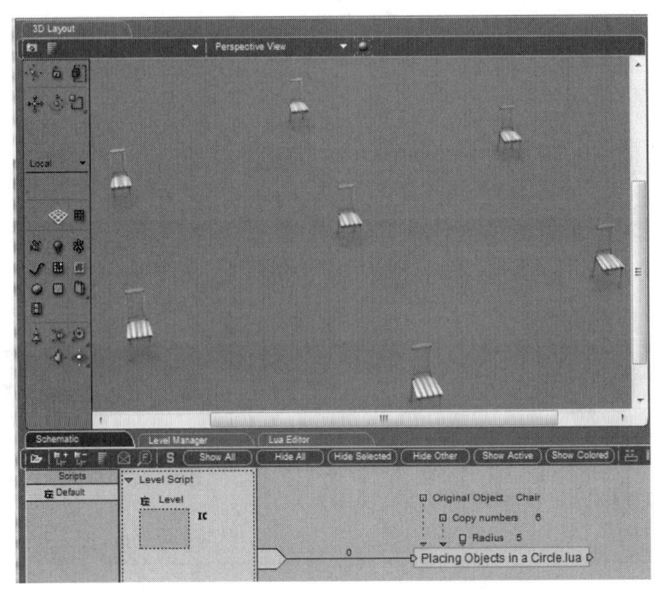

图 8-32 圆周阵列 Lua 脚本

8.6 Virtools 开发接口 SDK 脚本

8.6.1 开发包配置

将 Virtools SDK 文件夹下的两个文件夹 vcprojects 和 VCWizards 下的文件，分别复制到 Visual C++2005 的安装目录下 C:\Program Files （x86）\Microsoft Visual Studio 8\VC 下对应的 vcprojects 和 VCWizards 文件夹中。配置成功后，启动 Visual C++2005，单击新建项目会弹出如图 8-33 所示的项目模板。图 8-33 中的上方包含 Virtools Dev BB and Managers 和 Virtools Interface Plugin 两个开发模板，前者是 Virtools BB 模块和管理的开发向导，后者是 Virtools 界面插件的开发向导。

8.6.2 SDK 开发实例

本小节将基于开发向导创建一个新的 BB 模块，重点学习基于 SDK 开发 Virtools 的基本原理机制。在 SDK 开发向导的指引下，开发 BB 模块主要包括两部分内容。其中第一部分属于结构化的内容，主要是在向导的指引下选择或设置有关的 BB 模块的参数和信息。第二部分内容是生成开发项目后，在源程序的框架内，增添 BB 模块的核心内容。

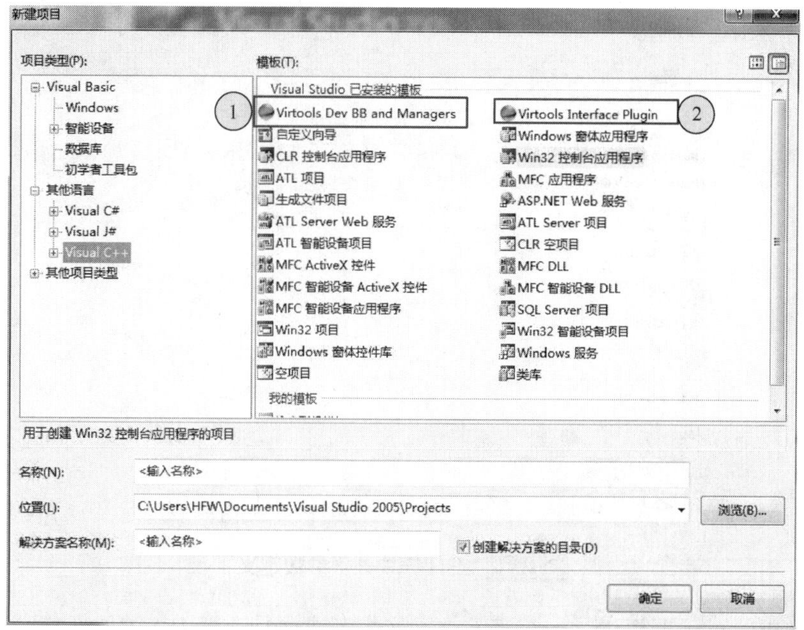

图 8-33　开发向导配置

首先启动 Visual C++2005，单击新建项目，会弹出如图 8-33 所示的项目模板，选择 Virtools Interface Plugin 开发向导，输入项目名称为“FindAllFiles”，单击“确定”后弹出图 8-34，进一步勾选 Building Block，单击“Next”，弹出图 8-35。

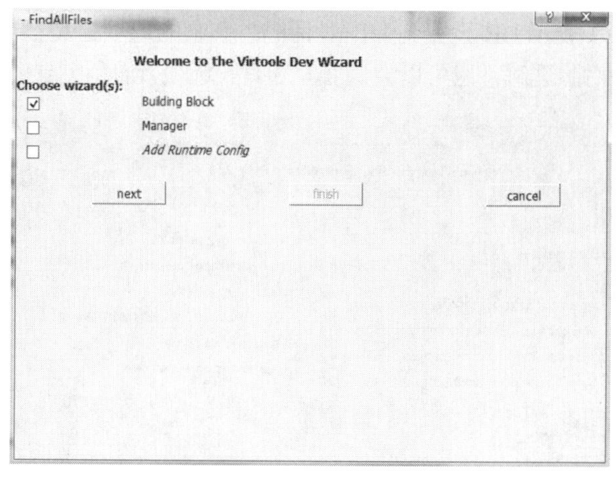

图 8-34　BB 模块开发向导

图 8-35 是 BB 的外部参数定义向导，其中“Building Block Name”表示 BB 的名字，这里将这个 BB 命名为：new_FindAllFiles。“Building Block GUID”表示该 BB 的全局唯一标识符，它是一组十六进制数字，单击该按钮可以重新生成另一组数字的标识符。“Apply to Class”表示创建的这个 BB，只能被哪些对象所应用；比如说“2D Text”这个 BB，就只能被 2D 帧（Entity2D）这个类型使用，而不能被角色（Character）这个类型使用。剩下的几个选项就是设置 BB 的输入、输出参数和输入、输出端口的相关数量和类型。在这里我们设置该 BB 有 1 个输入端口、1 个输出端口；增加三个字符串类型的输入参数，增加一个 DataArray 类型的输

出参数，然后单击“下一步”。

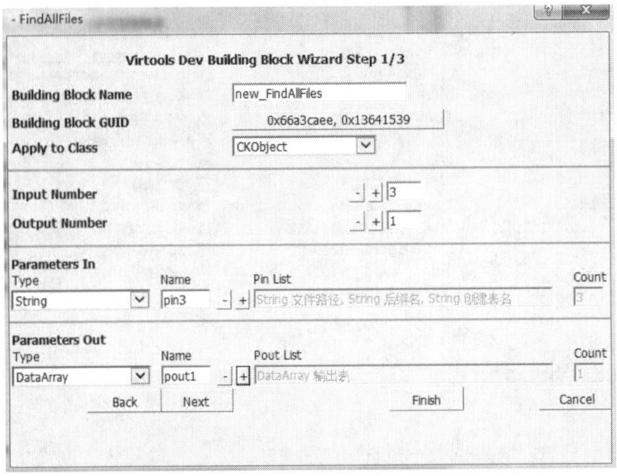

图 8-35 BB 模块外部参数定义

此时，弹出的对话框提供了一组多选框，这些多选框是改变 BB 的外部特征功能的定义，如图 8-36 所示。其中：“Targetable”表示 BB 可以增加一个设置作用目标的参数这组多选框；“Send messages”和“Receive messages”表示 BB 可以发送和接受消息，在 Virtools 脚本中有 BB 有特殊的标记；“Input can be created by behavior”和“Output can be created by behavior”表示 BB 的输入、输出端口是否可以在脚本中改变其数目；“Input parameters can be changed by behavior”和“Output parameters can be changed by behavior”表示 BB 的输入、输出参数是否可以改变；“Custom edition dialog”表示 BB 设置会弹出对话框。其余的选项含义不再详述，大家可以和前文所讲的 BB 模块进行对照理解，也可以尝试着勾选有关选项查看新创建的 BB 模块的具体效果。

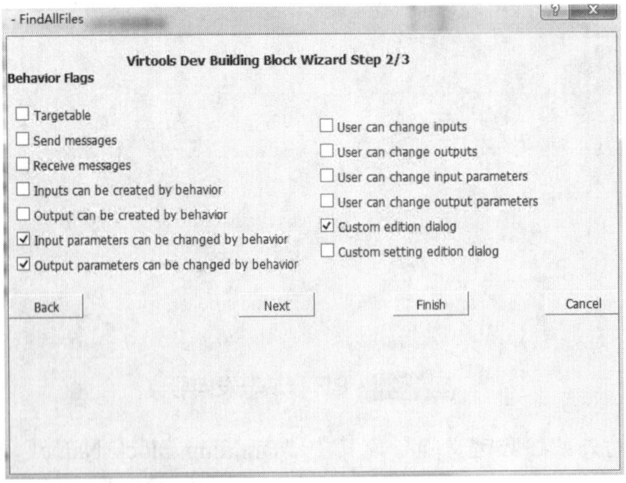

图 8-36 BB 模块外部功能定义

接下来弹出的对话框中，是 BB 模块的一些回调函数选项和信息描述选项。关于回调函数在此先不管它。图 8-37 下方的文本框“Behavior category”是设置该 BB 存放在 Virtools 的哪个类别中，方便用户从这个类别中找到该模块并拖拽到 Virtools 脚本中。文本框“Description”是对该 BB 的一些注释，主要是填写该 BB 模块的具体功能信息，方便别人复用。

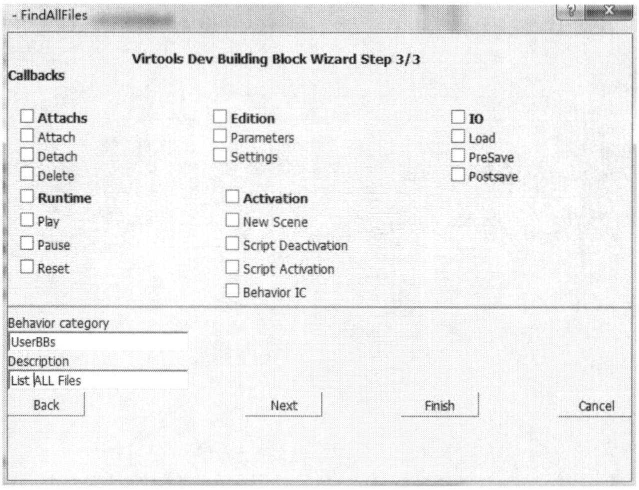

图 8-37 BB 模块分类及信息描述

最后弹出的对话框是对该 BB 模块的一些注释，以及关于开发该模块的开发者信息。路径信息里配置 SDK 软件包和 Virtools dev 的文件位置，调试编译时要用到，设定完成后单击“Finish”，如图 8-38、图 8-39 所示。

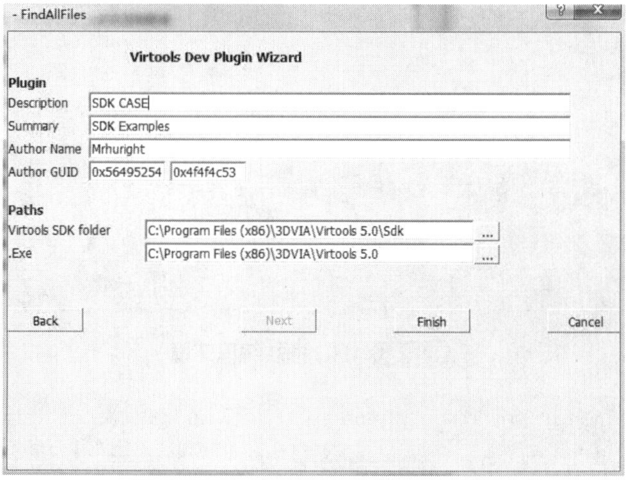

图 8-38 BB 模块开发基本信息（1）

在向导完成了所有设置之后，进入 VC 的编辑界面，如图 8-40 所示，会发现向导为我们生成了三个文件。通过观察可以发现“FindAllFiles.cpp”和“FindAllFiles.def”这两个文件的文件名是在图 8-33 中进行设置的；而“new_FindAllFiles.cpp”的文件名是在图 8-35 中进行设置的，“new_FindAllFiles”也是该 BB 在 Virtools 脚本中显示的名字。所以在使用向导的时候，这两处的命名要区别开来。

在向导的指引下，创建了 BB 模块开发的基本编程环境。下面就需要编写核心功能代码了。打开 new_FindAllFiles.cpp 文件，找到函数 int new_FindAllFiles（const CKBehaviorContext& BehContext），它就是需要编写的核心功能函数。new_FindAllFiles.cpp 文件中除了输入 BB 本身功能相关代码外，还有对输入、输出、局部参数的修改，输入、输出端口的修改，以及 BB 的回调函数处理等。

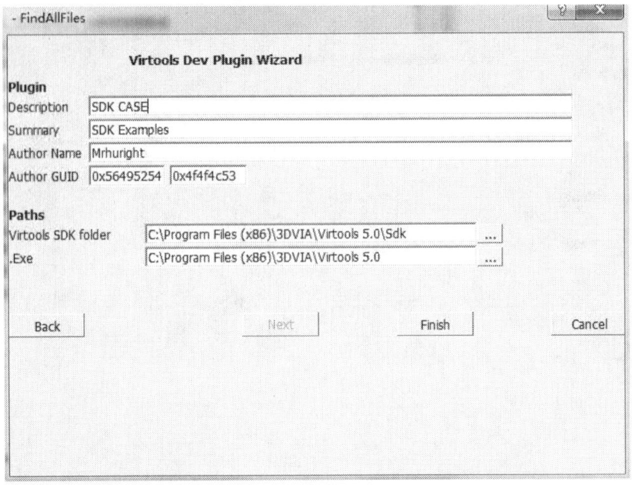

- FindAllFiles

Virtools Dev Plugin Wizard

Plugin
Description SDK CASE
Summary SDK Examples
Author Name Mrhuright
Author GUID 0x56495254 0x4f4f4c53

Paths
Virtools SDK folder C:\Program Files (x86)\3DVIA\Virtools 5.0\Sdk
.Exe C:\Program Files (x86)\3DVIA\Virtools 5.0

Back Next Finish Cancel

图 8-39　BB 模块开发基本信息（2）

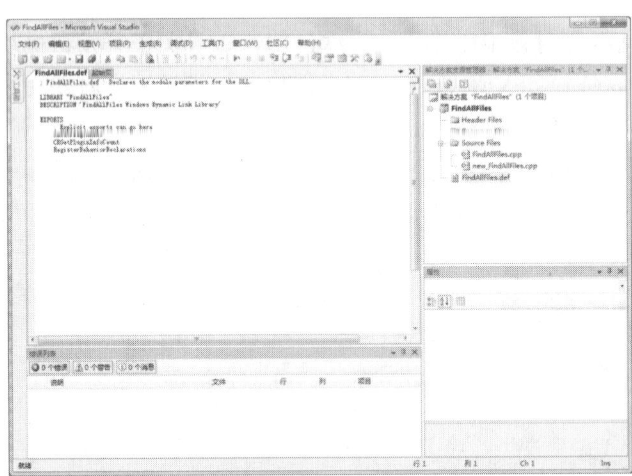

图 8-40　BB 模块编程环境

```
int new_FindAllFiles(const CKBehaviorContext& BehContext)
{
    CKBehavior *beh = BehContext.Behavior;      //Virtools 行为描述
    CKContext  *ctx = BehContext.Context;       //Virtools 设备描述
    //关闭所有端口
    beh->ActivateOutput(0,FALSE);
    if (beh->IsInputActive(0))          //输入端口一激活,列举所有指导类型的文件
    {
        beh->ActivateInput(0,FALSE);                //关闭输入端口
        //得到要存放的表名并创建一个表
        char *filepath = (char *)(beh->GetInputParameterReadDataPtr(2));
        CKDataArray*                          patharray                    =
(CKDataArray*)ctx->CreateObject(CKCID_DATAARRAY,
filepath,CK_OBJECTCREATION_DYNAMIC);
        //将创建加入 level 层,以便可以在 Virtools 中观察到它
```

```
        BehContext.CurrentLevel->AddObject(patharray);
        //给该表加入一列数据,数据类型是字符串
        patharray->InsertColumn(-1,CKARRAYTYPE_STRING,"filesPath");
        //得到指定的检索路径和文件类型
        char *Directory = (char *)(beh->GetInputParameterReadDataPtr(0));
        char *filetype = (char *)(beh->GetInputParameterReadDataPtr(1));
        //定义一个路径分析对象
        CKDirectoryParser MyParser(Directory,filetype,TRUE);//"*.jpg"
        char* str = NULL;
        //遍历每一个文件
        while(str = MyParser.GetNextFile())
        {
            //将文件的完整路径记录到表中
            int row=-1;
            patharray->AddRow();                          //向表尾加入一行
            row=patharray->GetRowCount()-1;               //得到表的最后一行
            patharray->SetElementStringValue(row,0,str);
                                                          //向最后一行添加数据
        }
        //将创建的表输出到参数去
        beh->SetOutputParameterObject(0,patharray);
        beh->ActivateOutput(0,TRUE);
    }
    return CKBR_OK;
}
```

该函数的参数“const CKBehaviorContext& BehContext”是一个结构体，这个结构体的作用是作为参数传递给上面的“BB 行为函数”和下面的“BB 回调函数”。通过这个结构体可以获得一些频繁使用的全局对象或全局变量，例如“BehContext.Behavior”，它专门用来获得及修改 BB 的输入参数、局部参数、输出参数的值，还能控制 BB 的输入输出端口状态等功能。例如“BehContext.Context”，它是 Virtools 的核心，负责创建、删除 Virtools 中的各种物件等功能。

```
CKSTRING words = (CKSTRING)Beh->GetInputParameterReadDataPtr(0);
CKSTRING text = (CKSTRING)Beh->GetInputParameterReadDataPtr(1);
```

上面两行代码是获得 BB 输入参数的字符串指针，因为是指针，所以得到指针后，要转换一下类型才可以用。

BB 的源代码解释完毕，剩下最后一步就是生成 BB 了，如果前面的相关设置都已经完成，生成 BB 这一步就简单了，只要单击“重新生成解决方案”或“重新生成”即可。生成完成后把生成的“new_FindAllFiles.dll”文件拷贝到 Virtools 目录下的“BuildingBlocks”中去，然后打开 Virtools，就可以在 BB 分类窗口中发现“UserBBs”层下有一个“new_FindAllFiles”的 BB，如图 8-41 所示。将这个 BB 拖到 Virtools 脚本中，给该 BB 的三个参数进行定义，如图 8-42 所示。触发 BB 模块，播放作品，到 Level 管理器中找到新创建的文件表，查看文件

查询结果，如图 8-43 所示。

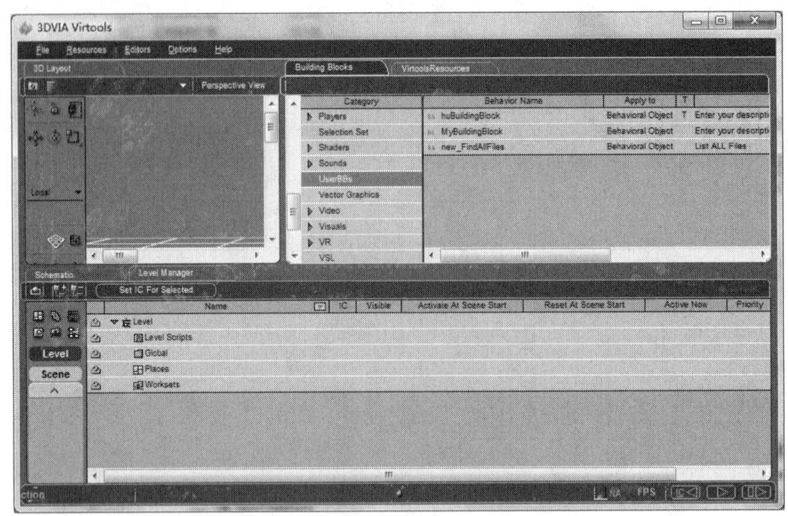

图 8-41　BB 模块导入

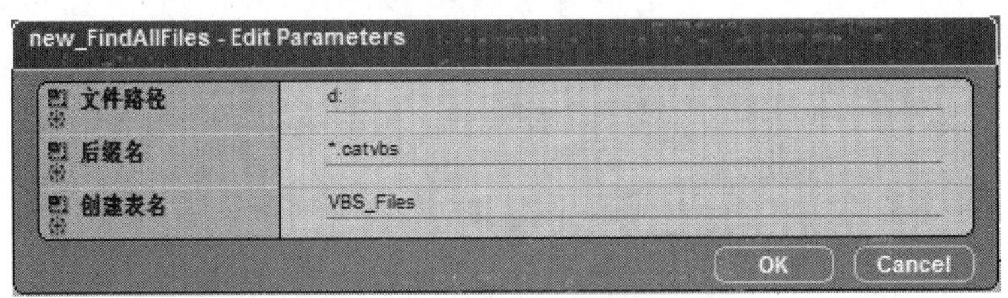

图 8-42　BB 模块参数定义

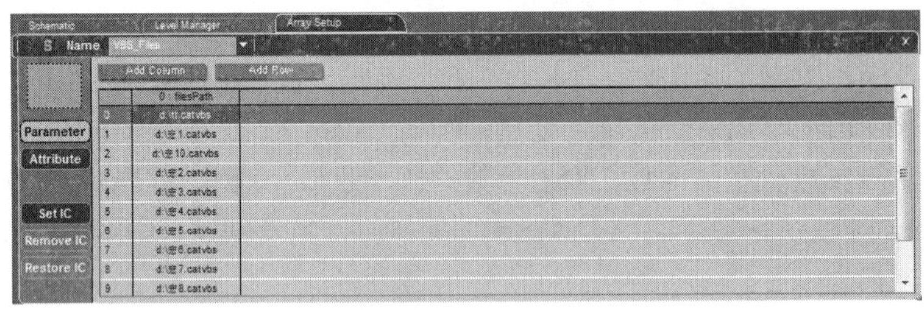

图 8-43　BB 模块运行结果

8.6.3　SDK 模板解析

上一小节“囫囵吞枣”式的做了一个 SDK 开发例子，其主要目的是熟悉 SDK 开发的基本流程、基本方法和基础环境。显然停留在这个层次是无法满足复杂系统开发要求的，本小节则尝试对 SDK 的 BB 模块程序模板进行初步的解析。

（1）入口文件

为了让 Virtools 能够识别插件的有关函数，必须为所创建的 DLL 文件定义外部输出接口。上一节实例中生成的 FindAllFiles.def 文件就是这个作用，它对外给出了三个接口函数：CKGetPluginInfo( )、CKGetPluginInfoCount( )、RegisterBehaviorDeclarations( )。Virtools 通过 CKGetPluginInfo( )识别插件的信息，通过 CKGetPluginInfoCount( )识别插件所包含的 BB 模块的数量，通过 RegisterBehaviorDeclarations( )识别具体模块的接口。具体代码如下：

```
;FindAllFiles.def : Declares the module parameters for the DLL.
LIBRARY "FindAllFiles"
DESCRIPTION 'FindAllFiles Windows Dynamic Link Library'
EXPORTS
    ;Explicit exports can go here
    CKGetPluginInfo
    CKGetPluginInfoCount
    RegisterBehaviorDeclarations
```

（2）主文件

主文件的名字就是所生产 DLL 文件的名字，上一节的实例中 FindAllFiles.cpp 就是主文件。主文件对入口文件中暴露给 Virtools 的接口函数进行了定义，比如 CKGetPluginInfo( )、CKGetPluginInfoCount( )、RegisterBehaviorDeclarations( )。请看 FindAllFiles.cpp 文件的详细代码：

```
#include "CKAll.h"
CKERROR InitInstance(CKContext*context);
CKERROR ExitInstance(CKContext*context);
#define PLUGIN_COUNT 1
CKPluginInfo g_PluginInfo[PLUGIN_COUNT];
int CKGetPluginInfoCount(){
     return PLUGIN_COUNT;
}
CKPluginInfo* CKGetPluginInfo(int Index)
{
    int Plugin = 0;
    g_PluginInfo[Plugin].m_Author              = "Virtools";
    g_PluginInfo[Plugin].m_Description         = "SDK CASE";
    g_PluginInfo[Plugin].m_Extension           = "";
    g_PluginInfo[Plugin].m_Type                = CKPLUGIN_BEHAVIOR_DLL;
    g_PluginInfo[Plugin].m_Version             = 0x00010000;
    g_PluginInfo[Plugin].m_InitInstanceFct     = NULL;
    g_PluginInfo[Plugin].m_GUID                = CKGUID(0x66a3caee,0x13641539);
    g_PluginInfo[Plugin].m_Summary             = "SDK Examples";

        return &g_PluginInfo[Index];
```

```
}
CKERROR InitInstance(CKContext* context)
{
    return CK_OK;
}

CKERROR ExitInstance(CKContext* context)
{
    return CK_OK;
}
void RegisterBehaviorDeclarations(XObjectDeclarationArray *reg)
{
     RegisterBehavior(reg,FillBehaviornew_FindAllFilesDecl);
}
```

函数 InitInstance( )是进行一些初始化的定义，比如预定义新的数据结构。函数 ExitInstance( )用来进行内存的释放或元素的删除等。函数 CKGetPluginInfoCount( )的功能是返回当前文件中所包含插件的数量。函数 CKGetPluginInfo( )的功能是查询插件的信息，返回插件信息结构体 CKPluginInfo，例如 m_GUID 表示插件的 ID 号，m_Author 表示作者的名称，m_Type 表示插件的类型是行为模块，还是管理器等。这些信息在图 8-37 中进行了定义，也可以在源文件中直接改写。RegisterBehaviorDeclarations( )是行为模块注册函数，Virtools 将通过该函数查找到行为模块具体的实现函数，即下面的实现文件。

（3）实现文件

Virtools 调用主文件 RegisterBehaviorDeclarations( )函数后，就会进一步查询行为模块的外部对象生命函数 CKObjectDeclaration *FillBehaviornew_FindAllFilesDecl( )，这个函数中定义了模块的具体实现信息，比如模块所述的分类、模块创建者的信息、模块的类型、模块的创建函数 Createnew_FindAllFilesProto（CKBehaviorPrototype** pproto）等。

进一步在 Createnew_FindAllFilesProto（CKBehaviorPrototype** pproto）函数中定义模块的行为端口、参数端口、行为链路、参数链路、编辑标签、实现函数 SetFunction（new_FindAllFiles）等。

进一步在实现函数 new_FindAllFiles（const CKBehaviorContext& BehContext）中详细编写实现模块功能的具体代码，它才是进程循环时模块所做的具体工作。它的基本结构是首先实例化一个 CKBehavior 行为对象和一个 CKContext 设备对象，然后根据所激活的端口条件，获取参数输入接口的参数，进行有关的处理。

```
#include "CKAll.h"
CKObjectDeclaration *FillBehaviornew_FindAllFilesDecl();
CKERROR Createnew_FindAllFilesProto(CKBehaviorPrototype **);
int new_FindAllFiles(const CKBehaviorContext& BehContext);
int new_FindAllFilesCallBack(const CKBehaviorContext& BehContext);
```

```
    CKObjectDeclaration *FillBehaviornew_FindAllFilesDecl()
    {
        CKObjectDeclaration *od = CreateCKObjectDeclaration("new_FindAllFiles");
        od->SetType(CKDLL_BEHAVIORPROTOTYPE);
        od->SetVersion(0x00000001);
        od->SetCreationFunction(Createnew_FindAllFilesProto);
        od->SetDescription("List ALL Files");
        od->SetCategory("UserBBs");
        od->SetGuid(CKGUID(0x66a3caee,0x13641539));
        od->SetAuthorGuid(CKGUID(0x56495254,0x4f4f4c53));
        od->SetAuthorName("Virtools");
        od->SetCompatibleClassId(CKCID_BEOBJECT);
        return od;
    }
    CKERROR Createnew_FindAllFilesProto(CKBehaviorPrototype** pproto)
    {
        CKBehaviorPrototype *proto = CreateCKBehaviorPrototype("new_FindAllFiles");
        if (!proto){
            return CKERR_OUTOFMEMORY;
        }
    //---    Inputs declaration
        proto->DeclareInput("搜索路径");
    //---    Outputs declaration
        proto->DeclareOutput("搜索完成");
    //---    Input Parameters declaration
        proto->DeclareInParameter("文件路径",CKPGUID_STRING);
        proto->DeclareInParameter("后缀名",CKPGUID_STRING);
        proto->DeclareInParameter("创建表名",CKPGUID_STRING);
    //---    Output Parameters declaration
        proto->DeclareOutParameter("输出表",CKPGUID_DATAARRAY);
    //----  Settings Declaration
        proto->SetBehaviorFlags((CK_BEHAVIOR_FLAGS)(CKBEHAVIOR_INTERNALLYCREAT
EDINPUTS));
    proto->SetBehaviorCallbackFct(new_FindAllFilesCallBack,CKCB_BEHAVIORATTAC
H,NULL);
        proto->SetFunction(new_FindAllFiles);
        *pproto = proto;
        return CK_OK;
```

```
}
int new_FindAllFiles(const CKBehaviorContext& BehContext)
{
    CKBehavior *beh = BehContext.Behavior;           //Virtools 行为描述
    CKContext  *ctx = BehContext.Context;            //Virtools 设备描述
    beh->ActivateOutput(0,FALSE);
    if (beh->IsInputActive(0))          //输入端口一激活,列举所有指导类型的文件
    {
            beh->ActivateInput(0,FALSE);                    //关闭输入端口
            //得到要存放的表名并创建一个表
            char *filepath = (char *)(beh->GetInputParameterReadDataPtr(2));
            CKDataArray* patharray = (CKDataArray*)ctx->CreateObject(CKCID_
DATAARRAY, filepath,CK_OBJECTCREATION_DYNAMIC);
            //将创建加入 level 层,以便可以在 Virtools 中观察到它
            BehContext.CurrentLevel->AddObject(patharray);
            //给该表加入一列数据,数据类型是字符串
            patharray->InsertColumn(-1,CKARRAYTYPE_STRING,"filesPath");
            //得到指定的检索路径和文件类型
            char *Directory = (char *)(beh->GetInputParameterReadDataPtr(0));
            char *filetype = (char *)(beh->GetInputParameterReadDataPtr(1));
            //定义一个路径分析对象
            CKDirectoryParser MyParser(Directory,filetype,TRUE);//"*.jpg"
            char* str = NULL;
            //遍历每一个文件
            while(str = MyParser.GetNextFile())
            {
                //将文件的完整路径记录到表中
                int row=-1;
                patharray->AddRow();                        //向表尾加入一行
                row=patharray->GetRowCount()-1;        //得到表的最后一行
                patharray->SetElementStringValue(row,0,str);
                                                            //向最后一行添加数据
            }
            //将创建的表输出到参数去
            beh->SetOutputParameterObject(0,patharray);
            beh->ActivateOutput(0,TRUE);
    }
    return CKBR_OK;
}
```

虚拟现实系统的开发一般包括两部分：交互内容和交互设备。交互设备的研制和开发会逐渐走向专业化的道路，即由专门的厂家提供。而交互内容的开发和制作则要根据具体需求进行创作开发，即交互内容的开发是具体的、面向应用的，因此一般很难由少数的厂家实现垄断。所以说，交互内容的创作将是虚拟现实应用的关键，也是虚拟现实技术消费化、普及化的前提。

本章重点介绍了 Virtools 开发平台的基本运行机制，重点结合实例讲解了图形脚本、VSL、Lua 和 SDK 等四类开发接口的基本流程、基本方法和基础概念。实际上，Virtools 平台开发还需要更多的知识，比如纹理贴图、角色动画、场景切换、摄像机、灯光等。鉴于本书的定位，没有进行展开叙述。希望读者通过 Virtools 自带的帮助文档或者是相关的书籍展开更加全面的学习。

Chapter 09

第 9 章 CAD 系统二次开发接口技术

9.1 CATIA CAA 开发基础

CATIA 是法国达索系统公司（Dassault Systems）于 1975 年起开始发展的一套完整的 CAD/CAM/CAE 一体化软件。它的内容涵盖了产品从概念设计、工业设计、三维建模、分析计算、动态模拟与仿真、工程图的生成到加工生产成产品的全过程，其中还包括大量的电缆与管道布线、各种模具设计与分析、人机交换等实用模块。由于其强大、近乎完美的功能，CATIA 已经成为三维 CAD/CAM 商品化软件中的一面旗帜，特别是在航空航天和船舶制造等高端领域，CATIA 一直居于绝对优势地位。

CATIA 被广泛应用在航空航天、汽车轮船、电子电力以及绝大多数机械制造行业中。其强大的解决方案覆盖所有产品设计与制造领域，并已能够满足大大小小企业的需求。随着各行各业的广泛应用，其应用水平也不断提高，为了适应各种产品的设计需求，软件本身很高的通用性造成了针对性不强、设计效率不高的问题，以及功能不完善。

因此，二次开发是实现对软件的用户化和专业化的有效手段，它可以更好地为用户服务，这对充分发挥 CATIA 软件的使用效益将具有里程碑式的作用。随着计算机集成制造技术的应用，利用二次开发技术，以现有的 CATIA 软件为基础平台，开发专用的系统，实现软件客户化定制，有效提高软件设计的自动化程度，实现工作效率的提高。

那么如何快速入门开发又将是一个巨大的挑战。与一般的编程书籍相比，CATIA 二次开发的教程市场上几乎为零，更别说是基于 CAA 进行 CATIA 二次开发。CAA 给予自带的百科全书，虽然百科全书全面且系统，但对于初学者来说还要攻破英文难关，很难摸清开发思路。因此本章主要介绍 CAA 入门编程及实例。

首先看一下 CATIA 软件的二次开发方法。CATIA 二次开发共有 4 种方式：Interactive User

Defined Feature、Knowledge、Automation API 和 CAA V5 C++ API。4 种开发方式对开发者的要求程度有很大差异。

作为 4 种开发方式中功能最强的 CAA V5 C++，具有强大的交互、集成和用户特征定义功能，是第三方产品集成、客户化、个性化设计强有力的工具。由于 Dassault Systemes 应用本身的复杂性和 CAA 所涉及的深层次内容，再加上 CATIA 本身结构的层次化和严谨，所以利用 CAA 进行 CATIA 二次开发与其他 CAD 软件相比具有更大的复杂性和难度，但同时也可以实现 Dassault Systemes 应用深层次开发。此外，在 CATIA 环境下开发工艺设计仿真系统，主机厂工艺人员将面对熟悉的 CATIA 工作环境，可以提高新系统的学习效率。通过比较分析各种开发方式开发能力，结合工艺设计系统的开发需求，最终选择 CAA V5 C++作为工艺设计系统的开发方式。CAA 的架构如图 9-1 所示。

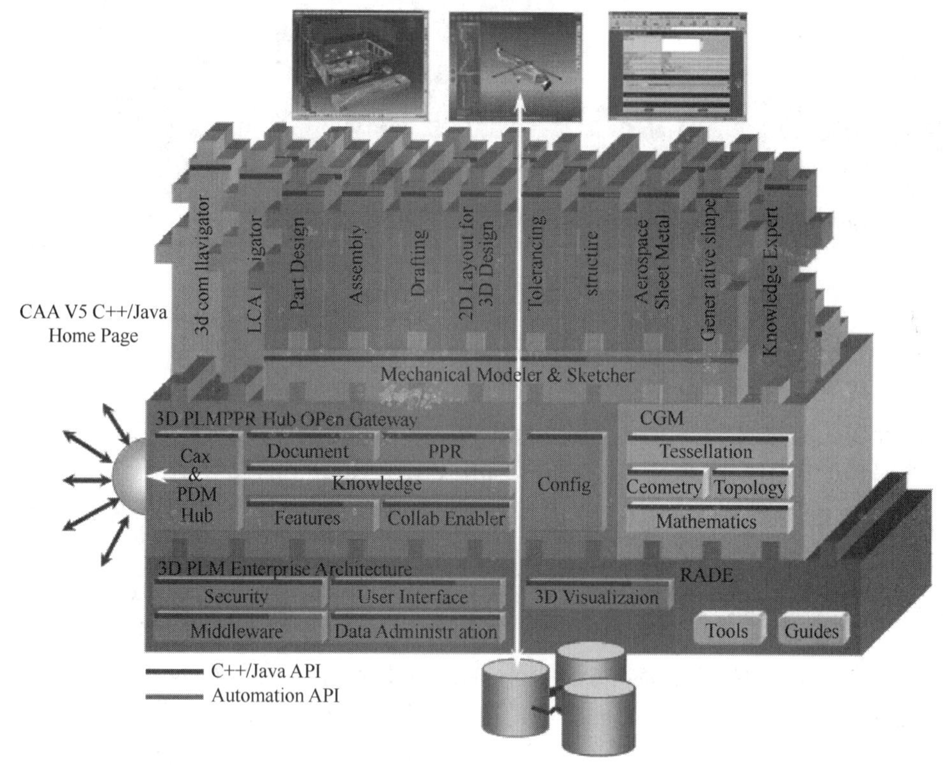

图 9-1 CAA 架构

在开始二次开发之前，让我们了解一下 CATIA 界面在 CAA 中的名称，如图 9-2 所示。CATIA 是模块化的产品，如同堆积木一样可将功能不同的模块堆砌组合在一起。由此构建成一个功能强大的数字化设计产品。鉴于处理对象不同，CATIA 通过 Workshop（工作空间）结构将各功能进行了分类管理。其中 Workshop 是由 Workbench（工作台）组成，而 Workbench 是由 Addin（工具条）组成。由于 Addin 是程序命令的入口，因此，我们开发的程序均会打包至 Addin 中，最后会根据其功能类别将其放置在某个工作台之下，从而辅助我们进行产品设计。所以我们入门第一个例子将会给出 Addin 的添加实例。

接下来解释几个名词。

CAA，全称 Component Application Architecture，组件应用架构。顾名思义，这里如果做太多专业解释会使人更加困惑，经过本章的学习会有一套自己对 CAA 的理解。按照个人理解就是如同拼模型一般，在一个大的框架下将很多功能通过 CAA 协议组装到一起。

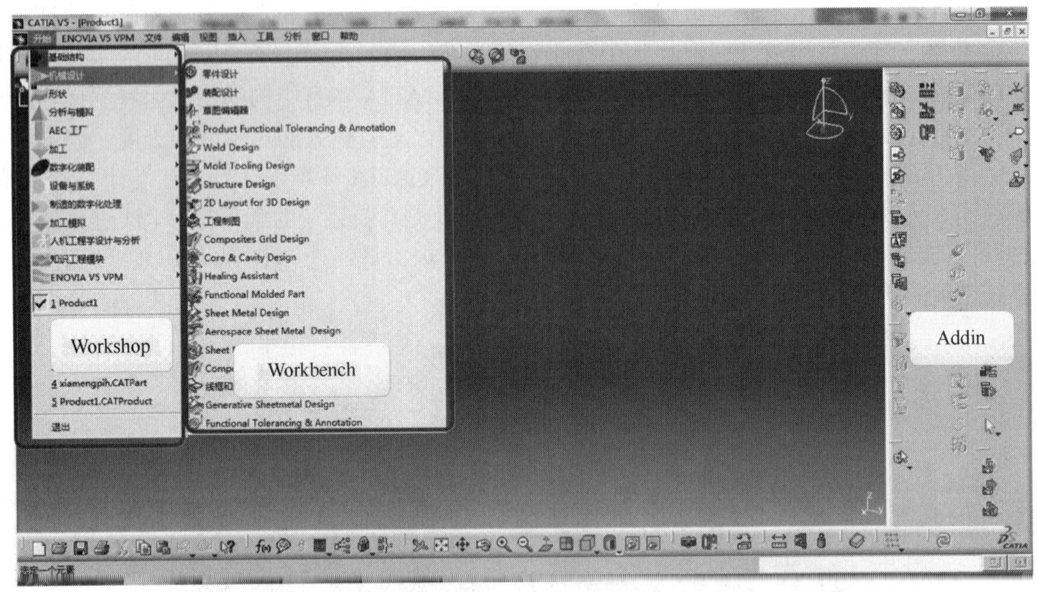

图 9-2 CATIA 界面

RADE，Rapid Application Development Environment，快速应用研发环境，是一个可视化的集成开发环境，它提供完整的编程工具组。RADE 以 Microsoft Visual Studio 为载体，开发工具完全集成在了 Microsoft Visual Studio 环境中，并且提供了一个 CAA 框架程序编译器，但同时也限制了 Microsoft Visual Studio 的部分功能。可以说 CATIA CAA - RADE 是目前所有高端 CAD/CAM 开发环境中最为复杂、同时也是功能最为强大的一个。

在开始正式学习之前，我们需要了解 CAA 都可以做什么、涉及什么。CATIA CAA 会在文件夹内安装 Encyclopedia，这就是传说中 CAA 的百科全书、"牛津大字典"。它囊括了基本所有 CAA 内容，大到结构分类，小到每一个函数的解释。其路径为 InstallRootDirectory\CAADoc\Doc\online\CAACenV5Default，我们打开"百科全书"，会有相应的 CATIA、DELMIA、ENOVIA 板块。这意味着我们不仅可以用它来查找 CATIA 的二次开发，同时我们可以对其他两个进行二次开发。当然，殊途同归，用法是完全一样的。如图 9-1 所示，可以看到大致分为几个模块，由下而上，下面属于最底层的开发，一点点积累如同盖楼一般，下面将分别介绍。

① 3D PLM Enterprise Architecture：将 API 函数及其应用独立出去，与操作系统不再相关。主要由 Security PLM（安全管理）、User Interface（用户界面）、Middleware（中间件）、Data Administration（数据管理）、3D Visualization（三维显示）五个小模块组成。

② 3D PLM PPR Hub Open Gateway:提供了 Process、Product、Resource 模块，以及在不同 CAD 系统和不同标准格式直接进行数据交互。其主要包含 Cax & PDM Hub（与其他 Cax & PDM 的交互）、Document（文档）、PPR Modelers（建模）、Knowledge Modeler（知识建模）、Feature Modeler（特征建模）、Configuration Management（配置管理）、Geometric Modeler（CGM，几何建模）等七个主要 Modeler 组成。

RADE：提供对应 CAA 应用资源进行设计、实施、构建、校测试和管理的工具。以 Document

为例，单击之后会打开其相应的主页。如图 9-3 中所示，主要包含三个方面。

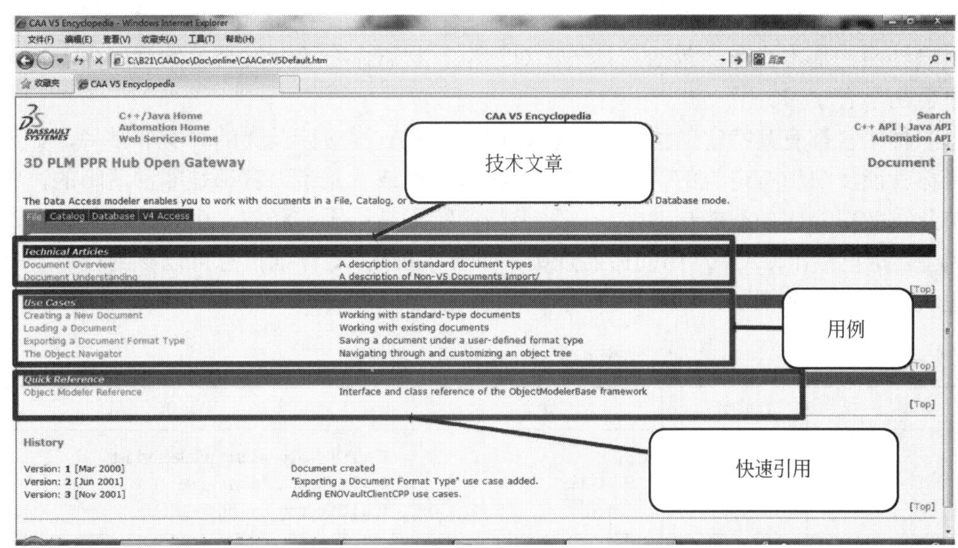

图 9-3　帮助文档

科技文章：阐述此模块的原理、工作机制、使用方法及编程任务等。

用例：提供很多实例使得用户方便了解，便于应用。实例综合且语法标准。

快速引用：可以理解为大字典，此模块所有 API 都包含在内，可以快速查询了解函数的使用方法。

那么这些具体的模块都有什么用处？下面给出一些常用的功能介绍，如图 9-4 所示，用

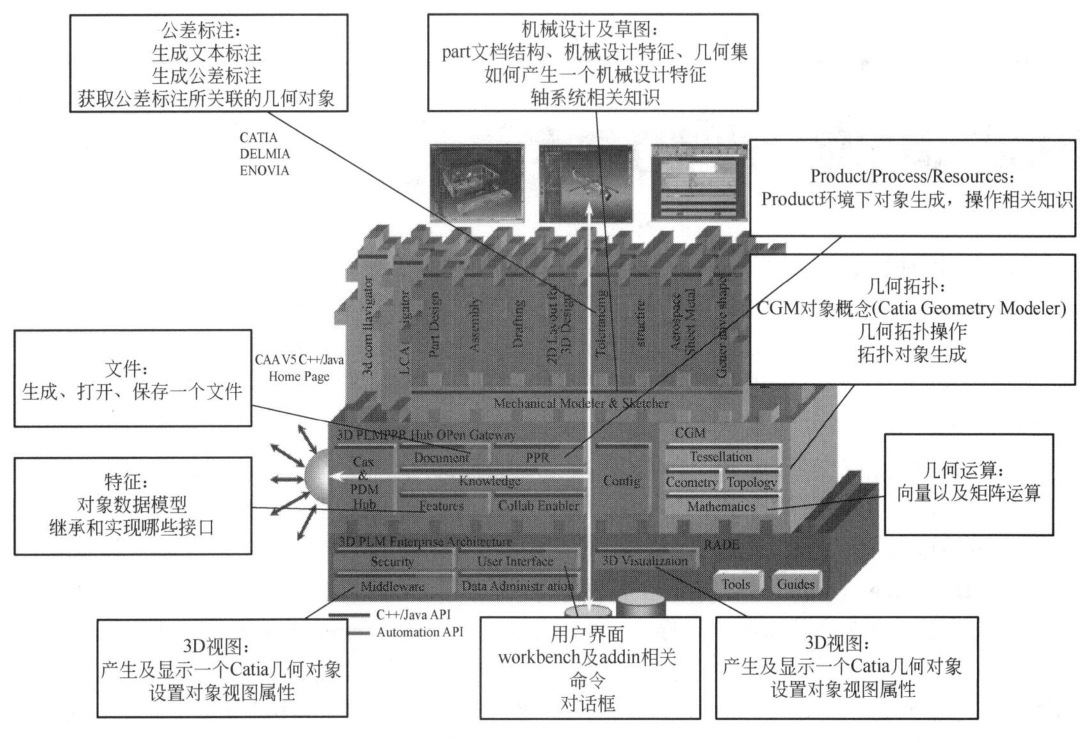

图 9-4　内容介绍

户可以快速学习相关内容。由于所有模块结构一致，可以先对一个模块充分学习，便于学习其他模块时抓住重点，掌握难点以及突破点。这里推荐学习 User Interface 这个模块，此模块包含用户界面的基本命令，包括工具条、对话框、状态命令等开发必备的基础内容，难度适中，便于初学者学习。

每一种语言都有其特定的语法及标识。由于 CAA 程序涉及类的种类非常多，如果从变量的名称就能反映出特定类的类型，这无论是对编程或者差错而言都是非常清晰的，将提高程序的开发效率。比如智能指针类，该种类型的特点是：无需释放，由系统对其管理，为了区分类型，这里给出 CAA 常用的命名规则。如表 9-1 所示，详细信息可以参阅百科全书 Tool 这一模块建议的命名规则。

表 9-1　CAA 常用命名规则

类型	前缀	含义	示例
指针类	p pi spi	指针 接口指针 智能指针	CATDlgSelectorList* pSelectorList CATIMovable *piMovable CATIProduct_var spiProduct
C 语言类	b i d	布尔类型 整形 双精度浮点	CATBoolean bBoolean int isum double dsum
数学类	mp mv	数学运算 数学运算向量	CATMathPoint mpPoint CATMathVector mvVector
代理类	pDA pFA	对话框代理类 特征代理类	CATDialogAgent *_pDAPoint CATFeatureImportAgent * _pFAPoint
函数参数定义类	i o io	输入 输出 即可输入也可输出	CATNotification * iNotification CATISpecObject ** opSpecObject CATILinkableObject_var&ioBJ

9.2 面向组件的编程技术

如前文所述，CAA V5 C++是基于组件对象模型（COM）技术的一种面向对象编程开发方式。组件是继面向对象编程技术之后，软件工业技术领域的又一次革命，是管理大型复杂程序和重用代码的必备技术手段之一。基于组件架构的应用程序具有便于开发、便于更新、便于定制和分布式远程应用等无可比拟的优点。与对象不同，组件对象是遵循一定标准编译过的二进制对象，客户无需知道组件内部的细节以及编写语言，只需要通过访问其接口实现和它之间通信，实现即插即用。限于研究领域和篇幅，本文无法对组件技术作出详细的阐述，下面结合 CATIA　CAA 介绍一下系统开发过程中应用到的一些关键技术。

（1）Interface / Implementation 工作原理

组件模型中有 2 个基本概念：接口（Interface）和实现（Implementation）。接口是一个包含许多纯虚函数的抽象对象，这些纯虚函数表示了接口支持的方法。实现是一个具体定义接口中的方法的对象，一个实现对象必须显式声明它支持哪些接口，还必须定义它支持的接口中的所有抽象方法。实现对象可以支持一个或多个接口，而客户应用只能通过这些接口与实现对象发生联系。如图 9-5 所示，接口直接控制客户应用程序，并将实现细节与用户对象隔离开来，达到保护数据的目的。

图 9-5 Interface/ Implementation 工作模式

（2）接口——COM 对象的定义

CATIA 接口指的是一个 C++抽象类。因此它仅包含纯虚函数。一个接口由头文件、源文件和 TIE 文件三部分组成。

客户应用只能与组件的接口打交道，而不直接与组件的具体实现部分打交道，这样的结构有很多优点。首先，同样的接口可以对应多个不同的实现，同样的接口调用不同的具体实现，体现了规范性。另外，如果需要修改接口的实现方法，客户不需要对接口调用的源代码进行修改。CAA 中的所有接口都从 IUnknown/CATBaseUnknown 继承，所有的实现对象都是从 CATBaseUnknown 继承。

CAA 组件中，接口对象和实现对象都可以通过 C++的类继承来扩充功能。另外，还可以通过实现对象扩展的特殊机制，来支持新的接口，增强组件的功能。所谓扩展（Extension）也是一个对象，它给已经存在的实现对象增加新的功能。扩展对象通过具体实现接口中的方法来创建组件，扩展对象可以对已有的实现对象和扩展对象进行扩展。如图 9-6 所示，通常，CAA 的组件包括 3 部分：基本实现对象、接口对象和扩展对象。CAA 的对象扩展有 2 种方式：一是数据扩展（Data Extension）；二是代码扩展（Code Extension）。数据扩展包含数据和方法的扩展，这种扩展对象和 Implementation 对象是一一对应的；代码扩展只包含方法的扩展，一个代码扩展对象可以作为多个 Implementation 对象的扩展。

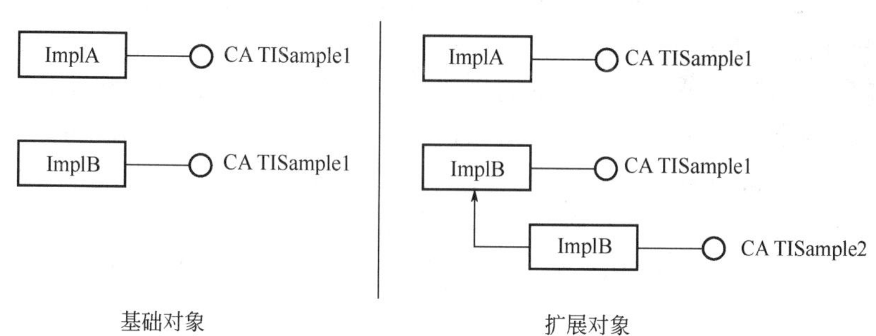

图 9-6 接口扩展机制

每个组件实现的所有接口都记录在一个字典（Dictionary）文件中。对象词典是用来定位与给定 Implementation 或者扩展对象相关联的所有接口对象。每个程序框架都有一个对应的对象词典，这些信息都存储*.dico 文件中。以扩展对象和 CATIA 对象对比关系图中所示的对象名称为例，具体内容一般是：

```
ImplA     CATISample1   libImplA
ImplA     CATISample1   libExtA
```

其中，第一列是组件名称；第二列是接口名称，包括通过继承和扩展两种方式得到的对象；第三列是实际代码的库文件名。

对于客户来说，组件就是一个接口集，客户只能通过接口才能和 COM 组件进行通信。因此，对于客户而言，获取所需要的接口是应用组件的关键一步。由于客户只能通过接口才能和 COM 组件通信，因此接口查询也是通过接口来实现的。该接口就是 IUnknown，而其他所有的接口都必须继承 IUnknown 接口。IUnknown 接口在 UNIX 系统中由 CAA 定义，在 Windows 系统中由微软的组件对象模型（Component Object Model，COM）定义。CATBaseUnknown 继承于 IUnknown，它是 CAA 所有接口和组件的基类。

由于每个 COM 接口都继承了 IUnknown，因此每个接口的虚拟函数表的前三个函数均是 QueryInterface( )，AddRef( )和 Release( )。这使得所有 COM 接口都可以当作 IUnknown 来处理。由于所有接口的指针也将是 IUnknown 指针，客户并不需要单独维护一个代表组件的指针，而只需要关心接口的指针。客户可以通过 QueryInterface 函数查询某个组件是否支持某个特定的接口。若支持，QueryInterface 将返回一个指向此接口的指针，否则将返回错误标识。

```
HRESULT __stdcall QueryInterface(const IID & iid,void ** ppv);
```

第一个参数表示客户所需要的接口，第二个参数表示存放接口的指针地址。在 COM 模型中，对象本身对于客户来说是不可见的，客户请求服务时，只能通过接口进行。每一个接口都由一个 128 位的全局唯一标识符（GUID，Globally Unique Identifier）来标识。客户通过 GUID 获得接口的指针，通过接口指针，客户可以调用其相应的成员函数。

（3）组件对象生命周期的管理

CAA 对于对象，即 Interface 和 Implementation 的生存周期管理是通过参照计数（Reference Counting）和智能指针（Smart Pointer）2 种技术的交叉使用完成的。

对于对象的生存周期，CNEXT Object Modeler 定义的管理机制为：Implementation 可以通过也只能通过 Interface 来控制；Implementation 只有在所有和它相连的 Interface 对象被删除后才能被删除；允许的时候，CNEXT Object Modeler 会自动删除 Implementation 对象。根据上述规则，CAA 的对象引入了参照数（Reference）这样的控制方式来保证 Implementation 对象和 Interface 对象不会被程序误删。CAA 中每个用户对象都保留所引用 Interface 对象的同一照数，并且任意一个用户对象通常都同时留所引用 Implementation 的至少一个参照数。参照计数技术和超级指针技术都是基于参照数这个机制的。

参照计数方法是 Interface 对象保证其自身不被其他进程删除的特殊机制。当引用 Interface 的客户对象增加时，这个 Interface 对应的参照数就会相应的增加，相反，当引用 Interface 的客户对象减少时，对应的参照数就会减少。参照数为零时，CNEXT Object Modeler 会自动删除参照数对应的 Interface 对象。

每次获取 Interface 对象指针时，QueryInterface( )都会自动运行 AddRef( )来保证 Interface 对象不会在返回数值之前被删除。但单纯的对象指针赋值不会增加参照数，需要调用 AddRef( )。另外，对于 Factory 对象，参照数机制是一样的。在指针对象使用完毕后，程序需要调用 Release( )来减少参照数。

智能指针，也叫做句柄（Handlers），它实际上是一个和 Interface 相关联的类。智能指针本身作为一个指针使用，而且它能自动完成参照计数。它的命名是有规则的，一般来讲，接口 CATIxxx 的智能指针一定是 CATIxxx_var。作为一个独立的对象，智能指针通过构造函数、析构函数的代码以及赋值操作符等完成参照计数的功能。智能指针是简化客户使用 QueryInterface 函数的关键技术之一，它将引用计数等细节隐藏起来，当程序的执行离开了智能指针接口的作用域之后，自动释放掉相关的接口。

如图 9-7 所示，一个智能指针实际上就是一个重载了操作符→的类。智能接口指针类包含指向另外一个对象的指针。当用户调用智能指针上的操作符→时，智能指针把此调用转发给其包含的指针对象。

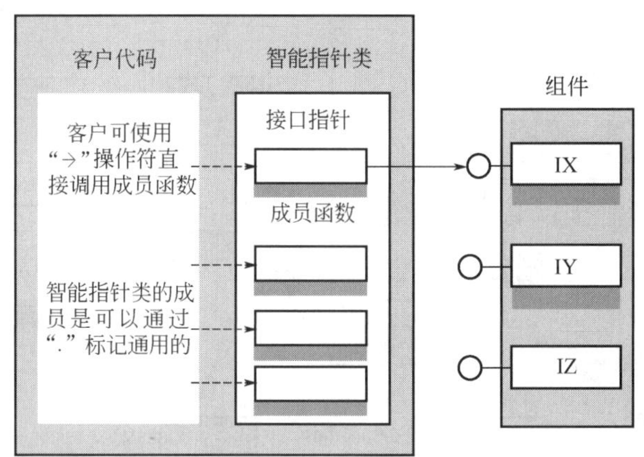

图 9-7　智能接口指针可以将函数调用转发给相应类中所包含的接口指针

（4）类厂——COM 对象的实例化

CAA 创建一个组件有 2 种方法：一种是通过全局函数；另一种是通过类厂（Factory）的形式。类厂是一个特殊的对象，它包含了组件创建的方法。采用类厂的形式使客户应用不直接参与对象的创建，而且使对象的创建得以集中管理。

COM 对象的实例化可以通过函数来创建，但是在另外一些情况下，不能直接实例化对象，但可以得到一个指向已创建一些其他内容的对象指针。所以创建组件的责任交给了一个单独的对象，这个对象就是类厂（Class factory object），一个类工厂对象代表了一个特定类别的标示符。每个组件都必须有一个与之相关的类厂，这个类厂知道如何创建组件，当客户请求一个组件对象的实例时，实际上这个请求交给了类厂，由类厂创建组件实例，然后把实例指针交给客户程序。

9.3 CATIA CAA 应用的基本框架

上节重点介绍了组件的概念和定义使用方法，但是组件不直接与别的组件通信，它必须通过应用框架或对象总线来实现组件之间的交互。CAA 应用的框架结构遵从组件对象模型，有自己的框架结构。每个应用有至少一个框架（Framework），每个框架有至少一个模块（module）。每个 CAA 应用有如图 9-8 所示的文件树模型。每个 Workspace 至少需要包含一个 Framework，一个 Framework 包含了一个工程所有需要的元素，Framework 的体系如图 9-9 所示。

用户调用框架内的函数时，需要首先使用包含该成员函数的类定义变量，使用该变量调用所需要的函数，而使用类定义变量之前，需要在用户自定义的框架中，创建与包含该类的框架之间的连接。

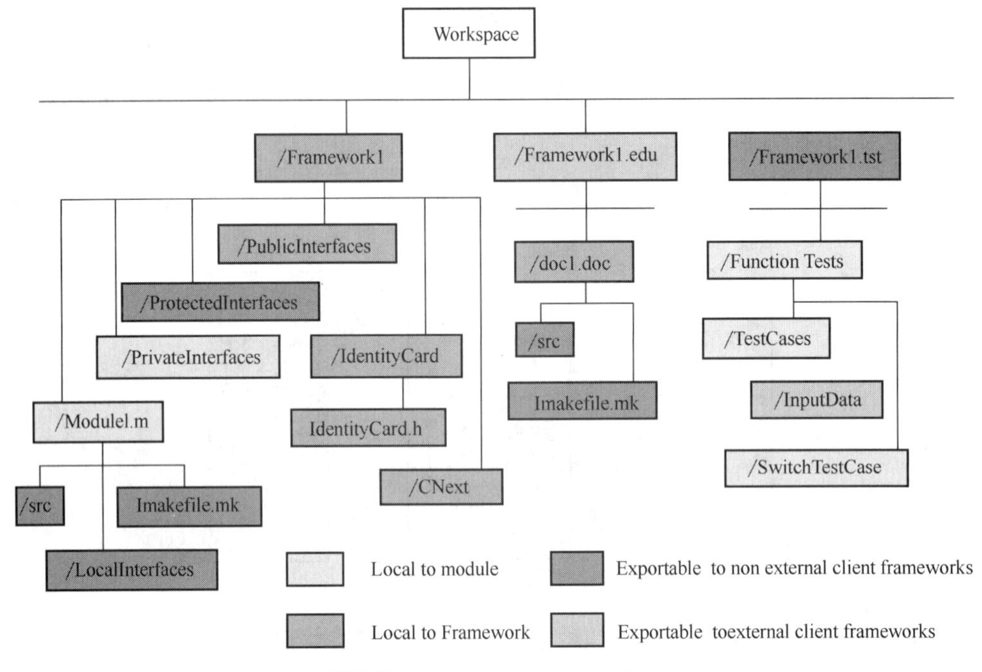

图 9-8　CAA 工程的文件结构树

由 CAA 提供的应用框架，以及用户自定义的框架都包含公用接口、保护接口、私有接口和功能模块，如图 9-9 所示，其中公用接口和保护接口都可以被其他框架调用，私有接口只允许在定义该接口的框架内调用。

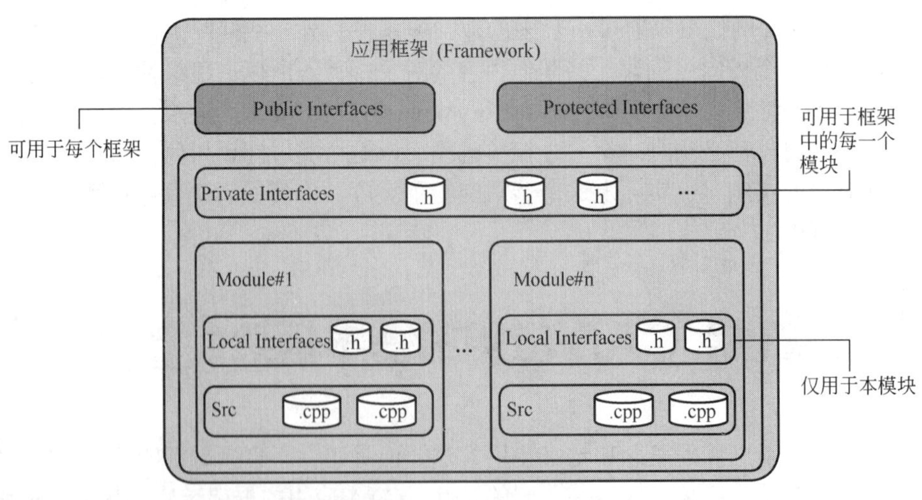

图 9-9　应用框架的结构

① 公共接口（Public Interfaces）。该文件夹中是类的声明，即.h 头文件。这些类可以为整个 Framework 的各个模块共享，也可以被外部 Framework 使用。

② 保护接口（Protected Interfaces）。系统自动生成的 module.h 头文件，供编译连接时使

用，这些模块只能在本 Framework 使用。

③ Module 文件夹为组织程序代码的一个基本容器。

④ Local Interfaces 中是仅供本模块使用的头文件集合。

⑤ Src 是所有本模块的.cpp 文件集合。

⑥ IdentityCard.h。这个文件通过宏“AddPrereqComponent（framenwork，protected）”来声明这个框架的一些首先必备的其他框架名称，framework 是框架名称。CAA 的编译器就是通过 IdentityCard.h 文件，把头文件搜索限制在首先必备框架所包含的接口中。即在开发过程中使用了系统或者外部的 API，必须包含此 API 所在的头文件，其中 Framework 的预定义就在这个文件中进行。

⑦ Imakefile.mk。这个文件是所有本模块包含的头文件所在外部 Module 的定义。在上面提到的 IdentityCard.h 中定义的是 API 所在的 Framework，而相应的 Module 即在此文件中定义。在 LINK_WITH 后面添加需要连接的 Modules。这个文件指明了这个模块中所有文件在编译时用到的其他模块和一些外部库以及为编译器提供如何编译的模块必须信息，还定义了在不同的操作系统下面编译时的一些可能的特殊要求。CAA 环境对 Cnext 能够运行的所有操作系统中采用同样的编译器，这为开发者提供了很大的方便，因为开发者可以不需要知道怎样用不同的编译器和怎么写 makefile。但 MKMK 并不能做所有的事情，开发者至少要告知他们想要做什么。因此在自己的源文件中用到其他模块的接口时，必须在 Imakefile.mk 中进行说明。

⑧ Cnext 文件夹。包含 Resources 和 Code 两部分。Resources 文件夹下存放资源，其中“graphic”里存放工程所用的物理数据，比如图片、模型等；“msgcatalog”中存放文字信息，例如语言版本控制，菜单、工具条、图标的名称以及帮助提示信息等。.CATNIS 中定义此 Workbench 以及其工具条、菜单的所有名字（Title）；.CATRsc 中定义此 Workbench 的图标（Icons）和其放置路径（Category）。.dico 中（Cnext/resource/code/dictionary）定义了此 Workbench 的连接库，包含对 CATIA 的系统接口引用的具体描述，它的信息是和用户的引用（Implementation）相关联的。

上一小节和本节主要研究了 CATIA　CAA 二次开发的两个最为核心的技术：接口的定义、调用和扩展方法；应用程序基本框架。但是要开发出界面友好的 CAA 程序，还需要充分了解其界面编程原理、控件命令定义和消息队列响应机制、鼠标命令定义和交互机制等内容。限于篇幅，本文不再对这些原理进行详细解释，有兴趣的读者可以参考相关的帮助文档。

9.4 Addin 的添加

安装完 RADE 以及 CAA 之后打开 Microsoft Visual Studio，会发现多出了很多功能，这些功能出现在工作条下，如图 9-10 所示。

开始创建一个 Framework（框架），这个如同创建一个空房子，这个房子没有空间限制，相当于一个大场地。那么，如何利用这个无限大的场地呢？当然我们要给它分区，也就是分成几个屋子，这个屋子叫做 Module（模块）。在每个屋子里，我们可以放些东西，比如电视、床用来当卧室，别的屋子放沙发等用来当客厅。CAA 应用的框架结构遵从组件对象模型，有自己的框架结构。如之前所讲每个应用有至少一个框架（Framework），每个框架有至少一个模块（module）。每个框架里面有一个 IdentityCard.h 文件，这个文件通过宏“AddPrereqComponent（framenwork，protected）”来 “声明”这个框架的一些首先必备的其他框架名称，Framework 是框架名称。CAA 的编译器就是通过 IdentityCard.h 文件，来把头文件搜索限制在首先必备框架所包含的接口中。Addin 就需要在一个 Module 下建立。

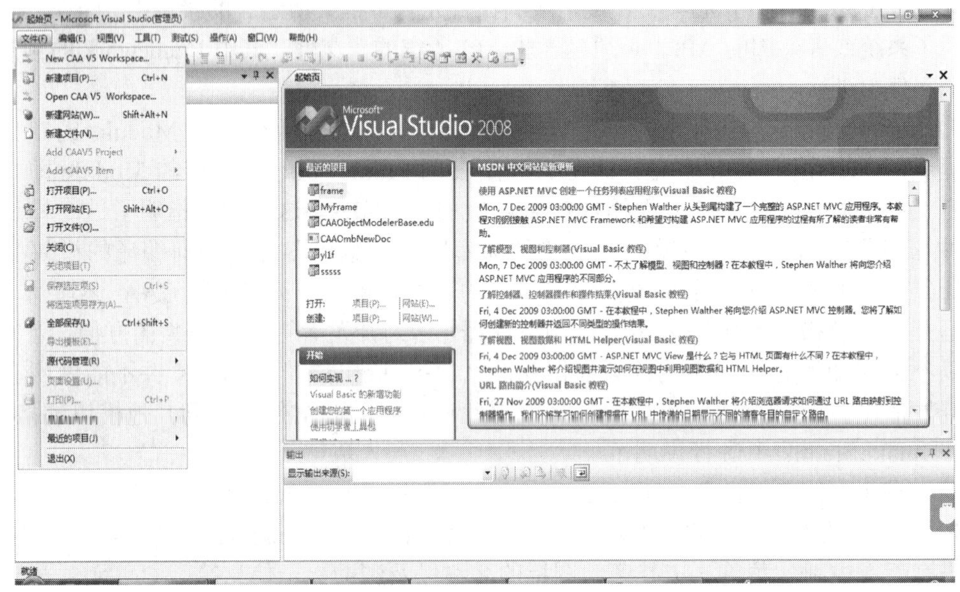

图 9-10 RADE 环境下的界面

如同其他软件，单击文件→New CAA V5 Workspace，弹出窗口如图 9-11 所示。

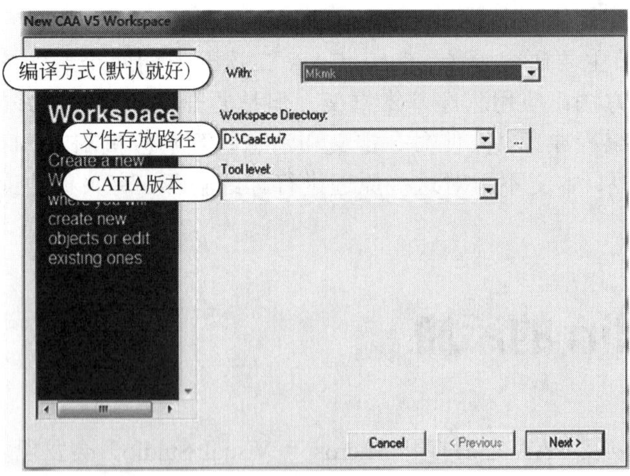

图 9-11

选好之后单击“Next”按钮，弹出窗口选择“Create new genetic framework”如图 9-12 所示，最后输入一个 framework 的名字便完成初步的框架建立工作。完成之后界面如图 9-13 所示。

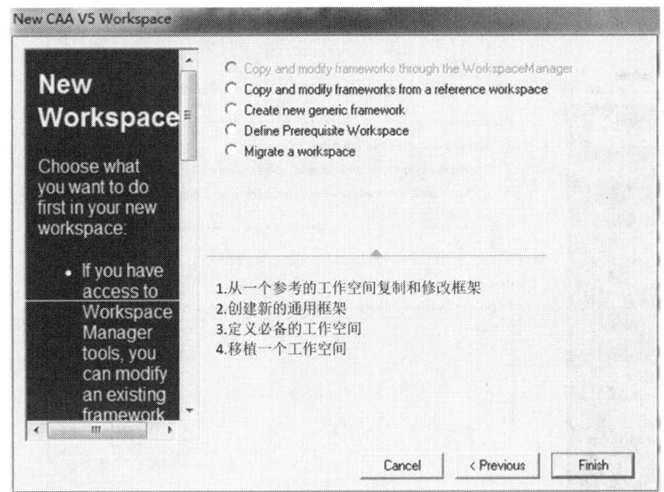

图 9-12

可以看到 Framework 里面有很多文件夹。

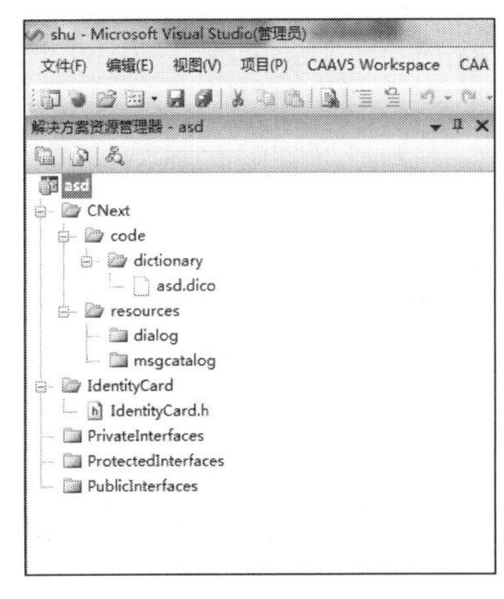

图 9-13　框架建立完成

PublicInterfaces：公共接口，在这个文件夹中是类的声明，即.h 头文件。这些类可以为整个 Framework 的各个模块共享，也可以被外部 Framework 使用。

ProtectedInterfaces：系统自动生成的 module.h 头文件，供编译连接时使用。这些模块只能在本 Framework 使用。

IdentityCard.h：本文件定义了所有用于编译使用此 Framework 的预定义 Framework。即在开发过程中，如使用了系统或者外部的 API，必须包含此 API 所在的头文件，module 和 Framework 中，Framework 的预定义就在这个文件中进行。其格式如下：

```
AddPrereqComponent("ApplicationFrame",Protected);
// ApplicationFrame 即为所连接的 Framework
```

Cnext 文件夹：包含 Resources 和 Code 两部分。

到此为止，大致的框架就添加完毕，在我们开始编程之前需要引入 CAA 文件夹。学过编程的人都知道，想要调用函数必须声明一下，而这个声明文件包括在软件安装的文件夹里。CAA 亦是如此，按如图 9-14 操作单击，添加 CAA 文件夹见图 9-15。

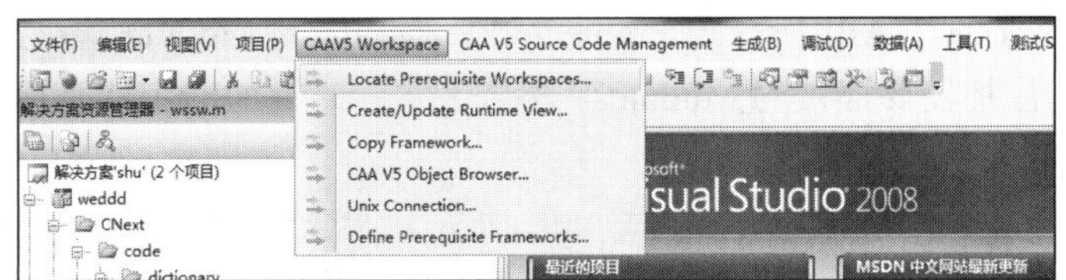

图 9-14

下面添加模块，单击如图 9-16 所示功能添加，输入名字即可。

创建好 Module 之后会又多出一个文件夹，Module 为组织程序代码的一个基本容器。其结构如图 9-17 所示。

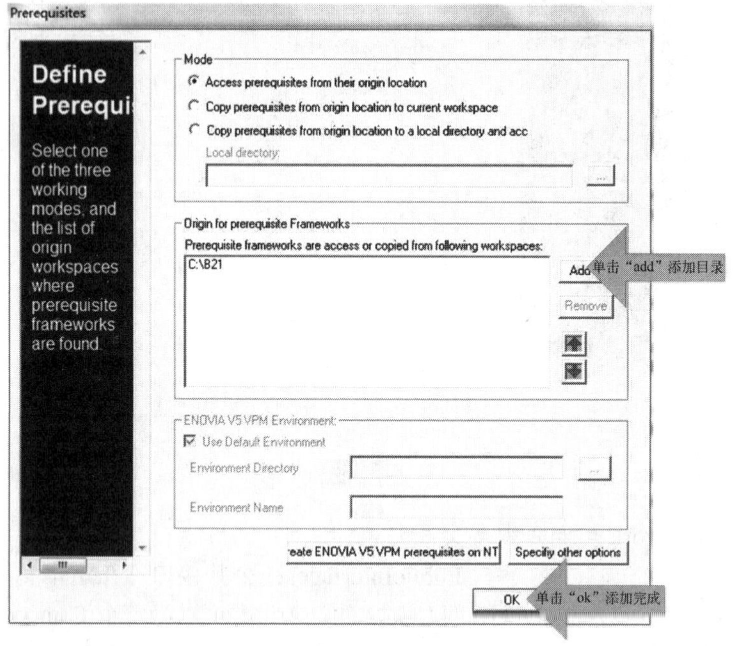

图 9-15

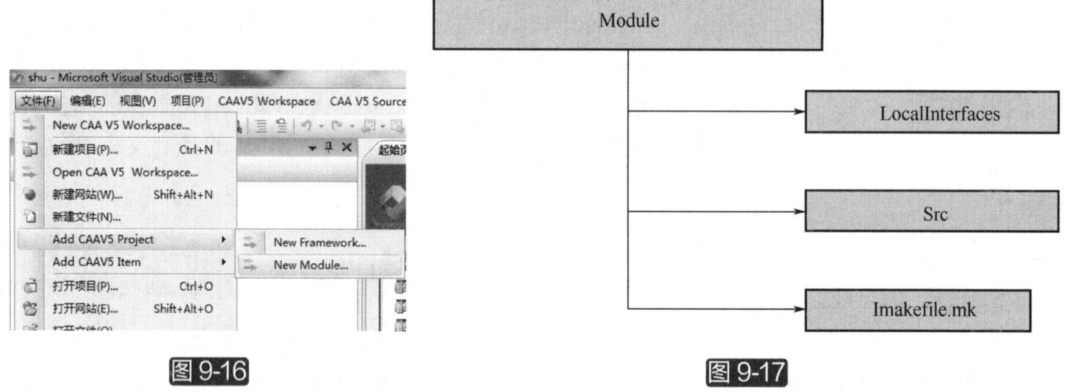

图 9-16　　图 9-17

其中：LocalInterfaces 中是仅供本模块使用的头文件集合；Src 是所有本模块的源文件集合；Imakefile.mk 文件是所有本模块包含的头文件所在外部 Module 的定义。在上面提到的 IdentityCard.h 中定义的是 API 所在的 Framework，而相应的 Module 即在此文件中定义。在 LINK_WITH 后面添加需要连接的 Modules。格式为每一行后面一定要有符号“\”，而每两个 Modules 需要有空格隔开。

在正式添加 Addin 之前还有最后一道任务，就是所要添加的 Addin 需要放的 Workbench，而这个 Workbench 可以是自己定义也可以是选用现有的。这样我们来创建一个自己的 Workbench。操作步骤如图 9-18、图 9-19 所示，随后一直单击“下一步（Next）”按钮即可。

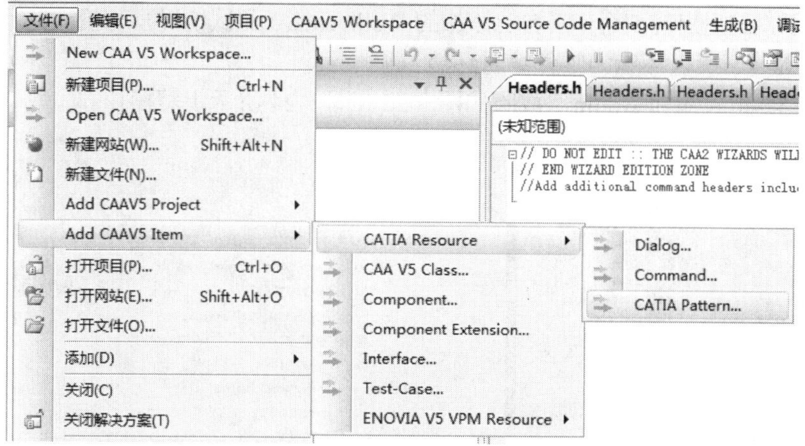

图 9-18

上述操作完成后，可进行编译。编译分为两步：一是编译程序；二是更新环境。两个按钮如图 9-20、图 9-21 所示。

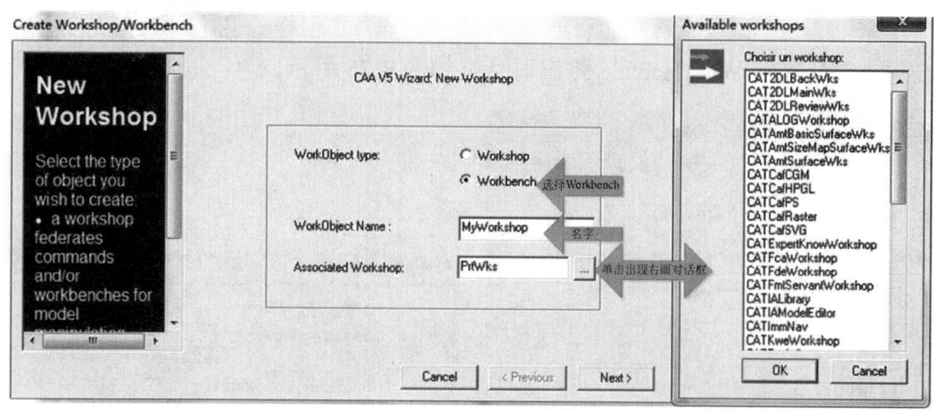

图 9-19

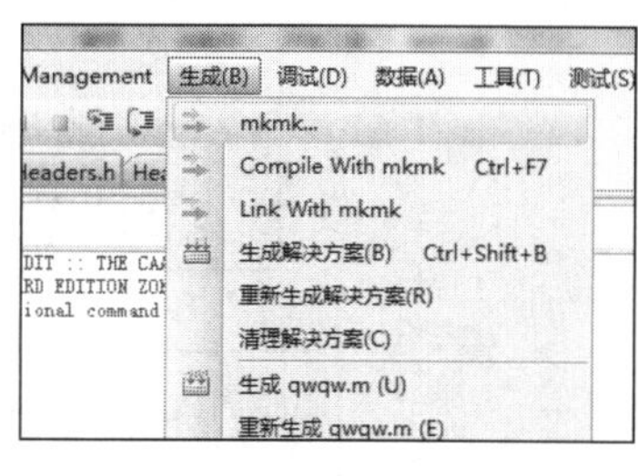

图 9-20

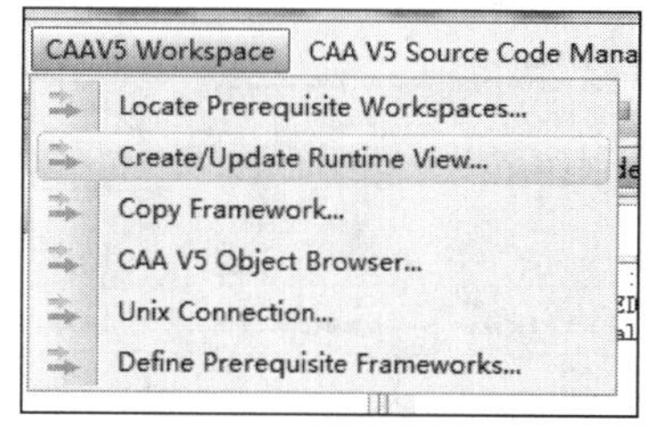

图 9-21

首先进行 MKMK，选取想要编译的模块即可，结果显示在下面信息栏内，如若有错误，则需查找错误源头，如果有警告则可忽略。第一步编译成功后需要更新环境，同 MKMK，选取所有即可。

上述所有结束之后来运行 CATIA 软件来检验上述操作，单击窗口→Open Runtime Window 会出现 dos 对话框，在对话框输入“cnext”敲击回车，便可打开被编译过的 CATIA，如图 9-22 所示，这里出现 5 个作者自己添加的 Workbench（测试使用）。由于建立的 Workbench 选取的是 PrtWks，所以环境为零件编辑环境。

下面我们将正式添加 Addin，按照如图 9-23、图 9-24 所示步骤操作。

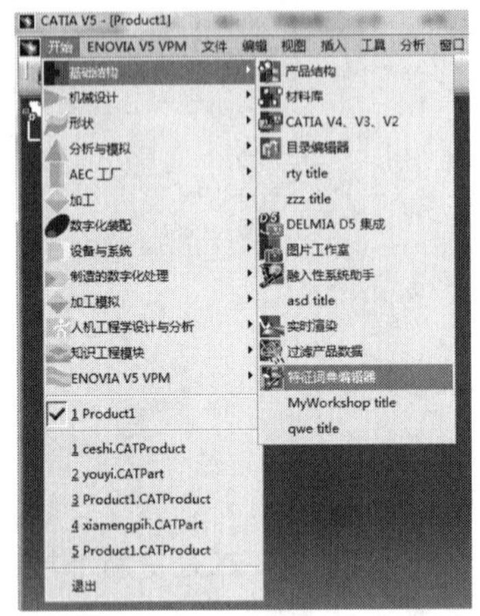

图 9-22

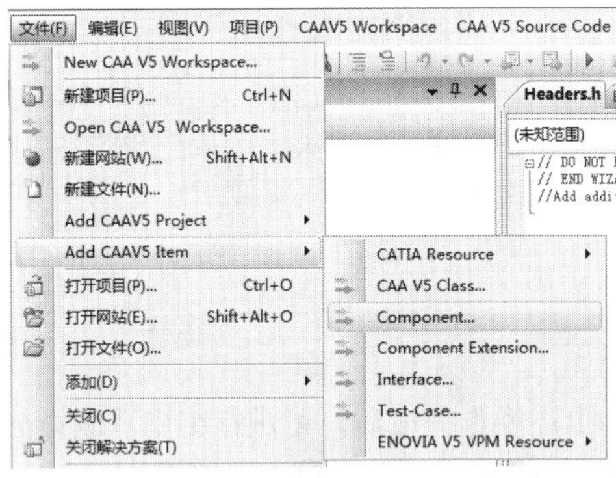

图 9-23

单击“Add”添加 Workbench，弹出对话框如图 9-25 所示。

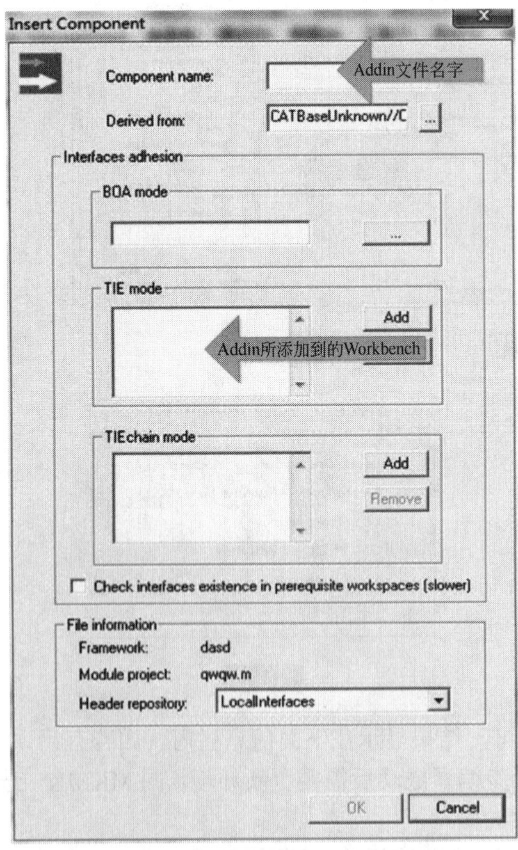

图 9-24

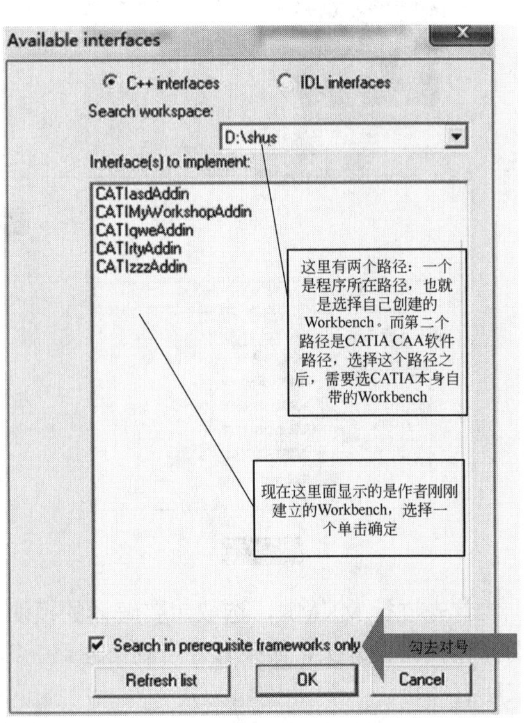

图 9-25

做完这些会发现在模块内多出了两个名字叫 addin（自己设定）的文件，分别是头文件及源文件，这两个文件才是重头戏。仔细观察头文件，学过 C++的人都会看出整个 addin 文件就是一个继承于 CATBaseUnknown 的类。如果对这个方面比较陌生，可以找一本 C++的书，找到类与对象，派生与继承相关部分来参读。当前属于空 Addin，并没有添加任何功能程序，首先根据 CAA 所提供的函数调用 CreateToolbars( )，此函数作用是创建工具条。

加入工具条需要两个函数，此处给出源程序：

```
    voida ddin::CreateCommands()//此处的 addin 为文件名字
    {
        new Header("point","CmdModule","TestCmd",(void*)NULL);
        new Header("lihui","CmdModule","TestCmd",(void*)NULL);
        new Header("yaojie","CmdModule","TestCmd",(void*)NULL);
        new Header("xiaoli","CmdModule","TestCmd",(void*)NULL);
    }/*此处句子意思为为按钮添加命令,第一个为按钮的名字,第二个为命令所在的模块,第三个为命令
的名字,第四个缺省就好。*/
    CATCmdContainer* addin::CreateToolbars()/*调用类 CATCmdContainer 的成员函数*/
    {
        NewAccess(CATCmdContainer,pMybenchTlb,MybenchTlb);/*创建一个容器来放名字为
MybenchTlb 的工具条*/
        NewAccess(CATCmdStarter,pPointCmd,PointCmd);
        SetAccessCommand(pPointCmd,"point");//第一个按钮名字为 point
        SetAccessChild(pMybenchTlb,pPointCmd);/*可以理解为 point 放到工具条中作为第一
个按钮*/

        NewAccess(CATCmdStarter,pLihuiCmd,LihuiCmd);
        SetAccessCommand(pLihuiCmd,"lihui");
        SetAccessNext(pPointCmd,pLihuiCmd);//定义下一个

        NewAccess(CATCmdStarter,pYaojieCmd,YaojieCmd);
        SetAccessCommand(pYaojieCmd,"yaojie");
        SetAccessNext(pLihuiCmd,pYaojieCmd);

        NewAccess(CATCmdStarter,pXiaoliCmd,XiaoliCmd);
        SetAccessCommand(pXiaoliCmd,"xiaoli");
        SetAccessNext(pYaojieCmd,pXiaoliCmd);

        AddToolbarView(pMybenchTlb,1 ,Right);/*放置工具条位置,此处放在右面,1 表示显
示,0 表示隐藏*/
        return pMybenchTlb;//最后返回 pMybenchTlb
    }
```

如同 C 语言一样，CreateToolbars( )函数也包含于一个头文件，而这个头文件的查找方式是打开 Help CAA V5，按 Ctrl+F1 键即可，查找方式如图 9-26 所示，将函数名字输入就会自动出现。

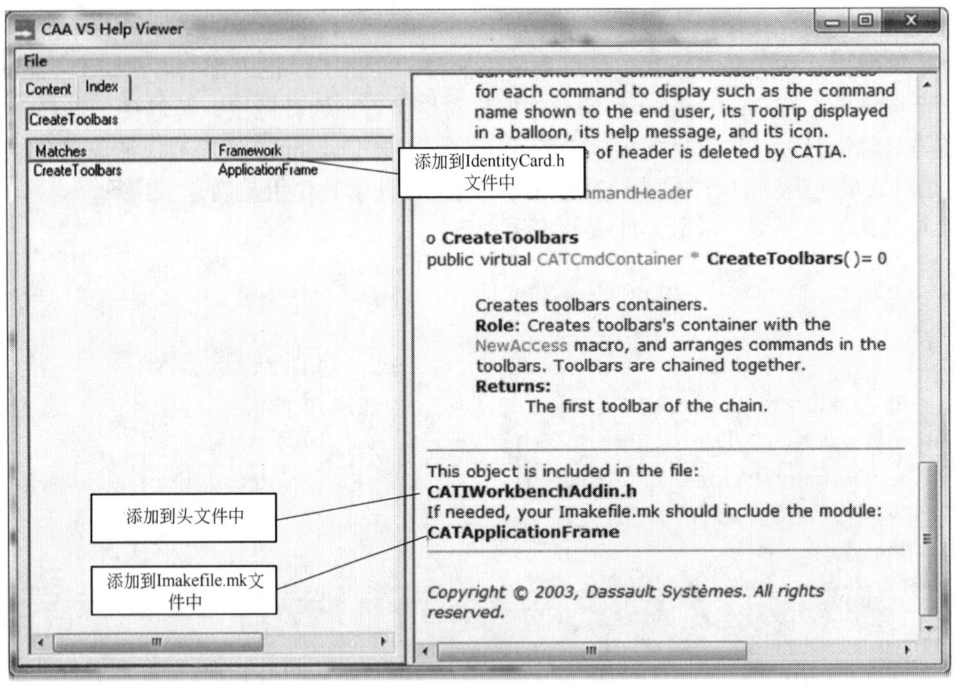

图 9-26

同理需要查询 CreateCommands( )等函数，此处给出全部：

```
#include"CATCommandHeader.h"
#include"CATCreateWorkshop.h"
#include"CATCmdContainer.h"
```

在 cpp 文件中调用了成员函数，所以要在类中声明一下，在头文件中 public 下面加上：

```
CATCmdContainer* CreateToolbars();
void CreateCommands();
```

上述语句用作声明。而在 cpp 中还要添加一句话来声明引导命令功能，即 MacDeclareHeader（Header）。

此外需要在 Imakefile.mk 文件中添加模块名字 CATApplicationFrame，添加方法如图 9-27 所示。

至此 Addin 的添加就完成了，按照上述编译、打开过程打开软件，可以看到如图 9-28 所示的按钮，那么就是大功告成。

可以看到其他 CATIA 自带的按钮都有图标及解释说明，下面讲解如何添加它们。这里就用到 CNext 文件夹中的 resources 文件夹，按照 CNext\resources\graphic\icons\normal 地址来创建空文件夹，并将后缀名为 bmp 的图片文件放入（网上很多的，挑个好看的）。resources 文件夹里面有个叫 msgcatalog 的文件夹用于存放图片及名字的程序，在 msgcatalog 中手动添加三个文件 addin.CATNls、Header.CATNls 和 Header.CATRsc。其中 addin.CATNls 中添加 `MybenchTlb.Title="长毛的月亮";`

Header.CATRsc 中添加 `Header.point.Icon.Normal="mycmd";`注意不要落下分号。其中 mycmd 为 resource\graphic\icons\ normal 目录下的位图 mycmd.bmp。

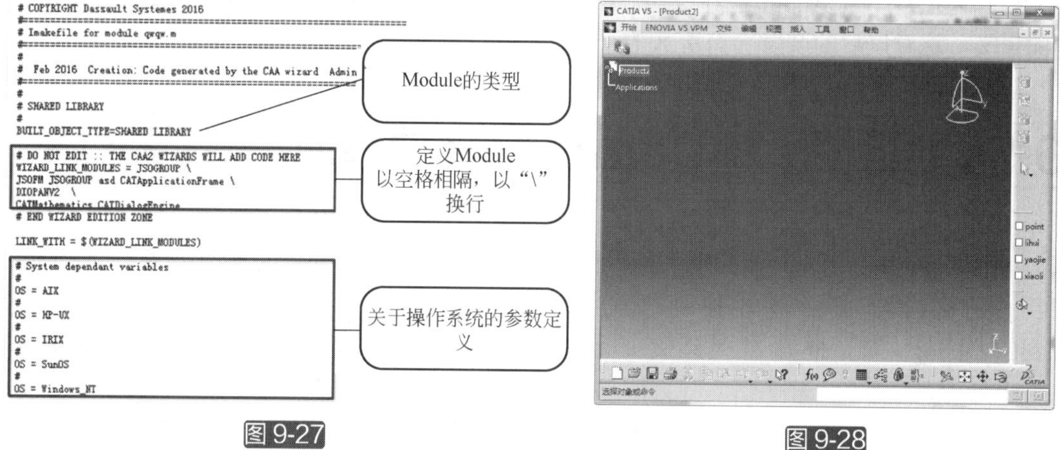

图 9-27　　图 9-28

为 workbench 插图。在 workbench.CATRes 中加入以下代码（workbench 是用户创建 workbench 的名字）：

```
    MyWorkshop.Icon.NormalPnl="Clouds";
    MyWorkshop.Icon.NormalCtx="Clouds";
    MyWorkshop.Icon.NormalRep="Clouds";
    在Header.CATNls加入
    Header.point.Category="Category";
Header.point.Title="Title";
Header.point.ShortHelp="ShortHelp";
Header.point.Help="Help";
Header.point.LongHelp="LongHelp";
```

添加完毕，经过编译后打开 CATIA，会注意到如图 9-29、图 9-30 所示的变化。

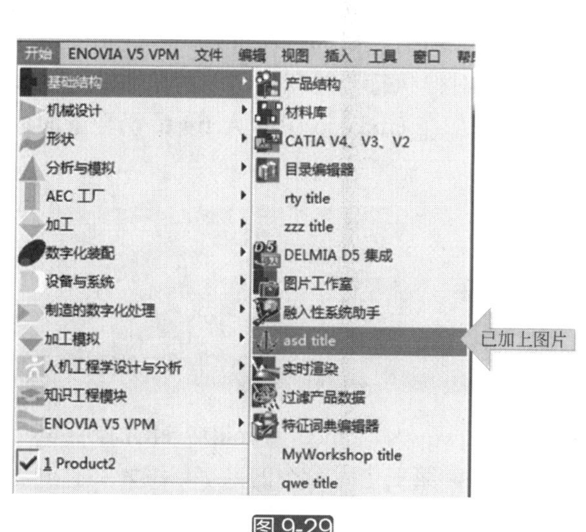

图 9-29

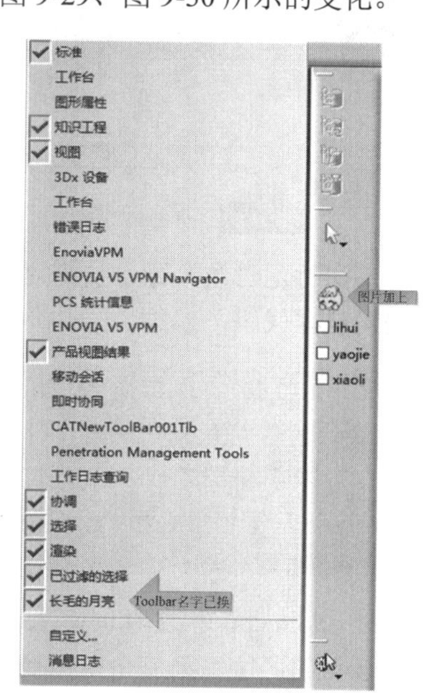

图 9-30

至此为止，一个 Addin 已经成功添加，作为 CAA 最基础的开始，初学者务必弄懂每一步的意义，这对以后的开发会有莫大的帮助。

9.5 Dialog 及 Command 的添加

上一节介绍了 Addin 的添加方法，那么现在按钮有了，接下来就要实现具体的功能。在我们用 CATIA 的时候单击按钮一般会有两种情况：一是出现对话框，就是我们今天要讲到的 Dialog（对话框）；二是直接实现某种命令，而这种命令就可以通过 Command（命令）来创建。

由浅入深，首先介绍 Command 的添加方法，此处为了方便管理，我们仍然在目前这个 Module 下建立 Command。单击文件→Add CAAV5 Item→CATIA Resource→Command，出现如图 9-31 所示的对话框。

CAA 中的命令有三种类型。

① 基本命令（Basic Command）。无需选择对象或输入数值，例如打开或关闭对话框。

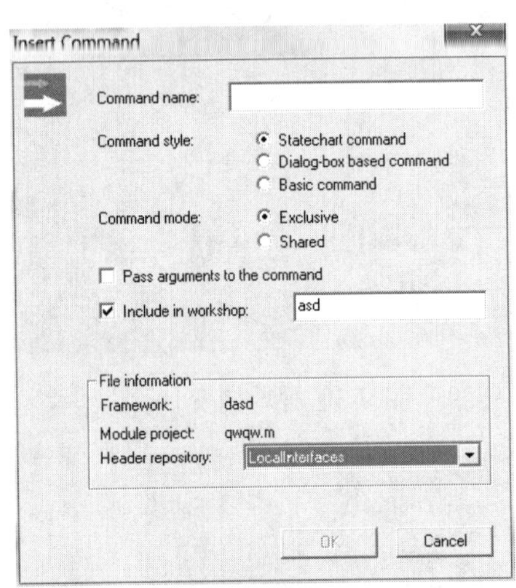

图 9-31

② 基于对话框命令（Dialog-box based command）。无需选择对象但须输入数值，如根据输入的坐标生成点。

③ 基于状态命令（State chart command）。需选择对象，可有或没有对话框。只有这种类型的命令才能进行 undo 管理。

这次选择基本命令来示范，输入命令名字 cmd（自定的），单击“确定”之后，在 Module 生成名字为 cmd 的头文件及源文件。仔细观察，系统已经为我们建立好框架，我们只需将想要的功能放进就 OK 了。可以看到这里有三个已经建立好的空函数，名字分别为 Activate、Desactivate、Cancel。按照字面意思，可以理解为第一个在激活按钮的时候可以触发，第二个在反激活按钮的时候执行，第三个是取消按钮的时候执行。当想要在特定时候执行，只需对号入座即可，例如在 cmd.cpp 中的 Activate 函数下面加入以下的消息框代码：

```
wchar_t a[100];
wchar_t b[100];
swprintf(b,L"内容");
swprintf(a,L"标题");
MessageBox(0,b,a,MB_YESNO);
```

并且在 addin.cpp 中改为 new Header（"point"，"qwqw"，"cmd"，（void*）NULL）；其中第一个是按钮的名字，第二个是命令所在模块的名字，第三个是命令的名字。编译、打开软件单击“point”按钮，出现如图 9-32 所示消息框。

图 9-32

此处是一个最简单命令的实例，下面介绍对话框 Dialog 的建立方法。Dialog 有很多种建立方法，可以通过 Dialog 建立，这种方法比较烦琐，其优点是命令文件与对话框文件分开，便于管理阅读且互不干扰，但过于复杂不利于初学者的学习。现在给出一种最简单的方法，Command 与 Dialog 共用一个文件。同样单击“Command”命令，在出现选择命令对话框时，我们选择 Dialog-box based command。因为实质是对话框，我们将名字起为 dlg。同样的步骤单击“确认”之后文件会自动生成，这种方法简单使用，便于学习，但是将来开发大型系统时，不免会导致一个文件里的代码过多。点开 dlg.CATDlg 文件，出现如图 9-33 所示的界面，下面介绍这些工具都有些什么用处。

Frame，Container，Tab container：这三种都属于框架，用于将一个对话框模块化。

Separator：分割线。这里不同于框架，只是用来将两个不相关挂件分开，如图 9-34 所示。

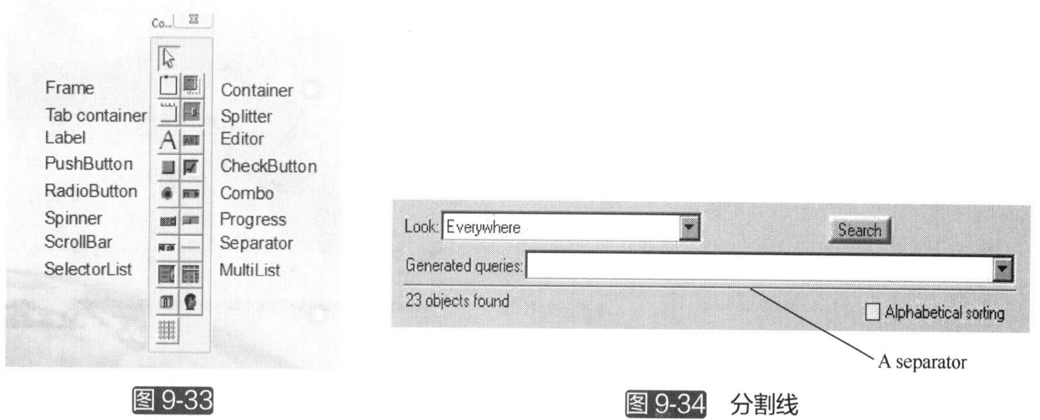

图 9-33

图 9-34 分割线

Label：标签，存储名字，用来给信息加上名头，如图 9-35 所示。

Progress：进度条，如图 9-36 所示。

PushButton：对话框中的按钮，可用来实现具体功能，如图 9-37 所示。

RadioButton：用来做选择功能，如图 9-38 所示。

CheckButton：用来做判断的功能，如图 9-39 所示。

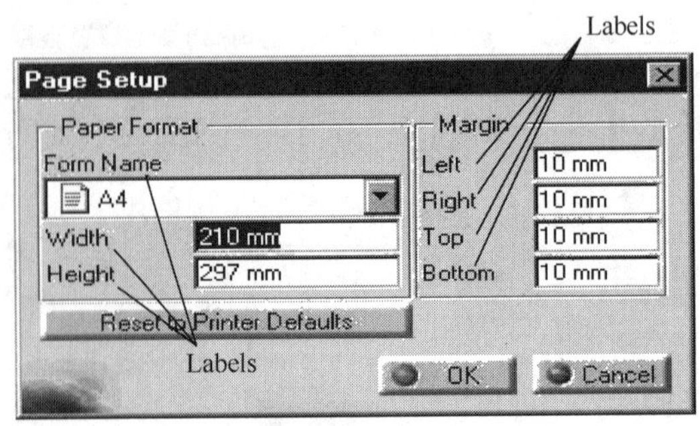

图 9-35　标签

图 9-36　进度条

SelectorList：可选择的列表。显示信息，可点选列表中的某项来实现功能，如图 9-40 所示。

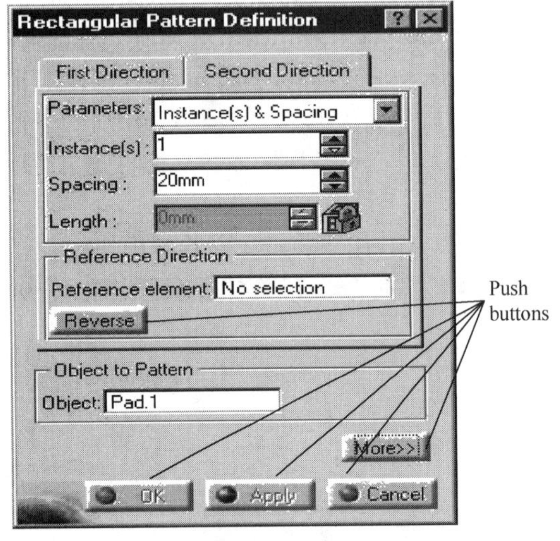

图 9-37　按钮

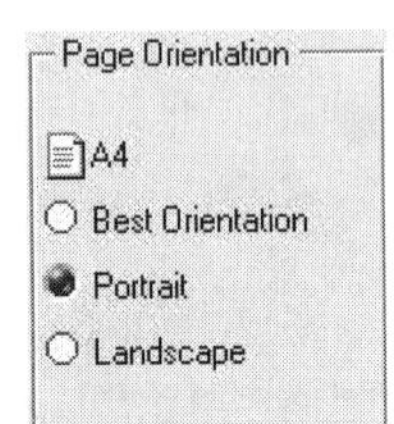

图 9-38　选择功能

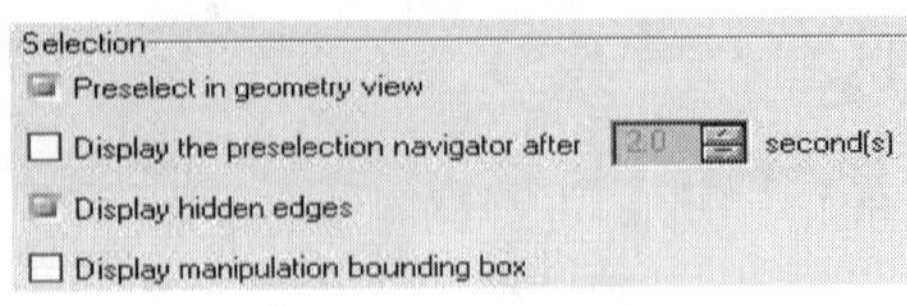

图 9-39　判断功能

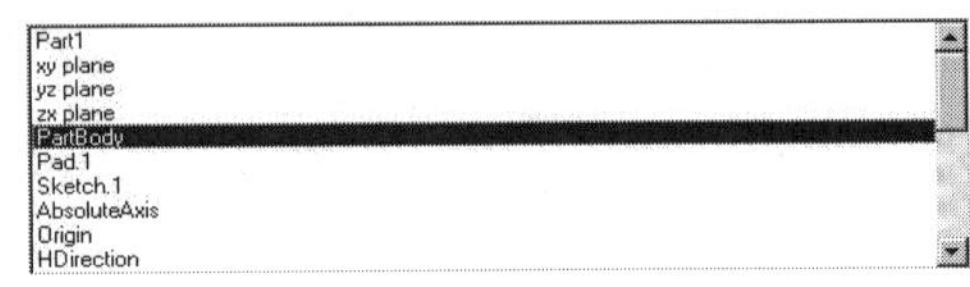

图 9-40　选择列表（1）

Combo：列表的另一种形式，如图 9-41 所示。

Spinner：点动条，步进条，类似滑动变阻器，如图 9-42 所示。

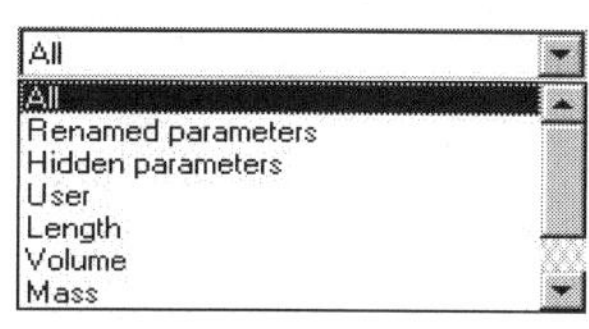

图 9-41　选择列表（2）

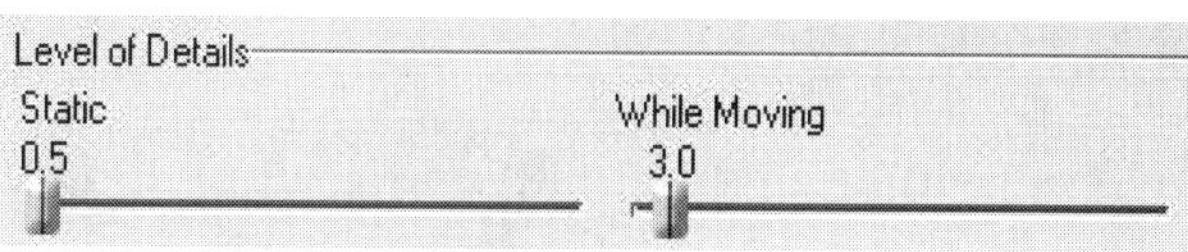

图 9-42　点动条

MultiList：多重列表，用于信息较多的数据管理，如图 9-43 所示。

Editor：可编辑的信息框，用来读取、显示或存储，如图 9-44 所示。

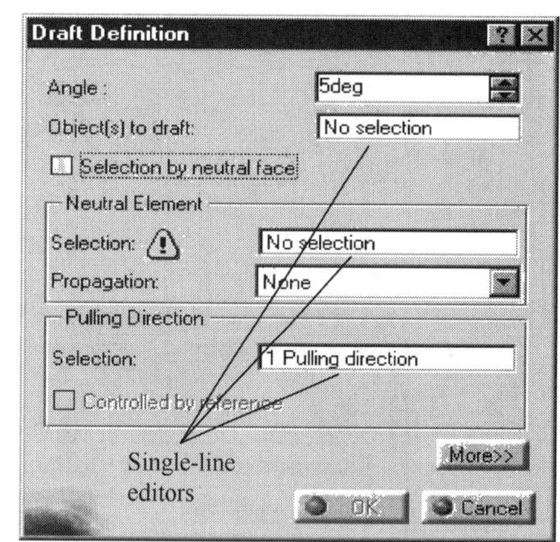

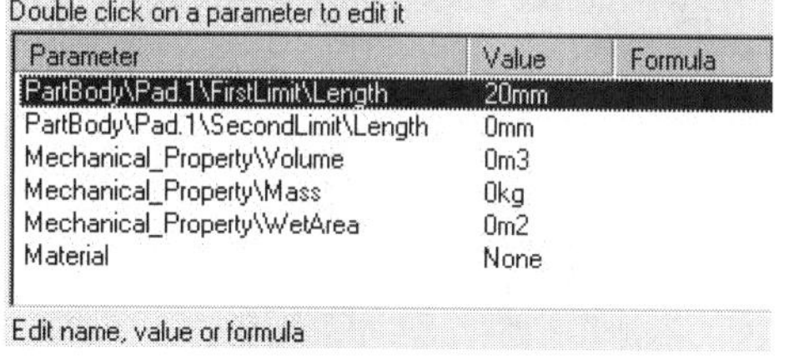

图 9-43　多重列表

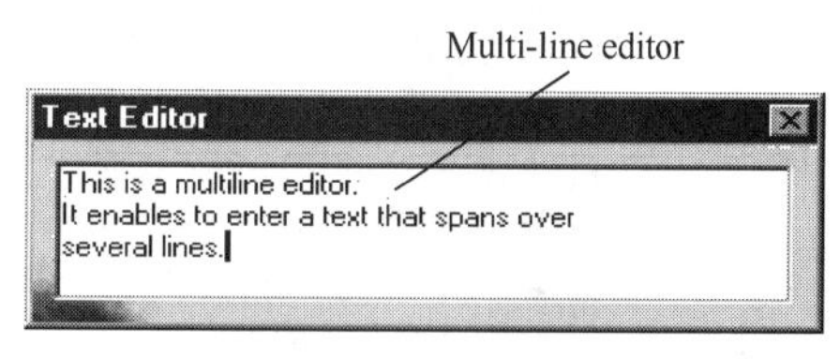

图 9-44　可编辑信息框

ScrollBar：拉条，对话框不能容下大量信息时，利用拉条来缩小对话框，如图 9-45 所示。

每一个控件类下面都有许多成员函数，这里只需复制类名到 Help 里面查找即可，函数的使用方法大同小异，简单易懂。

现在我们通过 PushButton 来举例说明用法，首先将 PushButton 拖进空白的 Dialog，如图 9-46 所示。

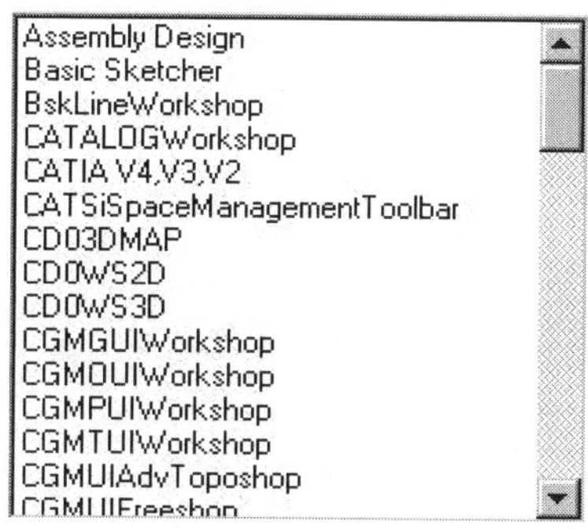

图 9-45　拉条

图 9-46

目前还只是添加了一个按钮进去，并没有实际作用，现在按照如图 9-47、图 9-48 来操作，添加一个响应，用来添加命令。

图 9-47

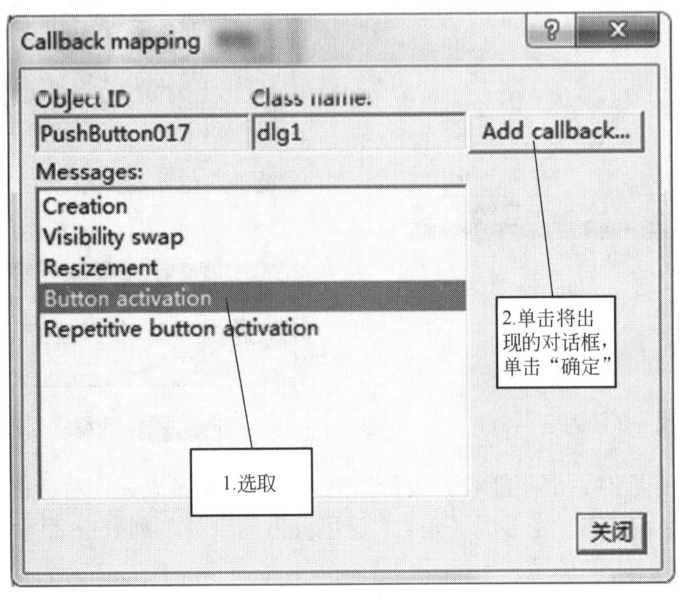

图 9-48

添加后单击“全部保存”，回到 dlg.cpp 中，发现多了几行代码：

```
AddAnalyseNotificationCB (_PushButton017, _PushButton017-> GetPushBActivateNotification(), (CATCommandMethod)&dlg1:: OnPushButton017PushBActiva teNotification, NULL);

void dlg1::OnPushButton017PushBActivateNotification(CATCommand* cmd,CATNotification* evt,CATCommandClientData data)
{
// Add your code here
}
```

此处涉及 CAA 一个强大的功能——代理。可以这样理解，当触发按钮 PushButton017 时，这个代理机制就会发送激活响应传递给函数 dlg1::OnPushButton017PushBActivateNotification，而这个函数下面具体已经创建，可以通过代码添加来给按钮添加响应，例如现在想通过这个按钮来打开另一个对话框。首先通过单击文件→Add CAAV5 Item→CATIA Resource→Dialog 创建一个标准的 Dialog，可以起名为 dlg2，然后在 dlg.h 中添加 #include “dlg2.h” ，在下面的 private 中添加类指针 dlg2*_pdlg2，最后在按钮响应函数中添加：

```
_pdlg2 = new dlg2;
_pdlg2->Build();
_pdlg2->SetVisibility(CATDlgShow);
```

这样一来，就成功地在 Dialog 中添加了命令，到此为止，我们的入门学习已经基本结束。若最后编译无问题，但是执行软件时有可能出现崩溃现象，问题有可能是变量值未初始化或内容未赋值，此时需要 DOS 窗口来跟踪，添加方法是单击工具下面 Runtime Environment Variables...，按照如图 9-49 所示来添加变量后，打开 CATIA 时就会同时打开 DOS 窗口显示。

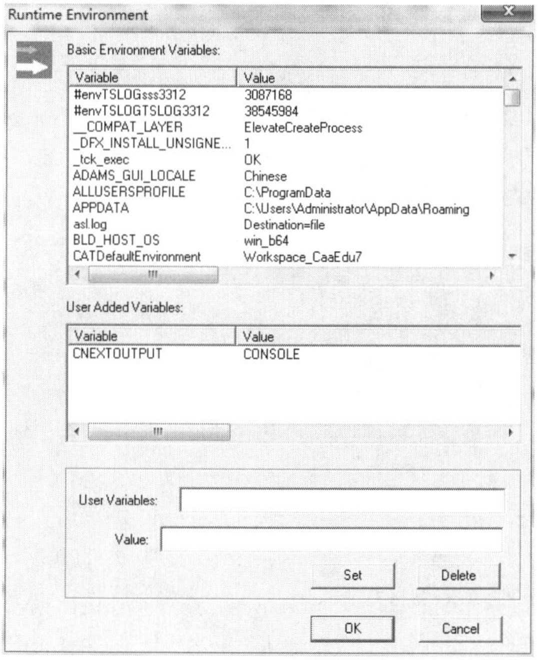

Runtime Environment

Basic Environment Variables:

Variable	Value
#envTSLOGsss3312	3087168
#envTSLOGTSLOG3312	38545984
__COMPAT_LAYER	ElevateCreateProcess
_DFX_INSTALL_UNSIGNE...	1
_tck_exec	OK
ADAMS_GUI_LOCALE	Chinese
ALLUSERSPROFILE	C:\ProgramData
APPDATA	C:\Users\Administrator\AppData\Roaming
asl.log	Destination=file
BLD_HOST_OS	win_b64
CATDefaultEnvironment	Workspace_CaaEdu7

User Added Variables:

Variable	Value
CNEXTOUTPUT	CONSOLE

User Variables:

Value:

Set　Delete

OK　Cancel

图 9-49

9.6 参数化设计例子

通过一系列学习，我们初步了解了 CATIA CAA 框架结构、语言风格及大致功能。但是学习一门语言绝对不能只用“手把手”式教法，学习者一定要有自己的思想，想想为什么加上这句话，如果去掉会有什么后果，这句话是否多余，如何修复系统 BUG 等。看过 100 个例子不如看懂一个实例，下面将给出参数化设计的一个实例，该例子在工具条创建一个状态命令，用户激活该命令后，根据提示依次选择草图，并将草图名字显示到对话框中，输入拉伸长度，单击“确定”完成一个拉伸特征的创建。通过该例子，可以熟悉零件文档的基本结构、获取草图工厂的方法，还可以掌握如何获得草图支持面的方向。此程序难点在于：选取代理、类之间相互转换、成员函数的使用以及整体程序的节奏基调。

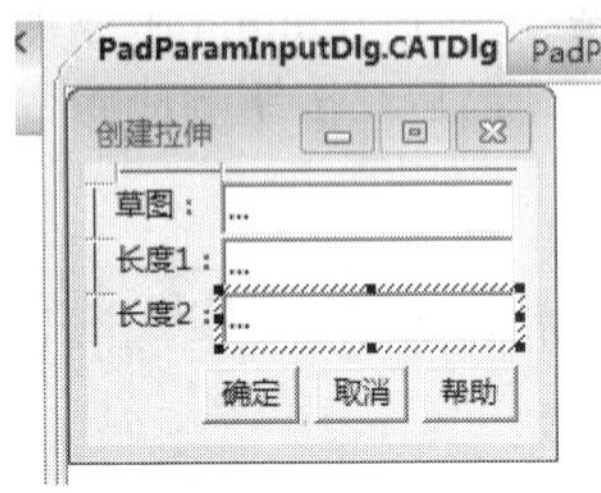

图 9-50

（1）创建对话框

在名为 CAAPadCreateCmd 的 Module 中创建一个名为 PadParamInputDlg 的对话框，安装如下方式布局并在对话框中添加对应的控件，如图 9-50 所示。

布局完成后，在对话框外的空白处单击鼠标左键，然后按 Ctrl+S 键进行保存，向导会自动更新对应的资源文件和.h 以及.cpp 文件。最终，该对话框对应的布局代码如下：

```
voidPadParamInputDlg::Build()
{
    //  TODO: This call builds your dialog from the layout declaration file
    //  --------------------------------------------------------------------------

    //CAA2 WIZARD WIDGET CONSTRUCTION SECTION
    _Label001 = newCATDlgLabel(this,"Label001");
    _Label001 -> SetGridConstraints(0,0,1,1,CATGRID_4SIDES);
    _EditorSketch = newCATDlgEditor(this,"EditorSketch");
    _EditorSketch -> SetGridConstraints(0,1,1,1,CATGRID_4SIDES);
    _Label003 = newCATDlgLabel(this,"Label003");
    _Label003 -> SetGridConstraints(1,0,1,1,CATGRID_4SIDES);
    _EditorOffset1 = newCATDlgEditor(this,"EditorOffset1");
    _EditorOffset1 -> SetGridConstraints(1,1,1,1,CATGRID_4SIDES);
    _Label005 = newCATDlgLabel(this,"Label005");
    _Label005 -> SetGridConstraints(2,0,1,1,CATGRID_4SIDES);
    _EditorOffset2 = newCATDlgEditor(this,"EditorOffset2");
    _EditorOffset2 -> SetGridConstraints(2,1,1,1,CATGRID_4SIDES);

    //END CAA2 WIZARD WIDGET CONSTRUCTION SECTION

```

```

        //CAA2 WIZARD CALLBACK DECLARATION SECTION

        //END CAA2 WIZARD CALLBACK DECLARATION SECTION

    }
```

（2）添加获取编辑框控件的成员方法

为了方便命令类获取对话框编辑框控件，以获取或设置编辑框的内容，给对话框类 PadParamInputDlg 添加成员函数 GetEditorControl，首先需要在头文件进行声明，否则函数或许将不能识别，这同 C 语言原理是相同的。添加返回值代码如下：

```
//获得对话框控件
CATDlgEditor* PadParamInputDlg::GetEditorControl(int id)
{
switch(id)
{
        case1:
            return _EditorSketch;
        case2:
            return _EditorOffset1;
        case3:
            return _EditorOffset2;
        default:
            returnNULL;
 }
}//获取控件指针
```

（3）在命令类 **PadStateCmd** 添加成员变量

下面在命令类 CAApadCreateStCmd 的头文件加入一些声明：

```
class CAAPadCreateStCmd: public CATStateCommand
{

    //省略其他向导生成代码

    //结束当前命令
    void ExitCommand( );
    //选择草图
    CATBoolean SelectSketch (void* data);
    //创建拉伸体
    CATBoolean CreatePad (void* data);
    //验证用户输入
    CATBoolean ValidateInput( );
```

```
private:

    //参数输入对话框
    PadParamInputDlg*        _pDlgInput;
    //草图选择代理
    CATPathElementAgent*     _pSelSketchAgent;
    //输入对话框确定按钮代理
    CATDialogAgent*      _pDlgOKAgent;
    //保存草图对象
    CATISpecObject_var   _spSketchObj;
    //第一方向偏移长度
    double               _fOffset1;
    //第二方向偏移长度
    double               _fOffset2;

};
```

在构造函数对相关成员变量进行初始化：

```
CAAPadCreateStCmd::CAAPadCreateStCmd( ):
CATStateCommand （"CAAPadCreateStCmd", CATDlgEngOneShot, CATCommandMode
Exclusive）
// Valid states are CATDlgEngOneShot and CATDlgEngRepeat
, _pDlgInput（NULL）
, _pSelSketchAgent（NULL）
, _pDlgOKAgent（NULL）
, _spSketchObj（NULL_var）
, _fOffset1（0.0）
, _fOffset2（0.0）
{

    //初始化对话框
    _pDlgInput = new PadParamInputDlg( );
    _pDlgInput->Build( );
    _pDlgInput->SetVisibility（CATDlgShow）;

    //添加创建直线对话框的消息回调函数
    AddAnalyseNotificationCB（_pDlgInput,
        _pDlgInput->GetWindCloseNotification( ),
        （CATCommandMethod）&CAAPadCreateStCmd::ExitCommand,
        （void*）NULL）;
```

```
    AddAnalyseNotificationCB ( _pDlgInput,
        _pDlgInput->GetDiaCANCELNotification( ),
        (CATCommandMethod) &CAAPadCreateStCmd::ExitCommand,
        (void*) NULL) ;

}
```

在构造函数对相关成员变量进行初始化:

```
CAAPadCreateStCmd::CAAPadCreateStCmd():
CATStateCommand
("CAAPadCreateStCmd",CATDlgEngOneShot,CATCommandModeExclusive)
//  Valid states are CATDlgEngOneShot and CATDlgEngRepeat
,_pDlgInput(NULL)
,_pSelSketchAgent(NULL)
,_pDlgOKAgent(NULL)
,_spSketchObj(NULL_var)
,_fOffset1(0.0)
,_fOffset2(0.0)
{

    //初始化对话框
    _pDlgInput = new PadParamInputDlg();
    _pDlgInput->Build();
    _pDlgInput->SetVisibility(CATDlgShow);

    //添加创建直线对话框的消息回调函数
    AddAnalyseNotificationCB(_pDlgInput,
        _pDlgInput->GetWindCloseNotification(),
        (CATCommandMethod)&CAAPadCreateStCmd::ExitCommand,
        (void*)NULL);

    AddAnalyseNotificationCB(_pDlgInput,
        _pDlgInput->GetDiaCANCELNotification(),
        (CATCommandMethod)&CAAPadCreateStCmd::ExitCommand,
        (void*)NULL);

}
```

在析构函数添加相应资源释放的代码:

```
CAAPadCreateStCmd::~CAAPadCreateStCmd()
{

    //析构对话框
if(NULL != _pDlgInput)
{
        _pDlgInput->RequestDelayedDestruction();//销毁对话框
        _pDlgInput = NULL;//初始化变量
    }

    //析构草图选择代理
if(NULL != _pSelSketchAgent)
{
        _pSelSketchAgent->RequestDelayedDestruction();
        _pSelSketchAgent = NULL;
    }

    //析构对话框确定按钮代理
if(NULL != _pDlgOKAgent)
{
        _pDlgOKAgent->RequestDelayedDestruction();
        _pDlgOKAgent = NULL;
    }
}
```

（4）实现状态转换函数——BuildGraph

状态转换函数 BuildGraph 中实现了代理定义，状态定义和状态转换的定义：

```
void CAAPadCreateStCmd::BuildGraph()
{

    //--------------------------------
    //1. 定义代理
    //--------------------------------

    //1.1 草图选择代理
    _pSelSketchAgent = new CATPathElementAgent("SelSketch");
_pSelSketchAgent->AddElementType("CATISketch");//CATISketch 表示选取草图
_pSelSketchAgent->SetBehavior(CATDlgEngWithPSOHSO|
CATDlgEngWithPSO|CATDlgEngWithPrevaluation |CATDlgEngWithUndo);//选取发亮
/*CATSurface 选取面,CATCurve 选取边线,CATIProduct 选取零件
```

```
CATDlgEngWithCSO 选取不发亮*/


//1.2 初始化确定按钮代理
    _pDlgOKAgent = new CATDialogAgent("OKAgent");
_pDlgOKAgent->AcceptOnNotify(_pDlgInput,
_pDlgInput->GetDiaOKNotification());

    //---------------------------------
    //2. 定义状态
    //---------------------------------

    //2.1 选择草图
    CATDialogState* pSelSketchState = GetInitialState("选择一个草图");
    pSelSketchState->AddDialogAgent(_pSelSketchAgent);

    //2.2 单击确定
    CATDialogState* pClickOKState = AddDialogState("输入拉伸长度并单击'确定'");
    pClickOKState->AddDialogAgent(_pDlgOKAgent);

    //---------------------------------
    //3. 定义转换
    //---------------------------------
    AddTransition(pSelSketchState,
        pClickOKState,
        IsOutputSetCondition(_pSelSketchAgent),
        Action((ActionMethod)&CAAPadCreateStCmd::SelectSketch));

    AddTransition(pClickOKState,
        NULL,
        IsOutputSetCondition(_pDlgOKAgent),
        Action((ActionMethod)&CAAPadCreateStCmd::CreatePad));

}
```

（5）结束命令函数——**ExitCommand**

```
//结束当前命令

void CAAPadCreateStCmd::ExitCommand(CATCommand * iCommand,
                                    CATNotification * iNotification,
```

```
CATCommandClientDataiUsefulData)
{
    this->RequestDelayedDestruction();//销毁对话框
}
```

（6）选择草图——**SelectSketch**

```
//选择草图
CATBoolean CAAPadCreateStCmd::SelectSketch(void* data)
{
    //1. 获取选择对象
    CATBaseUnknown* pBaseUnknown =_pSelSketchAgent->GetElementValue();
    _pSelSketchAgent->InitializeAcquisition();

    //2. 将选择对象赋值给草图对象
    _spSketchObj = pBaseUnknown;
    if(NULL_var == _spSketchObj)
       return CATFalse;

    //3. 获取编辑框指针
    CATDlgEditor* pEditor = _pDlgInput->GetEditorControl(1);
    if(NULL == pEditor)
       return CATFalse;

    //4. 获取对象别名
    CATIAlias_var spAliasObj = _spSketchObj;
    if(NULL_var == spAliasObj)
       return CATFalse;

    CATUnicodeString strSketchName = spAliasObj->GetAlias();

    //5. 将别名显示到编辑框
    pEditor->SetText(strSketchName);

    return CATTrue;
}
```

（7）验证用户输入——**ValidateInput**

```
//验证用户输入
CATBoolean CAAPadCreateStCmd::ValidateInput()
{
     //1. 获取编辑框用户输入的偏移长度
```

```
    CATDlgEditor* pEditor1 = _pDlgInput->GetEditorControl(2);
    if(NULL == pEditor1)
        return CATFalse;

    CATDlgEditor* pEditor2 = _pDlgInput->GetEditorControl(3);
    if(NULL == pEditor2)
        return CATFalse;
    //2. 将用户输入的字符串转换成浮点数
    CATUnicodeString strOffset("");

    strOffset = pEditor1->GetText();
    strOffset.ConvertToNum(&_fOffset1);

    strOffset = pEditor2->GetText();
    strOffset.ConvertToNum(&_fOffset2);

    //3. 验证草图
    if(NULL_var == _spSketchObj)
        return CATFalse;

    return CATTrue;
}
//创建拉伸体
CATBoolean CAAPadCreateStCmd::CreatePad(void* data)
{
//1. 重置按钮响应代理
_pDlgOKAgent->InitializeAcquisition();
//2. 验证输入数据
if(!ValidateInput())
    return CATFalse;
//3. 获取零件工厂
if(NULL_var == _spSketchObj)
    return CATFalse;

   CATIContainer_var spContainer =
_spSketchObj->GetFeatContainer();
   if(NULL_var == spContainer)
         return CATFalse;

CATIPrtFactory_var spPrtFactory = spContainer;
if(NULL_var == spPrtFactory)
```

```
    return CATFalse;
//4.获取草图方向
CATMathDirection mathDirect(0,0,1);

CATISketch_var spSketch = _spSketchObj;
if(NULL_var == spSketch)
    return CATFalse;

CATISpecObject_var spSketchPlaneObj = spSketch->GetSupport();
if(NULL_var == spSketchPlaneObj)
    return CATFalse;

CATPlane_var spSketchPlane = spSketchPlaneObj;
if(NULL_var == spSketchPlane)
    return CATFalse;

double planePos[3] = {0};
CATMathPoint ptCenter;
CATMathVector coordVector;
spSketchPlane->GetNormal(ptCenter,coordVector);

mathDirect.SetCoord(coordVector.GetX(),
    coordVector.GetY(),
    coordVector.GetZ());

//5. 创建拉伸
CATIPad_var spPad = spPrtFactory->CreatePad(_spSketchObj,
    _fOffset1,
    _fOffset2,
    mathDirect);
if(NULL_var == spPad)
    return CATFalse;

CATISpecObject_var spPadObj = spPad;
if(NULL_var == spPadObj)
    return CATFalse;

    spPadObj->Update();

    //6. 更新零件特征
    CATIPrtContainer_var spPrtContainer = spContainer;
```

```
        if(NULL_var == spPrtContainer)
            return CATFalse;

        CATISpecObject_var spPrtObj = spPrtContainer->GetPart();
        spPrtObj->Update();//更新零件特征

        return CATTrue;
    }
```

到此为止，程序方面添加就完成了，但是 IdentityCard.h、Imakefile.mk 文件并没有添加对应 API 模块，这里给出一些常用的模块名字。

```
    Imakefile.mk 文件中:
    JS0GROUP \
JS0GROUP JS0FM DI0PANV2 CATApplicationFrame CATMecModInterfaces CATObjectModelerBase CATGitInterfaces CATPartInterfaces \
    KnowledgeItf CATObjectSpecsModeler CATGeometricObjects \
    CATMathematics CATMathStream CATTopologicalObjects \
    CATTopologicalOperators CATTopologicalObjects CATDialogEngine\
    CATMechanicalModelerUI CATMecModInterfaces CATProductStructure1\
    CATMecModInterfaces CATMeasureGeometryInterfaces CATMathematics \
    CATDialogEngine CATMecModInterfacesCATMechanicalModelerUI \
    CATVisualization CATSaiSpaceAnalysisItf  \
    CATProductStructureInterfaces CATAssemblyInterfaces \
    CATConstraintModelerItf CATJNISPATypeLibGlobalModule \
    CATCclInterfaces CATSketcherInterfaces \
```

IdentityCard.h 文件中：

```
    AddPrereqComponent("ObjectModelerBase",Public);
    AddPrereqComponent("ObjectSpecsModeler",Public);
    AddPrereqComponent("Visualization",Public);
    AddPrereqComponent("GeometryVisualization",Public);
    AddPrereqComponent("ProductStructure",Public);
    AddPrereqComponent("ProductStructureUI",Public);
    AddPrereqComponent("ProductStructureInterfaces",Public);
    AddPrereqComponent("AutomationInterfaces",Public);
    AddPrereqComponent("MecModInterfaces",Public);
    AddPrereqComponent("KnowledgeInterfaces",Public);
    AddPrereqComponent("InterferenceInterfaces",Public);
    AddPrereqComponent("InteractiveInterfaces",Public);
    AddPrereqComponent("VisualizationBase",Protected);
    AddPrereqComponent("ConstraintModelerUI",Protected);
```

```
AddPrereqComponent("SketcherInterfaces",Protected);
AddPrereqComponent("CATIAApplicationFrame",Public);
AddPrereqComponent("MechanicalModelerUI",Protected);
AddPrereqComponent("DraftingInterfaces",Protected);
AddPrereqComponent("GSMInterfaces",Public);
AddPrereqComponent("GeometricObjects",Public);
AddPrereqComponent("LiteralFeatures",Public);
AddPrereqComponent("MechanicalCommands",Public);
AddPrereqComponent("MechanicalModeler",Public);
AddPrereqComponent("NewTopologicalObjects",Public);
AddPrereqComponent("TopologicalOperators",Public);
AddPrereqComponent("ComponentsCatalogsInterfaces",Public);
AddPrereqComponent("CATGraphicProperties",Public);
AddPrereqComponent("ConstraintModelerInterfaces",Public);
AddPrereqComponent("ProcessPlatformVisu",Protected);
AddPrereqComponent("CATProductStructurePDM",Protected);
AddPrereqComponent("ApplicationFrame",Public);
AddPrereqComponent("Dialog",Protected);
AddPrereqComponent("System",Protected);
AddPrereqComponent("DialogEngine",Protected);
AddPrereqComponent("Mathematics",Protected);
AddPrereqComponent("PartInterfaces",Protected);
```

添加上述常用模块后，可能还会有未解析的命令，但是数量不会太多，只需挨个查找 Help 功能即可。

好了，最终的胜利终于到来了，解决了最后的一些小问题，大胆去尝试程序吧。

9.7 常用功能

这里给出一些常用代码，方便开发时直接套用或查找。

① 进行二次开发时，经常需要获取当前相关环境指针，比如获得当前激活的工作台所对应的文档指针（CATDocument），获取机械零件容器指针（CATIPrtContainer），获得 GSM 工厂指针（CATIGSMFactory），零件特征（CATIPrtPart），还有 CATIDescendants 指针。

经常使用的功能，我们可以封装在一个函数中，下面给出得到当前环境函数对应的代码：

```
    /**
    * 获取当前的相关环境
    */
    HRESULTBasicGlobalFunc::GetCurContext(CATIGSMFactory_var&
spGSMFactory,
```

```
        CATIPrtPart_var& spPart,
        CATIDescendants_var& spDescendants)
    {
        //获取当前工作平台对应的文档
        CATDocument* pDocument = GetCurDocument();
        if(NULL == pDocument)
            returnE_FAIL;

        CATInit_var spInitOnDoc = pDocument;
        if(spInitOnDoc == NULL_var)
            returnE_FAIL;

        //获取机械容器特征
        CATIPrtContainer *pIPrtCont = NULL;
        pIPrtCont = (CATIPrtContainer *)spInitOnDoc->GetRootContainer("CATIPrt
Container");
        if(NULL == pIPrtCont)
            returnE_FAIL;

        //获取 GSM 工厂智能指针
        spGSMFactory = pIPrtCont;
        if(spGSMFactory == NULL_var){
            //释放特征容器
            pIPrtCont->Release();
            pIPrtCont=NULL;
            returnE_FAIL;
        }

        //获得零件特征
        spPart = pIPrtCont->GetPart();
        if( NULL_var == spPart )
        {
            cout <<"Error,the MechanicalPart is NULL"<< endl;
            returnE_FAIL;
        }

        pIPrtCont->Release();
        pIPrtCont = NULL ;

        //获取 CATIDescendants
        spDescendants = spPart;
```

```
        if( NULL_var == spDescendants )
        {
            cout <<"Error,the CATIDescendants is NULL"<< endl;
            returnE_FAIL;
        }

        returnS_OK;
    }
```

在该代码中，可以清楚了解机械容器（CATIPrtContainer）与文档（CATIDocument）之间的关系，GSM 元素工厂（CATIGSMFactory）与文档（CATIDocument）之间的关系，如何获取零件特征（CATIPrtPart）指针以及得到 CATIDescendants 指针的基本方法。

② 得到 CATDocument 指针以后，我们就可以通过它得到各种容器，实现各种功能，此处给出使用 CAA 获取 CATDocument 对应的 CATPrtPart 句柄的方法，同样，由于该功能经常使用，所以我们将它独立封装成一个函数：

```
    /**
    *   获取当前环境对应的 CATDocument 的 CATPrtPart 句柄
    */
    CATIPrtPart_var BasicGlobalFunc::GetCurPart()
    {
        CATDocument* pDoc=GetCurDocument();
        if(NULL==pDoc)
                return NULL_var;

        CATInit *pDocAsInit = NULL;
        HRESULT rc= pDoc->QueryInterface(IID_CATInit,(void**)&pDocAsInit);
        if( FAILED(rc))
        {
                cout <<"Error,the document does not implement CATInit"<< endl;
                return NULL_var;
        }
        //
        // Gets root container of the document
        //
        CATIPrtContainer *pSpecContainer = NULL ;
        pSpecContainer    =    (CATIPrtContainer*)pDocAsInit->GetRootContainer
("CATIPrtContainer");

        pDocAsInit->Release();
        pDocAsInit = NULL ;
```

```
        if( NULL == pSpecContainer )
        {
                cout <<"Error,NULL == pSpecContainer "<< endl;
                return NULL_var;
        }

        //
        // Retrieves the MechanicalPart of the document
        //
        CATIPrtPart_var spPart(pSpecContainer->GetPart());
        if ( NULL_var == spPart )
        {
                cout <<"NULL_var == spPart"<< endl;
                return NULL_var;
        }

        pSpecContainer->Release();
        pSpecContainer = NULL ;

        return spPart;
    }
```

首先调用 GetCurDocument 函数获得当前环境对应的 CATDocument 指针。然后通过 QueryInterface 获得 CATInit 接口指针，再通过 CATInit 接口的 GetRootContainer 方法获取 CATIPrtContainer，CATIPrtPart 可以通过 CATIPrtContainer 接口的 GetPart 函数获取。这里只是提供一个资料来看，初学者可以先不去考虑这章，等日后开发就会明白到底有何作用。

Chapter 10

第 10 章 有限元分析系统开发接口技术

10.1 有限元分析概述

大部分科学技术的产生和发展，都离不开特定的历史发展环境，有限元法也不例外。20 世纪以来，伴随着生产力的发展，大型的、结构复杂的、材料复杂的军用和民用建筑、桥梁、装备等技术方面的需求越来越多。但是由于结构件或零部件的外形、结构、材料等越来越复杂，它们之间的受力关系也越来越复杂，这就超出了原来的基于简单力学模型解析的分析求解能力。在工程技术需求和数学微分方程求解技术的共同推动下，有限元法应运而生。20 世纪五六十年代，美国人克劳夫（W.Clough）在从事波音公司大型三角机翼的动力学分析研究过程中，尝试应用单元组合模型求解问题，最后于 1960 年发表论文《平面应力分析中的有限元》，第一次从理论上证明了有限元法的收敛性，并首次使用了“有限元法”的名称。基本在同一个年代，我国的数学家冯康在国内从事利用电子计算机计算水坝建设中的应力问题研究任务，他运用数学、物理学和工程学知识，大胆运算推理，又通过实验验证，于 1964 年独立于西方创造了有限元法，并编写了通用计算程序，成功地解决了刘家峡水坝设计中的应力分析问题。冯康的关于刘家峡大坝应力计算的研究成果以《基于变分原理的差分格式》为题目发表在 1965 年的《应用数学与计算数学》上，这篇论文是国外学者承认我国独立发明了有限元法的主要依据。

有限元法的基本思想是将连续的求解区域离散为一组有限个且按一定方式相互连接在一起的单元组合体。在每一个单元内用假设的近似函数来分片地表示全求解域上待求的未知函数。通过插值函数计算出各个单元内场函数的近似解，如果单元是满足收敛要求的，近似解将收敛于精确解。有限元法有了坚实的数学和工程学基础后，它的应用范围也随之扩大，特别是随着计算机软硬件水平的发展提高，有限元分析软件得到快速发展，到今天为止，市场上涌现出了非常多的专用或通用的商业软件包，例如 MSC.Nastran、Ansys、Abaqus、DEFORM、COMSOL Multiphysics 等。这些有限元分析软件将模型设计、网格划分、本构关系、求解技术和结果可视化等过程封装成自动化的程序，交互性和可视化都非常好，可以求解静态、动态、线性、非线性、多场耦合等问题，功能十分强大，应用非常广泛。应用商业化有限元软件进行有关问题的分析，主要包括三个基本步骤。

（1）前处理

首先是根据分析对象的几何形状和所关心的问题兴趣点，建立一定程度简化的几何模型。其次，选择合适的单元类型，单元的类型直接影响求解精度和求解效率，因此要选择合适的单元形状和单元阶次。然后，要进行网格的划分，网格划分的方法也要合理选择，诸如自由网格划分、映射网格划分、扫略网格划分等，网格划分方法影响网格数量和划分精度。最后需要定义材料的本构关系，比如弹性模量、泊松比等参数。

（2）求解

首先定义分析问题的类型，比如静力分析、动力学分析和模态分析等。然后施加载荷，包括自由度约束、集中载荷、面载荷、体载荷、耦合场载荷等。最后选择求解算法求解，主要是选择合适的求解器。不同的求解器的应用场合所能够求解的模型尺寸以及对计算机内存的要求都会有所不同。

（3）后处理

后处理主要是结果的读取和可视化，包括结果的文字输出（Result List）、结果的云图输出（Result Contour）、结果的矢量输出（Result Vector）、结果的路径输出（Result Mapping）等。

有限元分析法对于复杂几何结构和对各种物理问题的广泛适应性，并且因为用于建立有限元方程的变分原理或加权余量法在数学上已证明是微分方程和边界条件的等效积分形式，保证了有限元法的可靠性。同时，由于有限元分析的各个步骤可以表达成规范化的矩阵形式，最后导致求解方程可以统一为标准的矩阵代数问题，特别适合计算机的编程和计算。现在，有限元仿真分析技术已经成为现代工程创新设计的重要技术手段之一，是解决大型复杂工程技术问题的重要使能技术之一。

图 10-1 为弹箭的总体气动有限元仿真，用来分析各种飞行条件下流场中气体的速度、压力和密度等的变化规律，箭体本身所受的升力、阻力等空气动力变化规律。

图 10-2 为汽车碰撞过程的有限元仿真。汽车碰撞是在极短时间内，在剧烈冲击下发生的一种复杂的非线性动态过程，伴随着大位移、大转动所引起的几何非线性，以及材料发生大应变时所表现的材料非线性，很难通过常规的数学方法对其进行求解。通过有限元仿真可以模拟碰撞过程后车身的变形结果，获得碰撞过程中能量与速度变化曲线，从而为评价车身结构的安全、缩短研制周期、改进结构设计提供参考。

图 10-1　弹箭总体气动有限元仿真

图 10-2　汽车碰撞有限元仿真

图 10-3 为齿轮热处理过程的有限元仿真分析，计算不同热处理阶段、不同时刻的各相转变百分比及相的分布，包括珠光体、铁素体等到奥氏体的扩散转变，奥氏体向马氏体的晶格切变转变，奥氏体向珠光体、铁素体的等温冷却转变，马氏体到奥氏体的转变及连续冷却转变等。

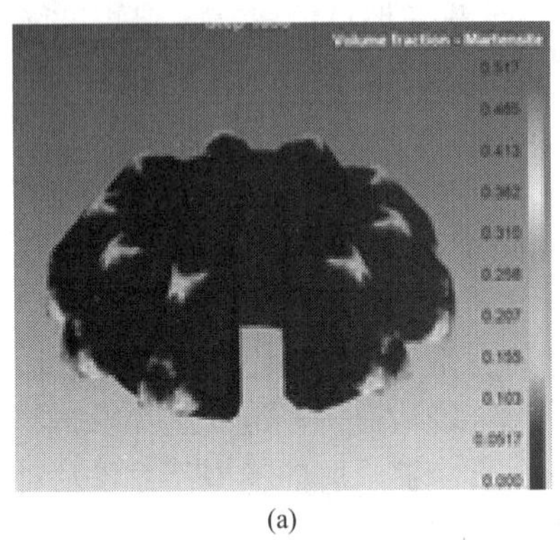

(a)

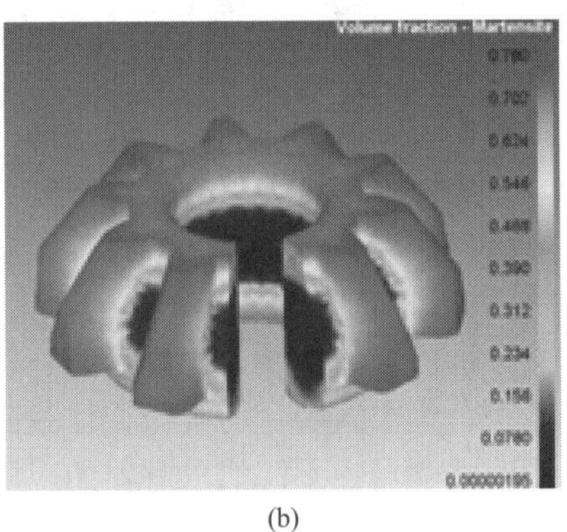

(b)

图 10-3 齿轮热处理有限元仿真

图 10-4 是金属切削过程的有限元仿真。金属切削加工过程是一个十分复杂的非线性变形过程，传统的研究方法很难对切削机理进行定量分析。有限元仿真研究具有系统性好、继承性好、可延续性好等优点，还不受时间、空间和实验条件的限制，一旦获得较好的仿真效果，则可大大缩短工艺设计的时间和成本。有限元仿真还可以获得许多用实验方法难以获得或不能获得的信息，能够再现切削过程的变形和温度的变化。利用有限元仿真技术能够方便地分析各种工艺参数对切削过程的影响，为优化切削工艺和提高产品精度与性能提供理论和实用的手段，为更好地研究金属切削理论提供了极大的方便。

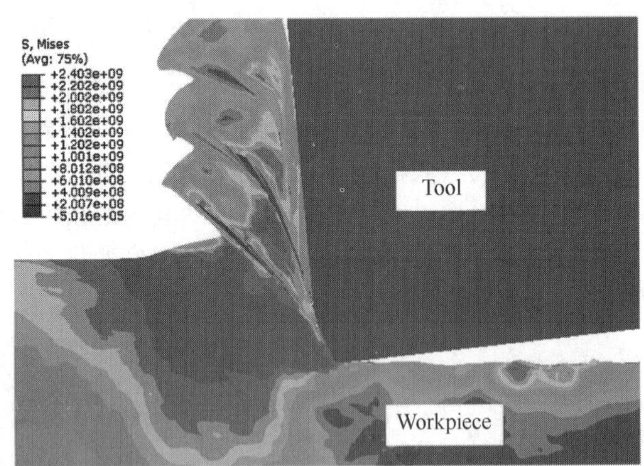

图 10-4 切削过程有限元仿真

图 10-5 是汽车覆盖件成形过程的有限元仿真。板材成形是一个十分复杂的力学过程，零件的起皱、破裂和回弹与原材料的可成形性、毛料几何形状和定位、冲压方向、拉伸盘的形式和布局、摩擦润滑条件、压边力的大小等许多因素都密切相关。通过有限元仿真，可以优化工艺参数，减少试模修模工作量，降低成本，有效防止起皱、破裂等成形缺陷。

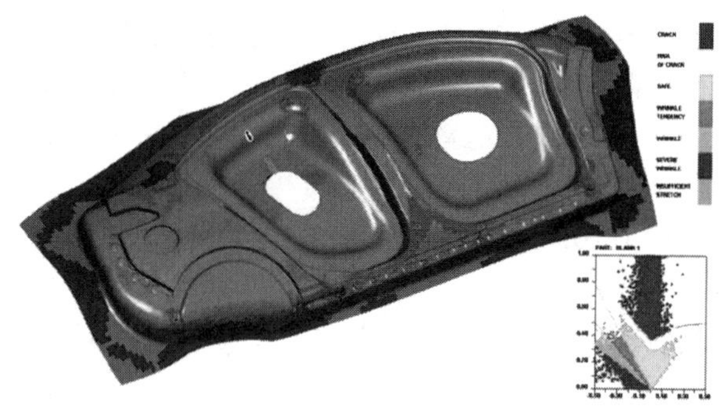

图 10-5 钣金成形有限元仿真

10.2 ANSYS 参数化程序设计语言（APDL）

10.2.1 ANSYS 命令流基础

ANSYS 软件是美国 ANSYS 公司研制的大型通用有限元分析（FEA）软件。ANSYS 提供两种工作方式：图形用户界面（Graphical User Interface，GUI）操作和命令流。GUI 操作适合初学者，适合分析相对简单的问题模型。但是长时间对问题模型进行改进分析时，GUI 操作会产生大量的重复劳动，浪费工作时间。因此，对于长期从事有限元分析的用户来说，推荐采用命令流的工作方式，可以降低重复劳动，便于数据的修改，实现快速操作。

在 ANSYS 中，命令流是由一条条 ANSYS 的命令组成的一个命令组合，命令流通常由 ANSYS 命令和 APDL 功能语句组成，这些命令按照一定顺序排布，能够完成同 GUI 方式一样甚至 GUI 不能完成的操作。APDL（ANSYS Parametric Design Language）为 ANSYS 参数化设计语言。ANSYS 命令流数量非常庞大，从功能上来说主要包括以下组别。

① 进程控制命令（SESSION Commands） 进程控制指令主要用来控制分析的进程，比如注释命令 COM、处理结束指令 FINISH、进入后处理器指令 POST1、进入时间历程后处理器指令 POST26、进入前处理器指令 PREP7、进入求解器指令 SOLU 等。

② 数据库操作命令（DATABASE Commands） 数据库操作指令主要是用来对有关模型数据的交互操作分析，比如清除数据库指令 CLEAR、保持数据指令 SAVE，以及大量的特征选取指令，比如面选取指令 ASEL、单元选取指令 ESEL、节点选取指令 NSEL 等。此外还包括坐标系、坐标平面操作指令，比如定义局部坐标系指令 LOCAL、激活坐标系指令 CSYS、工作平面旋转指令 WPROTA 等。

③ 图形显示命令（GRAPHICS Commands） 比如显示刷新命令 REPLOT、图形捕捉输出命令 IMAGE、定向视图命令 VIEW 等。

④ APDL 命令（APDL Commands） 主要包括参数操作命令、宏操作命令、程序流程命令、数组操作命令等。比如提示用户输入参数的命令*ASK、查询结果参数的命令*GET、条件判断指令*if 等。

⑤ 前处理命令（PREP7 Commands） 前处理模块的命令通过进程控制命令 PREP7 进入前处理器后才可以执行，比如创建长方体的命令 BLC4、定义关键点的命令 K、定义样条

曲线的命令 BSPLIN、面复制命令 AGEN、单元类型定义命令 ET 等。

⑥ 求解命令（SOLUTION Commands） 包括边界条件施加、载荷步定义、分析类型定义、非线性分析定义、多物理场耦合定义等相关命令。比如定义节点集中力的命令 F、定义节点自由度的命令 D、开始求解命令 SOLVE 等。

⑦ 后处理命令（POST1 Commands） 比如显示节点分析结果命令 PRNSOL、连续轮廓显示命令 PLNSOL 等。

除了上述命令组之外，还有时间-历程后处理命令（POST26 Commands）、概率设计命令组、辅助功能指令等。所有的命令加起来 1000 多个，而且每个命令后面的参数结构往往比较辅助，这些命令一时很难记下来，一般要熟悉常用的，大部分需要查询手册。

ANSYS GUI 操作时几乎所有的操作都会记录到工作目录 jobname.log 文件中，并且以 ANSYS 命令的方式记录。所以，查看 log 文件就能弄明白操作所对应的命令，这也是初学者学习和编写命令流的一种途径。但 log 里也记录了很多无用的东西，比如转动视角、放大、缩小等；选择实体也会产生大量代码，这就需要进行整理和简化。

10.2.2 APDL 实例详解：齿轮模态分析

齿轮按齿向分为直齿轮、斜齿轮和人字齿轮，按齿廓分为渐开线齿轮、摆线齿轮和圆弧齿轮，另外尚分圆柱齿轮和圆锥齿轮。常用齿轮主要有盘式齿轮、腹板式齿轮和轮辐式齿轮，并且都有圆柱齿轮和锥齿轮两种。齿轮形式较多，其建模方式也不相同，并且在建模过程中尚要考虑将来的网格划分，因此齿轮建模要复杂一些。

渐开线是基圆的渐开线，因此齿廓线是整个渐开线的一部分，即从齿根到齿顶为一段渐开线。又因基圆直径可能大于齿根圆直径，此时基圆以内到齿根部分的齿廓线采用渐开线始点的切线，即相切于渐开线始点（在基圆上）的向心线，也可采用平行于半齿中线的直线，以避免发生根切现象。

```
    !腹板式渐开线直齿圆柱齿轮建模
finish $ /clear $ /prep7
! 1. 定义齿轮参数-----------------------------------------------
m=5 $ z=55 $ refa=20    ! 齿轮模数、齿轮齿数、齿形角(即分度圆上的压力角)
hax=1 $ cx=0.25 ! 齿顶高系数、顶隙系数
rouf=0.38*m $ ks=6   ! 齿根圆角半径、腹板上的圆孔数
! 1.1 以下多为计算值,也可调整,但注意相互关系
ha=hax*m $ hf=(hax+cx)*m ! 齿顶高、齿根高
pi=acos(-1)  ! 参数 π
d=m*z ! 分度圆直径
db=d*cos(refa*pi/180)! 基圆直径
da=d+2*ha$df=d-2*hf  ! 齿顶圆直径、齿根圆直径
alfad=acos(db/da)    ! 齿顶圆压力角
*if,db,gt,df,then! 如果基圆直径大于齿顶圆直径则
alfag=0.0$*else  ! 令齿根圆压力角为 0,否则
alfag=acos(db/df) $ *endif  ! 齿根求得圆压力角
b=0.22*D     ! 齿宽,可根据齿的软硬及与轴承相对位置选择系数
    ! 1.2  轴孔参数设定---------------------------
dta=6*m  ! 轮齿部厚度,一般为 5~6m
```

```
dax=d/5  ! 轴孔直径,可据自行设定,这里为 1/5 分度圆直径
d2=1.6*dax   ! 轴孔壁外缘直径
d1=0.25*(da-2*dta-d2)! 腹板上圆孔直径
d0=0.5*(da-2*dta+d2) ! 腹板上圆孔中心的分布圆直径
c=0.3*b  ! 腹板厚度,一般为 0.3B
nj=0.5*m$nj1=0.5*m   ! 外部倒角和轴孔内部倒角
r=5  ! 腹板倒角半径
s=1.5*dax! 轴孔长度,一般采用 (1.2~1.5)dax 且 ≧ b
    ! 2. 创建齿廓面---------------------------------------------------------------
! 2.1 用极坐标方程计算渐开线上的点,取 20 个点拟合该渐开线
!方程为:ρ=a/cosα,θ=tanα-α,其中 a 为基圆半径,α 为压力角,θ 为极角
csys,1 $ n=20   ! 设置柱坐标系,并设 20 个点
*do,i,1,n       ! 利用 DO 循环创建关键点
alfai=alfag+((alfad-alfag)/(n-1))*(i-1)  ! 求得 I 点的 α
roui=0.5*db/cos(alfai)   ! 求得 I 点的 ρ
ctai=tan(alfai)-alfai    ! 求得 I 点的 θ
k,i,roui,ctai*180/pi$*enddo  ! 在柱坐标系中创建关键点
    ! 2.2 利用上述关键点创建线,并合并之-----------------------------
*do,i,1,n-1 $ l,i,i+1 $ *enddo  ! 利用 DO 循环创建线
ctai=(tan(refa*pi/180)-refa*pi/180)*180/pi   ! 求得齿形角的 θ
ctai=ctai+360/(4*z)  ! 求得上述渐开线的旋转角
lgen,,ALL,,,,-ctai,,,,1  ! 旋转该渐开线
csys,0           ! 设置直角坐标系创建关键点,并准备对称生成线
*if,db,gt,df,then! 如果基圆直径大于齿顶圆直径则在齿根圆上创建
k,n+1,kx(1)-(db-df)/2,ky(1)  ! 创建关键点,采用渐开线始点的切线
l,1,n+1 $ *endif! 并与原关键点 1 连线
lcomb,all $ numcmp,all  ! 合并所有线,并压缩图素编号(图 10-6)
    ! 2.3 做对称操作----------------------------
lsymm,y,all  !设置直角坐标系,并关于 Y 轴对称操作
! 2.4 在齿根圆上创建单齿部分的两个关键点,并倒角----------------------------
csys,1      ! 设置柱坐标系
k,5,0.5*df,360/(2*z) ! 创建关键点 5
k,6,0.5*df,-360/(2*z)! 创建关键点 6
kp1=knear(6) $ l,6,kp1   ! 得到距离关键点 6 最近的点,并创建线
kp1=knear(5) $ l,5,kp1   ! 得到距离关键点 5 最近的点,并创建线
lfillt,1,3,rouf $ lfillt,2,4,rouf   ! 对线实施倒角操作
ksel,s,loc,x,da/2   ! 选择齿顶的两个关键点
*get,kp1,kp,0,num,min   ! 得到选择集中的最小关键点号
kp2=kpnext(kp1) $ l,kp1,kp2     ! 得到另外一个关键点号,并创建线(图 10-7)
allsel
numcmp,all
   ! 2.5 复制单齿齿廓线 z 个,利用线创建面;建议与另外圆面相减,形成齿廓面
lgen,z,all,,,,360/z  ! 复制单齿齿廓线 z 次,形成整个齿廓线
nummrg,kP $ al,all  ! 合并关键点,创建齿廓面
```

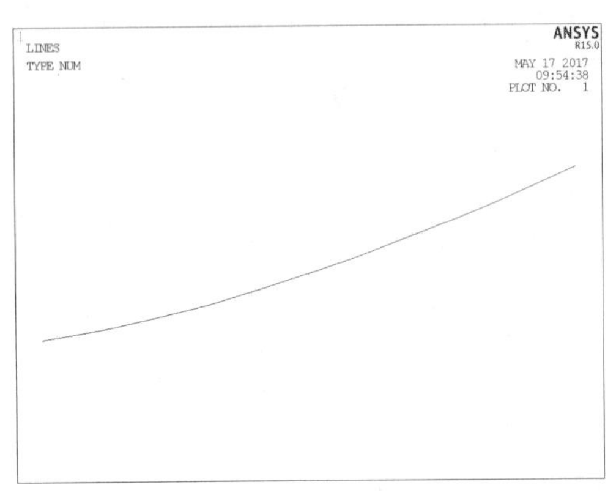

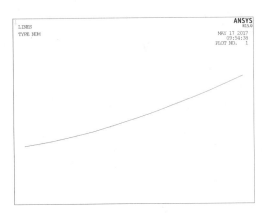

图 10-6 压缩图案编号

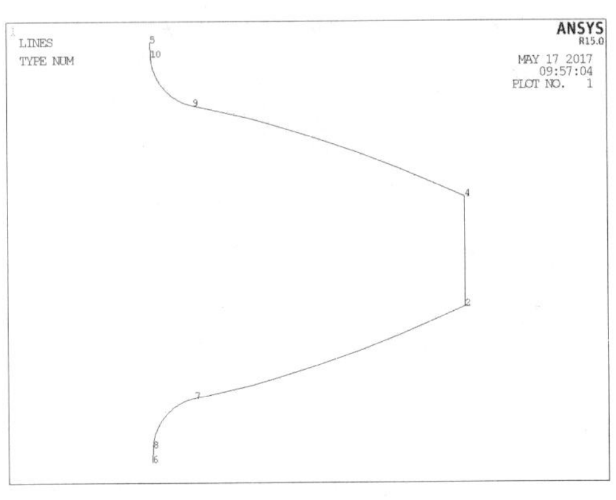

图 10-7 得到关键点并创建线

```
    cyl4,,,da/2-0.5*(dta+ha+hf)  ! 创建圆面,其大小在齿根和腹板齿缘之间
asba,1,2 $ numcmp,all    ! 齿廓面减上述圆面,形成中空的齿廓面
csys,0 $ agen,1,1,,,,,b/2,,,1    ! 设置直角坐标系,移动该面到 B/2 位置
!  上述操作目的是由面拖拉形成体后即为齿部,但由于与腹板部分创建方法(旋转)不同
!  因此需要找寻一个结合面,这里取 δ-h 的 1/2 处(图 10-8)
    !3.创建腹板及轴孔的截面------------------------------------------
!3.1 创建腹板及轴孔截面的一半线----------------------------
*get,kp0,kp,0,num,max     !得到当前最大关键点号,并创建关键点
k,kp0+1,0,dax/2 $ k,kp0+2,0,dax/2,s/2-nj1 $ k,kp0+3,0,dax/2+nj1,s/2
k,kp0+4,0,d2/2-nj,s/2 $ k,kp0+5,0,d2/2,s/2-nj $ k,kp0+6,0,d2/2,c/2
k,kp0+7,0,da/2-dta,c/2   $ k,kp0+8,0,da/2-dta,b/2-nj   $ k,kp0+9,0,da/2-dta+nj,b/2
k,kp0+10,0,da/2-0.5*(dta+ha+hf),b/2 $ k,kp0+11,0,da/2-0.5*(dta+ha+hf)
*do,i,1,10 $ l,kp0+i,kp0+i+1$*enddo  !创建线
    ! 3.2 对上述线进行倒角----------------------------
lsel,s,loc,x,0   ! 选择 X=0 的线
lsel,r,loc,y,d2/2,da/2——dta-0.01   ! 从中选择 Y 在 d2/2 和 da/2-dta-0.01 之间的线
*get,l1,line,0,num,min   ! 得到当前选择集中最小线号
l2=lsnext(l1)    ! 得到另外一条线的线号
lfillt,l1,l2,r   ! 倒角操作
lsel,s,loc,x,0 $ lsel,r,loc,y,d0/2-d1/2,da/2-dta
*get,l1,line,0,num,min
l2=lsnext(l1) $ lfillt,l1,l2,r    ! 同上倒角操作过程
!  3.3 创建腹板及轴孔截面----------------------------
lsel,s,loc,x,0   ! 选择腹板及轴孔截面的线
lsel,r,loc,y,dax/2,da/2-0.5*(dta+ha+hf)
lsymm,z,all  ! 关于 Z 轴对称生成线
nummrg,kp $ numcmp,all  ! 合并关键点并压缩编号
al,all          ! 创建腹板及轴孔截面(图 10-9)
```

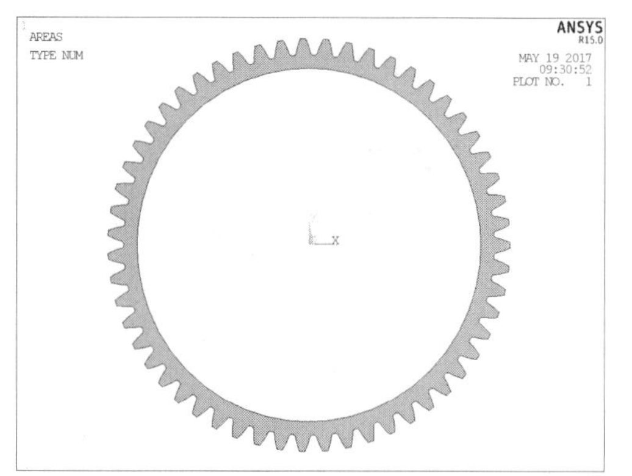

图 10-8 形成齿廓面

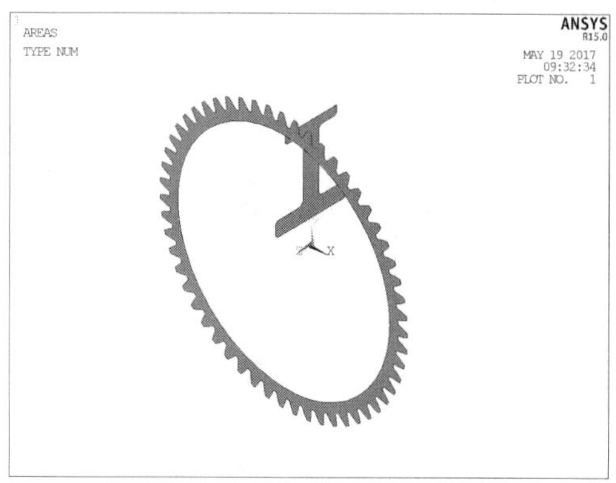

图 10-9 创建腹板及轴孔截面

```
    ! 3.4 旋转面创建体----------------------------
*get,kp0,kp,0,num,max      ! 得到当前最大关键点号
k,kp0+100,,,b/2 $ k,kp0+101,,,-b/2  ! 创建两个关键点,用于旋转轴
vrotat,2,,,,,,kp0+100,kp0+101,,ks     ! 旋转腹板及轴孔截面创建体
! 3.5 拖拉齿廓面创建体----------------------------
l,kp0+100,kp0+101      ! 连接旋转轴的两个关键点
*get,l1,line,0,num,max     ! 得到该线的编号
vdrag,1,,,,,,l1   ! 沿该线拖拉创建齿部体
allsel    ! 选择所有图素
nummrg,all $ numcmp,all ! 合并所有图素,并压缩编号(图 10-10)
    ! 4. 创建圆孔 -----------------------------------------------------
CM,V1CM,VOLU ! 定义上述体为元件 V1CM
*afun,deg $ WPOFF,,,-b   ! 设置角度单位,移动工作平面
X0=D0/2*SIN(180/KS)   ! 圆孔中心 X 坐标
Y0=D0/2*COS(180/KS)   ! 圆孔中心 Y 坐标
CYL4,X0,Y0,d1/2,,,,2*b    ! 创建圆柱体,拟与齿轮体相减
*GET,V1,VOLU,,NUM,MAX     ! 得到圆柱体编号
wpcsys
csys,1    ! 设置柱坐标系
VGEN,KS,V1,,,,360/KS ! 复制 V1 圆柱体 KS 个
CMSEL,U,V1CM ! 不选择元件 V1CM
CM,V2CM,VOLU       ! 定义这些柱体为元件 V2CM
ALLSEL
VSBV,V1CM,V2CM    ! V1CM 减 V2CM,形成板孔式带轮(图 10-11)
! 5. 整理和视图-----------------------------------------------------
/VIEW,1,1,1,1
    Vplot
```

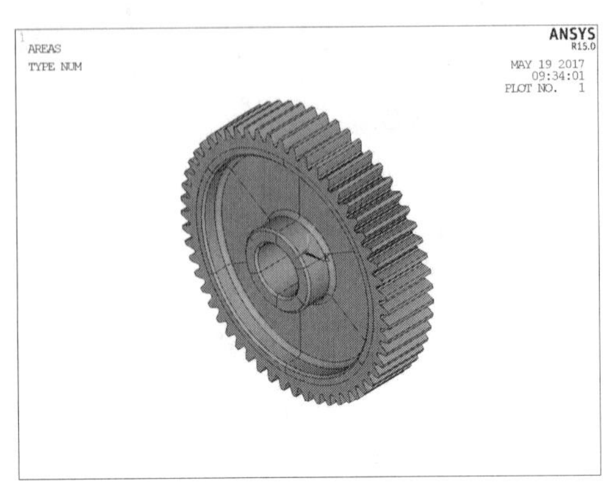

图 10-10 旋转面创建体

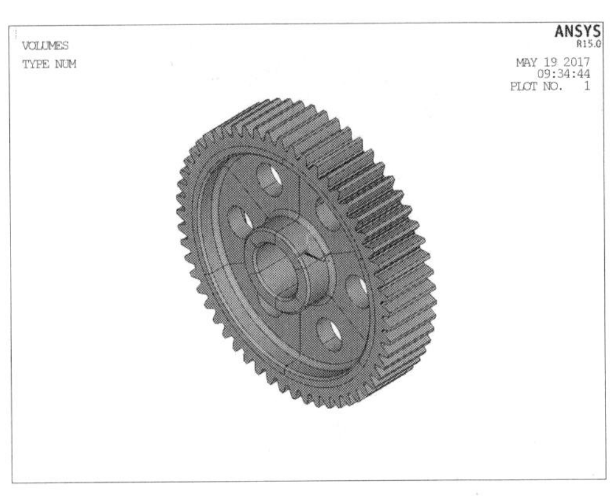

图 10-11 创建圆孔

10.2.3 APDL 实例详解：接触问题分析

ANSYS 支持刚体-柔体的面-面的接触单元，刚性面被当作“目标”面，分别用 Targe169 和 Targe170 来模拟 2-D 和 3-D 的“目标”面，柔性体的表面被当作“接触”面，用 Conta171、Conta172、Conta173、Conta174 来模拟。一个目标单元和一个接单元叫做一个“接触对”，程序通过一个共享的实常号来识别“接触对”，为了建立一个“接触对”，给目标单元和接触单元指定相同的实常号。

执行一个典型的面-面接触分析的基本步骤如下。

① 建立模型，并划分网格。

② 识别“接触对”。

③ 定义刚性目标面。

④ 定义柔性接触面。

⑤ 设置单元关键字和实常的。

⑥ 定义 / 控制刚性目标面的运动。

⑦ 给定必须的边界条件。

⑧ 定义求解选项和载荷步。

⑨ 求解接触问题。

⑩ 查看结果。

```
/PREP7  !前处理
ET,1,PLANE42     !定义单元
RECT,0,20,0,5    !绘制矩形
RECT,0,5,5,10    !绘制矩形
LESIZE,ALL,1     !指定所选线上的单元数
AMESH,ALL    !划分网格
UIMP,1,EX,,,5e6 !求解过程中修改材料特性
UIMP,1,NUXY,,,0.3,   !求解过程中修改材料特性
UIMP,1,MU,,,0.3 !求解过程中修改材料特性
ET,2,TARGE169    !定义单元
ET,3,CONTA171    !定义单元
ASEL,S,,,1  !选择面 1
```

```
    NSLA,S,1      !选择与选定面积相关的所有节点
    NSEL,R,LOC,Y,5  !节点的选择
    R,1          !定义实常数
    TYPE,2               !指定单元类型
    ESURF                    !在既有单元表面生成表面单元
    ALLSEL                   !选择所有实体
    ASEL,S,,,2               !选择面
    NSLA,S,1                        !选择与选定面积相关的所有节点
    NSEL,R,LOC,Y,5           !选择节点
    TYPE,3               !指定单元类型
    ESURF                    !在既有单元表面生成表面单元
    ALLSEL,ALL               !选择所有实体
    SFL,7,PRES,100           !在线上施加面载荷
    ALLSEL                   !选择所有实体
    /SOLU         !计算
    ASEL,S,,,2          !选择面
    NSLA,S,1                 !选择与选定面积相关的节点
    dl,8,2,ux,5                     !定义 Area2 上 Line8X 方向自由度
    dl,1,1,all,all                  !定义自由度
    alls
    NLGEOM,ON           !包括大应变
    time,1                   !通过时间定义载荷步
    AUTO,ON             !设定自动时间步长或启动自动调整模式
    NSUB,100,10000,100          !直接指定子步数
    OUTRES,ALL,all              !控制数据库和结果文件中的记录内容
    solve
    finish
    /post1
    set,last          !读入载荷结果数据
    plnsol,s,eqv     !梯度线图显示节点解(图 10-12)
    finish

    /post26 !进入时间历程后处理器
    /AXLAB,X,Times(s)    !设置 X 轴标签
    /AXLAB,Y,(Node 128)Von Mises and Contact
Pressure!设置 Y 轴标签
    ANSOL,2,128,S,EQV,SEQV_2    !设定节点 128
的等效应力变量
    ANSOL,3,128,CONT,PRES,CONTPRES_3!设定节点 128 的接触应力变量
    PLVAR,2,3    !绘制参数曲线图(图 10-13)
    fini
```

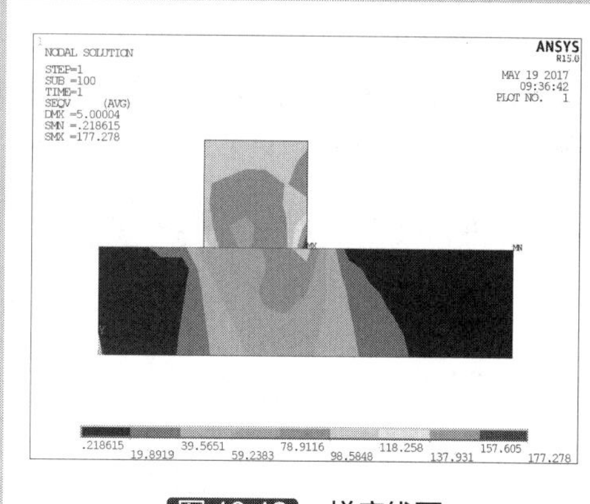

图 10-12 梯度线图

10.2.4 APDL 实例详解：复合材料装配应力分析

复合材料层合结构在制造过程中，需要经过预浸料到结构件的固化过程。预浸料在固化过程中，由于材料的热胀冷缩效应，树脂的化学放热和化学收缩以及复合材料的材料各向异性“铺层非对称不均衡”构件布置不对称，在室温下的形状与预期的理想形状之间会产生一

定程度的不一致，通常称之为复合材料构件的固化变形。这在构件进行整体装配过程中会产生较大的装配应力，对整体构件产生很不利的影响，影响整体结构的性能。

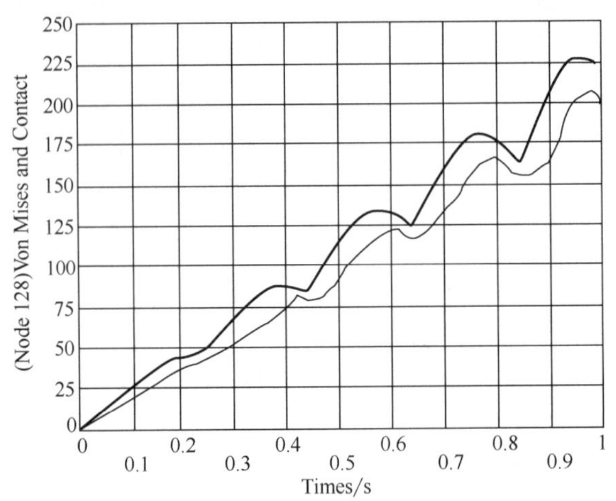

图 10-13 绘制参数曲线

一复合材料层合板结构件的理论模型和实测模型的对比，如图 10-14 所示。它有 20 层$[0/45/-45/90/-90]_{2s}$，各层厚度 0.1mm，假设单层材料为匀质、各向异性、线弹性的连续介质。材料常数为：E_{11}=140GPa，E_{22}=E_{33}=10GPa，G_{12}= G_{13}=7GPa，G_{23}=7GPa，u_{12}= u_{13}=0.3，u_{23}=0.49，极限拉伸应变ε_0=0.01。复合材料构件装配时，假如采取强迫措施，使恢复到理论形状，无疑会产生内应力。假设底面完全约束，试分析该构件强迫装配后的应力和应变状态。

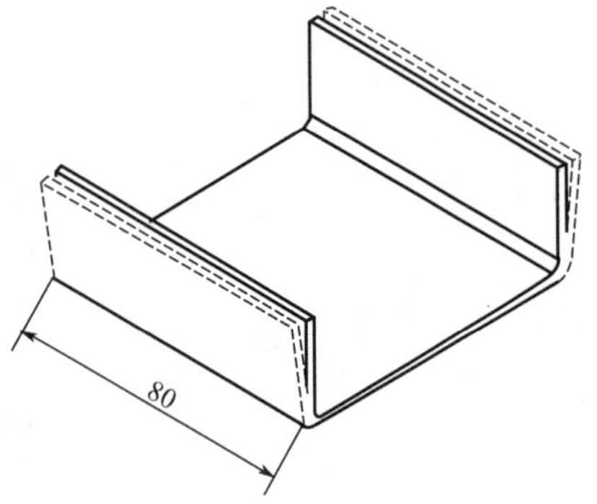

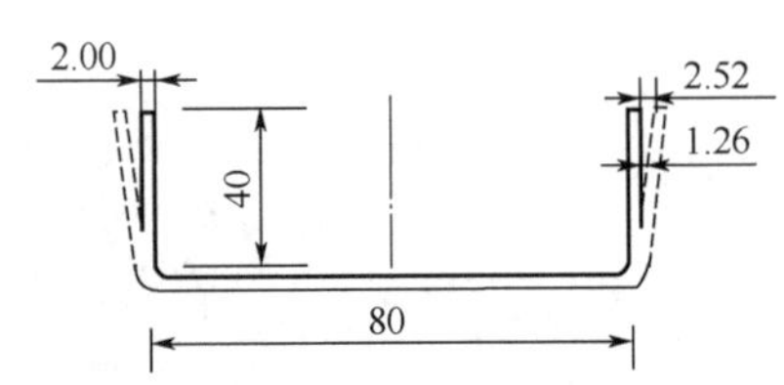

图 10-14 理论模型和实测模型对比

```
finish $ /clear $ /prep7
K,1,44.5,44.5
K,2,40,2
K,3,-40,2
K,4,-44.5,44.5
K,5,-44.5,44.5,80
L,1,2
L,2,3
L,3,4
L,4,5
LFILLT,1,2,2
LFILLT,2,3,2
ADRAG,1,2,3,5,6,,4,
!!!!
ET,1,shell181
keyopt,1,8,1
MP,EX,1,210E9
```

```
MP,NUXY,1,0.3
SECTYPE,1,SHELL
SECDATA,0.1,1,0,
SECDATA,0.1,1,45,
SECDATA,0.1,1,-45,
SECDATA,0.1,1,45,
SECDATA,0.1,1,-45,
SECDATA,0.1,1,0,
SECDATA,0.1,1,45,
SECDATA,0.1,1,-45,
SECDATA,0.1,1,45,
SECDATA,0.1,1,-45,
SECDATA,0.1,1,0,
SECDATA,0.1,1,45,
SECDATA,0.1,1,-45,
SECDATA,0.1,1,45,
SECDATA,0.1,1,-45,
SECDATA,0.1,1,0,
SECDATA,0.1,1,45,
SECDATA,0.1,1,-45,
SECDATA,0.1,1,45,
SECDATA,0.1,1,-45,
SECPLOT,1
esize,0.8
MSHKEY,0
allsell
AMESH,all
FINI
/SOLU
ASEL,R,,,3
NSLA,S,1
D,ALL,ALL
ALLSEL
ASEL,S,,,1
ALLSEL,BELOW,AREA
NSEL,R,LOC,Y,44.5
D,ALL,UX,-2.5
allsel
ASEL,S,,,5
ALLSEL,BELOW,AREA
NSEL,R,LOC,Y,44.5
D,ALL,UX,2.5
allsel
solve
```

```
save
/post1
/VIEW,1,1,2,3
/EFACET,1
/REPLOT
layer,1
PLNSOL,S,EQV,0,1.0
/IMAGE,SAVE,layer1,jpg
PLNSOL,EPEL,EQV,0,1.0
/IMAGE,SAVE,layerst1,jpg
```

其结果如图 10-15、图 10-16 所示。

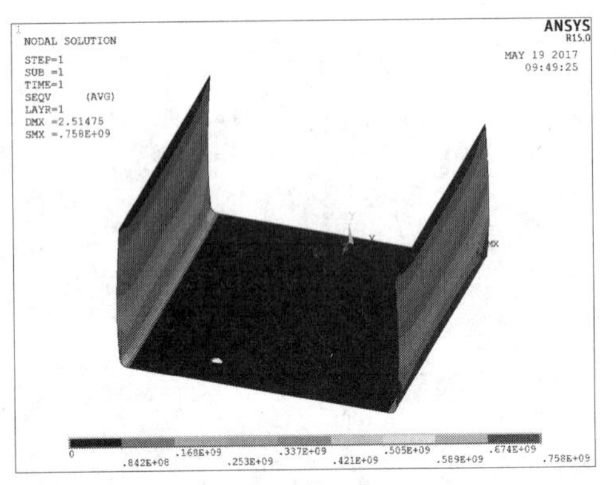

图 10-15　复合材料装配应力分析结果（1）

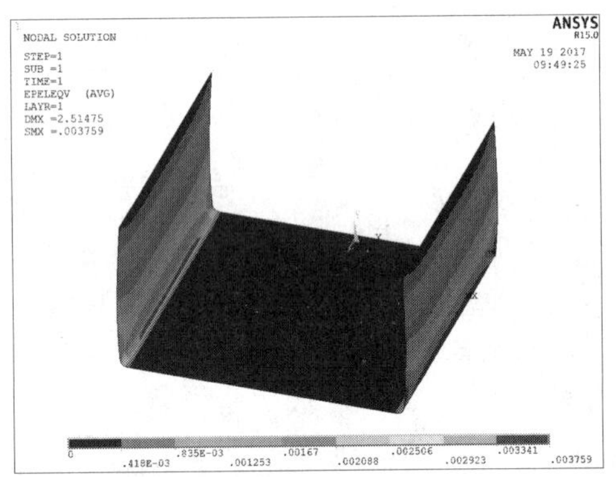

图 10-16　复合材料装配应力分析结果（2）

10.2.5　APDL 实例详解：曲柄连杆结构瞬态分析

图 10-17 所示为一曲柄摇杆机构，各杆长度分别为 l_{AB}=120mm、l_{BC}=293mm、l_{CD}=420mm、l_{AD}=500mm，曲柄为原动件，转速为 0.5r/min，求摇杆角位移ϕ_3、角速度 ω_3、角加速度 ε_3 随时间变化情况。

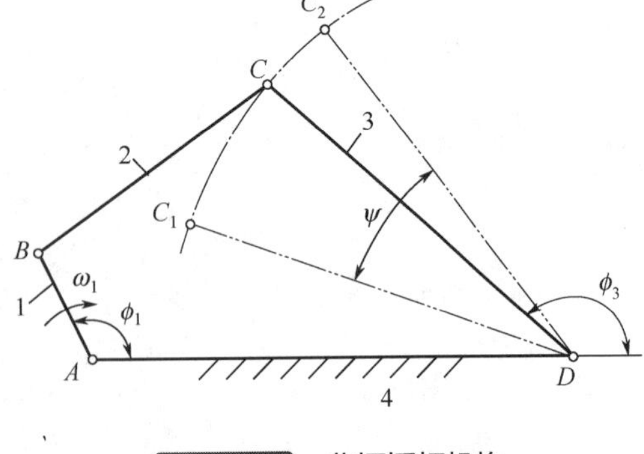

图 10-17　曲柄摇杆机构

```
/CLEAR
/FILNAME,EXAMPLE15
/PREP7
PI=3.1415926
AX=0.
AY=0.
BX=0.08094
BY=0.09878
CX=0.25417
CY=0.33309
DX=0.5
DY=0
OMGA=2*3.14/250
T=2
```

```
ET,1,COMBIN7
ET,2,BEAM4
MP,EX,1,2E11
MP,PRXY,1,0.3
MP,DENS,1,1E-14
R,1,1E9,1E3,1E3,0
R,2,4E-4,1.3333E-8,1.3333E-8,0.02,0.02
N,1,AX,AY
N,2,BX,BY
N,3,BX,BY
N,4,CX,CY
N,5,CX,CY
N,6,DX,DY
N,7,BX,BY,-1
N,8,CX,CY,-1
TYPE,1
REAL,1
E,2,3,7
E,4,5,8
TYPE,2
REAL,2
E,1,2
E,3,4
E,5,6
FINISH
/SOLU
ANTYPE,TRANS
NLGEOM,ON
DELTIM,0.01,0.01,0.05
KBC,0
TIME,T
OUTRES,ALL,ALL
CNVTOL,F,1,0.1
CNVTOL,M,1,0.1
D,ALL,UZ
D,ALL,ROTX
D,ALL,ROTY
D,1,ROTZ,2*PI
D,1,UX
D,1,UY
D,6,UX
D,6,UY
SOLVE
SAVE
```

```
FINISH
/POST26
NSOL,2,6,ROT,Z
DERIV,3,2,1
DERIV,4,3,1
PLVAR,2
PLVAR,3
PLVAR,4
FINISH
```

10.2.6 APDL 宏程序实例

（1）宏库文件实例

```
!曲线绘制宏库文件，将本程序以 curveLib.mac 文件名保存到当前的工作文件夹下
!第一个宏程序 sinCurve，绘制正弦曲线
sinCurve                !宏的名称 sinCurve
finish  $ /clear  $ /prep7    !清除当前数据库
*AFUN,RAD               !定义角度单位为弧度
*do,i,0,100,1           ![0,100]角度范围内按增量 1 进行离散化
*SET,x,0.1* i           !设定周期为 T=2π/0.1=20π
*SET,y,sin(0.1*i)       !设置正弦函数的振幅为 1
k,i+1,x,y               !绘制关键点
*enddo
*do,j,1,100,1           !通过关键点连成正弦曲线
l,j,j+1
*enddo
finish
/eof      !第一个宏命令结束
!第二个宏程序 helixCurve，绘制螺旋弹簧
helixCurve   !宏的名称 helixCurve
finish  $ /clear  $ /prep7
*if,arg1,LT,100,then
arg1=100
*endif
*if,arg2,LT,16,then
arg2=16
*endif
*do,i,0,200
*set,x,arg1*cos(i/4)
*set,y,arg2*i/6.28
*set,z,arg1*sin(i/4)
k,i+1,x,y,z
*enddo
```

```
*do,i,1,194,5
bsplin,i,i+1,i+2,i+3,i+4,i+5
*enddo
bsplin,196,197,198,199,200
kwpave,1
pcirc,20,,0,360
*do,j,1,40,1
vdrag,1+(j-1)*5,,,,,,j
*enddo
finish
/eof
soundCurve  !宏的名称 soundCurve
finish  $ /clear  $ /prep7
*do,i,1,91,1
*set,x,i*0.25
*set,y,cos(i*360*8*0.05)*i*0.05
k,i,x,y
*enddo
*do,j,1,90,5
spline,j,j+1,j+2,j+3,j+4,j+5
*enddo
finish
/eof
```

（2）宏库文件的运行

将上述程序以 curveLib.mac 文件名保存到当前的工作文件夹下，在 ANSYS 界面中命令行中输入：

```
*ulib,curveLib,mac
```

上一句命令的作用是指定库文件。选择好宏库以后，就可以通过*use 命令运行包含在该库中的宏，同样也可以在*use 命令中指定该宏所带参数。例如在 ANSYS 界面中命令行中输入：

```
*use,sinCurve
```

其运行结果如图 10-18 所示。

在 ANSYS 界面中命令行中输入：

```
*use,helixCurve,120,15
```

其运行结果如图 10-19 所示。

（3）宏程序的创建方法

在 ANSYS 中，宏是包含一系列 ansys 命令并且后缀为.MAC 或.mac 的命令文件。宏文件往往记录一系列频繁使用的 ansys 命令流，实现某种有限元分析或其他算法功能。宏文件在

ANSYS 中可以当作定义的 ansys 命令进行使用，可以带有宏输入参数，也可以有内部变量，同时在宏内部可以直接引用总体变量。除了执行一系列的 ansys 命令之外，宏还可以调用 GUI 函数或把值传递给参数。宏能够套嵌使用，即一个宏可以调用第二个宏，第二个宏可以调用第三个宏，最多可以套嵌 20 层，在每个套嵌的宏执行完成后，ANSYS 软件将会返回其上一层的位置。创建宏程序的方法有四种。

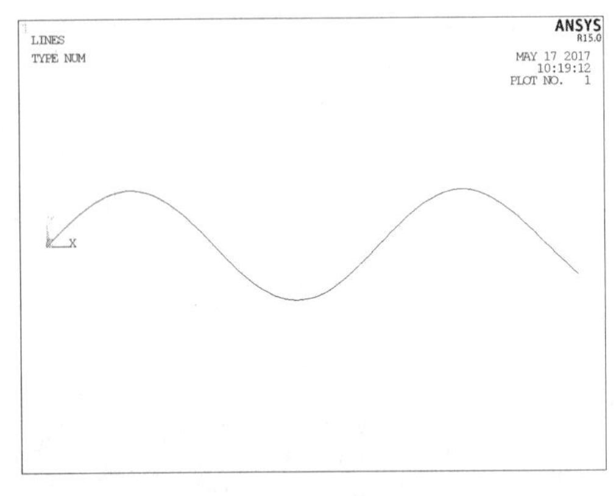

图 10-18 运行结果（1）

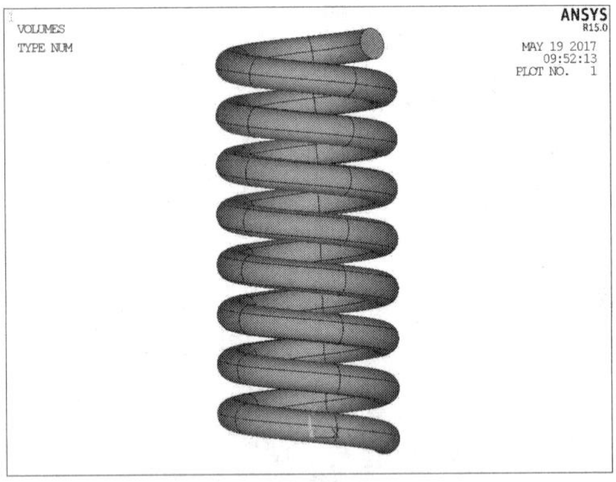

图 10-19 运行结果（2）

方法一：使用*CREAT 创建宏文件。

格式：
```
*CREATE,FNAME,EXT
*END
```

FNAME——文件名和路径，若不指定路径，将缺省为当前的工作目录。

EXT——文件的扩展名，用.mac。

END——宏结束语。

注意：如果 FNAME 已存在，则本次的宏将覆盖原有的同名同路径文件。

方法二：使用*CFWRITE 创建宏文件。

格式：
```
*CFOPEN,FNAME,EXT,_,LOC
*CFWRITE,…
*CFCLOS
```

FNAME——文件名和路径，不指定路径将缺省为当前的工作目录。

EXT ——文件扩展名（mac）。

LOC ——0 表示覆盖已存在的同名文件，1 表示向同名文件中追加。

注意：只有在*CFOPEN 和*CFCLOLSE 之间并以*CFWRITE 开头的命令才有效。与命令*CFCRETE 不同，*CFWRITE 并不能指定一个文件名，必须要用*CFOPEN 指定一个宏文件，再用*CFWRITE 进行编辑（修改或创建），用*CFCLOSE 结束编辑。

方法三：使用文本编辑器进行编辑（内容如同一般的创建命令），把文件保存为.mac 格式并放入 ansys 的搜索目录中。

方法四：通过。

（4）宏程序的运行方法

其实在前面宏的创建中，已多次运行了宏，具体方法如下。

① 对于后缀为.mac 的宏文件并且储存在搜索路径中，可以直接输入 ansys 的命令窗口，

如同内部命令一样。

② 使用*USE 来执行任何宏文件。

如果一个名为 abc.mac 的宏文件，在搜索路径中可以这样执行：

```
*USE,abc
```

如果不在搜索路径中，可这样执行：

```
*USE,路径/abc
```

③ 使用 utility menu——execute macro 来运行扩展名为 mac 的宏文件。

可以把一些宏放到一个文件中，这个文件就是宏库文件，宏库文件没有明确的文件扩展名，但文件的命名规则和宏文件一样。其中，每个宏的开始处都有一个宏名，并以一个 EOF 命令结束，建议把宏库文件放在宏的搜索路径中，这样方便调用，与宏文件不同，宏库文件可以有任何扩展名，最多包括 8 个字符。

10.3 ANSYS 用户界面设计语言（UIDL）

10.3.1 UIDL 控制文件的结构

UIDL 的全名是 User Interface Design Language，是 ANSYS 中二次开发工具方面的三大工具之一。GUI 方面几乎全部的二次开发功能都将由它运筹帷幄。

一个完整的 UIDL 控制文件大致如以下结构：

控制文件头
结构块结构
……………

说明：任何一个 UIDL 控制文件开头都是一个控制文件头，其后接一个或多个结构块结构。

一个典型的控制文件头如下所示：

```
--------------------------------------------------------------------------
:F UIMENU.GRN
:D Modified on %E%,Revision (SID)= 5.181.1.67 - For use with ANSYS 5.5
:I      0,       0,       0
:!
--------------------------------------------------------------------------
```

说明：

① 控制文件头第一行必须有:F filename，filename 是 UIDL 控制文件名。

② 控制文件头第二行必须有:D description，description 是对本文件的一些说明。注意到 description 中有时能带%E%扩展，但只有当拥有类似 SCCS 的系统（含一源码控制系统），ANSYS 才能有效地进行%E%扩展，否则请手动把这些说明替代%E%写入 description 中。

③ 控制文件头第三行必须有:I   0,   0,   0，各个 0 必须出现在第 9、18、

27 行。用户只需要在这些位置填入 0，ANSYS 在调用该文件后，会自动在这些位置填入 GUI 界面的位置信息。

④ :!这一行通常是用来在 UIDL 控制文件中做分隔标记的，可有可无，这里用来分隔控制文件头和结构块结构，建议在控制文件头和结构文件块之间，以及各个控制文件块之间都加一行:!加以间隔。

⑤ 结构块结构是一个 UIDL 控制文件的核心，它涵盖了菜单信息、命令信息，以及帮助文件信息，按照其不同的类型可划分为菜单结构块、命令结构块和帮助结构块。一般来说，函数结构块还都伴随着构建一个对话框结构。

结构块结构基本框架：

头部分

数据控制部分

尾部分

举例说明如下。

```
------------------------------------------------------------------
!头部分
:N Men_Add
:S     0,    0,    0
:T Menu
:A    Add
:C
:D Add
!数据控制部分
Fnc_VADD
Fnc_AADD
Fnc_LCOMB
!尾部分
:E END
分隔
:!
------------------------------------------------------------------
```

① 头部分

:N 行定义唯一的结构控制块名。

:S 行定义结构控制块位置信息。用户只需在第 9、16、23 行输入 0 即可，ANSYS 在调用该文件中将自动为这些域填入合适的值。

:T 行定义该结构控制块的类型，可选类型有 Menu、Cmd 或者 Help。

:A 行对不同类型的结构控制块有不同的功用，在 Menu 块中通常用来定义出现在 GUI 菜单上的名字。

:D 行通常用来描述该结构块的信息。

头部分中还可以带许多其他命令，例如 ANSYS 内部命令等，这里就不详述了，我们将在例子中看到其具体用法。

② 数据控制部分　数据控制部分根据不同的结构控制块有不同的写法，但必须至少有

一个数据控制行。例如在菜单结构块中，我们可以在其中使用 Men_String 来调用其他菜单项，还可以使用 Fnc_String 命令调用一些命令。String 对应于特定的菜单名部分或者命令名部分。其他具体细节这里就不详述了。我们将在具体实例中看到它们是如何构建实现的。

③ 尾部分

:E END 标志着一个结构块的结束。

④ 分隔（可选） 一般说来，我们将在结构块和结构块之间加入:!来间隔（可选）。

10.3.2 ANSYS 调用 UIDL 的过程

ANSYS 在调用 GUI 界面时会自动调用 menulist55.ans 文件，该文件中描述了 UIDL 前处理器到哪里去寻找 UIDL 控制文件。ANSYS 在其 docu/目录中有一个基本的 menulist55.ans 文件和对应的基本 UIDL 控制文件。默认情况下，ANSYS 就调用这一 menulist55.ans 文件。

下面是这一基本 menulist55.ans 文件的内容：

```
----------------------------------------------------------
/ansys55/docu/UIMENU.GRN
/ansys55/docu/UIFUNC1.GRN
/ansys55/docu/UIFUNC2.GRN
/ansys55/docu/UICMDS.HLP
/ansys55/docu/UICMDS.HPS
/ansys55/docu/UIELEM.HLP
/ansys55/docu/UIELEM.HPS
/ansys55/docu/UIGUID.HLP
/ansys55/docu/UIGUID.HPS
/ansys55/docu/UITHRY.HLP
/ansys55/docu/UITHRY.HPS
/ansys55/docu/UIOTHR.HLP
/ansys55/docu/UIOTHR.HPS
----------------------------------------------------------
```

可见，正是因为这一 menulist55.ans 文件的指定，ANSYS 系统将默认调用对应的基本 UIDL 控制文件。

由此，只要我们改变这一基本 menulist55.ans 中的指定，就能使用我们自己的 UIDL 控制文件。

但其实我们有更加好的方法，一般来说我们不建议改变系统 ANSYS55 目录里任何文件内容，以避免不必要的失误。ANSYS 本身在调用 menulist55.ans 文件的方式上就提供了便于进行 UIDL 开发的机制。

通常 ANSYS 按照以下顺序寻找 menulist55.ans 文件: 用户工作目录（可以在 Interactive 启动方式中设定）→用户根目录→/ansys/docu 目录，可见只要我们在用户工作目录中编辑自己的 menulist55.ans 文件，ANSYS 将优先使用我们自己的 menulist55.ans 文件。如果生成了自己的 UIDL 控制文件，并在我们自己的 menulist55.ans 文件中指向它们，我们就能实现对 UIDL 的全控制。以后的实例中我们将看到通用的 UIDL 开发过程。

最后要指出的是，UIDL 前处理器在处理 UIDL 控制文件后，将自动在:I 行（控制文件头部分）

和:S行（结构块的头部分）中填入相应的位置信息，并在整个文件最后写入一系列:X行（索引行）。

10.4 Abaqus 软件二次开发

10.4.1 Abaqus 的体系结构

下面根据图 10-20 所示的 Abaqus 的体系结构，介绍一下 Abaqus 软件的开发方式。Abaqus 二次开发有如下几种途径。

① 采用 Fortran 语言，通过用户子程序可以开发新的材料模型、摩擦模型等，控制 Abaqus 计算过程和结果。

② 通过环境初始化文件改变 Abaqus 的许多缺省设置。

③ 通过内核脚本建立的函数可以用于前处理建模和计算结果后处理分析；Abaqus 通过集成和扩展 Python 语言向二次开发者提供了很多库函数，称为 Abaqus 脚本接口（Abaqus Scripting Interface）。通过 Python 语言调用这些库函数来增强 Abaqus 的交互式操作功能、绕过 Abaqus/ CAE 界面，直接操纵 Abaqus 内核，实现建模、划分网格、指定材料属性，提交作业，后处理分析结果等功能。

④ 通过 GUI 脚本创建新的图形用户界面。Abaqus 的 GUI 程序是用 Abaqus GUI Toolkit 来编写，它是对 FOX GUI Toolkit 的扩展，就像 Abaqus 脚本接口是 Python 编程语言的一个扩展。它在编写程序时也遵循 Python 语言的格式。用户可以通过 Abaqus GUI Toolkit 创建新的图形用户模块、新的工具栏、新的对话框和重新设置 Abaqus/CAE 的用户界面等。

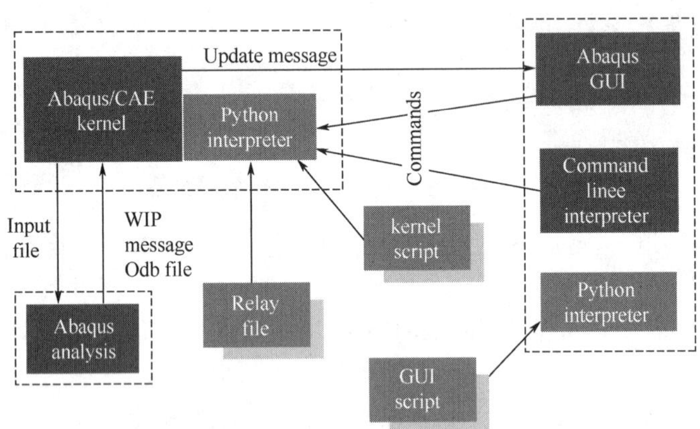

图 10-20 Abaqus 的体系结构

10.4.2 Abaqus 的脚本接口

Abaqus 脚本接口就是一个基于对象的程序库。脚本接口中的每个对象都拥有相应的数据成员（data）和函数，对象中的函数专门用来处理对象中的数据成员。在 Python 中，这些函数被称为对象的方法（method），用来生成对象的方法被称为构造函数（constructor）。在对象被创建后，便可以使用该对象提供的方法来处理对象中的数据成员。为了便于程序的组织、管理和维护，Abaqus 脚本接口引入了对象模型的概念。

对象模型（Object model）指的是对象之间的层次关系。对象模型由两部分组成：对象的定义以及对象之间层次关系的定义。对象之间的关系可分为两类：属于关系（Ownership）和关联关系（Associations）。

Abaqus 脚本接口提供了大约 500 个对象模型。这些对象之间关系复杂，从而很难通过一个图解释清楚完整的对象模型。图 10-21 展示了部分对象模型之间的层次结构和相互关系，所有的对象模型被分成 3 类。

① 进程对象（session） 用来定义视图、远程队列、用户定义的视图等。进程对象本身并不存储在 Abaqus/CAE 进程内。

② 模型数据对象（mdb） 包括计算模型对象和操作对象。

③ 结果数据对象（odb） 包括计算模型对象和计算结果数据。

每一类对象下面又包括各类子对象，比如 mdb 对象下面的计算模型 models 对象又包括很多子对象。

Abaqus 对象模型中的 Container 表示容器，可以是“仓库”，也可以是“序列”，比如 Steps container 就是一个“仓库”，即它包含分析中所有的 Step。Singular object 也是对象，但是它不包含相同类型的其他对象，如 Session 对象和 Model 对象，在 Abaqus 的对象模型中，它们是唯一的。Abaqus 脚本接口正是利用 Python 语言通过对模型的方法和数据的调用与操作来实现用户化的。

Abaqus 脚本参考手册中的对象描述包括需要引用哪个模块（module）才能使模型可用、如何通过命令调用一个模型。一旦引用了一个模块，该模块中所有关联的模型均是可用的，从而每一个模型关联的方法和成员都是可用的，见图 10-21。

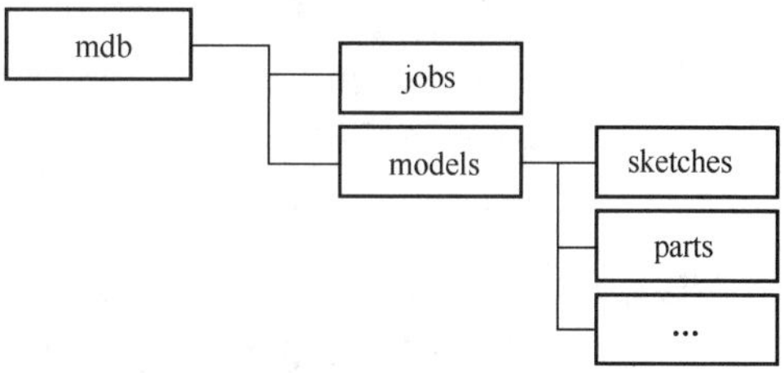

图 10-21 Abaqus 对象模型

10.4.3 Abaqus 二次开发入门实例

① from abaqus import *

调用 Abaqus 的基本功能模块，同时建立了一个默认名为 mdb 的数据库。

② rom abaqusConstants import *

调用符合常量模块。

③ mport sketch
import part

调用 sketch 和 part 模块。
创建一个新的模型，见图 10-22。

④ mySketch = myModel.Sketch(name='Sketch A',sheetsize=200.0)

创建一个草图，名字“A”，sheetsize 表示大小的范围。

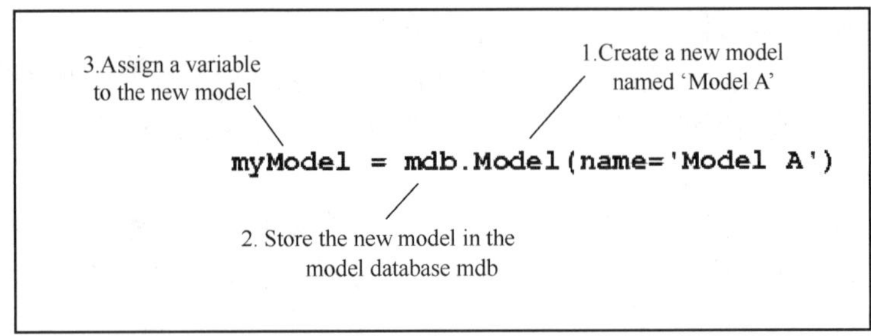

图 10-22 创建一个新的模型

注意：创建一个新的对象时，变量名以小写字母开头；为了程序容易理解，变量名最好具有一定意义。

⑤
```
xyCoordsInner = ((-5 ,20),(5,20),(15,0),
    (-15,0),(-5,20))
xyCoordsOuter = ((-10,30),(10,30),(40,-30),
    (30,-30),(20,-10),(-20,-10),
(-30,-30),(-40,-30),(-10,30))
```

定义点的坐标值。

⑥
```
for i in range(len(xyCoordsInner)-1):
    mySketch.Line(point1=xyCoordsInner[i],
        point2=xyCoordsInner[i+1]).
```

该循环创建字母“A”的内轮廓，四条线通过点点连接生成。

需要特别注意的是：Python 是通过缩格来表示一个循环模块。没有 C 的{}.Len( )函数返回坐标对的个数。range( )返回一个整数序列，小标从 0 开始。

同样的道理，绘制“A”的外轮廓。

⑦
```
myPart = myModel.Part(name='Part A',
    dimensionality=THREE_D,type=DEFORMABLE_BODY)
```

创建一个名为“A”的三维可变形 Part。

⑧
```
myPart.BaseSolidExtrude(sketch=mySketch,depth=20.0)
```

通过拉伸 mySketch 创建零件，长度为 20.0。

⑨
```
myViewport = session.Viewport(name='Viewport for Model A',
origin=(20,20),width=150,height=100)
```

创建一个视图，原点在（20，20），宽高为 150，100。

⑩
```
myViewport.setValues(displayedObject=myPart)
```

显示创建的零件。

⑪
```
myViewport.partDisplayOptions.setValues(renderStyle=SHADED)
```

定义渲染方式。

```
============================源程序===================================
"""
modelAExample.py

A simple example: Creating a part.
"""

from abaqus import *
import testUtils
testUtils.setBackwardCompatibility()
from abaqusConstants import *
import sketch
import part

myModel = mdb.Model(name='Model A')

mySketch = myModel.ConstrainedSketch(name='Sketch A',sheetSize=200.0)

xyCoordsInner = ((-5 ,20),(5,20),(15,0),
    (-15,0),(-5,20))

xyCoordsOuter = ((-10,30),(10,30),(40,-30),
    (30,-30),(20,-10),(-20,-10),
    (-30,-30),(-40,-30),(-10,30))

for i in range(len(xyCoordsInner)-1):
    mySketch.Line(point1=xyCoordsInner[i],
        point2=xyCoordsInner[i+1])

for i in range(len(xyCoordsOuter)-1):
    mySketch.Line(point1=xyCoordsOuter[i],
        point2=xyCoordsOuter[i+1])

myPart = myModel.Part(name='Part A',dimensionality=THREE_D,
    type=DEFORMABLE_BODY)

myPart.BaseSolidExtrude(sketch=mySketch,depth=20.0)

myViewport = session.Viewport(name='Viewport for Model A',
    origin=(10,10),width=150,height=100)

myViewport.setValues(displayedObject=myPart)

myViewport.partDisplay.setValues(renderStyle=SHADED)
```

10.5 Abaqus 软件二次开发 Plug-in 插件

10.5.1 Plug-in 简介

plug-in 插件是一种软件，它安装到另一个应用程序扩展其应用能力。Abaqus 中插件执行 Abaqus 中的脚本接口和 Abaqus 的 GUI 工具包的命令，从而提供了一种特殊需要或个人偏好的定制。例如，一个简单的插件可以自动打印根据预先设定的方案在当前视口的内容。更复杂的插件，可以提供一个图形用户界面来一个专门后处理例程。

一个典型的 Plug-in 包含两个要件。

① 包含一个或多个 Python 函数的 Python 模块。

② 注册命令，它定义了用户激活插件时有关的执行动作。一个注册命令添加一个菜单项目或一个按钮在 Abaqus 窗口上。另外，一个注册指令同时连接了菜单或按钮与 Python 模块或函数。当用户选择菜单或按钮时，Abaqus/CAE 将调用 Python 模块中的函数。

有两种类型的 Plug-in 插件，kernel 和 GUI。Kernel 插件由一个包含函数的文件组成，函数采用 Abaqus 脚本接口编写。与 Kernel 插件不同，GUI 插件采用 Abaqus GUI 软件包编写，包含了创建用户界面的指令，向 Kernel 插件发出指令。

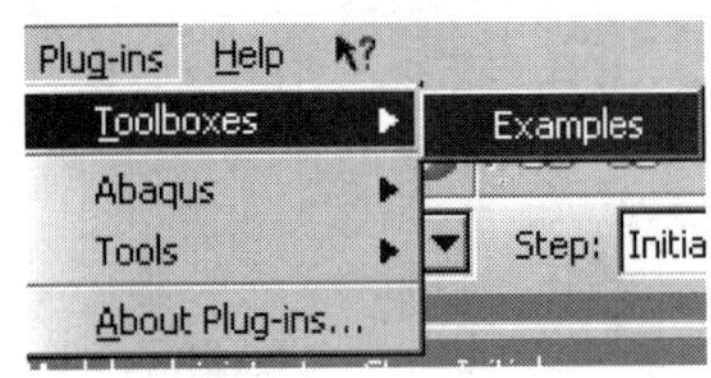

图 10-23 Plug-ins 开始界面

两者都可以添加在 Plug-ins 菜单中或一个插件工具条中。默认情况下，几个实例在 Plug-ins 菜单中。用户可以通过这几个实例学习一下 Plug-ins 是如何创建的，如何与 Abaqus/CAE 交互的。此外，还可以通过 Plug-ins 工具箱找到两个实例。当选择 Plug-ins→Toolboxes→Examples，Abaqus/CAE 显示了相关的例子。用户可以单击按钮，开始一个 plug-in，如图 10-23 所示。

10.5.2 Plug-in 添加注册

为了把编写的 Plug-in 程序添加到系统中，必须进行如下操作。

① 必须把编写的程序放置到规定的目录下，这是因为在每次启动 Abaqus/CAE 时，系统都将自动的搜索一列路径。

a．安装 Abaqus 软件目录下的 abaqus_plugins 文件夹。

b．当前目录下的 abaqus_plugins 文件夹。

c．主目录下的 abaqus_plugins 文件夹。

d．在 abaqus_v6.env 文件中由用户指定的目录，加入语句 plugin_central_dir=”**:\Plugin”

只有程序放在以上的四个目录下，Abaqus 系统才会自动把开发的 plug-ins 加载到 Plug-ins 工具条中。

② 包含编程文件的命名必须符合以下的规则。

a．文件名最多由 38 个字符组成。

b．文件名可以包括空格、大部分标点符号和其他特殊字符。

c．文件名不能以数字开头。

d. 文件名的开头和结尾不能是一个下划线或空格。

e. 文件名中不能包括句号和双引号。

必须在首先被调入的文件名后加上“_plugin”，如文件名“X_plugin.Py”，这是 ABAQUS 系统关于 Plug-in 文件的一个习惯做法。

③ 在“X_plugin.Py”文件中必须包含注册命令，如 registerGuiMenuButton、registerKernelMenuButton、registerGuiToolButton 等命令。

④ 对于不包括对话框的 plug-in 菜单，它的注册命令必须和功能函数的程序在不同的文件中。但是，包含对话框的 plug-in 菜单，它的注册命令既可以和含 GUI 程序放在同一个文件中，也可以放在不同的文件中。

10.5.3 Plug-in 添加实例

① 将以下程序存为 myUtils.py。

```
def printCurrentVp():

    from abaqus import session,getInputs
    from abaqusConstants import PNG
    name = getInputs( (('File name:',''),),
        'Print current viewport to PNG file')[0]
    vp = session.viewports[session.currentViewportName]
    session.printToFile(
        fileName=name,format=PNG,canvasObjects=(vp,))
```

② 将以下程序存为 myUtils_plugin.py。

```
from abaqusGui import getAFXApp
toolset = getAFXApp().getAFXMainWindow().getPluginToolset()
toolset.registerKernelMenuButton(
    buttonText='Print Current Viewport',
moduleName='myUtils',functionName='printCurrentVp()')
```

③ 将 myUtils.py 和 myUtils_plugin.py 存入安装 Abaqus 软件目录下的 abaqus_plugins 文件夹。

④ 启动 Abaqus/CAE，单击 plug-in 菜单，可以看到 plug-in 菜单中增加了 Print current viewport，单击可以得到图 10-24，这时就可以使用这个插件了。

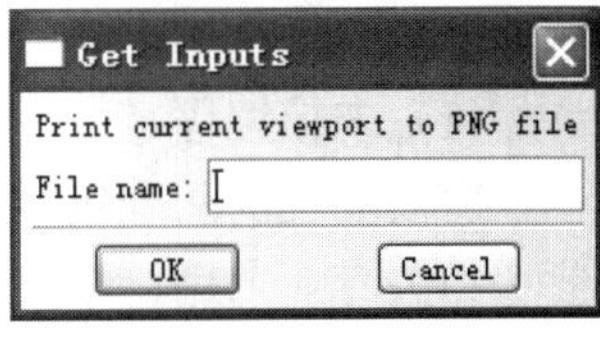

图 10-24 增加插件

10.6 Abaqus 软件二次开发综合实例

10.6.1 Abaqus 内核编程和 GUI 编程原理

Abaqus 定制应用程序包括 2 个基础部分：Kernel code（内核代码）和 GUI code（图形用户界面代码）。Abaqus/CAE 执行时存在两个进程：kernel process 和 GUI process。对应于两种进程，有两种类型的命令：kernel command 和 GUI command。内核进程（Kernel process）

保存着 Abaqus/CAE 用来执行模型操作的所有数据和方法。例如，创建几何模型和划分网格，创建组件。Kernel process 可以脱离 GUI process 独立运行。Kernel commands 内核命令被使用来建立、分析和后处理有限元模型。GUI 进程则是用于供用户向 Abaqus/CAE 输入内容。借助于进程间通信协议（IPC 协议），GUI command 通过 GUI 接口控件收集用户的输入并构建一个 Kernel command 字符串从 GUI process 被发送至 Kernel process。Kernel process 解译和执行 Kernel command 字符串。所有的命令都最终在 Kernel process 中执行。它们之间通信如图 10-25 所示。本节重点介绍一下内核编程和 GUI 编程的原理，以及它们之间的交互机制。

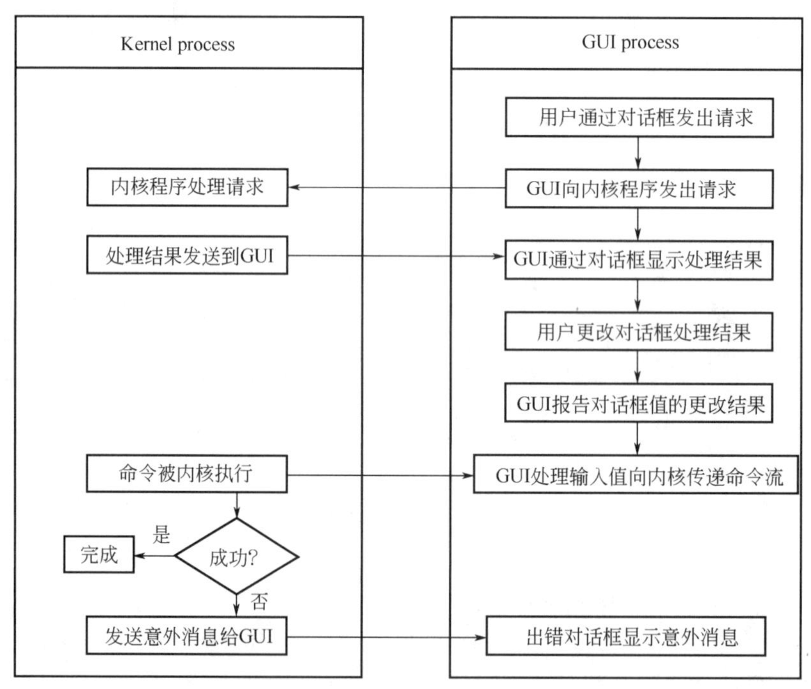

图 10-25 内核进程和 GUI 进程的通信

（1）内核编程

内核编程的基础包括 2 部分：Python 语言语法和 Abaqus 对象模型。Python 语法知识请参考相关专业书籍，本文不再详述。Abaqus 对象模型已经在 10.2 节中进行了介绍。下面介绍一下内核命令。内核命令一般有 3 部分组成：Object+method+arguments （keywords）。有些情况下可以没有 Object 或 argument，但是必须有 method。内核编程的第一步是引入对象模型所在的模块。通过 import 语句实现 import modulename。语句：

```
from Abaqus import *
```

就分别导入了三大对象模型 Session、Mdb 和 Odb 对象，同时实例化三个对象，其名称分别为 session、mdb 和 odb，接着就可以调用它们的方法了。比如：

```
trimmingModel=mdb.model(name='trimmingModel')
```

（2）GUI 编程

在前面 Abaqus 的开发方式中提到了可以使用 Abaqus GUI 工具集（Abaqus GUI Toolkit）来进行 GUI 方面的定制和开发。Abaqus GUI 工具集的类库提供了很多基础组件类。一个 GUI

应用程序大体上由以下几部分组成。

① 控件　它们是 GUI 应用程序的最基础的组成部分，在图形用户界面中使用这些组件来收集用户各种不同的操作。

② 布局管理　布局管理主要是对各种不同的组件提供组合布局方式，如水平框架可以使不同的组件按行排列。

③ 对话框　它主要是针对不同的功能提供已经布置好的组件，使用户方便地输入特定功能所需要的参数。

④ 模块和工具条　它们主要是把各种相关的功能组合在一起。

⑤ 应用程序　它负责最高层次的交互，如控制图形用户界面的处理过程、负责和计算机系统的交互等。用户通过 GUI 工具提供输入之后，必须通过 GUI command 将其转化为 kernel command 字符串，送到 kernel 进程中执行“收集输入的意图”。

⑥ 机制（mode）　mode 通过 GUI 控制（比如菜单按钮）激活后，开始负责收集用户输入，处理输入，发送一条命令，处理任一与 mode 相关联的错误或所发送的命令。

（3）GUI 与内核的交互原理

前面已经介绍过 mode 是连接用户输入和内核命令的桥梁。首先看一下 Form mode 的工作原理。Form mode 通过基类 AFXForm 派生，然后通过 AFXGuiCommand 定义了一个 GUI command，该命令指向内核模块。接着定义了 AFXStringKeyword 一个关键字，该关键字将收集控件 AFXTextField 控件中的输入。紧接着通过 getFirstDialog 方法返回该机制联系的第一个对话框，同时将一个指向该机制的指针传递给对话框构建函数，对话框通过该指针与关键字建立通信。

再看一下 Procedure mode，该机制实际上需要边进行内核进程边提示用户进行相应的输入，保证了在当前视图下任一时间内只有一个进程控制当前屏幕。比如，需要用户通过鼠标单击选择一个面时，必须使用 Procedure mode。Procedure mode 由基类 AFXProcedure 派生，通过 getFirstDialog、getNextDialog 等方法提示用户进行相关的操作。

mode 一般由 GUI 中的一个按钮来激活，在 GUI process 内部是通过消息响应机制实现的。当控件发给 mode 的消息 ID 为 ID_ACTIVATE，消息类型为 SEL_COMMAND 时，mode 就被激活了，见图 10-26。

10.6.2 Abaqus 二次开发综合实例

步骤一：定义一个名为 createBlock.py 的 Module，创建长方体。代码如下：

```
from abaqus import mdb,session
def MyBlock(name,Length,Width,Height):#定义一个函数或者方法
  from abaqusConstants import THREE_D,STRUCTURED,DEFORMABLE_BODY
  import part
  import sketch
  import part
  s = mdb.models['Model-1'].ConstrainedSketch(name='__profile__',
    sheetSize=200.0)
  g,v,d,c = s.geometry,s.vertices,s.dimensions,s.constraints
  s.rectangle(point1=(0,0),point2=(Width,Length))
  p = mdb.models['Model-1'].Part(name=name,dimensionality=THREE_D,
    type=DEFORMABLE_BODY)
```

```
    p = mdb.models['Model-1'].parts[name]
  p.BaseSolidExtrude(sketch=s,depth=Height)
```

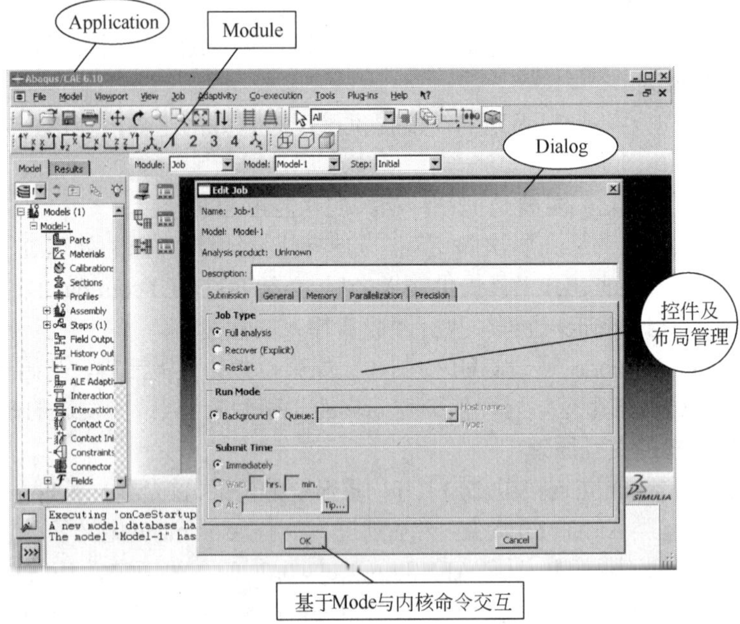

图 10-26 GUI 界面层次结构

步骤二：定义 GUI 对话框，Module 名为 createBlockDB.py，代码如下：

```
    from abaqusConstants import *
    from abaqusGui import *
    ###########################################################################
    # Class definition
    ###########################################################################
    class createBlockDB(AFXDataDialog):#通过类继承来创建一个对话框

        #~~~~~~~~~~~~~~~~~~~~~~~~~~~~~~~~~~~~~~~~~~~~~~~~~~~~~~~~~~~~~~~~~~~~~~~~~~~
        def __init__(self,form):#定义初始化函数

            # Construct the base class.
            AFXDataDialog.__init__(self,form,'Creeate Cuboid',
                self.OK|self.APPLY|self.CANCEL,LAYOUT_FIX_WIDTH|LAYOUT_FIX_
HEIGHT|DIALOG_ACTIONS_SEPARATOR)

            okBtn = self.getActionButton(self.ID_CLICKED_OK)
            okBtn.setText('OK')

            applyBtn = self.getActionButton(self.ID_CLICKED_APPLY)
            applyBtn.setText('Apply')
            AFXTextField(p=self,ncols=14,labelText='Name',tgt=form.nameKw,
```

```
sel=0)
          AFXTextField(p=self,ncols=12,labelText='Length(L)',tgt=form.leng
thKw,sel=0)
          AFXTextField(p=self,ncols=12,labelText='Width(W)',tgt=form.widthKw,
sel=0)
          AFXTextField(p=self,ncols=12,labelText='Height(H)',tgt=form.
heightKw,sel=0)
          l  =  FXLabel(p=self,text='     From  www.mememama.cn  QQ:87999379',
opts=JUSTIFY_LEFT)
```

步骤三：将对话框注册到菜单栏中，Module 名为 createBlock_plugin.py，代码如下：

```
from abaqusGui import *
from abaqusConstants import ALL
import osutils,os

###########################################################################
# Class definition
###########################################################################

class createBlock_plugin(AFXForm):

    #~~~~~~~~~~~~~~~~~~~~~~~~~~~~~~~~~~~~~~~~~~~~~~~~~~~~~~~~~~~~~~~~~~~~~~
    def __init__(self,owner):

        # Construct the base class.
        #
        AFXForm.__init__(self,owner)
            self.cmd = AFXGuiCommand(mode=self,method='MyBlock',
            objectName='createBlock',registerQuery=False)
        pickedDefault = ''
        self.nameKw = AFXStringKeyword(self.cmd,'name',True,'Block-1')
        self.lengthKw = AFXFloatKeyword(self.cmd,'Length',True,12)
        self.widthKw = AFXFloatKeyword(self.cmd,'Width',True,12)
        self.heightKw = AFXFloatKeyword(self.cmd,'Height',True,12)

    #~~~~~~~~~~~~~~~~~~~~~~~~~~~~~~~~~~~~~~~~~~~~~~~~~~~~~~~~~~~~~~~~~~~~~~
    def getFirstDialog(self):

        import createBlockDB
        return createBlockDB.createBlockDB(self)

    #~~~~~~~~~~~~~~~~~~~~~~~~~~~~~~~~~~~~~~~~~~~~~~~~~~~~~~~~~~~~~~~~~~~~~~
    def doCustomChecks(self):

        # Try to set the appropriate radio button on. If the user did
```

```
        # not specify any buttons to be on,do nothing.
        #
        for kw1,kw2,d in self.radioButtonGroups.values():
            try:
                value = d[ kw1.getValue()]
                kw2.setValue(value)
            except:
                pass
        return True
#~~~~~~~~~~~~~~~~~~~~~~~~~~~~~~~~~~~~~~~~~~~~~~~~~~~~~~~~~~~~~~~~~~~~~~~~~~~~~~
# Register the plug-in
#
thisPath = os.path.abspath(__file__)
thisDir = os.path.dirname(thisPath)

toolset = getAFXApp().getAFXMainWindow().getPluginToolset()
toolset.registerGuiMenuButton(
    buttonText='CreateBlock',
    object=createBlock_plugin(toolset),
    messageId=AFXMode.ID_ACTIVATE,
    icon=None,
    kernelInitString='import createBlock',
    applicableModules=ALL,
    version='N/A',
    author='N/A',
    description='N/A',
    helpUrl='N/A'
)
```

步骤四：将以上三个模块拷贝到\abaqus_plugins 文件夹中，启动 Abaqus/CAE，进入 Plug-ins，单击按钮 Create Block，就可以看到弹出的对话框，如图 10-27 所示。输入参数后，就可以自动绘制出长方体。

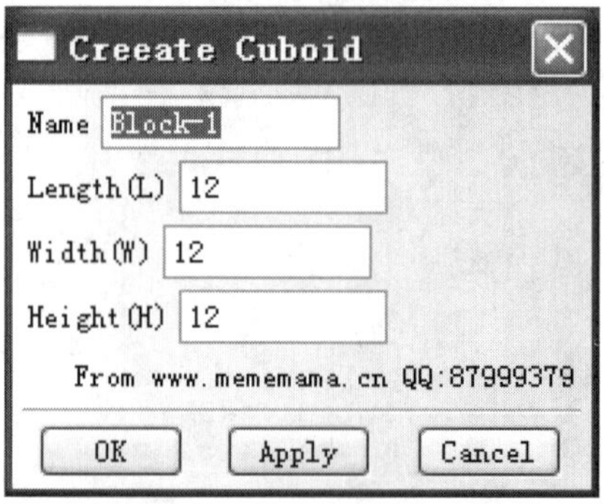

图 10-27　Create Block 工作界面

参 考 文 献

[1] 衣正尧．工业机器人厂家发展述要之一：欧美主流工业机器人厂家及其在中国的市场［J］．中外企业家，2016，04：53-55.

[2] 黄英．国际巨头创新不止，中国企业力求蜕变——历数近期国内外工业机器人之新品［J］．金属加工（冷加工），2016，04：8-10.

[3] 五大机器人的发展趋势［J］．机床与液压，2016，02：209.

[4] 王慧东，张姝媛．工业机器人坐标系应用研究［J］．装备制造技术，2015，11：93-96.

[5] 工业机器人离线编程系统全解析［J］．伺服控制，2014，12：36-38.

[6] 计时鸣，黄希欢．工业机器人技术的发展与应用综述［J］．机电工程，2015，01：1-13.

[7] 罗振军，马跃，梅江平，田永利．工业机器人数字化设计技术研究进展［J］．航空制造技术，2015，08：34～37.

[8] 任志刚．工业机器人的发展现状及发展趋势［J］．装备制造技术，2015，03：166-168.

[9] 王田苗，陶永．我国工业机器人技术现状与产业化发展战略［J］．机械工程学报，2014，09：1-13.

[10] 颜建美，曹建军，潘乾坤．基于三菱工业机器人的工件装配与搬运系统设计［J］．企业技术开发，2014，28：34-36.

[11] 王一凡，颜建美，陈东升．基于 RFID 和视觉的工业机器人系统应用与实践［J］．电子器件，2013，06：872-875.

[12] 段峰，王耀南，雷晓峰，吴立钊，谭文．机器视觉技术及其应用综述［J］．自动化博览，2002，03：62-64.

[13] 唐向阳，张勇，李江有，黄岗，杨松，关宏．机器视觉关键技术的现状及应用展望［J］．昆明理工大学学报：理工版，2004，02：36-39.

[14] 颜发根，刘建群，陈新，丁少华．机器视觉及其在制造业中的应用［J］．机械制造，2004，11：28-30.

[15] 刘金桥，吴金强．机器视觉系统发展及其应用［J］．机械工程与自动化，2010，01：215-216.

[16] 王福斌，李迎燕，刘杰，陈至坤．基于 OpenCV 的机器视觉图像处理技术实现［J］．机械与电子，2010，06：54-57.

[17] 刘曙光，刘明远，何钺．机器视觉及其应用［J］．河北科技大学学报，2000，04：11-15+26.

[18] 席斌，钱峰．机器视觉测量系统在工业在线检测中的应用［J］．工业控制计算机，2005，11：75-76.

[19] 姚峰林，詹海英，李元宗．机器视觉中的边缘检测技术研究［J］．机械工程与自动化，2005，01：108-110.

[20] 张业鹏，何涛，文昌俊，杨银才，沈邦兴．机器视觉在工业测量中的应用与研究［J］．光学精密工程，2001，04：324-329.

[21] 尹文生，罗瑜林，李世其．基于 OpenCV 的摄像机标定［J］．计算机工程与设计，2007，01：197-199.

[22] 邹铁军，张书伟，蒋杰，闫保中．基于 OpenCV 的运动目标定位跟踪系统软件设计［J］．智能计算机与应用，2012，03：60-63.

[23] 李文胜．基于树莓派的嵌入式 Linux 开发教学探索［J］．电子技术与软件工程，2014，09：219-220.

[24] 冯志辉．使用树莓派实现网络监控系统［J］．电子技术与软件工程，2015，05：85.

[25] 高峰，陈雄，陈婉秋．基于树莓派 B+微处理器的视频检测跟踪系统［J］．电视技术，2015，19：105-108.

[26] 黄开宏，杨兴锐，曾志文，卢惠民，郑志强．基于 ROS 户外移动机器人软件系统构建［J］．机器人技术与应用，2013，04：37-41+44.

[27] 张毅，徐仕川，罗元．基于 ROS 的智能轮椅室内导航［J］．重庆邮电大学学报：自然科学版，2015，04：542-548.

[28] 曹正万，平雪良，陈盛龙，蒋毅．基于 ROS 的机器人模型构建方法研究［J］．组合机床与自动化加工技术，2015，08：51-54.

[29] 罗元，余佳航，汪龙峰，王运凯．改进 RBPF 的移动机器人同步定位与地图构建［J］．智能系统学报，2015，03：460-464.

[30] 陈盛龙，平雪良，曹正万，蒋毅．基于 ROS 串联机器人虚拟运动控制及仿真研究［J］．组合机床与自动化加工技术，2015，10：108-111.

[31] 左轩尘，韩亮亮，庄杰，石琪琦，黄炜．基于 ROS 的空间机器人人机交互系统设计［J］．计算机工程与设计，2015，12：3370-3374.

[32] 杨倩，宋珂，章桐．移动机器人三维地图创建的仿真研究［J］．机电一体化，2015，11：17-22，34.

[33] 陈前里，刘成良，贡亮，周斌．基于 ROS 的机械臂控制系统设计［J］．机电一体化，2016，02：38-40，61.

[34] 正万，平雪良，陈盛龙，蒋毅．基于 ROS 的机器人模型构建方法研究［J］．组合机床与自动化加工技术，2015，08：51-54.

［35］杨建宇．基于虚拟现实的数字样机若干关键技术研究与应用［D］．沈阳：东北大学，2010.
［36］刘秀玲．虚拟现实交互控制视觉沉浸感关键技术的研究与实现［D］．保定：河北大学，2010.
［37］覃伯明．Virtools 引擎 3D 游戏程序设计［M］．北京：清华大学出版社，2013.
［38］李昌国，朱福全，谭良，杨春．基于 3D 和 Virtools 技术的虚拟实验开发方法研究［J］．计算机工程与应用，2006，31：84-86，96.
［39］张晓宁，赵晓春，王翔，唐特．基于 Virtools 的园林三维漫游系统的设计与实现［J］．中国农学通报，2009，04：175-178.
［40］张雪鹏，陈国华，戴莺莺，张爱军，何雪涛．基于 3D 的虚拟运动仿真平台设计及 Virtools 功能实现［J］．北京化工大学学报：自然科学版，2009，04：93-95.
［41］梁冠辉，朱元昌，邸彦强．基于 HLA/Virtools 的高炮火控系统仿真平台设计［J］．系统仿真学报，2009，21：6954-6958，6963.
［42］曲宝，赵娅，赵琦．基于 Virtools 的虚拟家居漫游系统的设计与实现［J］．计算机工程与科学，2009，12：130-133.
［43］杨春，李昌国，张晓林，谭良，朱福全，吴微．基于 3D 和 VIRTOOLS 技术的虚拟实验的实验据分析研究［J］．计算机工程与设计，2007，11：2589-2591，2594.
［44］李昌国，张晓林，谭良，周霞，吴田峰，杨春．基于 GIS 和 VIRTOOLS 技术的虚拟校园漫游开发方法的研究［J］．计算机工程与设计，2007，13：3223-3226.
［45］孙倩．基于 3DS MAX 的三维建模及其在 Virtools 环境中的应用［J］．中国科技信息，2008，12：94-95.
［46］蔡武，陈果，朱志敏，梁宇云，王静涛．基于 3D Max 和 Virtools 的矿井虚拟仿真系统设计［J］．煤炭工程，2011，01：111-113，116.
［47］滕英岩，张福艳．基于 Virtools 和串口通信的界面交互性的设计与实现［J］．微计算机信息，2010，17：88-90.
［48］范孝良，李玉玲，茅兴飞．基于 3DSMAX 和 VIRTOOLS 技术的夹具虚拟装配系统研究［J］．机械设计与制造，2010，08：237-239.
［49］李梅，韩秀玲，陈光．基于 Virtools SDK 的虚拟实验室 BB 模块开发方法研究［J］．计算机与现代化，2013，01：67-70.
［50］刘勇，赵轩，高玉锋，周传宏，杨浩．基于 Virtools 交互式烟厂纸箱物流虚拟仿真研究［J］．现代制造工程，2013，11：71-75，88.
［51］周小芹，刘景，陈正鸣．Virtools 环境下基于 Kinect 的手势识别与手部跟踪［J］．计算机应用与软件，2013，12：295-298.
［52］毕荣蓉，陈德焜，严佳伟．基于 Virtools 的制造车间仿真系统的开发［J］．网络新媒体技术，2012，03：59-64.
［53］王林林，付晓强．基于 Virtools 的飞机装配仿真［J］．电子设计工程，2015，20：28-30.
［54］梁岱春，张为民，隋立江．浅析基于 CAA 的 CATIA 二次开发［J］．航空制造技术，2012，10：65-68.
［55］胡福文，李东升，李小强，朱明华．面向飞机蒙皮柔性夹持数控切边的定位仿真系统及应用［J］．计算机集成制造系统，2012，05：993-998.
［56］韩志仁，刘晓波，胡烨．基于 CATIA/CAA 的快速标注方法研究［J］．沈阳航空航天大学学报，2012，04：1-4.
［57］胡福文，陈成坤，刘宴诚，李立．产品装配工艺虚拟规划系统研究［J］．机械设计与制造，2016，12：180-183.
［58］钟同圣，卫丰，王鹫，智友海．Python 语言和 ABAQUS 前处理二次开发［J］．郑州大学学报(理学版)，2006，01：60-64.
［59］连昌伟，王兆远，杜传军，孙吉先．ABAQUS 后处理二次开发在塑性成形模拟中的应用［J］．锻压技术，2006，04：111-114.
［60］何朝良，杜廷娜，张超．基于 CAA 的 CATIA 二次开发初探［J］．自动化技术与应用，2006，09：37-40+49.
［61］周仙娥，鲁墨武，赵海星．基于 CAA 的 CATIA 二次开发的研究［J］．科技信息，2008，36：73-74+317.
［62］苏洪军，王永金．基于 CAA 的 CATIA V5 二次开发方法的研究［J］．机械，2008，S1：41-43.
［63］潘臻波，虞世鸣．一种基于 CATIA/CAA 与模型特征遍历的参数化设计方法［J］．中国制造业信息化，2007，23：37-39+43.
［64］左轩尘，韩亮亮，庄杰，石琪琦，黄炜．基于 ROS 的空间机器人人机交互系统设计［J］．计算机工程与设计，2015，12：3370-3374.
［65］李伊，刘恩福，刘晓阳，刘博．基于 CATIA/CAA 的复杂产品装配干涉矩阵自动生成方法研究［J］．机械设计与制造，2016，01：36-39.
［66］高美原，秦现生，白晶，于喜红，马闯．基于 ROS 和 LinuxCNC 的工业机器人控制系统开发［J］．机械制造，2015，10：21-24.
［67］李涛，关永，王瑞，李晓娟．机器人操作系统 ROS 通信层的弱终止性验证［J］．小型微型计算机系统，2016，09：2140-2144.

[68] 张继鑫，武延军．基于 ROS 的服务机器人云端协同计算框架［J］．计算机系统应用，2016，09：85-91.

[69] 陈贤，武延军．基于 ROS 的云机器人服务框架［J］．计算机系统应用，2016，10：73-80.

[70] 肖军浩，卢惠民，薛小波，徐晓红．将机器人操作系统(ROS)引入本科实践教学［J］．科技创新导报，2016，22：157-158+160.

[71] 韩志仁，陈帅．基于 CATIA/CAA 数模属性自动校验技术研究［J］．沈阳航空航天大学学报，2011，01：1-4.

[72] 马兰．基于 CATIA CAA 架构的质量分布系统［J］．电脑开发与应用，2011，09：4-6.

[73] 黄霖．Abaqus/CAE 二次开发功能与应用实例［J］．计算机辅助工程，2011，04：96-100.

[74] 路来骁，孙杰，张阁，罗育果，熊青春．基于 CATIA/CAA 的航空整体结构件温度变形补偿［J］．航空制造技术，2015，03：21-24+29.

[75] 曹正万，平雪良，陈盛龙，蒋毅．基于 ROS 的机器人模型构建方法研究［J］．组合机床与自动化加工技术，2015，08：51-54.

[76] 陈盛龙，平雪良，曹正万，蒋毅．基于 ROS 串联机器人虚拟运动控制及仿真研究［J］．组合机床与自动化加工技术，2015，10：108-111.

[77] 高俊，任宇铮，宋庆怡，彭静玉．基于 ROS 的两轮移动机器人软件架构设计［J］．电子技术，2016，11：49-52.

[78] 成玲，李海波．基于脚本语言的 abaqus 二次开发［J］．现代机械，2009，02：58-59+65.

[79] 李健，杨坤．基于 Abaqus 软件二次开发技术筒形件旋压过程研究［J］．锻压技术，2009，06：129-132.